Leitfaden des Baubetriebs und der Bauwirtschaft

Der Leitfaden des Baubetriebs und der Bauwirtschaft will die in Praxis, Lehre und Forschung als Querschnitts-Funktionen angelegten Felder – von der Verfahrenstechnik über die Kalkulation bis hin zum Vertrags- und Projektmanagement – in einheitlich konzipierten und inhaltlich zusammenhängenden Darstellungen erschließen. Die Reihe möchte alle an der Planung, dem Bau und dem Betrieb von baulichen Anlagen Beteiligten, vom Studierenden über den Planer bis hin zum Bauleiter ansprechen. Auch der konstruierende Ingenieur, der schon im Entwurf über das anzuwendende Bauverfahren und damit auch über die Wirtschaftlichkeit und die Risiken bestimmt, soll in dieser Buchreihe praxisorientierte und methodisch abgesicherte Arbeitshilfen finden.

Herausgegeben von
Fritz Berner
Bernd Kochendörfer

Thomas Glatte

Entwicklung betrieblicher Immobilien

Beschaffung und Verwertung von Immobilien im Corporate Real Estate Management

 Springer Vieweg

Thomas Glatte
Institut für Baubetriebswesen
Technische Universität Dresden
Dresden, Deutschland

ISSN 1615-6013
ISBN 978-3-658-05686-5   ISBN 978-3-658-05687-2 (eBook)
DOI 10.1007/978-3-658-05687-2

Die Deutsche Nationalbibliothek verzeichnet diese Publikation in der Deutschen Nationalbibliografie; detaillierte bibliografische Daten sind im Internet über http://dnb.d-nb.de abrufbar.

Springer Vieweg
© Springer Fachmedien Wiesbaden 2014

Lektorat: Karina Danulat, Annette Prenzer

Gedruckt auf säurefreiem und chlorfrei gebleichtem Papier.

Springer Vieweg ist eine Marke von Springer DE. Springer DE ist Teil der Fachverlagsgruppe Springer Science+Business Media
www.springer-vieweg.de

Man mag immerhin Fehler begehen – bauen darf man keine (Johann Wolfgang von Goethe).

Vorwort

Als ich im Jahre 1986 eine Lehre zum Baufacharbeiter mit Abitur in meiner Heimatstadt Dresden begann, war dies mehr eine fremdbestimmte Entscheidung als ein freiwilliger Entschluss. Abgesehen von den damaligen gesellschaftlichen Rahmenbedingungen ist es eine mittlerweile fast 200-jährige Bautradition in meiner Familie gewesen, die meine künftige berufliche Orientierung vorgeben sollte. Meine handwerklichen Fähigkeiten auf dem Bau blieben aber bestenfalls durchschnittlich. Allerdings machten mir gerade im anschließenden Studium des Bauingenieurwesens neben den bautechnischen Themen die betrieblichen Abläufe und insbesondere die betriebswirtschaftlichen sowie rechtlichen Aspekte des Bauens Spaß. Die Vertiefung in der Studienrichtung Baubetriebswesen an der TU Dresden sowie ein baurechtliches Aufbaustudium am Europäischen Institut für Postgraduale Bildung an der TU Dresden (EIPOS) öffneten mir letztendlich die Tür in Richtung der Immobilienwirtschaft.

Seit 2003 bzw. 2004 bin ich bereits als Lehrbeauftragter für Projektentwicklung an der Technischen Universität Dresden und der Fachhochschule Mainz tätig. Zudem unterstütze ich seit Jahren EIPOS, die IREBS Immobilienakademie und die Universität Stuttgart mit Lehraufgaben in den Gebieten des Corporate Real Estate Managements und der Projektentwicklung. In all diesen Jahren habe ich mich bemüht, den Studenten nicht nur eine fachlich interessante und praxisnahe Vorlesung zu bieten. Es war vielmehr auch mein Ziel, ein Vorlesungsskript zur Verfügung zu stellen, welches für das Selbststudium tauglich ist und idealerweise die Zeit des Studiums in Form eines praxisorientierten Nachschlagewerkes überdauern kann. So ist mit den Jahren aus einer spärlichen Loseblattsammlung ein derart umfangreiches Werk entstanden, das letztendlich in irgendeiner Form gebunden werden musste.

Jahr für Jahr sind meine ganz persönlichen Erfahrungen aus den verschiedensten Projekten meiner Tätigkeit im Immobilienmanagement der BASF, einem global agierenden Chemieunternehmen, in die Vorlesungen und somit in die Skripte eingeflossen. Zudem war für mich der Dialog mit den Studenten – viele verfügten bereits über einige praktische Erfahrungen oder gar einige Jahre Berufserfahrung – immer sehr fruchtbar und spannend. Zudem kann auch ich für mich nicht proklamieren, auf jede Fachfrage sofort eine Antwort zu wissen. Jedoch war und ist es für mich immer Ziel und Ansporn, in Beruf und Lehre ein kompetenter Partner zu sein.

Daher war die Erstellung und Weiterentwicklung des Vorlesungsskriptes ein guter Anlass, das eigene tagtägliche Tun zu strukturieren, zu analysieren, zu reflektieren sowie die gelegentlich aufgedeckten fachlichen Lücken nachzuarbeiten und auszumerzen. Somit habe ich letztendlich all meinen Kollegen und fachlichen Wegbegleitern sowie meinen Studenten für die jeweilige Zusammenarbeit und den Input, den ich in den letzten Jahren bekommen habe, zu danken. Jeder von ihnen hat einen kleinen Beitrag dazu geleistet, dass ich nunmehr das gesammelte Wissen in Form eines Buches publizieren kann.

Ich würde mich sehr freuen, wenn auf diesem Wege weitere Fachleute und Studenten der Bau- und Immobilienwirtschaft Interesse am betrieblichen Immobilienmanagement sowie der Projektentwicklung bekommen oder hiermit ihre Kenntnisse vertiefen.

Mein besonderer Dank gilt Herrn Univ.-Prof. Dr.-Ing. Rainer Schach (Institut für Baubetriebswesen der Technischen Universität Dresden), Herrn Dipl.-Ing. Franz Villinger (BASF SE), Herrn Klaus Forkert MRICS (Sachverständigenbüro Forkert) und Herrn Dipl.-Wirtsch.-Ing. Björn Christmann (Bayer Real Estate GmbH) für die gewährte Unterstützung sowie die konstruktiven Anmerkungen und Anregungen zu diesem Buchprojekt.

Neulußheim/Dresden im Mai 2014   Thomas Glatte

Abkürzungsverzeichnis

Abkürzungen

AHO	Ausschusses der Verbände und Kammern für Ingenieure und Architekten für die Honorarordnung e. V.
AP	Acid Potential (Versauerungspotential)
B-Plan	Bebauungsplan
BAR	Bruttoanfangsrendite
BauGB	Baugesetzbuch
BauNVO	Baunutzungsverordnung
BBR	Bundesamt für Bauwesen und Raumordnung
BER	Break Even Rendite
BGF	Bruttogrundfläche
bL	betriebsnotwendige Liegenschaften
BKI	Baukosteninformationszentrum Deutscher Architektenkammern
BMVBS	Bundesministerium für Verkehr, Bau und Stadtentwicklung
BMZ	Baumassenzahl
BRE	British Research Establishment
BREEAM	BRE Environmental Assessment Method
BRI	Bruttorauminhalt
BRW-RL	Bodenrichtwert-Richtlinie
CHF	Schweizer Franken
CI	Corporate Idetity
CRE	Corporate Real Estate (betriebliche Immobilien)
CREM	Corporate Real Estate Management (betriebliches Immobilienmanagement)
CSR	Corporate Social Responsibility
DGNB	Deutsche Gesellschaft für Nachhaltiges Bauen e. V.
DIN	Deutsches Institut für Normung e. V.
EESC	European Economic and Social Committee

EHS	Environment, Health, Safety (siehe auch SGU)
EK	Eigenkapital
EKZ	Eigenkapitalverzinsung
EP	Eutrophication Potential (Überdüngungspotential)
ETW	Eigentumswohnung
FAS	Financial Accounting Standards
FFH	Fauna-Flora-Habitat
FK	Fremdkapital
FNP	Flächennutzungsplan
GFZ	Geschossflächenzahl
gif	Gesellschaft für immobilienwirtschaftliche Forschung e. V.
GIK	Gesamtinvestitionskosten
GK	Gebäudeklasse
GrESt	Grunderwerbssteuer
GrEStG	Grunderwerbssteuergesetz
GrSt	Grundsteuer
GrStG	Grundsteuergesetz
GRZ	Grundflächenzahl
GU	Generalunternehmer
GÜ	Generalübernehmer
GuV	Gewinn- und Verlustrechnung (Form der Rechnungslegung)
GWP	Treibhauspotential (engl.: *global warming potential*)
HGB	Handelsgesetzbuch
HNF	Hauptnutzfläche
HQE	Haute Qualité Environnementale
IAS	International Accounting Standards
IASB	International Accounting Standards Board
IFRS	International Financial Reporting Standards
ImmoWertV	Immobilienwertermittlungsverordnung
IRR	Internal Rate of Return (interner Zinsfuß)
KNA	Kosten-Nutzen-Analyse
KV	Kapitalverhältnis
KW	Kapitalwert
KWA	Kostenwirksamkeitsanalyse
LBauO	Landesbauordnung des Landes Rheinland-Pfalz
LBO	Landesbauordnung des Landes Baden-Württemberg
LCC	Life Cycle Cost (Lebenszykluskosten)
LEED	Leadership in Energy and Environmental Design
MBO	Musterbauordnung
KF	Konstruktionsfläche
MF	Mietfläche
MB	Messbetrag

MZ	Messzahl
NAR	Nettoanfangsrendite
nbL	nicht betriebsnotwendige Liegenschaften
NF	Nutzfläche
NGF	Nettogrundfläche
NHK	Normalherstellungskosten
NNF	Nebennutzfläche
NJW	Neue Juristische Wochenschrift
NJW-RR	Neue Juristische Wochenschrift, NJW-Rechtssprechungsreport
NTP	Net Trading Profit
NWA	Nutzwertanalyse
OLG	Oberlandesgericht
ODP	Ozone Depletion Potential (Ozonzerstörungspotenzial)
PE	Projektentwicklung
PlanzeichenVO	Planzeichenverordnung
POCP	Photochemical Ozone Creation Potential (Ozonbildungspotential)
SGU	Sicherheit, Gesundheit, Umwelt (siehe auch EHS)
SW-RL	Sachwert-Richtlinie
TF	Technische Funktionsfläche
TP	Trading Profit
TU	Technische Universität
US-GAAP	United States Generally Accepted Accounting Principles
USt	Umsatzsteuer
UVP	Umweltverträglichkeitsprüfung
VE-Plan	Vorhaben- und Erschließungsplan
VG	Vollgeschoss
VP	Verträglichkeitsprüfung
VS	Vogelschutz
WBCSD	World Business Council for Sustainable Development
WEG	Wohnungseigentumsgesetz
WertR	Wertermittlungsrichtlinie

Symbolverzeichnis mathematischer Formeln

A Fläche (engl.: *area*)

C Kosten, Aufwendungen (engl.: *cost*)

c Kostenanteil

D Entfernung (engl.: *distance*)

d Dichte (als Investitionsdichte)

Δ Differenz

E Erfüllungsgrad

F Faktor, Kennzahl, Multiplikator

G Gewichtung

I Einnahmen, Erträge (engl.: *income*)

K Kriterium; mit 1, 2, 3, ... n Kriterien (K_n)

M Miete

MB   Messbetrag

MZ   Messzahl

N Nutzen

P Profit

p Zinssatz

q Aufzinsungsfaktor

$1/q$ Abzinsungsfaktor, Diskontierungsfaktor

S Standort; mit 1, 2, 3, ... m Standortalternativen (S_m)

$\sum$ Summe

T Risiko

t Zeit; (t_0 = Stichtag)

U Umsatz

V Verhältnis, Quotient

v Variationskoeffizient einer (statistischen) Verteilung

W Wert

X Basisgröße, Vergleichsgröße

Y Rendite (engl.: *yield*)

Z Zahlungsstrom, Cashflow

Inhaltsverzeichnis

Abbildungsverzeichnis

Tabellenverzeichnis

Einführung

Die Projektentwicklung wie auch das betriebliche Immobilienmanagement sind eigenständige Themen- und Berufsfelder der Immobilienwirtschaft, welche sich in der jüngeren Vergangenheit eines großen Interesses in den Fachmedien erfreuen durften. Allerdings werden diese zumeist eigenständig und getrennt voneinander behandelt. Es ist das Ziel des Buches, diese beiden sich in der Praxis sehr nahestehenden, in der Literatur in diesem Zusammenhang aber wenig bearbeiteten immobilienwirtschaftlichen Aufgaben zu vertiefen.

Die Projektentwicklung ist ein Spezialgebiet, welches in den vergangenen Jahren außergewöhnlich an Bedeutung gewonnen hat und somit immer stärker in das Blickfeld des Bauingenieurs oder des Immobilienexperten geraten ist. In der Fachliteratur und den Medien spielt hierbei insbesondere die Entwicklung von Wohn- und Gewerbeimmobilien wie Bürokomplexen etc. eine herausragende Rolle. Im industriellen Bereich steht eher die Umwandlung von Industriebrachen im Mittelpunkt des allgemeinen Interesses. Das betriebliche Immobilienmanagement, auch Corporate Real Estate Management genannt, hingegen erlebte in den 1980er Jahren in den USA und Großbritannien sowie in den 1990er Jahren in Deutschland einen starken Aufbruch. Danach wurde es sehr recht ruhig bis zum Beginn der Finanzkrise im Jahr 2008. Seitdem erlebt diese Branche eine Renaissance, welche auch in der Fachpresse entsprechende Anerkennung erfahren durfte.

Einer Studie der TU Darmstadt im Auftrag eines Konsortiums des Zentralen Immobilienausschuss e. V., CoreNet Global Inc., BASF SE, Eurocres GmbH und Siemens AG zufolge betrug der Wert des gesamten betrieblichen Immobilienvermögens in Deutschland ca. 3 Billionen Euro (3.000.000.000.000,– Euro).[1] Davon entfielen etwa 500 Milliarden Euro auf die anteiligen Grundstückswerte. Damit kam die Studie zu dem Schluss, dass etwa ein Drittel des Immobilienvermögens in Deutschland der Kategorie Corporate Real Estate zuzuordnen ist.

---

[1] Vgl. Pfnür, A.: Die volkswirtschaftliche Bedeutung von Corporate Real Estate in Deutschland, S. 16, 2014.

© Springer Fachmedien Wiesbaden 2014
T. Glatte, *Entwicklung betrieblicher Immobilien*,
Leitfaden des Baubetriebs und der Bauwirtschaft, DOI 10.1007/978-3-658-05687-2_1

Auch hinsichtlich der Asset-Klassen generierte die Studie sehr interessante Ergebnisse. Demnach machen Handels- und Lagerimmobilien mit 35 % den größten Anteil des Flächenbestandes im Corporate Real Estate aus. Dem folgen Verwaltungsgebäude mit 29 %, Fabrikations- und Werkstattgebäude mit 22 %, sonstige Gebäude mit 10 % sowie Hotels und Gaststätten mit 4 %.[2] Allerdings bemängelt die Studie ebenfalls die noch stark ausbaufähige Transparenz und mahnt die weitere Professionalisierung des Corporate Real Estate Managements an. Dies ist umso erstaunlicher, da viele Unternehmen außerhalb der Immobilienwirtschaft in ihren Kerngeschäftsprozessen sehr professionell und wettbewerbsfähig aufgestellt sowie häufig international weitläufig präsent sind.

Das Schlagwort „Globalisierung" trifft somit nicht nur für die Industrie-, Handels-, Telekommunikations- und Finanzkonzerne zu. Auch vor der Bau- und Immobilienbranche macht das Thema nicht halt. Die Internationalisierung ist ein Trend, der für die deutsche Baubranche mit ersten Großprojekten in den 1960er Jahren im Nahen Osten begann. Mittlerweile erzielen große deutsche Baukonzerne einen Großteil ihres Umsatzes im Ausland. Beispielhaft sei hier Bilfinger SE genannt. Das Unternehmen, welches sich nicht nur seit einigen Jahren vom klassischen Baukonzern hin zu einem integrierten Immobiliendienstleister wandelt, erwirtschaftet mittlerweile einen großen Teil des Umsatzes außerhalb Deutschlands. Der Anteil des Auslandsgeschäftes der Bilfinger SE beträgt mittlerweile ca. 61 % am Gesamtumsatz (Stand 2013). Dabei entfallen 42 % auf Europa, 11 % auf Amerika, 3 % auf Afrika und 5 % auf Asien[3].

Aber auch kleine und mittelständische Bauunternehmen, Architektur- und Ingenieurbüros sowie Bauträger und Projektentwickler expandieren ins Ausland und sind gerade im europäischen und ostasiatischen Raum mit Projekten sehr aktiv. Dabei orientiert sich die Aktivität aufgrund der geringen Wachstumsraten, des großen Wettbewerbs und der schwindenden Margen mittlerweile weniger an den entwickelten Industrienationen. Im Zuge der rasanten Entwicklung sind die Schwellenländer Osteuropas und Ostasien in der jüngeren Vergangenheit immer mehr ins Blickfeld des Interesses gerückt. Noch deutlicher wird die Internationalisierung natürlich mit Blick auf die zuvor genannten Industrieunternehmen. Die BASF SE, das weltweit führende Chemieunternehmen, erwirtschaftet zwar immer noch 42 % des Konzernumsatzes in Deutschland. Auf das restliche Europa entfallen noch 16 % Umsatz. Die übrigen Regionen tragen jedoch bereits deutlich höher zum Gesamtumsatz bei – Nordamerika mit 20 %, Asien-Pazifik mit 16 % sowie Südamerika, der Mittlere Osten und Afrika mit 6 % (Stand 2013).[4]

Um diesem Trend gerecht zu werden, beschränkt sich das Buch nicht nur auf das deutsche Bau- und Immobilienumfeld. Die behandelten Themen sind so aufbereitet, dass sie nicht nur im deutschsprachigen Raum, sondern in einem international geprägten Umfeld Bestand haben. Eine regionale Einschränkung soll bewusst vermieden werden. Daher

---

[2] Vgl. Pfnür, A.: Die volkswirtschaftliche Bedeutung von Corporate Real Estate in Deutschland, S. 19, 2014.
[3] Vgl. Bilfinger SE: Geschäftsbericht 2013, S. 66.
[4] Vgl. BASF SE: Bericht 2013, S. 88.

werden Fachbegriffe, sofern es sinnvoll erscheint, nicht nur in deutscher, sondern auch englischer Sprache angegeben. Es wird darauf Wert gelegt, die Grundprinzipien möglichst allgemeingültig darzustellen. Dabei wird allerdings immer wieder auf die Sachlage in Deutschland als „Basis" Bezug genommen.

Das Buch widmet sich in Kap. 2 zunächst einigen Grundlagen des betrieblichen Immobilienmanagements (engl.: *Corporate Real Estate Management*) und der Projektentwicklung. Es legt die fachliche Basis für die nachfolgenden Kapitel und zeigt auf, welche Rolle die Projektentwicklung innerhalb des Corporate Real Estate Managements spielt.

Im Anschluss führt das Buch durch die einzelnen Phasen einer Projektentwicklung – von der Projektinitiierung (Kap. 3) über die Projektkonzeption (Kap. 5) bis zur Projektkonkretisierung (Kap. 8). Dabei ist darauf hinzuweisen, dass sich dieses Buch auf die Phasen einer Projektentwicklung im engeren Sinne fokussiert. Die Projektdurchführung, also die bauliche Umsetzung, wird explizit ausgespart. Hier sei auf die bereits zahlreich vorhandene Fachliteratur verwiesen.

Das Durchlaufen der einzelnen Phasen einer Projektentwicklung wird ergänzt durch Kapitel, die gezielt einzelne fachliche Aspekte vertiefen. Dazu gehören planerische Grundlagen (Kap. 4), nicht-monetäre und monetäre Verfahren zur Projektbewertung (Kap. 6 und 7) sowie Fragen der rechtlichen Absicherung von Standorten (Kap. 9). Abschließend widmet sich dieses Buch gesondert noch einmal dem Aspekt der Verwertung von betrieblichen Liegenschaften. Aus Sicht der Projektentwicklung handelt es sich hierbei um den Sonderfall einer Entwicklung von Bestandsliegenschaften (Kap. 10). Ergänzt werden die einzelnen fachlichen Ausführungen durch praxisorientierte Fallbeispiele.

Für das Studium der nachfolgenden Kapitel ist es durchaus sinnvoll, die jeweils aktuelle Version des Baugesetzbuches (BauGB), der Baunutzungsverordnung (BauNVO) sowie der LBauO (Rheinland-Pfalz) oder LBO (Baden-Württemberg), der DIN 277 „Grundflächen und Rauminhalte im Hochbau" und der Immobilienwertermittlungsverordnung (ImmoWertV) ergänzend zur Hand zu haben. Dieses Buch basiert in seiner ersten Auflage auf dem zum Jahresbeginn 2014 aktuellen Stand der vorgenannten Gesetze, Verordnungen und Standards.

Grundlagen

2

2.1 Grundsätzliches

Weltweit findet seit einigen Jahren eine der größten Umstrukturierungen der Wirtschaft statt, wovon auch Deutschland stark betroffen ist. Dieser Umstrukturierungsprozess bringt zudem einen ungewöhnlich hohen Kapitalbedarf mit sich. In diesem Zusammenhang wurde – verglichen mit angelsächsischen Ländern sehr spät – auch in Deutschland die Immobilie als eine wichtige Ressource erkannt und damit begonnen, deren Potentiale für den Finanzierungsbedarf von Unternehmen zu heben.

Ziel dieses Kapitels ist es, eine Einführung in das betriebliche Immobilienmanagement zu geben und grundlegende Aspekte von Projektentwicklungen zu vermitteln.

2.2 Corporate Real Estate Management

2.2.1 Begriffsbestimmung

Anfang der 1990er Jahre lautete eines der bestimmenden Themen der Immobilienwirtschaft „Corporate Real Estate Management", kurz CREM. Auf die – wie so oft – aus dem angelsächsischen Raum herübergeschwappte Welle stürzten sich Wissenschaft und Wirtschaft gleichermaßen. Die Konzerne schufen Immobilienabteilungen oder entstaubten ihre Liegenschaftsverwaltungen. Doch schon bald wurde es zunehmend ruhig und erst mit Beginn der Finanzkrise im Jahr 2008 tauchte das Thema CREM wieder in der öffentlichen Wahrnehmung verstärkt auf. Warum ist das so? Was war geschehen?

Ein guter Einstieg in die Untersuchung ist wie so oft das Hinterfragen der Begrifflichkeit, insbesondere wenn es sich um einen englischsprachigen Fachbegriff handelt. Unter Corporate Real Estate Management wird das wert- und erfolgsorientierte Beschaffen, Betreuen und Verwerten von betrieblichen Immobilien verstanden. Es handelt sich also um die Immobilienvermögen von Unternehmen der Privatwirtschaft (engl.: *Corporates*), da-

© Springer Fachmedien Wiesbaden 2014
T. Glatte, *Entwicklung betrieblicher Immobilien*,
Leitfaden des Baubetriebs und der Bauwirtschaft, DOI 10.1007/978-3-658-05687-2_2

Abb. 2.1 Übersicht der immobilienwirtschaftlichen Managementdisziplinen[1]

her auch *Corporate Real Estate* genannt. Deren originärer Unternehmenszweck zielt auf jegliche Formen unternehmerischer Tätigkeit ab, außer der Errichtung, Bewirtschaftung oder Verwertung von Immobilien. Damit werden sie aus der Sicht der Immobilienwirtschaft auch als *Non-Property-Companies* bezeichnet.

Dabei umfasst das Corporate Real Estate Management im weiteren Sinne alle strategischen, taktischen und operativen Ebenen der immobilienwirtschaftlichen Wertschöpfung, also das Portfoliomanagement, das Asset-Management, das Property Management und das Gebäudemanagement sowie nicht selten sogar weitergehende infrastrukturelle Dienstleistungen, auch Facility Services genannt (siehe Abb. 2.1). Im engeren Sinne werden unter Corporate Real Estate Management lediglich die strategischen und taktischen Wertschöpfungsebenen verstanden.

▶ **Definition des Corporate Real Estate Managements nach Pfnür** *„Unter betrieblichem Immobilienmanagement (Corporate Real Estate Management, CREM) sollen*

---

[1] Eigene Weiterentwicklung auf den Grundlagen von Teichmann, S.: Bestimmung und Abgrenzung von Managementdisziplinen im Kontext des Immobilien- und Facility Management, ZIÖ 2/2007, Abb. 5, S. 12 und Kämpf-Dern, A.: Bestimmung und Abgrenzung von Managementdisziplinen im Kontext des Immobilien- und Facility Management, ZIÖ 2/2008, Abb. 2, S. 60.

alle liegenschaftsbezogenen Aktivitäten eines Unternehmens verstanden werden, dessen Kerngeschäft nicht in der Immobilie liegt. CREM befasst sich mit dem wirtschaftlichen Beschaffen, Betreuen und Verwerten der Liegenschaften von Produktions-, Handels- und Dienstleistungsunternehmen im Rahmen der Unternehmensstrategie. Die Liegenschaften dienen zur Durchführung und Unterstützung der Kernaktivitäten."[2]

2.2.2 Begriffliche Abgrenzungen

2.2.2.1 Institutionelles und betriebliches Immobilienmanagement

Immobilien sind als vergleichsweise sichere Geldanlage sehr beliebt. Die Sicherheit für Investoren leitet sich insbesondere aus der Tatsache ab, dass es sich bei Immobilien um „reale Werte" handelt, d. h. um physisch existierende und nutzbare Objekte. Gerade in Krisenzeiten zeigt die oft stattfindende Flucht in Sachanlagen, wie beispielsweise Immobilien, die hohe Wertschätzung als „sicherer Hafen" für Investoren.

Grund hierfür ist einerseits die faktisch „ewige Existenz" von Grund und Boden, andererseits die Dauerhaftigkeit und Langlebigkeit von baulichen Anlagen. Ein totaler Wertverlust wie beispielsweise bei Wertpapieren tritt bei Immobilienbesitz daher nur in sehr extremen Ausnahmesituationen ein.

Das sogenannte institutionelle Immobilienmanagement konzentriert sich daher auf die Beschaffung, die Bewirtschaftung und den Verkauf von Immobilien zum Zwecke der Investition. In diesem Fall spricht man von Anlageimmobilien. Der primäre Fokus des institutionellen Immobilienmanagements liegt in dem Erwirtschaften einer Rendite aus den Anlageimmobilien sowie einer Optimierung zwischen der Rendite einerseits und den aus den Immobilien erwachsenden Risiken andererseits.

Anders als in der klassischen Immobilienbranche sind in der betrieblichen Immobilienwirtschaft nicht die durch Errichtung, Vermietung oder Verkauf erzielbaren Immobilienrenditen, sondern die (Eigen-)Nutzerbedürfnisse primäre Treiber für die Errichtung, Ausgestaltung, Bewirtschaftung und Verwertung der Immobilien. Deren Erfordernisse können je nach Immobilienart recht einfach, durchschnittlich oder von sehr hoher Komplexität sein.

Die Erfordernisse hinsichtlich der Nutzung werden im betrieblichen Immobilienmanagement traditionell vom Nutzer selbst vorgegeben. Der Nutzer ist hier Repräsentant des Kerngeschäftes und somit des Bereiches, der das eigentliche Geld im Unternehmen verdient.

Daher ist dessen Rolle gegenüber dem Vertreter der Immobiliensicht vergleichsweise stark. In Corporates herrscht also in der Innensicht üblicherweise ein – im Immobilienfachjargon – „Mietermarkt".

Der Hintergrund für den Blick auf die Immobilie hängt mit einer geänderten Sicht der Unternehmen – insbesondere aufgrund einer erhöhten Wettbewerbssituation im interna-

---

[2] Pfnür, A.: Die volkswirtschaftliche Bedeutung von Corporate Real Estate in Deutschland, S. 14, 2014.

tionalen Marktumfeld – zusammen. Während der Unternehmensfokus bei Verbesserungs- und Kostensenkungspotentialen bis vor einigen Jahren noch auf den Produktionsprozessen und dem Personal lag, werden heute mittlerweile insgesamt fünf Unternehmensressourcen identifiziert:

- Arbeit,
- Kapital,
- Technologie,
- Information,
- Immobilien.

Dies ist insofern logisch, da die Unternehmensimmobilien oft einen der größten Kostenblöcke und einen sehr großen Teil des Unternehmensvermögens darstellen. Im Zuge dessen hat sich der Umgang mit der „Ressource" Immobilie ebenfalls deutlich verändert.

Die Tatsache, dass die Immobilie nicht Kerngeschäft, sondern – rein betriebswirtschaftlich gesehen – ein Betriebsmittel zur Erfüllung des (Kern-)Geschäftszweckes ist, führt bei den Corporates zu einigen Besonderheiten im Umgang mit ihren betrieblichen Immobilien, auch wenn es sehr wohl eine Vielzahl von Parallelen hinsichtlich Aufbau, Struktur und Aufgabenverteilung mit der klassischen Immobilienwirtschaft gibt (siehe Abb. 2.1).

Die Berichtssaison der börsennotierten Konzerne ermöglicht immer wieder etwas Einblick in die Unternehmen – nicht nur hinsichtlich ihrer wirtschaftlichen Situation, sondern auch bezüglich ihrer Ausrichtung. Gerade letztere ist – wenig überraschend – ausnahmslos geprägt vom Kerngeschäft des Unternehmens und hinter der Ausrichtung eines Unternehmens verbirgt sich schlussendlich die Unternehmensstrategie.

Auch aus der Sicht der Rechnungslegung gibt es signifikante Unterschiede zwischen dem institutionellen und betrieblichen Immobilienmanagement bzw. zwischen Anlageimmobilien und Betriebsimmobilien. International agierende Unternehmen bilanzieren zumeist nach den International Financial Reporting Standards (IFRS). Dies sind internationale Rechnungslegungsvorschriften für Unternehmen, welche vom International Accounting Standards Board (IASB) herausgegeben werden. Unabhängig von nationalen Rechtsvorschriften regeln sie die Aufstellung international vergleichbarer Jahres- und Konzernabschlüsse. Innerhalb der IFRS gibt es für Immobilien zwei wichtige Standards – der International Accounting Standard 16 (IAS 16) und der International Accounting Standard 40 (IAS 40).

Rechnungslegung nach IAS 16 Der IAS 16 regelt die Bilanzierung des Sachanlagevermögens (engl.: *property, plant and equipment*) eines Unternehmens[3]. Dabei müssen diese Vermögenswerte vom jeweiligen Unternehmen zur Herstellung von Produkten oder Dienstleistungen, zur Vermietung oder für administrative Zwecke gehalten werden. Des Weiteren werden diese Vermögenswerte voraussichtlich länger als ein Jahr genutzt. Im

---

[3] Anm. des. Verf.: siehe hierzu auch Abschn. 8.2.

Falle des Zugangs zu einem Vermögensgegenstand – also beispielsweise in Form des Baus oder Kaufes einer Immobilie – erfolgt nach IAS 16 wie auch im deutschen Bilanzrecht die Bewertung und Ausweisung in der Bilanz in Höhe der Anschaffungs- oder Herstellungskosten. Zu den Anschaffungskosten gehören:

- Kaufpreis abzüglich der Rabatte, des Skontos usw.,
- Kosten der Standortvorbereitung,
- Transport- und Montagekosten,
- Transaktionskosten wie Grunderwerbsteuer, Berater- und Notarkosten,
- Kosten von Testläufen.

Aus der Sicht des Corporate Real Estate Managements ist insbesondere die Folgebewertung in den nachfolgenden Jahren interessant. Bei der Folgebewertung nach IAS 16 besteht ein Wahlrecht zwischen zwei Modellen:

- Methode der fortgeführten Anschaffungs- oder Herstellungskosten (engl.: *cost model*),
- Neubewertungsmethode (engl.: *revaluation model*).

Bei dem *cost model* werden die Anschaffungs- oder Herstellungskosten um die planmäßige und/oder außerplanmäßige Abschreibung vermindert. Bei dem *revaluation model* erfolgt die Bewertung mit dem üblichen Marktwert (engl.: *fair value*) abzüglich planmäßiger oder außerplanmäßiger Abschreibungen.

Rechnungslegung nach IAS 40 Der IAS 40 regelt die Bilanzierung von als Finanzinvestition gehaltenen Immobilien, also Anlageimmobilien (engl.: *investment properties*). Unter IAS 40 fallen Vermögenswerte wie Grundbesitz oder Immobilien, die als Finanzinvestitionen etwa zur Erzielung von Mieteinkünften gehalten werden. Unter Anlageimmobilien fallen keine Sachanlagen, welche im operativen Geschäft, etwa für die Produktion, Dienstleistung oder Verwaltung, genutzt oder zum Verkauf im Rahmen des gewöhnlichen Geschäftsbetriebes gehalten werden. Die Bilanzierung solcher Sachanlagen ist im IAS 16 geregelt.

Anlageimmobilien sind zunächst mit den Anschaffungs- oder Herstellungskosten zu bewerten. Dies schließt die Transaktionskosten, z. B. in Form von zu zahlenden Steuern und Notargebühren, ein. Die Erstbewertung ist somit identisch mit der Erstbewertung des normalen Sachanlagevermögens nach IAS 16. Der wesentliche Unterschied liegt in der Folgebewertung in den Jahren nach der Anschaffung. Anlageimmobilien sind dabei nach dem beizulegenden Zeitwert zu bewerten. Hierbei handelt es sich um jenen Wert, der sich zum Zeitpunkt des Bilanzstichtages am Markt erzielen lässt, also den üblichen Marktwert (engl.: *fair value*).

Das *fair value model* des IAS 40 unterscheidet sich konzeptionell von der nach IAS 16 zulässigen Neubewertungsmethode. Beim *fair value model* sind Gewinne und Verluste, die aus dem neuen Wertansatz resultieren, sofort in der Gewinn- und Verlustrechnung des

Unternehmens (GuV) zu erfassen. Beim Neubewertungsmodell nach IAS 16 sind Gewinne in eine Neubewertungsrücklage innerhalb des Eigenkapitals einzustellen.

   In der IAS 40 ist ein Wahlrecht zwischen der Bewertung zu fortgeführten Anschaffungs- oder Herstellungskosten und der Bewertung zum Fair Value kodifiziert, welches jedoch einheitlich für alle Anlageimmobilien vorzunehmen ist. Ein Methodenwechsel darf nur vollzogen werden, wenn der Wechsel den Einblick in die Vermögens-, Finanz- und Ertragslage verbessert. Allerdings ist es unwahrscheinlich, dass ein Wechsel vom *fair value model* zum *cost model* den Einblick verbessert. Somit ist in der Praxis grundsätzlich nur ein Wechsel vom *cost model* zum *fair value model* realistisch darstellbar. Ein solcher Wechsel muss jedoch für den gesamten Bestand der Anlageimmobilien angewandt werden.

IAS 16 versus IAS 40 im Corporate Real Estate Management   Aus den vorgenannten Definitionen des IAS 16 und des IAS 40 unterliegen betriebliche Immobilien zumeist den Erfordernissen des IAS 16, solange diese für die betrieblichen Zwecke des nicht auf Renditeerzielung aus Immobilien orientierten Kerngeschäftes notwendig sind. Andernfalls gilt der IAS 40. Daher ist aus der Sicht des Kerngeschäftes eine Unterscheidung in betriebsnotwendige und nicht betriebsnotwendige Immobilien angebracht.

2.2.2.2   Betriebsnotwendige und nicht betriebsnotwendige Immobilien

Immobilien sind für einen Corporate zur Erfüllung des eigentlichen Zweckes des Kerngeschäftes notwendig. Gewerbliche und industrielle Fertigung finden in Produktionsgebäuden statt, die Instandhaltung von Produktionsanlagen wird in Werkstattgebäuden durchgeführt, in Laboren wird geforscht, Verwaltungsaktivitäten werden in Bürogebäuden abgewickelt und Sozialgebäude werden für die allgemeine Versorgung, aber auch für die Qualifikation der Mitarbeiter, z. B. in Form von Kantinen oder Schulungszentren, benötigt. Solange der Bedarf betrieblich vollumfänglich begründet ist, sind diese Immobilien betriebsnotwendig.

   Aus einer Vielzahl von Gründen kann sich dieser betriebliche Bedarf über den Lebenszyklus einer Immobilie wandeln. Sobald dieser nicht mehr gegeben ist, ist die Liegenschaft nicht mehr betriebsnotwendig. In einem solchen Fall bindet sie jedoch noch Kapital, welches dem eigentlichen Kerngeschäft als Investitionsmittel nicht zur Verfügung steht. Die Identifikation von nicht betriebsnotwendigen Liegenschaften innerhalb des Unternehmens und deren – aus der Sicht des jeweiligen Unternehmens – optimierte Verwertung hinsichtlich möglicher Chancen und Risiken gehören zu den absoluten Kernaufgaben eines Corporate Real Estate Managers.

   Wichtig ist die Unterscheidung zwischen betriebsnotwendigen und nicht betriebsnotwendigen Immobilien, wie in Abschn. 2.2.2.1 bereits ausgeführt, auch aus der Sicht der Rechnungslegung. Nicht betriebsnotwendige Immobilien sind somit nach IAS 40 zu bilanzieren. Beispiele für die Anwendung des IAS 40 sind:

- Grundstücke, die nicht mehr für die Produktion benötigt, sondern zur langfristigen Wertsteigerung, beispielsweise durch eine Projektentwicklung, gehalten werden.
- Gebäude, welche früher für die eigene Verwaltung genutzt wurden und heute an (unternehmensfremde) Dritte vermietet sind.

Die Vermietung eines Gebäudes an ein anderes Unternehmen innerhalb des Konzerns ist jedoch nicht als Anlageimmobilie anzusehen und unterliegt somit nicht dem IAS 40, sondern dem IAS 16.

Diese Unterscheidungen sind wichtig, da mit dem Zeitpunkt der Deklaration einer ehemaligen Betriebsimmobilie als „nicht betriebsnotwendig" eine Neubewertung im Sinne einer Anlageimmobilie erfolgt. Da Betriebsimmobilien üblicherweise nach dem *cost model* der IAS 16 (siehe Abschn. 2.2.2.1) bewertet werden, kann dies bei einer Neubewertung nach IAS 40 je nach Grad der Abschreibung zu signifikanten Aufwertungen oder Abwertungen der Immobilie und somit zu Anpassungen der Unternehmensbilanz führen[4].

2.2.2.3 Unternehmensimmobilien und Betriebsimmobilien

In der Literatur wie auch in einschlägigen Fachmedien ist immer wieder der Begriff „Unternehmensimmobilie" zu finden.

Im engeren Sinne wird darunter oft nur ein sehr eingeschränkter Umfang von Immobilien verstanden, beispielsweise:

- Produktionsgebäude,
- Logistikgebäude,
- Transformationsimmobilien,
- Gewerbeparks.

Zu den Transformationsimmobilien zählen nicht (mehr) betriebsnotwendige Liegenschaften, welche als ehemalige Fertigungsstätten über eine betriebsbedingt organisch gewachsene Gebäudestruktur verfügen. Üblicherweise weisen sie einen sogenannten „Campus-Charakter" auf, d. h. sie bestehen nicht aus einzelnen Gebäuden, sondern aus einem – üblicherweise auch infrastrukturell verbundenen – Gebäudekomplex. Unter dem Transformationsprozess wird der oftmals mehrjährige Übergang von einer vormals vollständigen (Eigen-)Nutzung zu einer anderweitigen Nachnutzung durch Dritte verstanden. Diesem geht die Klassifizierung der Liegenschaft als nicht betriebsnotwendige Immobilie durch den betrieblichen Vornutzer voraus.

Dabei wird die Liegenschaft klassischerweise durch den Corporate verkauft und zumindest in Teilen zurückgemietet. Die vorhandenen Mieterträge bieten dem Käufer die Möglichkeit, Entwicklungs- und Finanzierungsrisiken deutlich zu reduzieren sowie mithilfe dieser Erträge Umbaumaßnahmen oder Sanierungen vorzunehmen. Käufer derartiger Transformationsimmobilien sind häufig Projektentwickler, welche den Transformations-

---

[4] Anm. des. Verf.: siehe hierzu auch Abschn. 8.2.

prozess hin zu einem fungiblen und damit immobilienmarktfähigen Gewerbepark beglei-
ten und diesen nach weitgehendem Abschluss des Transformationsprozesses als Anlageimmobilie an Investoren veräußern.

Der Begriff „Betriebsimmobilie" ist deutlich weitreichender. Er umfasst alle Formen
von Immobilien, welche Corporates für die Umsetzung des Kerngeschäftes benötigen, also auch Verwaltungsgebäude, Sozialgebäude, Trainingszentren, Gebäude der Forschung
und Anwendungstechnik, landwirtschaftliche Bauten wie Gewächshäuser usw. Die Art
der Immobilien ist geradezu beliebig, solange die Nutzung dem Geschäftszweck selbst
dient. Auch in diesen Fällen wird in der Literatur gelegentlich der Begriff „Unternehmensimmobilie" verwandt. Während die Unternehmensimmobilien im engeren Sinne also
nur die vorgenannten Asset-Klassen der Immobilienwirtschaft abdecken, sind die Begriffe
Unternehmensimmobilie und Betriebsimmobilie im weiteren Sinne deckungsgleich.

In diesem Buch wird der Begriff „Unternehmensimmobilie" im weiteren Sinne verstanden. Die Begriffe Betriebsimmobilie, Unternehmensimmobilie und Corporate Real Estate
sind somit inhaltlich identisch.

2.2.2.4 Abgrenzung zu anderen Formen des Immobilienmanagements

Die Eigennutzungssicht des Corporate Real Estate Managements ist noch mit zwei weiteren Sonderformen des Immobilienmanagements vergleichbar:

- das Immobilienmanagement der öffentlichen Hand (engl.: *public real estate management*, kurz *PREM*),
- das kirchliche Immobilienmanagement (engl.: *ecclesiastic real estate management*).

Auch bei diesen beiden Formen des Immobilienmanagements werden die Bedürfnisse
durch den Nutzer, also den Staat mit seinen Behörden oder sozialen Einrichtungen sowie durch die Kirche mit ihren Gemeinden, Verwaltungsstrukturen sowie die ebenfalls
existierenden sozialen Einrichtungen definiert.

Eine weitere Gemeinsamkeit zwischen Corporate, Public und Ecclesiastic Real Estate
Management ist das Vorhandensein einer hohen Anzahl von – oft nicht marktfähigen –
Sonderimmobilien. Während dem betrieblichen Immobilienmanager die Nachnutzung
und Verwertung einer ehemaligen Industrieanlage Kopfzerbrechen bereitet, muss sich
beispielsweise ein kommunaler Immobilienmanager mit nicht mehr benötigten Schulen
und ein kirchlicher Immobilienmanager mit verwaisten Kirchenbauten aufgrund schrump-
fender Gemeinden auseinandersetzen.

Von behördlichen Auflagen wie Denkmalschutz, Sanierungskosten und hohem öffentlichem Interesse am Umgang mit den Immobilien sind alle drei Formen des Immobilienmanagements ebenfalls gleichermaßen betroffen.

Allerdings gibt es gerade bei den kaufmännischen Aspekten wie Buchhaltung und Bilanzierung sowie dem Fokus auf bestimmte Werttreiber – betriebswirtschaftlich, sozial,
kulturell wie auch gesellschaftlich – durchaus sehr deutliche Unterschiede. Daher macht
es Sinn, diese Formen des Immobilienmanagements getrennt zu betrachten.

Für die nachfolgenden Ausführungen dieses Buches wird der Fokus auf das Corporate Real Estate Management gelegt. Ein Großteil der Ausführungen zur Immobilienentwicklung und Immobilienverwertung kann jedoch uneingeschränkt auch für diese beiden Bereiche des Immobilienmanagements übernommen werden.

2.2.3 Grundlagen des Corporate Real Estate Managements

2.2.3.1 Herausforderungen an das Corporate Real Estate Management

Anders als bei Property-Unternehmen, deren Kerngeschäft und somit auch die Unternehmensstrategie immobilienwirtschaftlich geprägt sind, haben sich immobilienbezogene Strategien bei Non-Property-Unternehmen der allgemeinen Konzernstrategie unterzuordnen. Kurz: Das Kerngeschäft bestimmt den Umgang mit Immobilien – und nicht umgekehrt. Genau hier liegt aber ein Problem, mit welchem sich die CRE-Manager seit Jahren auseinandersetzen müssen. Dabei scheint bei genauerem Hinsehen eine reine Topdown-Hierarchie zwischen Business und CREM nicht sonderlich angebracht, sondern eine Wechselwirkung zwischen klar definierten Vorgaben des Kerngeschäftes einerseits und deren Rückkopplung mit den immobilienwirtschaftlichen Realitäten andererseits (siehe Abb. 2.2).

Warum sollte dies so sein? Ein Blick in die Bilanzen deutscher Unternehmen verrät, dass sie immer noch sehr hohe Immobilienvermögen ausweisen (5 % bis 20 % des Anlagevermögens). Die Rückfrage in den Immobilienabteilungen bestätigt nach wie vor die sehr hohen Eigentumsquoten im Immobilienportfolio (geringer Rückgang von 75 % auf 68 % zwischen 2000 und 2010[5]). Bei detaillierten Nachfragen zu den immobilien- oder

Abb. 2.2 Wechselwirkungen von Kerngeschäft und CREM

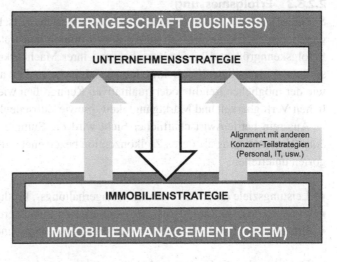

[5] Vgl. Pfnür, A; Weiland, S.: CREM 2010: Welche Rolle spielt der Nutzer?, Arbeitspapiere zur immobilienwirtschaftlichen Forschung und Praxis, Band Nr. 21, 2010.

arbeitsplatzbezogenen Kosten, die eine recht hohe Transparenz hinsichtlich der Prozesse, des Immobilienbestandes und letztendlich der Kosten erfordern, dünnt sich die Zahl der Ansprechpartner aufgrund des sehr heterogenen Reifegrades der jeweiligen Immobilienabteilungen in den Konzernen zudem sehr schnell aus. Dabei ist nicht einmal zu erkennen, dass wirtschaftlich schwächere Unternehmen wegen des Kostendrucks eine höhere Transparenz haben als vermeintlich renditestarke Unternehmen.

2.2.3.2 Unternehmensstrategie und Immobilienstrategie

Hintergrund dessen ist die Tatsache, dass in vielen Unternehmen der Abgleich zwischen Unternehmens- und Immobilienstrategie und somit zwischen operativen Anforderungen und immobilienwirtschaftlicher Umsetzung als Einbahnstraße verstanden wird – die CREM-Abteilung also als reiner Abwickler von operativen Vorgaben tätig ist. Das Ergebnis sind mangelnde Transparenz, ein umfangreiches Portfolio von nicht betriebsnotwendigen oder nicht effizient genutzten Flächen und somit hohe Immobilienkosten, welche letztendlich zu nicht wettbewerbsfähigen Betriebs- und Arbeits(platz)kosten führen.

Gerade die unflexible, „immobile" Wesensart einer Immobilie macht es durchaus notwendig, aus der innerbetrieblichen strategischen Einbahnstraße einen Gegenverkehr werden zu lassen (siehe Abb. 2.2). Im heutigen dynamischen und anspruchsvollen Wirtschaftsumfeld zählen insbesondere Flexibilität, Schnelligkeit und Renditestärke. Dies sind alles Vorgaben, wofür die Immobilien im klassischen Investmentmarkt gerade nicht bekannt sind. Dort werden Immobilien vor allem bei Versorgungswerken eher als Portfoliobeimischung wegen ihrer Stabilität und Sicherheit unter Inkaufnahme von niedrigeren Renditen geschätzt.

2.2.3.3 Erfolgsmessung

Somit ist es nicht nur logisch, sondern auch betriebswirtschaftlich sinnvoll, einen Abgleich zwischen Unternehmensstrategie und Immobilienstrategie gerade hinsichtlich der Erfolgskenngrößen, d. h. der Vorgaben und ihrer Machbarkeit herzustellen. Die Widersprüche im jeweiligen Wertbeitrag lassen sich insbesondere an quantitativen Kenngrößen wie der möglichen Rendite oder qualitativen Kenngrößen wie Flexibilität – also der zeitlichen Verfügbarkeit und Marktgängigkeit – sowie Zufriedenheitsgraden darstellen.

Aus rein betriebswirtschaftlicher Sicht wird die Summe aller (ökonomischen) Ziele einer Unternehmung als deren Zielkonzeption bezeichnet. Diese lassen sich in drei Kategorien unterteilen:

- Leistungsziele (z. B. Beschaffungs-, Lagerhaltungs-, Produktions- und Absatzziele),
- Finanzziele (z. B. Liquiditäts-, Investitions- und Finanzierungsziele),
- Erfolgsziele (z. B. Umsatz-, Wertschöpfungs-, Gewinn- und Rentabilitätsziele).

Dabei werden die Finanz- und Leistungsziele als wirtschaftliche Sachziele bezeichnet. Diese konzentrieren sich auf die Art und Weise des Wirtschaftens in der jeweiligen Unternehmung. Demgegenüber sind die Erfolgsziele als wirtschaftliche Formalziele auf die Darstellung der anzustrebenden Wirtschaftlichkeit bei der Verfolgung eben jener Sachziele abgestellt. Die Erfolgsziele wiederum können aus einer Vielzahl von Erfolgskenngrößen abgeleitet werden.

Ein gängiges Instrument zur Messung von Erfolgszielen ist die Ableitung von Rentabilitätskennzahlen aus den Erfolgskenngrößen, wobei unter Rentabilität im Allgemeinen die Fähigkeit zu verstehen ist, die aus einem Geschäftsprozess erwachsenden Aufwendungen (Kosten) durch entsprechende Einnahmen (Erträge) abzudecken. Sehr häufig wird der Begriff „Rendite" als Ausdruck einer Rentabilität verwandt.

Darunter ist der jährliche Gesamtertrag eines angelegten Kapitals zu verstehen, welcher zumeist in Prozent des angelegten Kapitals ausgedrückt wird. Mit Blick auf ein Non-Property-Unternehmen bleiben die aus Immobilien zu erzielenden (Vergleichs-)Renditen üblicherweise hinter den Renditeerwartungen an das Kerngeschäft zurück. Je nach Immobilienart und Risikoprofil sind Renditen zwischen 4,5 % und 8 % für klassische Immobilieninvestments marktüblich. Renditeerwartungen an Kerngeschäftsfelder beginnen bei vielen Corporates jedoch erst oberhalb dieses Bereiches.

Diese Messgrößen für einen „Erfolg" hinsichtlich der Rendite der Immobilie sind auf eine Investorensicht abgestellt. Es stellt sich grundsätzlich die Frage, ob dieser Ansatz für einen Corporate überhaupt anwendbar ist. Deren Sicht auf die Immobilie ergibt sich im Wesentlichen aus ihrer Nutzung. Diese Nutzung leitet sich aus einem vorhandenen Bedarf ab, welcher wiederum aus den Notwendigkeiten des Kerngeschäftes resultiert. Diese definieren letztendlich den Standort der Immobilie, ihre baulichen Gegebenheiten (Architektur, Innenausbau usw.) sowie – wünschenswerterweise – auch die damit verbundenen kaufmännischen und rechtlichen Aspekte.

Ein professionelles Immobilienmanagement kann in diesem Fall lediglich innerhalb des vom Kerngeschäft vorgegebenen Rahmens eine immobilienspezifische Optimierung durchführen.

2.2.3.4   Marktgängigkeit betrieblicher Immobilien

Ein Vergleich mit der reinen Investorensicht nur dann sinnvoll, wenn die betreffende Immobilie hinsichtlich ihrer Art und Lage umfassend marktgängig ist. Die Marktgängigkeit einer betrieblichen Immobilie leitet sich jedoch im Wesentlichen aus ihrer Drittverwendungsfähigkeit ab. Diese ist bei Unternehmensimmobilien oft nur bedingt gegeben. Vergleichsweise einfach ist die Drittverwendungsfähigkeit im Fall von Verwaltungsgebäuden, solange deren Lage eine Büronutzung zulässt. Industriell bzw. gewerblich produzierende Unternehmen sind aus sehr vielfältigen, aber auch nachvollziehbaren Gründen (Immissionsschutz, Verkehrsanbindung, Grundstückspreise usw.) gezwungen, Standorte am Rande oder weit außerhalb von urbanen Siedlungsgebieten aufzubauen und weiterzuentwickeln.

Im Falle von Verschiebungen der Produktionskapazitäten, welche zu einer Reduktion der Standortausnutzung führen, sind alternative Nutzungen nur begrenzt darstellbar. Vergleichsweise einfach ist eine Umnutzung oder Verwendung durch Dritte noch möglich, wenn es sich um standardisierte Produktions- und Lagerhallen handelt. Diese können einer

Verwertung zugeführt werden, gegebenenfalls mit Abschlägen aufgrund verschiedenster nutzerspezifischer Besonderheiten bei Konstruktion, Ausbau, Anbindung oder Verwendung der Immobilie. Das Schaffen von Vorgaben i. S. von marktüblichen und somit vermarktungsfähigen Bau- und Ausbaustandards für Industrie- und Lagerhallen würde hier jedoch die Anzahl von nicht marktfähigen und somit nicht verwertbaren Spezialimmobilien im Unternehmen verringern helfen. Dies wäre beispielsweise ein möglicher Wertbeitrag aus einem Alignment zwischen Immobilien- und Unternehmensstrategie.

Diese bei Produktions- und Lagereinrichtungen noch einfach nachvollziehbaren Aspekte einer schwer darstellbaren Drittverwendungsfähigkeit können jedoch auch bei anderen Immobilienarten, z. B. Büroimmobilien, zutreffen. So ist beispielsweise grundsätzlich die Notwendigkeit zu hinterfragen, Verwaltungsbauten innerhalb von Produktionsstandorten oder in peripheren Gewerbegebieten und nicht an bürospezifischen Standorten zu errichten. Derartige Büroimmobilien können bei Leerständen kaum einem Markt zugeführt werden und sind somit de facto eine Spezialimmobilie, die für einen externen Financier zu risikoreich ist. Damit belasten derartige Immobilien letztendlich als Kostenblock das Kerngeschäft.

Will sich eine CRE-Abteilung vom passiven Verwalter der Liegenschaften zu einem proaktiven Manager des Portfolios entwickeln, so ergeben sich einige weitere Ansätze. Diese zielen im Wesentlichen darauf ab, das betriebliche Immobilienportfolio selbst ein Stück näher an den klassischen Markt heranzurücken. Grundsätzlich kann dies durch eine entsprechende Standortwahl sowie einen unter Berücksichtigung einer möglichen Drittverwendbarkeit definierten Bau- und Ausbaustandard geschehen. In den Diskussionen um genau diese Aspekte bekommt der ambitionierte CRE-Manager jedoch schnell seinen internen „Mietermarkt" zu spüren, und zwar zu Unrecht, wie ein differenzierter Blick auf das Immobilienportfolio zeigt (siehe Abb. 2.3).

Es ist sicherlich richtig, dass komplexere Produktionsanlagen wie auch produktionsnahe Infrastrukturen schon rein baurechtlich nur in ausgewiesenen Gebieten – und üblicherweise in sehr peripheren Randlagen – errichtet werden können. Diese sind zudem meist sehr stark an spezifische Produktionsprozesse geknüpft und somit fast nicht standardisierbar. Eine Drittverwendbarkeit ist daher kaum gegeben und aus Wettbewerbsgründen oft nicht gewollt.

Differenzierter stellt es sich jedoch bei den anderen Immobilienarten dar. Bereits normale Werkshallen und Labore können – ein entsprechendes gewerbliches oder industrielles Umfeld vorausgesetzt – durchaus für Dritte interessant sein. Hierzu müssen die Gebäude jedoch bereits bei der Standortwahl räumlich positioniert sowie entsprechend markttauglich gebaut oder mit einfachen Mitteln umrüstbar sein. Dies erfordert von Anbeginn ein Einfließen von Kriterien und Anforderungen des klassischen Immobilienmarktes in die Standortwahl, die Werksplanung sowie die letztendliche Bauplanung.

Dafür sind aber Marktkenntnis sowie die Einsicht erforderlich, dass Immobilien zwar langfristig ausgelegte Investitionen darstellen, aber nicht für die Ewigkeit geschaffen werden – weder aus der Sicht der Nutzungskonzepte noch aus der Sicht der Nutzung an sich. Diese Überlegungen spielen in der Sicht des Kerngeschäftes eines Unternehmens

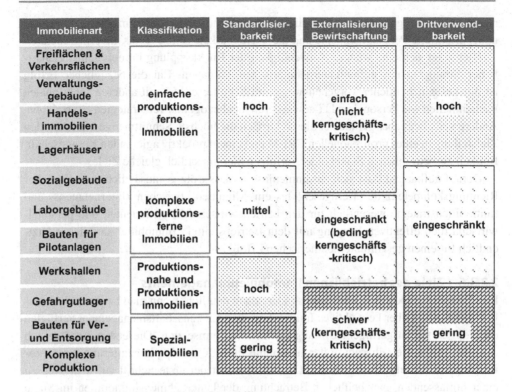

Immobilienart	Klassifikation	Standardisier-barkeit	Externalisierung Bewirtschaftung	Drittverwend-barkeit
Freiflächen & Verkehrsflächen	einfache produktions-ferne Immobilien	hoch	einfach (nicht kerngeschäfts-kritisch)	hoch
Verwaltungs-gebäude				
Handels-immobilien				
Lagerhäuser				
Sozialgebäude	komplexe produktions-ferne Immobilien	mittel	eingeschränkt (bedingt kerngeschäfts-kritisch)	eingeschränkt
Laborgebäude				
Bauten für Pilotanlagen				
Werkshallen	Produktions-nahe und Produktions-immobilien	hoch	schwer (kerngeschäfts-kritisch)	gering
Gefahrgutlager				
Bauten für Ver- und Entsorgung	Spezial-immobilien	gering		
Komplexe Produktion				

Abb. 2.3 Marktfähigkeit betrieblicher Immobilien

üblicherweise kaum eine Rolle. Businesspläne mit negativem Ausgang haben nun einmal wenig Aussicht auf Managementsupport. Der Umgang mit Exit-Szenarien zeigt somit auch in einem gewissen Umfang den Reifegrad der CREM-Organisation in einem Industrieunternehmen. Ziel ist hierbei nicht die Umkehr des internen „Mietermarktes" in einen „Vermietermarkt", sondern eine sinnvolle Balance zwischen den Interessen des Kerngeschäftes und den immobilienwirtschaftlichen Realitäten.

2.2.3.5 Nutzerzufriedenheit und Produktivität als Kenngrößen

Eine weitere qualitative Erfolgskenngröße ist die Nutzerzufriedenheit. Mit dieser in einem direkten Zusammenhang stehend ist als quantitative Kenngröße ebenfalls die Nutzerproduktivität zu nennen. Eine Studie der TU Darmstadt ermittelte allein hinsichtlich des Vorhandenseins unterschiedlicher Büroflächenkonzepte Produktivitätsabweichungen von bis zu 20 %[6]. Um jedoch Produktivitätsgewinne heben zu können, sind Eingriffe in traditionelle Flächennutzungskonzepte und somit auch in Betriebsabläufe, Hierarchieverständ-

---

[6] Vgl. Krupper, D.: Immobilienproduktivität: Der Einfluss von Büroimmobilien auf Nutzerzufriedenheit und Produktivität; Arbeitspapiere zur immobilienwirtschaftlichen Forschung und Praxis, Band Nr. 25, 2011.

nisse, an der Vergabe von vermeintlichen Statussymbolen (z. B. Einzelbüro, Parkplatz usw.) orientierte Personalkonzepte und die Verfügbarkeit von IT-Tools unvermeidlich.

Hier zeigt sich eine weitere Notwendigkeit der Rückkopplung immobilienwirtschaftlicher Strategien mit gesamtunternehmerischen Vorgaben. Ein diesbezüglicher Erfolg ist nur bei ganzheitlicher Vorgehensweise, im Schulterschluss mit anderen funktionalen Facheinheiten wie Personal und IT sowie deren fachbezogenen Teilstrategien zu erreichen. Andererseits liegt aber gerade bei diesen Größen die höchste Schnittmenge zwischen den Zielstellungen eines professionellen CREM und einem proaktiv agierenden Kerngeschäft. Beide innerbetrieblichen Stakeholder verfolgen hier ursächlich gleiche Ziele.

Darauf aufbauend lässt sich zusammenfassen, dass trotz grundsätzlicher strategischer Richtungskompetenz des Kerngeschäftes ein Alignment zwischen Unternehmens- und Immobilienstrategie wesentlich für den betriebswirtschaftlich effizienten und personalwirtschaftlich effektiven Umgang mit dem Betriebsmittel „Immobilie" und damit letztendlich für einen gesamtunternehmerischen Erfolg ist.

2.2.3.6 Ziele des betrieblichen Immobilienmanagements

Das Einsparungspotential wird insbesondere dann deutlich, wenn man bedenkt, dass viele Unternehmen über kein aktives Immobilien- und Liegenschaftsmanagement verfügten oder dieses nur in geringem Umfang professionell umsetzten. Die ersten Ansätze gab es meist in der Betreiberphase der Immobilie mithilfe der Implementierung eines professionellen Facility Managements. Dies ist aber nur der erste Schritt auf dem Weg zu einer umfassenden, ganzheitlichen Betrachtung der Unternehmensimmobilien im Sinne von Kostenoptimierungen.

Von der klassischen Liegenschaftsverwaltung einerseits bzw. dem Facility Management andererseits hat sich der Trend drastisch in Richtung eines eigenständigen Unternehmensgeschäftsfeldes oder zumindest eines „Profit Centers" mit marktnahem Management geändert. In diesem Sinne spricht man heute von einem „Corporate Real Estate Management", bei welchem eine Gewinnerzielung im Vordergrund steht.

Wenn nun die Erzielung von Gewinnen im Vordergrund steht, so haben Unternehmen mit *bestehenden Standorten*, gerade Industrieunternehmen, zwei Möglichkeiten:

- Erkennung und Realisierung von Wertsteigerungspotentialen bei nicht betriebsnotwendigen Liegenschaften (nbL),
- Erkennung und Ausreizung von Kostensenkungspotentialen bei betriebsnotwendigen Liegenschaften (bL).

Die Schwierigkeit des CREM besteht jedoch insbesondere darin, die o. g. Möglichkeiten auszuschöpfen und Gewinne daraus zu realisieren, ohne das Kerngeschäft des Unternehmens zu verändern oder anderweitig zu beeinträchtigen.

Darüber hinaus gilt es, bei *neu zu entwickelnden Standorten* ein Optimum aus:

- möglichst geringem Leerstand,
- Erweiterungsfähigkeit,
- Flexibilität und Anpassbarkeit an Veränderungen des Unternehmens und
- Sicherung der langfristigen Drittverwendungsfähigkeit

zu finden.

Ziel ist immer noch, die Rentabilität des Unternehmens als Ganzes zu steigern und damit einen wichtigen Beitrag zum Unternehmenserfolg zu leisten. Hierbei steht im Rahmen des CREM weniger die einzelne Immobilie als vielmehr die Gesamtheit der Immobilien und Liegenschaften des Unternehmens im Vordergrund.

Die Erfüllung der operativen und strategischen Unternehmensziele kann im Immobilienbereich durch verschiedene Detailaufgaben unterstützt werden, die sich von den o. g. allgemeinen Punkten ableiten:

- Vermeidung von Leerstand (ungenutzt oder überflüssig),
- Erhöhung und Optimierung der Nutzungseffizienz (Auslastung von Infrastrukturen und Energien, Flächennutzung usw.),
- Sicherung von notwendigen Erweiterungsoptionen zu minimalen Kosten,
- Generieren von Cashflow,
- Steuerliche Optimierung bei Ausnutzung der sich bietenden Vorteile,
- Vertragsmanagement und Schaffung von vertraglichen Rahmenbedingungen, welche Folgendes ermöglichen:
  - größtmögliche Flexibilität,
  - minimale Kosten,
  - minimale Haftungen bzw. Verbindlichkeiten,
- Ausgewogene Risikobetrachtung und Vermeidung von Risiken,
- Sicherung von langfristigen Verwertungspotentialen durch möglichst hohe Marktnähe und Drittverwendungsfähigkeit von,
  - gewähltem Standort und,
  - gewählter baulicher Ausführung.

2.3 Projektentwicklung

2.3.1 Begriffsbestimmung der Projektentwicklung

Vor der begrifflichen Eingrenzung der Projektentwicklung ist zu klären, was überhaupt ein Projekt ist. Die DIN 69901-5 (Projektmanagement – Begriffe) definiert ein Projekt als ein

„Vorhaben, das im Wesentlichen durch Einmaligkeit der Bedingungen in ihrer Gesamtheit gekennzeichnet ist"[7].

Bauvorhaben sind somit als Projekte anzusehen.

Unter Projektmanagement (engl.: *project management*) ist nach DIN 69901-5 die *„Gesamtheit von Führungsaufgaben, -organisation, -techniken und -mitteln für die Initiierung, Definition, Planung, Steuerung und den Abschluss von Projekten"*[8] zu verstehen. Die Projektentwicklungstätigkeit selbst ist jedoch in keinem Standard und durch keine gesetzliche Regelung beschrieben. Daher fehlen letztendlich auch rechtliche Marktzugangsbeschränkungen.

Durch den Gesetzgeber werden lediglich einzelne Elemente der Projektentwicklung reguliert wie beispielsweise:

- die Vertragsbeziehungen zwischen den Projektbeteiligten (z. B. durch HOAI, VOB, Zivilrecht),
- die Genehmigung des Bauvorhabens (Planungs- und Baurecht),
- die Zulassung bestimmter Bau- und Vertriebstätigkeiten (z. B. nach Makler- und Bauträgerverordnung),
- die Überlassung der Eigentums- oder Nutzungsrechte an den Flächen (Mietrecht, Kaufvertragsrecht).

Daher verwundert es nicht, dass in der Literatur hinsichtlich der begrifflichen Definition der Projektentwicklung recht unklare, unterschiedliche und z. T. auch recht kontroverse Vorstellungen bestehen, die eine einheitliche und klare Umschreibung und Abgrenzung der Projektentwicklungstätigkeit nicht ermöglichen.

Nachstehend sind zwei repräsentative Beispiele aus der gängigen Fachliteratur gegeben.

▶ **Definition nach Rolf Kyrein** *„Aufgabe der Projektentwicklung ist demnach, die technischen, wirtschaftlichen und rechtlichen Rahmenbedingungen für die Baurechtsschaffung herzustellen. "*[9]

▶ **Definition nach Claus J. Diederichs** *„Durch Projektentwicklungen sind die Faktoren Standort, Projektidee und Kapital so miteinander zu kombinieren, dass einzelwirtschaftlich wettbewerbsfähige, arbeitsplatzschaffende und -sichernde sowie gesamtwirtschaftlich, sozial- und umweltverträgliche Immobilienobjekte geschaffen und dauerhaft rentabel genutzt werden können. "*[10]

Der ersten Definition zufolge kann von einer Projektentwicklung „im engeren Sinn" gesprochen werden, welche alle Arbeitsbereiche von der Projektidee bis hin zu der Grundstücksakquisition und dem Erhalt einer Baugenehmigung beinhaltet.

---

[7] DIN 69901-5 Projektmanagement – Begriffe, Punkt 3.44.
[8] DIN 69901-5 Projektmanagement – Begriffe, Punkt 3.64.
[9] Kyrein, R.: Immobilien-Projektmanagement, Projektentwicklung und -steuerung, 1999, S. 79.
[10] Diederichs, C. J.: Immobilienmanagement im Lebenszyklus, 2006, S. 5.

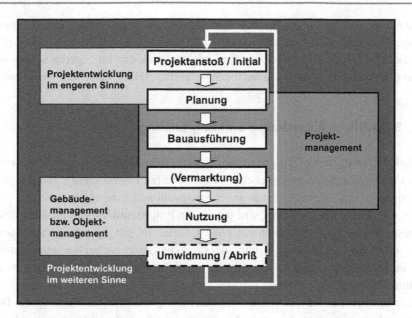

Abb. 2.4 Übersicht der Begriffe

Die zweite Definition umschreibt die Projektentwicklung „im weiteren Sinne", welche zusätzlich das Bauprojektmanagement und das Gebäudemanagement beinhaltet (siehe Abb. 2.4). Hintergrund dieser Begrifflichkeit ist eine Anlehnung an die Lebenszyklen von Immobilien.

Auf diese begriffliche Unterscheidung beziehen sich viele weitere Veröffentlichungen im Umfeld der Immobilienwirtschaft und insbesondere der Projektentwicklung, z. B. Alda/Hirschner[11] und Kochendörfer et al.[12]

2.3.2 Projektentwicklung im Lebenszyklus einer Immobilie

Der Lebenszyklus einer Immobilie kann grundsätzlich in drei Phasen gegliedert werden:

- Entstehung,
- Nutzung,
- Verwertung.

Die Entstehungsphase umfasst die Entwicklung, Planung und Realisierung eines Immobilienprojektes. In der Nutzungsphase wird die Immobilie – wie der Name bereits sagt – genutzt, instandgehalten und instandgesetzt bzw. modernisiert. Die Verwertungs-

---

[11] Vgl. Alda, W.; Hirschner, J.: Projektentwicklung in der Immobilienwirtschaft, 2009, S. 6.
[12] Vgl. Kochendörfer, B.; Liebchen, J. H.; Viering M. G.: Bau-Projektmanagement, 2010, S. 6.

phase umfasst Tätigkeiten wie den Rückbau, Abriss, die Umwidmung oder Umnutzung sowie den Verkauf eines Objektes.

Projektentwicklung – insbesondere die Projektentwicklung im engeren Sinne – findet daher in der Entstehungsphase wie auch der Verwertungsphase einer Immobilie statt.

2.3.3   Begriffliche Einordnung und Begrenzung

Der Inhalt dieses Buches wird sich auf die Projektentwicklung im engeren Sinne konzentrieren. Für die sich daran anschließenden Prozessstufen Baubetreuung und Bauprojektmanagement sei auf die bereits umfangreiche Auswahl an Literatur verwiesen.

Einer gesonderten Betrachtung wird jedoch die Projektentwicklung im Zuge des Verwertungsprozesses von Immobilien unterzogen. Unter den gängigen Begriffen „Revitalisierung" oder „Re-Development" kommt der Projektentwicklung bei Bestandsimmobilien gerade im urbanen wie auch im gewerblichen und industriellen Umfeld eine besondere Bedeutung zu.

Wie in den beiden vorangestellten Abschnitten dargestellt, ist die Nutzung des Begriffes „Projekt" auch in seiner Eingrenzung „im engeren Sinne" nach wie vor unklar. Eine Vielzahl von Standards, Verordnungen und gesetzlichen Rahmenbedingungen regelt zwar Teilaspekte der Projektentwicklung, jedoch weder abschließend noch einheitlich. Daher soll in Abb. 2.5 der Versuch unternommen werden, die Projektphasen des Bauherrn zwei verbreiteten Formen der Strukturierung von Projekten – der HOAI und der AHO – zuzuordnen.

Abb. 2.5 Einordnung der Begriffe

Die HOAI bietet als Honorarordnung für Architekten und Ingenieure neben ihrer originären Funktion als Basis für die Verpreisung von Architekten- und Ingenieurleistungen auch eine weit verbreitete Struktur für Projekte in Form von neun Leistungsphasen. Die Schriftreihe des Ausschusses der Verbände und Kammern für Ingenieure und Architekten für die Honorarordnung hat sich in ihrem Heft Nr. 9 wiederum dem Thema aus der Sicht des Projektmanagements gewidmet und ebenfalls eine fünfstufige Struktur für Projekte vorgeschlagen.

Es wird vorgeschlagen und im Rahmen dieses Buches umgesetzt, dass als Projektentwicklung (im engeren Sinne) die Leistungsphasen 1 bis 4 der HOAI – einschließlich einer vorausgehenden Initiierungsphase – sowie die Projektstufen 1 bis 2 der AHO Nr. 9 anzusehen sind.[13]

2.3.4 Grundlagen der Projektentwicklung

2.3.4.1 Ziel der Projektentwicklung

Das zentrale Ziel der Projektentwicklung ist es, eine Wertsteigerung der Liegenschaft – als Grundstück oder als Bauwerk – herbeizuführen.

Im Zuge des Projektentwicklungsprozesses gilt es dabei, sämtliche Potentiale zur Wertsteigerung aufzuzeigen. Hierfür sind die jeweiligen Chancen und Risiken zu analysieren und abzuwägen, um somit letztendlich die angemessenen Wertsteigerungspotentiale zu heben.

2.3.4.2 Umfeld und Rolle des Projektentwicklers

Das professionelle Umfeld des Projektentwicklers ist äußerst vielschichtig und komplex (siehe Abb. 2.6). Es setzt sich aus verschiedenen Rahmenbedingungen zusammen:

- technische und architektonische Rahmenbedingungen,
- wirtschaftliche Rahmenbedingungen,
- rechtliche Rahmenbedingungen.

Dabei ist zu beachten, dass jede der o. g. Rahmenbedingungen selbst Anforderungen und Einschränkungen für das Projekt mit sich bringt.

Kleinere Projekte haben ebenfalls eine Vielzahl von Interessengruppen (engl.: *stakeholder*) vorzuweisen, wie beispielsweise:

- die Behörden (Träger der Planungshoheit),
- die Banken,
- die Nachbarschaft bzw. die Öffentlichkeit,
- die letztendlichen Nutzer (bei Corporates die internen Nutzer, z. B. Geschäftsbereiche),
- die Grundstückseigentümer.

---

[13] AHO-Schriftenreihe Nr. 9, 2009, S. 5.

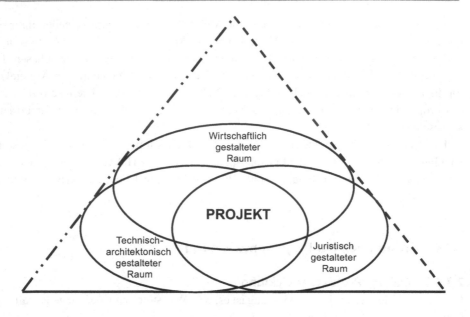

Wirtschaftlich limitierende Bedingungen   — · · — · · — · · — · · —

Technisch-architektonisch limitierende Bedingungen   – – – – – – – – – · ·

Rechtlich limitierende Bedingungen   ————————————

Abb. 2.6 Einflussfaktoren und Gestaltungsräume[14]

Ein Arbeiten in diesem Umfeld erfordert ein hohes Maß an Beharrlichkeit, Konsens-
fähigkeit und Kreativität, da nur in den seltensten Fällen alle Stakeholder das Projekt
gleichartig beurteilen und einhellig befürworten. Üblicherweise sind Dissens und Konflik-
te rein aufgrund unterschiedlicher Sichtweisen und Interessen – ökonomisch, ökologisch
wie auch sozial und kulturell – logisch und somit vorprogrammiert (Abb. 2.7).

In diesem Spannungsfeld agieren Projektentwickler oft nicht nur als treibende Kraft
für das Projekt, sondern auch als Vermittler zwischen den verschiedensten Berufsgruppen
wie Wirtschaftlern, Juristen, Architekten und Ingenieuren sowie letztendlich den Bauaus-
führenden (siehe Abb. 2.8).

Daher werden vom Projektentwickler technische, kaufmännische wie auch juristische
Fähigkeiten in etwa gleichem Maße gefordert. Darüber hinaus sind Koordinationsge-
schick, Management Skills und häufig politisches Verständnis gefragt.

---

[14] In Anlehnung an Kyrein, R.: Immobilien-Projektmanagement, Projektentwicklung und -steue-
rung, 1997, S. 80.

Abb. 2.7 Umfeld des Projektentwicklers (Stakeholderperspektive)

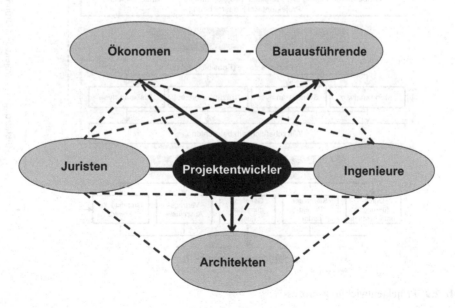

Abb. 2.8 Umfeld des Projektentwicklers (Qualifikationsperspektive)

2.3.4.3 Projektentwicklungsprozess

Der Prozess einer Entwicklung von Immobilienprojekten – dem Ansatz der Projektentwicklung im engeren Sinne folgend – lässt sich in drei wesentliche Abschnitte unterteilen:

- Projektinitiierung,
- Projektkonzeption,
- Projektkonkretisierung.

Als Projektinitiierung wird im Wesentlichen die Findungsphase eines Projektes bezeichnet. Hier werden die Rahmenbedingungen für das Projekt definiert und die ersten Grundlagen ermittelt. Die Projektkonzeption besteht in ihrem Kern aus der Machbarkeitsstudie. Die Projektkonkretisierung umfasst alle Maßnahmen bis zum Beginn der Projektrealisierung.

Die Projektrealisierung wie auch die nachfolgende Vermarktung, als Bestandteile einer Projektentwicklung im weiteren Sinne, werden hier bewusst ausgeklammert.

Der gesamte Projektentwicklungsprozess ist nach den drei vorgenannten Abschnitten gegliedert und zusammen mit deren wesentlichen Unterpunkten in Abb. 2.9 als Übersicht

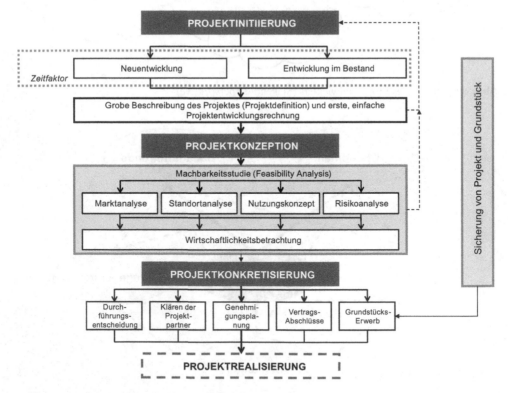

Abb. 2.9 Projektentwicklungsprozess[15]

---

[15] In Anlehnung an Schulte, K. W.; Bone-Winkel, S.: Handbuch Immobilien-Projektentwicklung, 2002, S. 40.

dargestellt. Auf die einzelnen Phasen wird in den folgenden Kapiteln detailliert eingegangen.

2.4 Projektentwicklung im Corporate Real Estate Management

Die Abb. 2.1 vergleicht lediglich die Betreuungsprozesse im Immobilienmanagement. Die
Beschaffungs- und Verwertungsprozesse wurden der Einfachheit halber ausgeblendet.

Grundsätzlich wird die Projektentwicklung als einer von mehreren wesentlichen Bau-
steinen des betrieblichen Immobilienmanagements gesehen (siehe Abb. 2.10). Der Lebenszyklus einer Immobilie ist über die drei Stufen „Entstehen – Nutzen – Verwerten"
abgesteckt. Daraus leiten sich die drei deckungsgleichen immobilienwirtschaftlichen Ma-
nagementprozesse „Beschaffen – Betreuen – Verwerten" ab.

Die strategische Managementebene des Portfoliomanagements umfasst den immobilienwirtschaftlichen Prozess in seinem vollen Umfang von der Beschaffung über die Be-
treuung bis hin zur Verwertung. Die taktisch-operativen Tätigkeiten des Betreuens bzw.
Bewirtschaftens von Immobilien werden durch das Asset Management, das Property Management sowie das Gebäudemanagement abgebildet.

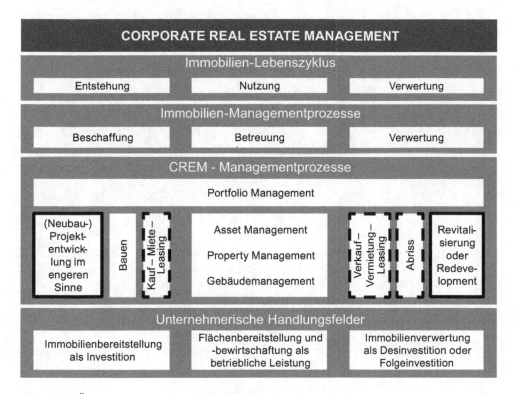

Abb. 2.10 Übersicht Corporate Real Estate Management

Eine Projektentwicklung findet lediglich im Beschaffungs- und Verwertungsprozess statt. Zwischen der Neuentwicklung einer Immobilie (Neubau) einerseits und der Entwicklung im Bestand andererseits im Sinne einer Revitalisierung oder eines vollständigen Redevelopments eines Gebäudes oder gar eines gesamten Areals bestehen kaum Unterschiede.

Letztere zielen auf eine umfangreiche, wenn nicht sogar vollständige Anpassung oder Änderung der bisherigen Nutzungen. Umbauten im Bestand im Sinne der weitestgehenden Fortführung bestehender Nutzungen sind als Planungs- und Bautätigkeiten der o. g. Betreuungsprozesse einzuordnen.

Im Rahmen dieses Buches werden die Prozesse, Analysen, Methoden und Berechnungen der Entwicklung von betrieblichen Immobilien beschrieben. Dabei werden die Ausführungen auf Projektentwicklungen im engeren Sinne für Neubauten (Beschaffung) und der Revitalisierung bzw. des Redevelopments von Bestandsliegenschaften (Verwertung) fokussiert.

Diese Bereiche sind in der Abb. 2.10 dick umrandet. Des Weiteren wird auf tangierende Themen – in Abb. 2.10 gestrichelt umrandet – in verschiedenen Abschnitten des Buches eingegangen.

Projektinitiierung

3

3.1 Grundsätzliches

Die erste Phase eines Projektes, die Projektinitiierung, wird nach DIN 69901-5 auch Initialisierungsphase (engl.: *initiation phase*) genannt. Darunter wird die *„Gesamtheit der Tätigkeiten und Prozesse zur formalen Initialisierung eines Projektes"*[1] verstanden. Bereits in dieser Phase scheitern viele Projekte, bevor sie überhaupt richtig Gestalt annehmen können. Andererseits können in dieser noch sehr frühen Phase bereits viele Fehler gemacht werden. Ziel ist es, in dieser Phase eine Struktur und damit eine solide Basis für das weitere Vorgehen zu schaffen. Gerade die Beantwortung der sehr einfachen Frage, was das Projekt erreichen soll bzw. was mit dem Projekt erreicht werden soll, gestaltet sich in der Praxis in Ermangelung ausreichender Informationen oder aufgrund einer diffusen Auftragslage oft als besonders schwierig. Ergebnis dessen sind unnötige Reibungsverluste im Projektverlauf oder auch erfolglos weitergeführte Projekte, welche bei einer klaren Aufgabendefinition bereits frühzeitig als unsinnig oder unwirtschaftlich identifiziert worden wären.

3.2 Konstellationen

Auslöser für ein Projekt ist zumeist eine Projektidee, also eine *„erste Idee bzw. ein Initialimpuls für ein zukünftiges Projekt"*[2]. Bei Projektentwicklungen kann prinzipiell zwischen drei unterschiedlichen Konstellationen differenziert werden (siehe Abb. 3.1). Diese werden nachstehend an Beispielen industrieller Projektentwicklungen erläutert.

Konstellation (I) „Projekt sucht Standort und Kapital" Für die Umsetzung eines Projekts werden ein geeigneter Standort und eine Finanzierung benötigt. Dies ist insbesondere bei

---

[1] DIN 69901-5 Projektmanagement – Projektmanagementsysteme – Teil 5: Begriffe, Nr. 3.25.
[2] DIN 69901-5 Projektmanagement – Projektmanagementsysteme – Teil 5: Begriffe, Nr. 3.60.

© Springer Fachmedien Wiesbaden 2014
T. Glatte, *Entwicklung betrieblicher Immobilien*,
Leitfaden des Baubetriebs und der Bauwirtschaft, DOI 10.1007/978-3-658-05687-2_3

Abb. 3.1 Konstellationen einer Projektentwicklung

der industriellen Ansiedlung von Unternehmen im Rahmen der Aufgaben des Corporate
Real Estate Managements der Regelfall. Es ist jedoch auch eine Standard-Konstellation
für professionelle Immobilienprojektentwickler, welche spezifische (nachgefragte) Immo-
biliensegmente entwickeln möchten.

Konstellation (II) „Standort sucht Projektidee und Kapital" Der Standort ist bereits bekannt. Für eine Entwicklung werden ein geeignetes Konzept (Nachnutzung) und eine
Finanzierung benötigt. Dies ist im industriellen Sektor der Regelfall für Industrie- und
Gewerbeparks sowie für kommunale bzw. behördlich getriebene Ansiedlungen. Des Weiteren ist dies eine klassische Situation für die Verwertung (Entwicklung) nicht betriebsnotwendiger Liegenschaften im Rahmen des Corporate Real Estate Managements von Non-
Property-Gesellschaften.

Konstellation (III) „Kapital sucht Standort und Projektidee" Bei dieser Konstellation ist
lediglich das Kapital vorhanden. In Abhängigkeit von Renditevorgaben (siehe Kap. 7)
werden geeignete Investitionsmöglichkeiten i. S. von Immobilienprojekten an realisie-
rungswürdigen Standorten gesucht. Dies ist die klassische Vorgehensweise von institutionellen Investoren und Immobilienfonds, wird aber hier nicht weiter vertieft.

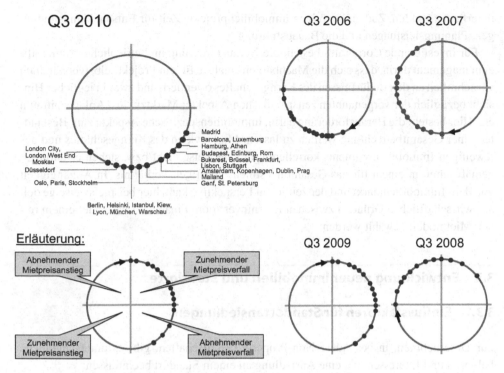

Abb. 3.2 Zyklen des Büroimmobilienmarktes in Europa 2006–2010[3]

Des Weiteren sollte der richtige Zeitpunkt (engl.: *timing*) für eine Projektentwicklung nicht vergessen werden. Dieser wird durch folgende Faktoren beeinflusst:

- Lebenszyklus der Immobilie,
- Marktzyklen für
  - Immobilien (siehe Abb. 3.2),
  - das Kerngeschäft des Unternehmens,
- Zeitverzögerungen (engl.: *time lags*) für
  - Entscheidungsfindungen,
  - Planungsleistungen,
  - Bauausführung etc.

Bei den o. g. Konstellationen sollte der Faktor „Zeit" jedoch zusätzlich berücksichtigt werden. Grund und Boden haben im Prinzip eine „unbegrenzte Lebenszeit". Demgegenüber steht aber eine Vielzahl externer Veränderungen, welche sich über die Zeit ergeben. So verändern sich Anforderungen an Immobilienobjekte über die Zeit (zeitgemäße Nutzung, Änderung des Bedarfs). Märkte – ob die der Immobilien oder des Kerngeschäftes –

---

[3] Basierend auf Jones Lang Lasalle: European Office Property Clock, Q3 2010, Januar 2011.

unterliegen Zyklen. Zudem benötigen Immobilienprojekte Zeit für Entscheidungsfindungen, Planungsleistungen und die Bauausführung.

Für investierende Corporates besteht die Herausforderung im betrieblichen Immobilienmanagement darin, dass sich die Machbarkeitsanalyse für ein Projekt selbstverständlich vornehmlich an den Bedürfnissen des Kerngeschäftes orientiert, und zwar in jeglicher Hinsicht bezüglich der vorgenannten zeitspezifischen Aspekte: Marktzyklus, Anlagezeitraum etc. Hier besteht die Herausforderung darin, immobilienspezifische Aspekte zum Bestandteil einer Gesamtbetrachtung werden zu lassen. Marktzyklen des Kerngeschäftes und des jeweiligen Immobiliensegments korrelieren üblicherweise nicht bzw. stehen erfahrungsgemäß selten in einem für das Gesamtinvestment günstigen Verhältnis. In Abhängigkeit von dem Immobilienmarkt und der zeitlichen Perspektive kann hier beispielsweise gezielt aus wirtschaftlichen Gründen zwischen Eigeninvestition, Financial Lease oder einem reinen Mietmodell gewählt werden.

3.3 Entwicklung neuer Immobilien und Standorte

3.3.1 Einflussfaktoren für Standortansiedlungen

Für Unternehmen, insbesondere Non-Property-Gesellschaften, gibt es unterschiedliche Faktoren und Interessen, die eine Ansiedlung an einem Standort beeinflussen:

a) Wirtschaftlich
- Marktanalyse und daraus resultierendes Wachstumspotential,
- Geringere Fertigungskosten,
- Reduktion der Logistikkosten,
- Steuern und Zölle,
- Investitionsanreize (Subventionen, Steuermodelle etc.),

b) Strategisch
- Sicherung oder Steigerung von Marktanteilen,
- Rolle der Wettbewerber im Markt,
- Langfristige Erwartungen hinsichtlich des Marktes,

c) Rechtlich
- Rechtsverhältnisse (Rechtssicherheit),
- Einfachheit vs. Komplexität der Gesetzgebung,
- Steuergesetzgebung (attraktive Rahmenbedingungen),
- Regulatorische Bedingungen (Erlaubnis für bestimmte Aktivitäten oder deren Verbot an anderen Orten),

d) Politisch
- Stabilität,
- Politische Ethik,
- Wirtschaftsethik.

3.3.2   Entwicklung von Industriestandorten

Im Fall eines Industrieunternehmens stellt sich bei einem Markteintritt zuerst die Frage, ob Exporte oder Lizenzvergaben zur gewünschten Marktdurchdringung ausreichen oder die Marktsituation eine Investition erfordert.

Sofern eine mögliche Investition ernsthaft in Erwägung gezogen wird, kann diese grundsätzlich im Sinne einer umsetzungsbezogenen Standortstrategie wie folgt getätigt werden:[4]

- Akquisition als *Asset Deal* (Kauf des vorhandenen Vermögens eines Unternehmens, z. B. in Form der Betriebsstandorte und -anlagen) oder *Share Deal* (Kauf der Geschäftsanteile an einem Unternehmen) oder
- Kooperation mit einem im Markt bereits agierenden Unternehmen oder
- ein Alleingang, z. B. mittels einer eigenständigen Neuansiedlung[5].

Die vorgenannten Alternativen sind in der nachstehenden Übersicht dargestellt (Abb. 3.3).

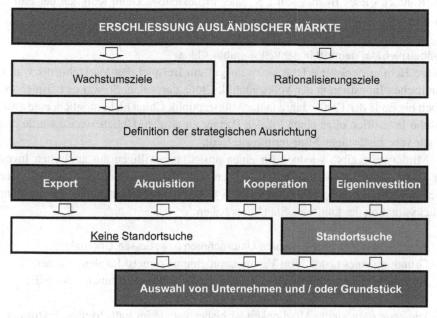

Abb. 3.3 Möglichkeiten für die Erschließung neuer Märkte[6]

---

[4] In Anlehnung an Perlitz, M.: Internationales Management, 2004, S. 185 ff.

[5] Vgl. Morschett, D.; Schramm-Klein, H.; Zentes, J.: Strategic International Management, 2009, S. 305.

[6] Vgl. Glatte, T.: Die internationale Produktionsstandortsuche im immobilienwirtschaftlichen Kontext, 2012, S. 15.

Alle drei Optionen werden, sofern möglich, nach folgenden unternehmerischen Überlegungen abgewogen:

- Vorhandensein von entsprechenden Industrieanlagen und deren Örtlichkeit,
- Bauzeit versus Integration existierender Strukturen,
- Marktpotential,
- Kundenpotential und Vertriebsstrukturen
- Vor- und Nachteile von Gemeinschaftsunternehmen mit lokalen Partnern,
- Technologie- und Patentschutz,
- Wettbewerbssituation,
- Übernahme von Verpflichtungen/Verbindlichkeiten (inklusive Altlasten),
- Sonstige.

In einer ersten Analyse, begleitet von Vor-Ort-Besichtigungen und einer noch recht einfach gehaltenen wirtschaftlichen Rechnung, wird über die Frage „Akquisition, Kooperation oder Eigeninvestition" entschieden und natürlich auch darüber, ob sich ein weiteres Vorgehen überhaupt lohnt.

Im Rahmen dieses Buches soll i. S. einer Projektentwicklung lediglich der Fall „Eigeninvestition" weiter untersucht werden.

Fallbeispiel: Markteintritt in der Volksrepublik China

Diese Herangehensweise lässt sich sehr gut am Beispiel des Markteintritts von ausländischen Industrien in der Volksrepublik China darstellen. So war es beispielsweise noch bis Ende der 1990er Jahre in der Volksrepublik China nicht möglich, eine ausländische Investition ohne einen lokalen Partner zu tätigen. Üblicherweise wurde dieser sogar vom zuständigen Ministerium zugeteilt.

Mittlerweile gibt es jedoch für einen ansiedlungswilligen ausländischen Investor in China drei verschiedene Möglichkeiten des Eintritts in den chinesischen Markt, welche – wie im Folgenden dargestellt – wesentliche Auswirkungen auf die Grundstückssituation des künftigen Standortes haben:[7]

- Anteilserwerb an einem lokalen Unternehmen bzw. dessen Übernahme,
- Gründung eines neuen Joint Ventures mit einem (zumeist lokalen) Partner,
- Gründung eines zu 100 % eigeninvestierten Tochterunternehmens (*WOFIE*).

Die erste dargestellte Möglichkeit ist bisher gerade im industriellen Sektor der am seltensten gewählte Weg aufgrund des Mangels an adäquaten Unternehmen. Der Markt wird immer noch von Staatsunternehmen bzw. deren Nachfolgern, welche durch ineffiziente Strukturen und veraltete Anlagen gekennzeichnet sind, dominiert. Darüber hinaus sind diese Unternehmen oft mit substantiellen Umweltproblemen im Produktionsprozess sowie Altlasten im Liegenschaftsbereich behaftet.

Somit sind die zweite und dritte aufgezeigte Möglichkeit immer noch die bevorzugten Wege eines Markteintritts. Neulinge im Chinageschäft, denen es an einer etablierten

Organisation mangelt, finden es zumeist attraktiver, ein Joint Venture zu gründen, auch wenn die Auseinandersetzung mit einem Partner im operativen Geschäft oft zusätzliche Komplexitäten mit sich bringt. Diese ermöglicht allerdings auch den unmittelbaren Zugriff auf eine existierende Organisationsstruktur. Des Weiteren werden die Kenntnisse des ansässigen, zumeist lokalen Partners im Zuge der behördlichen Genehmigungsverfahren häufig als sehr hilfreich empfunden.

Während die erstgenannte Alternative (der Anteilserwerb) im Prinzip mit der Akzeptanz von bestehenden Standorten und damit den dafür vorhandenen Grundstücksrechten einhergeht, beinhalten die beiden anderen Alternativen üblicherweise einen Prozess der Standortwahl und des Grundstückserwerbs.

3.4 Entwicklung im Bestand

3.4.1 Ursachen

Es gibt vielfältige Gründe, die dazu führen können, dass ein Standort oder eine Immobilie eine Projektidee und Kapital sucht. An dieser Stelle sollen die zwei Beispielfälle näher beleuchtet werden:

- Ein Gewerbe- oder Industriepark, der sich um Investoren für eine Ansiedlung bemüht,
- Ein nicht mehr betriebsnotwendiger Standort eines Unternehmens, welcher einer neuen Verwendung zugeführt werden soll.

3.4.2 Projektentwicklung in Gewerbe- und Industriegebieten

Prinzipiell gibt es zwei Formen von Industrie- und Gewerbegebieten, die sich zwar in ihrer Umsetzung ähneln, in ihrem Ansatz (Projektidee!) aber grundsätzlich unterscheiden:

Staatlich investierte Industrie- und Gewerbegebiete Hierbei handelt es sich um eine von staatlichen Behörden initiierte und zumindest in Teilen auch finanzierte Standortentwicklung. Üblicherweise geschieht dies über speziell gegründete staatliche oder halbstaatliche Entwicklungsgesellschaften und geht meist mit diversen Ansiedlungsförderungen und Investitionsanreizen einher.

Derartige Gebiete werden mit dem Ziel etabliert, Industrie- und Gewerbeansiedlung bewusst anzulocken oder auch zu lenken für folgende Zwecke:

- Schaffung von Arbeitsplätzen,
- Hebung von Steuereinkünften,
- Verlagerung von Industrien und Gewerbe (z. B. aus der Stadt heraus) und damit

---

[7] Vgl. Glatte, T.: Grundstückserwerb in der VR China; GuG, Mai 2005, S. 162.

- Steigerung der Lebensqualität und Attraktivität der Region,
- etc.

Privatwirtschaftlich investierte Industrie- und Gewerbegebiete Ein von privatwirtschaftlichen Investoren initiiertes und investiertes Industrie- oder Gewerbegebiet kann wiederum aus drei Gründen entstehen:

- Ein Investor betrachtet es als attraktiv, einen Standort selbst zu entwickeln und dessen Grundstücke und die ebenfalls zu investierenden Infrastrukturen zu vermarkten. Dies kann entweder an einem Standort auf der „grünen Wiese" oder durch die Übernahme einer Betreibergesellschaft und Vermarktung eines bestehenden Standortes geschehen.
  Beispiel: Singapurianische Investoren in der Industriezone Suzhou, VR China[8]
- Ein Unternehmen versucht, an seinem bestehenden Standort, der noch ausreichende Freiflächen bietet, Dritte anzusiedeln, um:
  - Synergien mit solchen Dritten zu finden und somit seine eigene Auslastung zu optimieren (das sogenannte „Verbundkonzept") sowie
  - überschüssige Infrastrukturen und nicht benötigte Freiflächen besser auszulasten (Kostenoptimierung, Hebung „stiller Reserven").
  Es geht hierbei also in erster Linie um die Kostensenkung und Rentabilitätserhöhung des Unternehmens.
  Beispiel: BASF Schwarzheide GmbH[9]
- Ein bestehender Industriestandort eines Unternehmens verliert für dieses an Bedeutung. Größere Eigeninvestitionen am Standort sind nicht mehr geplant. Häufig sind schon ganze Teile des ehemals eigenen Standortes im Zuge von Devestitionen entweder an andere Betreiber veräußert oder stillgelegt. Somit gilt es, den Standort über eine Betreibergesellschaft hinsichtlich seiner Infrastruktur und Freiflächen aktiv zu vermarkten.
  Der Übergang zur nachfolgend dargestellten Projektentwicklung für nicht betriebsnotwendige Liegenschaften ist recht fließend.
  Beispiel: Industrieparks der Infraserv Höchst[10]

3.4.3   Entwicklung von nicht betriebsnotwendigen Liegenschaften

Wie bereits in Kap. 2 dargestellt, hat sich insbesondere bei Non-Property-Gesellschaften der Umgang mit der „Ressource" Immobilie in den letzten Jahren deutlich geändert. Im Zuge eines professionellen Corporate Real Estate Managements steht hier mittlerweile nicht nur der Werterhalt, sondern auch eine angemessene Rendite im Vordergrund.

Dies äußert sich zudem im Umgang mit nicht betriebsnotwendigen Liegenschaften (nbL), bei welchem man zwischen

---

[8] Siehe http://www.sipac.gov.cn/english (Stand 01.01.2014).
[9] Siehe http://www.basf-schwarzheide.de (Stand 01.01.2014).
[10] Siehe http://www.infraserv.com (Stand 01.01.2014).

- Verwertung (Verkauf) des Objektes „wie es steht und liegt",
- Aufwertung des Objektes durch eine Projektentwicklung

unterscheiden kann. Auf diese Aspekte wird detailliert im Zuge des separaten Kap. 10 eingegangen.

3.5 Besonderheiten betrieblicher Projektentwicklungen

3.5.1 Corporate Social Responsibility

Seit einigen Jahren spielt bei der Entwicklung von Immobilien die allgemeine Gesellschaftsverantwortung eines Unternehmens, bekannter unter dem englischen Begriff „Corporate Social Responsibility", eine immer wichtigere Rolle. Was sich genau hinter diesem allmächtig und allumfassend klingenden Begriff verbirgt, ist schwer zu greifen. Auch führende Institutionen beziehen sich auf abweichende Definitionen.

▶ **Definition der Europäischen Kommission** CSR ist *„[. . .] ein Konzept, das den Unternehmen als Grundlage dient, auf freiwilliger Basis soziale Belange und Umweltbelange in ihre Unternehmenstätigkeit und in die Wechselbeziehungen mit den Stakeholdern zu integrieren"*[11].

▶ **Definition des WBCSD** *„CSR, in broad summary, is the ethical behavior of a company towards society. In particular, this means management acting responsibly in its relationships with other stakeholders who have a legitimate interest in the business – not just the shareholders. "*[12,13]

Der Begriff „Corporate Social Responsibility" stammt – wenig überraschend – aus den USA. Howard Rothmann Bowen arbeitete dort im Jahre 1953 in seiner Publikation *„Social Responsibilities of the Businessmen"* heraus, dass die Unternehmer in der Verantwortung stehen, sich an den Erwartungen, Zielen und Werten einer Gesellschaft zu orientieren.[14]

Auch der WBCSD, eine der Institutionen, welche die Thematik intensiv vorantreiben, akzeptiert, dass sich die Ausgestaltung der Begrifflichkeit erst noch umfänglich entwickeln muss.[15]

---

[11] Europäische Kommission: GRÜNBUCH Europäische Rahmenbedingungen für die soziale Verantwortung der Unternehmen; KOM(2001) 366, Kap. 2.

[12] WBCSD: Corporate Social Responsibility; S. 3, Report im Internet unter
http://www.wbcsd.ch/DocRoot/hbdf19Txhmk3kDxBQDWW/CSRmeeting.pdf (Stand 1.1.13).

[13] World Business Council for Sustainable Development, 160 Route de Florissant, CH-1231 Conches-Geneva, Switzerland, Internet: http://www.wbcsd.ch.

[14] Vgl. Bowen, H.: Social responsibilities of the businessman; 1. ed., New York: Harper, 1953.

[15] Vgl. WBCSD: Corporate Social Responsibility, S. 1.

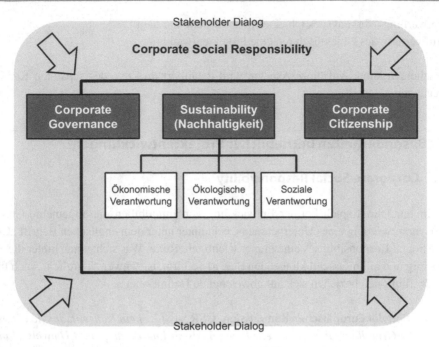

Abb. 3.4 Möglichkeiten für die Erschließung neuer Märkte[16]

Grundsätzlich kann jedoch konstatiert werden, dass Corporate Social Responsibility das unternehmerische Handeln im gesamtgesellschaftlichen Umfeld betrachtet und dieses somit den Wechselwirkungen mit allen im jeweiligen Fall zutreffenden Stakeholdern aussetzt. Dies umfasst somit gleichermaßen Themen der Nachhaltigkeit (siehe Abschn. 3.5.2), der Corporate Governance und der Corporate Citizenship.

Die Einflussfaktoren und Gestaltungsräume im Zusammenhang mit einer Projektentwicklung, insbesondere deren vielfältige Rahmenbedingungen sind ein gutes Beispiel für die Komplexität der CSR (siehe Abb. 3.4). Ebenso sei hier noch einmal an die Rolle des Projektentwicklers als Mediator in genau diesem Umfeld erinnert (siehe Abb. 2.7 und 2.8).

3.5.2 Nachhaltigkeit

Dem Thema Nachhaltigkeit (engl.: s*ustainability*), im Abschn. 3.5.1 der Corporate Social Responsibility zugerechnet, kommt aus immobilienwirtschaftlicher und insbesondere bautechnischer Hinsicht vor dem Hintergrund des nachhaltigen Bauens (engl.: *Green Buil-*

---

[16] Bassen, A.; Jastram, S.; Meyer, K.: Corporate Social Responsibility; zfwu, 6/2, 2005, S. 235.

ding) eine Sonderrolle zu. Auch hier sind die Begrifflichkeiten und somit das Verständnis nicht einheitlich.

▶ **Definition für nachhaltiges Bauen nach U.S. EPA (2009)**   „*Green building (also known as green construction or sustainable building) refers to*

- a structure and using process that is
- environmentally responsible and resource-efficient throughout a building's life-cycle:
  - from siting to design,
  - construction,
  - operation,
  - maintenance,
  - renovation,
  - and demolition.

This practice expands and complements the classical building design concerns of economy, utility, durability, and comfort. "[17]

▶ **Definition Nachhaltigkeit nach BMVBS (2013)**   Die Enquete-Kommission „Schutz des Menschen und der Umwelt – Ziele und Rahmenbedingungen einer nachhaltig zukunftsverträglichen Entwicklung" des Deutschen Bundestages hat bereits im Jahr 1998 für Deutschland das Leitbild einer nachhaltig zukunftsverträglichen Entwicklung herausgearbeitet[18]. Nach diesem „Leitbild Nachhaltigkeit" sollen durch eine nachhaltige Entwicklung die Bedürfnisse der jetzigen Generation erfüllt werden, ohne dabei die Möglichkeiten späterer Generationen einzuschränken, ihre Bedürfnisse ebenfalls befriedigen zu können.[19]

Daraus leiten sich vielfältige Anforderungen ab, die in drei Kategorien gegliedert sind:

- Ökologische Dimension der Nachhaltigkeit,
- Ökonomische Dimension der Nachhaltigkeit,
- Soziale und kulturelle Dimension der Nachhaltigkeit.

Für Immobilien können aus diesen drei Dimensionen verschiedene Schutzziele abgeleitet werden (siehe auch Abb. 3.5). Insbesondere wird im Rahmen einer Lebenszyklusbetrachtung eine Optimierung aller Einflussfaktoren über den gesamten Lebenszyklus eines Gebäudes – also von der Rohstoffgewinnung über die Errichtung bis zum Rückbau – angestrebt.

---

[17] United States Environmental Protection Agency unter http://www.epa.gov/.
[18] Vgl. Deutscher Bundestag: Abschlussbericht vom 26.06.1998, Drucksache 13/11200.
[19] Informationen des Bundesministeriums für Verkehr, Bau und Stadtentwicklung zum Thema Nachhaltigkeit unter http://www.nachhaltigesbauen.de/.

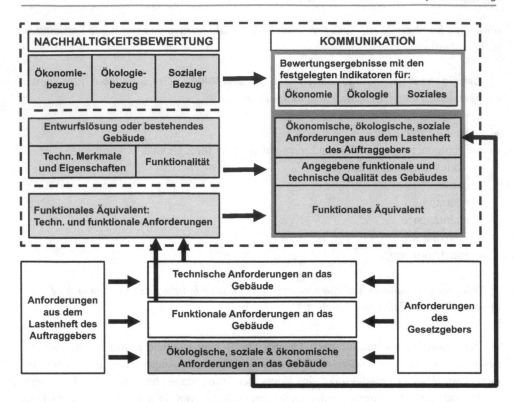

Abb. 3.5 Konzeption der Bewertung der Nachhaltigkeit von Gebäuden[20]

Ökonomische Dimension Die ökonomische Dimension der Nachhaltigkeit betrachtet nicht nur die Anschaffungs- oder Errichtungskosten, sondern darüber hinaus auch die Baufolgekosten. Darunter werden all jene Kosten verstanden, die über die gesamte Nutzungs- bzw. Lebensdauer eines Bauwerkes anfallen. Die Praxis zeigt, dass genau jene Kosten zum Teil ein Vielfaches der Errichtungskosten ausmachen. Durch eine Betrachtung der Kosten über den gesamten Lebenszyklus einer Immobilie lassen sich auf längere Sicht durchaus erhebliche Einsparpotenziale identifizieren.

Unter Lebenszykluskosten (engl.: *life-cycle-cost* oder kurz *LCC*) ist Folgendes zu verstehen:

* Errichtungskosten:
  - Grundstück (mit Erschließungskosten),
  - Planungskosten,
  - Gebäude (mit Baustellenbetriebskosten),
  - Bauüberwachungs- und Dokumentationskosten,
  - Maklerkosten,

---

[20] In Anlehnung an DIN EN 15643-2, 2011.

- Notarkosten,
- Versicherungskosten während der Bauzeit etc.
- Nutzungskosten:
  - Medienverbrauch:
    - Heizwärme,
    - Warmwasser,
    - Beleuchtung (Strom),
    - Wasser,
    - Abwasser,
  - Gebäude- und bauteilspezifische Aufwendungen:
    - Reinigung,
    - Wartung und Instandhaltung,
    - Modernisierung,
- Rückbaukosten:
  - Abriss,
  - Abtransport,
  - Wiederverwendung bzw. -verwertung,
  - Entsorgung.

Ökologische Dimension Die ökologische Dimension zielt auf eine Ressourcenschonung durch einen optimierten Einsatz von Baumaterialien und Bauprodukten und eine Minimierung der Medienverbräuche ab. Damit wird eine Minimierung der Umweltbelastungen angestrebt. Logischerweise belasten jedoch der Bau und das Betreiben eines jeden Gebäudes die Umwelt. Daher ist es das Ziel, Immobilien auch in ökologischer Hinsicht objektiv zu bewerten und letztendlich zu optimieren.

Daher gilt es, für die unterschiedlichen Umweltauswirkungen Indikatoren festzulegen. Hierzu gibt es, wie der Tagespresse leicht zu entnehmen ist, weltweit ein sehr unterschiedliches Verständnis. Nach dem derzeitigen Stand der Diskussion (Information BMVBS) werden national und international folgende globale, quantifizierbare Indikatoren für die ökologische Gebäudebewertung identifiziert:

- Flächeninanspruchnahme,
- Primärenergieaufwand (erneuerbar/nicht erneuerbar),
- Treibhauspotential (engl.: *global warming potential*, kurz GWP) im Hinblick auf die „Erderwärmung",
- Ozonzerstörungspotential (engl.: *ozone depletion potential*, kurz ODP) im Hinblick auf das „Ozonloch",
- Versauerungspotential (engl.: *acid potential*, kurz AP) im Hinblick auf den „Sauren Regen",
- Überdüngungspotential (engl.: *eutrophication potential*, kurz EP) im Hinblick auf Gewässer bzw. das Grundwasser,
- Ozonbildungspotential (engl.: *photochemical ozone creation potential*, kurz POCP) im Hinblick auf den „Sommersmog".

Soziale und kulturelle Dimension Die soziale und kulturelle Dimension berücksichtigt neben den Fragen der Ästhetik und Gestaltung insbesondere die Aspekte des Gesundheitsschutzes und der Behaglichkeit.

Mittels einer Optimierung des Gebäudeentwurfes, der Materialauswahl, der Baukonstruktion und der Anlagentechnik lassen sich diese Aspekte bereits in der Planungsphase erreichen. Dabei ist der Gebäudeentwurf jedoch so flexibel zu gestalten, dass er leicht an die sich ändernden Randbedingungen des Nutzers angepasst werden kann.

Es werden folgende Schutzziele definiert:

- Gestaltung, Ästhetik,
- Barrierefreiheit,
- Gesundheit und Behaglichkeit.

Zertifizierungssysteme Weltweit hat sich eine Vielzahl von – zumeist landesspezifischen – Systemen zur Zertifizierung von Nachhaltigkeit bei Gebäuden etabliert. Diese Entwicklung ist einerseits positiv und andererseits sehr kritisch zu sehen. Positiv ist zum einen die Möglichkeit einer Messbarkeit und somit auch einer Vergleichbarkeit von Nachhaltigkeitsaspekten bei Immobilien, zum anderen der mittlerweile eingetretene Wettbewerb in der Immobilienwirtschaft um möglichst nachhaltig errichtete und bewirtschaftete Gebäude. Bei Entwicklungen – egal ob Neubau oder Bestandsobjekt – kommen Projektentwickler, Investoren oder Nutzer heute nicht mehr am Thema Nachhaltigkeit vorbei.

Kritisch ist jedoch der zwischenzeitlich entstandene Wildwuchs der Zertifizierungssysteme zu sehen. So gibt es in vielen Ländern sogar mehrere lokale Systeme, die nur schwer miteinander vergleichbar sind. Daher ist es selbst für Experten schwierig, den Überblick zu behalten und eine Vergleichbarkeit zu gewährleisten. Damit wird das eigentliche Ziel der Zertifizierung – die Messbarkeit und Vergleichbarkeit – in erheblichem Maße konterkariert. Die Zertifizierungskosten liegen zwischen 20.000 Euro und 100.000 Euro oder noch höheren Beträgen für neu errichtete Immobilien.[21] Des Weiteren stehen in der nachfolgenden Bewirtschaftungsphase in regelmäßigen Abständen Nachzertifizierungen an. Daher ist nachvollziehbar, dass hier eine regelrechte „Zertifizierungsindustrie" entsteht, die durch immer neue Regelungen im Eigeninteresse auch eine kontinuierliche Nachfrage nach Zertifizierungsprodukten erzeugt.

Weltweit gibt es drei führende Zertifizierungssysteme:

- LEED (Leadership in Energy and Environmental Design) des U.S. Green Building Council[22],

---

[21] Anm. d. Verf.: Die in den Publikationen der Zertifizierungsinstitute zumeist angegebenen Gebühren liegen häufig deutlich darunter. Sie umfassen aber oft nicht die gesamten Beratungs- und Gutachterleistungen, die sich bereits ab Beginn der Planungsphase bis hin zur Baubegleitung und Abnahme erstrecken. Daher sind die niedrigen Angaben eher als Lockmittel und weniger als realistische Planungskosten anzusetzen.

[22] Im Internet unter http://www.usgbc.org.

- BREEAM (BRE Environmental Assessment Method[23]) des Building Research Establishment, Großbritannien[24],
- DGNB (Deutsche Gesellschaft für nachhaltiges Bauen)[25].

Des Weiteren existieren noch zahlreiche nationale oder regionale Systeme von Wichtigkeit, unter anderem:

- HQE (Haute Qualité Environnementale[26]) der französischen Association pour la Haute Qualité Environnementale (ASSOHQE)[27],
- GREENSTAR des Green Building Council of Australia[28],
- MINERGIE des gleichnamigen schweizerischen Vereins[29].

3.5.3 Corporate Architecture & Design

Ein weiterer, für betriebliche Immobilien nicht zu vernachlässigender Aspekt ist die Frage nach einer konzernspezifischen Architektur (engl.: *corporate architecture*) oder zumindest konzerntypischen Gestaltungskriterien (engl.: *corporate design*). Hintergrund hierfür ist gerade bei größeren Unternehmen der Wunsch nach einer ganz bestimmten eigenen Identität.

Diese Unternehmensidentität (engl.: *corporate identity*, auch kurz *CI*) ist ein bewusst eingesetztes strategisches Instrument bei der Positionierung des Unternehmens im Markt, im gesellschaftlichen Umfeld, aber auch gegenüber den eigenen Mitarbeitern. Der interessante Aspekt hierbei ist die Tatsache, dass mittels eines möglichst klaren und einheitlichen Auftretens bestimmte strategische Elemente wie Technologieorientierung, Produkte, Marktfelder, strategische Grundorientierungen, aber auch Beziehungen zu Mitarbeitern, Abnehmern, Lieferanten und Konkurrenten sowie verhaltenssteuernde Normen vermittelt werden sollen. Über den Aufbau eines „Wir-Bewusstseins" bei der eigenen Belegschaft soll das CI-Konzept in der Innenwirkung gezielt eine bestimmte Unternehmenskultur etablieren und dauerhaft erhalten.

Dabei ist die Corporate Identity nicht nur ein Kommunikationskonzept. Es ist vielmehr ein wesentlicher Baustein einer strategischen Unternehmensführung und als solches ein wichtiges Instrument zur Umsetzung von strategischen Konzepten im operativen Tagesgeschäft.

---

[23] Im Internet unter http://www.breeam.org.
[24] Im Internet unter http://www.bre.co.uk.
[25] Im Internet unter http://www.dgnb.de.
[26] Im Internet unter http://assohqe.org/hqe/.
[27] Im Internet unter http://assohqe.org.
[28] Im Internet unter http://www.gbca.org.au.
[29] Im Internet unter http://www.minergie.ch/.

Es besteht aus drei Elementen:

- das Unternehmensverhalten (engl.: *corporate behaviour*),
- die Unternehmenskommunikation (engl.: *corporate communication*),
- das Unternehmenserscheinungsbild (engl.: *corporate design*).

Des Weiteren besteht meist eine sehr enge Verbindung zwischen der Corporate Identity eines Unternehmens und dessen Markenidentität (engl.: *corporate branding*).

Das Corporate Design zielt grundsätzlich auf das optische Erscheinungsbild eines Konzerns, der idealerweise nach innen wie nach außen einheitlich auftreten soll. Die einfachste Form ist ein Logo oder ein Schriftzug. Etwas weiterentwickelte Konzepte zielen auch auf einheitliche Typographie oder Unternehmensfarben. In großen Konzernen gibt es umfangreiche Richtlinien, welche die Gestaltungsaspekte detailliert regeln – von Briefbögen und Anzeigen über Produkt- und Verpackungsgestaltung bis hin zu architektonischen Gestaltungselementen der betrieblichen Immobilien. Diese sind letztendlich bei einer Projektentwicklung entsprechend zu berücksichtigen.

3.6 Projektbeteiligte

3.6.1 Projektstruktur

Bei einer Projektentwicklung wirkt eine Vielzahl von Projektbeteiligten (engl.: *stakeholder*) mit. Darunter versteht man die *„Gesamtheit aller Projektteilnehmer, Projektbetroffenen und Projektinteressierten, deren Interessen durch den Verlauf oder das Ergebnis direkt oder indirekt berührt sind"*[30].

Daher ist es sehr wichtig, von Anbeginn eine klare Struktur für das Projekt zu etablieren. Ein gutes Projektmanagement ist eine Grundvoraussetzung für den letztendlichen Projekterfolg.

Die Aufbauorganisation für ein Projekt – unter Ausblendung bestimmter externer Stakeholder im Projektumfeld gemäß Abschn. 2.3 – versteht sich wiederum als *„hierarchisch geordnete Projektorganisation mit z. B. Weisungsrechten, Zuständigkeiten oder Berichtspflichten"*[31]. Diese kann wie folgt grob strukturiert werden.

Initialebene

⇒ Bauherr/Auftraggeber/Investor

Die Initialebene wird repräsentiert durch den Bauherrn, Auftraggeber oder Investor. Dieser setzt die Gesamtziele, trägt in weiten Teilen die durch die Projektentwicklung entstehenden Risiken und fällt somit auch alle wesentlichen Entscheidungen.

---

[30] DIN 69901-5 Projektmanagement – Projektmanagementsysteme – Teil 5: Begriffe, Nr. 3.50.
[31] DIN 69901-5 Projektmanagement – Projektmanagementsysteme – Teil 5: Begriffe, Nr. 3.47.

Steuerungsebene

⇒ Projektsteuerung, Projektmanagement

Die Steuerungsebene ist durch das Projektmanagement und ggf. eine gesonderte Projektsteuerung besetzt. Diese stimmt mit der Initialebene, also dem Bauherrn oder Auftraggeber, die technischen, architektonischen, wirtschaftlichen und rechtlichen Ziele ab und setzt diese um. Hierzu gehört auch das Strukturieren und Festlegen der Aufbauorganisation einschließlich deren Kommunikations- und Vertragsbeziehungen. Die Steuerungsebene arbeitet im Wesentlichen auf der Basis von gesetzten Meilensteinen wie Zeit/Termine, Kosten und SGU-Kriterien.

Planungs- und Beratungsebene

⇒ Architekt, Fachplaner, Fachgutachter, Juristen, Kaufleute und Finanzierungsspezialisten

Die Planungs- und Beratungsebene ist für die Klärung der vielfältigen technischen, architektonischen, wirtschaftlichen und rechtlichen Detailprobleme zuständig und hat die Ergebnisse der Steuerungsebene entsprechend zu präsentieren.

Ausführungsebene

⇒ Bauausführende Unternehmen und Handwerker sowie deren Nachauftragnehmer

Die Ausführungsebene ist letztendlich für die Umsetzung der Planungen zuständig.

3.6.2 Vertrags- und Kommunikationsbeziehungen

Wie dargestellt, lassen sich die Beteiligten am Projektentwicklungsprozess gemäß ihren Funktionen in insgesamt vier Ebenen unterteilen. Zwischen diesen Ebenen gibt es nun zum einen vertragliche Beziehungen, zum anderen Kommunikationsbeziehungen. Diese können, ohne im Einzelnen auf die marktgängig verfügbaren Vertragsmodelle einzugehen, gemäß Abb. 3.6 dargestellt werden.

Im Zuge des Projektentwicklungsprozesses ist zudem eine Veränderung der Art und Weise einer Entscheidungsfindung und des Lösungsprozesses festzustellen. Dies äußert sich deutlich in dem im Zuge des Projektmanagements angewendeten Führungsstil.

Dieser wandelt sich von weitestgehend demokratischen Prinzipien zu Projektbeginn immer mehr hin zu vor allem hierarchisch bestimmten Strukturen in der Phase der Umsetzung des Projektes (siehe Abb. 3.7). In der Frühphase eines Projektes kann zumeist sehr partnerschaftlich und „auf Augenhöhe" zusammengearbeitet werden.

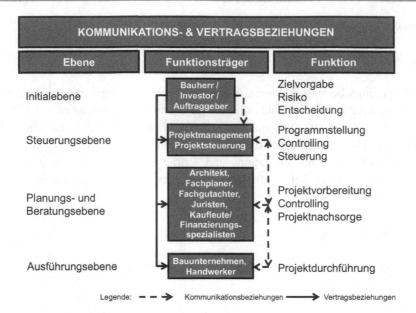

Abb. 3.6 Kommunikations- & Vertragsbeziehungen[32]

Gerade bei der Definition der Projektgrundlagen und beim Abstecken der einzelnen Rahmenbedingungen sowie insbesondere bei der Zusammenstellung der Standortfaktoren, der Erarbeitung der Nutzungskonzeption, der Evaluierung der Projektrisiken, der Einschätzung des Marktes und der möglichen Wettbewerber ist eine partnerschaftlich-demokratische Zusammenarbeit in der heutigen Zeit geradezu eine unabdingbare Voraussetzung für den Projekterfolg.

In der Phase der Projektinitiierung sowie in der Phase der Projektkonzeption erfordern die z. T. noch eingeschränkten Informationen geradezu einen solchen Umgang miteinander. Zudem stehen Zeit- und Kostenaspekte in den frühen Projektphasen häufig noch nicht so stark im Vordergrund. Dies ändert sich mit zunehmendem Projektfortschritt. Dann treten allein durch die immer stärkere Einbindung weiterer Projektpartner wie Planer und Sachverständige, Behörden, aber auch später der Bauunternehmen immer mehr zeit- und kostenrelevante Verbindlichkeiten in Erscheinung.

Diese zwingen letztendlich allein im Interesse der Kostenkontrolle und Budgeteinhaltung zu zügigen Entscheidungen und deren unmittelbaren Umsetzung. In der Extremform sind dies die Ablaufprozesse auf der Baustelle. Hier kann beim Eintreffen des Fahrzeuges mit dem Transportbeton nicht erst breit ausdiskutiert werden, welches Fundament zuerst betoniert werden könnte.

---

[32] In Anlehnung an Kyrein, R.: Immobilien-Projektmanagement, Projektentwicklung und -steuerung, 1997, S. 99.

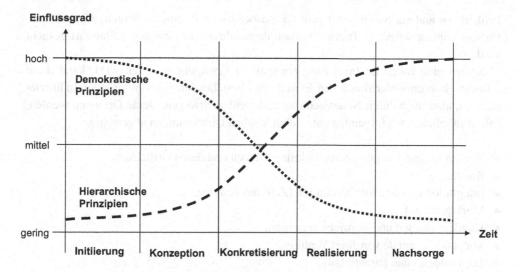

Abb. 3.7 Entscheidungsprinzipien über den PE-Prozess

3.7 Ermittlung projektrelevanter Grundlagen

3.7.1 Bestandteile der Grundlagenermittlung

Die Ermittlung und Definition der für das Projekt relevanten Grundlagen löst letztendlich den Projektentwicklungsprozess in seiner Gesamtheit einschließlich der Standortanalyse aus und beinhaltet im Wesentlichen die Festsetzung der Art des zu suchenden Standortes sowie dessen strategische Ausrichtung.

Insgesamt beinhaltet die Grundlagendefinition folgende Hauptbestandteile:

- Ermittlung eines Bedarfs,
- Strategische Definition des Standortes,
- Festlegung der Zielsetzung für den Standort,
- Globale Vorauswahl.

3.7.2 Bedarfsermittlung

Die Projektidee wird zumeist über einen aufgezeigten Bedarf definiert. Für einen Corporate könnten weitere Auslöser für ein Projekt mangelnde Erweiterungsmöglichkeiten oder wachsende Einschränkungen durch gestiegene Auflagen an bestehenden Standorten sein. Dies gilt ebenso für einen gestiegenen Kostendruck und die daraus resultierende Möglichkeit, an anderer Stelle günstigere kostenspezifische Rahmenbedingungen zu finden. Ebenso können steigende Transportkosten dazu führen, dass ein neuer Standort gesucht wird.

Sofern eine mögliche Investition ernsthaft in Erwägung gezogen wird, kann diese grundsätzlich entweder durch den Erwerb von bestehenden Immobilien oder Industrieanlagen, aber auch durch Neuansiedlung und Neubau erfolgen. Beide Optionen werden, sofern möglich, nach folgenden unternehmerischen Überlegungen abgewogen:

- Vorhandensein von geeigneten Industrieanlagen und deren Örtlichkeit,
- Bauzeit,
- Integration existierender Strukturen (Zeit und Aufwand),
- Marktpotential,
- Kundenpotential und Vertriebsstrukturen,
- Vor- und Nachteile von Joint Ventures,
- Technologie- und Patentschutz,
- Wettbewerbssituation,
- Übernahme von Verpflichtungen und Verbindlichkeiten (inklusive Altlasten),
- Sonstige.

Im Rahmen einer ersten Einschätzung, gegebenenfalls begleitet durch Vor-Ort-Besichtigungen, wird über die Frage „Akquisition oder Kooperation oder Eigeninvestition" entschieden und natürlich auch darüber, ob sich ein weiteres Vorgehen überhaupt lohnt (siehe auch Abschn. 3.3.2).

3.7.3 Strategische Ausrichtung des Standortes

Nachdem der Bedarf einer künftigen Immobilie sowie gegebenenfalls ähnliche bestehende Objekte hinsichtlich ihrer Vor- und Nachteile analysiert wurden, ist die strategische Ausrichtung der künftigen Immobilien bzw. des künftigen neuen Standortes auf strategischer Ebene konzeptionell festzulegen. Dadurch werden Immobilie und Standort in ihrer strategischen Ausrichtung und ihrem Umfang definiert und klassifiziert.

Dieser Schritt beinhaltet einen strategischen Plan, welche Aktivitäten die Immobilie oder der neue Standort kurz-, mittel- und langfristig aufnehmen sollen und in welchem Zusammenhang diese Immobilie oder dieser Standort mit bestehenden Strukturen stehen soll.

Die Definition von Immobilie oder Standort, d. h. die Bestimmung der künftigen Klassifizierung, basiert grundlegend auf einer Analyse des Nutzungskonzeptes. Wesentlich für diese Betrachtung ist die Frage, wie sich die künftige Immobilie in die bestehende Standortstruktur des Unternehmens eingliedert.

3.7.4 Festlegung der Zielsetzung für den Standort

Grundsätzlich hat die Festlegung von Zielen zwei wichtige Vorteile. Einerseits wird die Grundlage für das Anforderungsprofil der neuen Immobilie geschaffen. Andererseits unterstützt dieser Prozess die betrieblichen Entscheidungsträger in ihrem Verständnis und ihrer Einschätzung zu möglichen Vorteilen, welche gegebenenfalls von einer neuen Immobilie oder einem neuen Standort zu erwarten sind.

Neben der strategisch geprägten Klassifizierung sind noch einige grundlegende Standortanforderungen zu beschreiben. Auch diese leiten sich im Wesentlichen aus den strategischen Ansätzen ab. Hierbei handelt es sich beispielsweise um die ungefähre Größenordnung des Flächenbedarfs, Vorgaben bezüglich der essentiell wichtigen infrastrukturellen Anbindungen sowie logistische Erwägungen.

Die hierbei skizzierten grundlegenden Standortanforderungen (Basisanforderungen) bilden die Basis für die Erstellung eines Anforderungskataloges. Dieser wird im Verlauf der späteren Standortanalyse immer weiter aufgefächert und um Detailanforderungen ergänzt. In dieser Phase wird der Anforderungskatalog üblicherweise in Form einer groben Projektbeschreibung für das jeweilige Projekt erstellt und danach wiederum auf eine Liste mit fünf bis zehn Basisanforderungen reduziert.

3.7.5 Globale Vorauswahl

Im Rahmen der Grundlagenermittlung ist die räumliche Dimension ebenfalls zu betrachten. Dies bezieht sich insbesondere auf den Rahmen für eine noch durchzuführende Standortsuche. Die Problematik lässt sich vor allem sehr gut anhand von industriellen Fertigungsstätten erläutern.

In der Phase einer strategischen Produktionsprozesskonzipierung ist unter anderem zu hinterfragen, wie viele Produktionsstandorte benötigt werden bzw. sinnvoll sind, wobei sich im Extremfall sehr unterschiedliche Komplexitäten gegenüberstehen. Dabei ist zu beachten, dass Unternehmen sehr differenzierte Konzepte verfolgen, ihre Produktionsstandorte strategisch zu positionieren. Hier gibt es unterschiedliche Ansätze für global aufgestellte Produktionsnetzwerke.[33]

Diese können vereinfacht wie folgt strukturiert werden (Abb. 3.8):

- die Weltfabrik,
- die Produktionskette,
- das Produktionsnetz,
- das Hub-and-Spoke-Prinzip,
- die individuell und lokal aufgestellte Produktion.

---

[33] Vgl. Abele, E.; Kluge, J.; Näher, U.: Handbuch Globale Produktion, 2006, S. 170 ff.

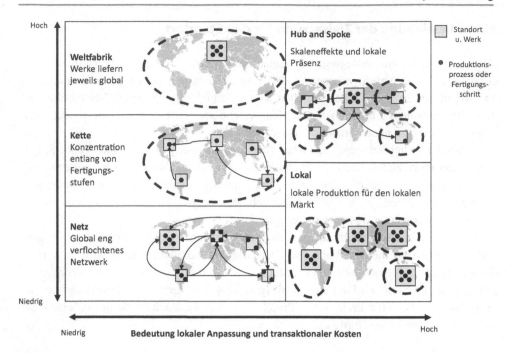

Abb. 3.8 Globale Produktionsnetzwerke – idealtypische Strukturen[34]

Auf der einen Seite steht die sogenannte „Weltfabrik". Allein von diesem Standort werden alle Kunden global bedient. Es werden alle Kompetenzen der Produktion an einem einzigen Standort gebündelt. Hier lassen sich selbstverständlich maximale Synergien in der Produktion aufgrund von Skaleneffekten und Verbundvorteilen heben.

Demgegenüber stehen im anderen Extrem kleine Fertigungsstätten, deren Produktion rein lokal ausgerichtet ist. Derartige Standorte sind auch in global agierenden Unternehmen zu finden. Oft handelt es sich hierbei um kundennahe Fertigungen, die entweder auf einen spezifischen Kunden oder aber auf einen sehr eng begrenzten Kundenkreis zugeschnitten sind. Beispielhaft ist hierfür die Automobilindustrie zu nennen. In dieser Branche siedeln sich Zulieferer bewusst in räumlicher Nähe zum Kunden an, um einerseits zeitnah liefern zu können (engl.: *just in time*) und andererseits bei technischen Services und Produktanpassungen sehr schnell reagieren zu können.

Vorteile bestehen hier insbesondere hinsichtlich der ausgesprochenen Flexibilität interner und externer Prozesse, vor allem gegenüber dem Kunden. Nachteile sind hierbei oft höhere Logistik-, Infrastruktur- und Transaktionskosten sowie unter Umständen auch Controllingdefizite.

Dazwischen stehen die Konzepte einer Ausrichtung als Produktionskette, als Produktionsnetz und als sogenannte Hub-and-Spoke-Struktur. Bei der Produktionskette handelt

---

[34] Quelle: McKinsey/PTW.

es sich um die Bündelung der Produktion an unterschiedlichen Standorten entlang von Fertigungsstufen bzw. Wertschöpfungsketten. Das Produktionsnetz setzt auf die enge Verknüpfung von ansonsten deutlich auseinander gelegenen Standorten.

Das Hub-and-Spoke-Prinzip versucht wiederum, einerseits durch Konzentration (*Hub*) gewisse Skaleneffekte und Synergien zu heben, andererseits aber eine lokale Präsenz und Kundennähe zuzulassen (*Spoke*). Dies kann beispielsweise durch eine zentrale Entwicklung und Vorfertigung und eine lokalisierte Endmontage und technische Kundenbetreuung geschehen.

Bei der Einordnung der für die Standortwahl zu betrachtenden Produktion spielen neben den zu erwartenden Skaleneffekten und Verbundvorteilen auch die zu erwartenden Logistikkosten und Transportzeiten sowie die Notwendigkeit von lokalen Anpassungen der Produkte eine wesentliche Rolle[35].

Es fließen hier also im Wesentlichen die Vorgaben bzw. die Ergebnisse der in Abschn. 5.3 genannten Marktanalyse sowie der Analyse der Produktionsprozesse ein.

Die Prüfung der Potenziale bestehender Standorte macht gerade vor dem Hintergrund der Vermeidung von Duplikationen bzw. möglicher Synergie- und Skaleneffekte Sinn.

Ein weiterer, wesentlicher Gesichtspunkt ist ggf. die Analyse von Alternativen hinsichtlich der Fertigungstechnik. Diese sollte den jeweiligen Standortalternativen gerecht werden. Gerade im internationalen Maßstab sind hierbei u. a. die Machbarkeit unter den gerade in Entwicklungsländern teilweise recht einfachen örtlichen Gegebenheiten, aber auch die Betrachtungen hinsichtlich der Sicherung von unternehmenseigenem technologischem Know-how wichtige Faktoren.

Des Weiteren sind die Produktionsalternativen vor dem Hintergrund ihrer Wirtschaftlichkeit an den jeweiligen Standorten in Bezug auf die individuellen Produktionskosten sowie Produktionsmengen zu betrachten.

Letztendlich sind also im Zuge der strategischen Konzeption von Produktionsprozessen folgende Punkte zu erheben und abzuarbeiten:

- Lage der Produktionsstandorte,
- Art der Produktion bzw. Fertigungsschritte an diesen Standorten,
- Implikationen für Lieferanten und Kunden aus diesen Standorten,
- Kostensituation an den jeweiligen Standorten,
- Vergleich komplexer und einfacher Standortstrukturen,
- Standortgerechte Fertigungstechnik,
- Transfer und Schutz von Patenten, Technologien sowie Know-how.

---

[35] Vgl. Schjeldahl, D. C.: Strategies in Site Selection: New State-of the-Art Manufacturing Facility Supports Global Supply-Chain Goals; The Leader, 07/2007, S. 28.

Planerische Grundlagen 4

4.1 Grundsätzliches

In diesem Kapitel werden die wesentlichen planerischen Grundlagen für eine Projektentwicklung vorgestellt. Diese lassen sich grundsätzlich in raumplanerische und baurechtliche Aspekte unterteilen (siehe Abb. 4.1).

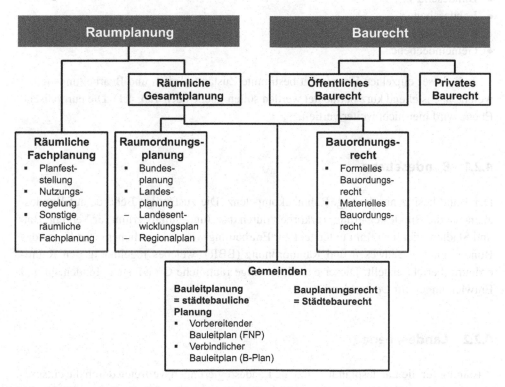

Abb. 4.1 Bestandteile der Raumplanung und des Baurechts

© Springer Fachmedien Wiesbaden 2014
T. Glatte, *Entwicklung betrieblicher Immobilien*,
Leitfaden des Baubetriebs und der Bauwirtschaft, DOI 10.1007/978-3-658-05687-2_4

4.2   Einführung in die Raumplanung

Im Gegensatz zu der den Kommunen übertragenen Bauleitplanung (siehe Abschn. 4.4) handelt es sich bei der Raumordnung um eine staatliche Aufgabe. Sie dient der umfassenden Entwicklung, Planung und Koordination vor allem auf der Ebene der einzelnen Länder (Landesraumordnungspläne) und ihrer einzelnen Regionen (regionale Raumordnungspläne).

Die Raumordnungsplanung

- ist überörtlich (sie umfasst also i. d. R. nicht nur einzelne Gemeinden),
- enthält Ziele und Grundsätze (d. h. sie stellt eine Grobplanung dar),
- bindet unmittelbar nur die Planungen der Verwaltung,
- ist für den Bürger nur ausnahmsweise verbindlich.

Behörden befassen sich innerhalb der jeweiligen staatlichen Hierarchie mit räumlicher Planung. Daher wird hier von Verwaltungsebenen gesprochen. Man unterscheidet zwischen folgenden Ebenen:

- Europäische Ebene,
- Bundesebene,
- Landesebene,
- Regionalebene,
- Gemeindeebene.

Jede dieser einzelnen Ebenen hat bestimmte Zuständigkeiten und Bearbeitungstiefen, welche nachstehend kurz betrachtet werden sollen (siehe auch Tab. 4.1). Die europäische Ebene wird hier nicht weiter vertieft.

4.2.1   Bundesebene

Der Bund besitzt nur die sog. Rahmenkompetenz. Die zuständige Behörde auf Bundesebene ist die Bundesregierung, verkörpert durch das Bundesministerium für Verkehr, Bau und Stadtentwicklung. Ihm untersteht zur Erarbeitung wissenschaftlicher Grundlagen das Bundesamt für Bauwesen und Raumordnung (BBR), welches regelmäßig den Raumordnungsbericht erstellt. Dieser enthält wichtige räumliche Grundlagen, Tendenzen und Entwicklungen für Deutschland.

4.2.2   Landesebene

Zuständig für die Landesplanung sind die Landesregierungen, vertreten durch die entsprechenden Fachministerien. Die Zuständigkeit als Behörde für die oberste Landesplanung

Tab. 4.1 Übersicht der einzelnen Planungsebenen

Planungsebene	Institution	Planungsinstrument
Europa	Europäische Union (bzw. internationale Organisationen)	Empfehlungen und Texte der Konferenzen; Europäisches Raumentwicklungskonzept (EUREK)[1]
Bund	Bundesministerium für Verkehr, Bau und Stadtentwicklung, Bundesamt für Bauwesen und Raumordnung	Leitbilder der Raumordnung
Bundesland	Oberste Landesplanungsbehörde	Landesentwicklungsprogramm, Landesentwicklungsplan
Region	Regionale Planungsgemeinschaft, Regierungspräsidium	Regionalplan (regionaler Raumordnungsplan)
Gemeinde	Gemeindeverwaltung, Bauamt	Stadtentwicklungsprogramm, Bauleitplanung (Flächennutzungsplan, Bebauungsplan)
Gebäude	Bauherr, Architekt	Bauplan

variiert jedoch von Bundesland zu Bundesland. In Rheinland-Pfalz ist es das Innenministerium, in Baden-Württemberg und Mecklenburg-Vorpommern das Wirtschaftsministerium sowie in Niedersachsen das Innenministerium. In den restlichen Bundesländern stellt das Umweltministerium die Oberste Landesplanungsbehörde dar.

Darunter gibt es noch eine mittlere Ebene, die Obere Landesplanungsbehörde. Diese ist in der Regel beim Regierungspräsidenten, manchmal aber auch bei Regionalverbänden[2] (Baden-Württemberg) oder auf Kreisebene (Niedersachsen) angesiedelt.

Die Obere Landesplanungsbehörde hat die Fachaufsicht über die Untere Landesplanungsbehörde, d. h. die Kreisverwaltungsbehörden.

---

[1] EUREK: http://ec.europa.eu/regional_policy/sources/docoffic/official/reports/pdf/sum_de.pdf.

[2] Anm. d. Verf.: Regionalverbände sind in Baden-Württemberg gem. Landesplanungsgesetz die festgelegten öffentlich-rechtlichen Träger der Regionalplanung. Sie vermitteln zwischen den landesplanerischen Vorgaben und der kommunalen Bauleitplanung. Regionalverbände fassen dabei mehrere Kreise und Städte zu einer Region zusammen. Bei der Einrichtung der zwölf Regionalverbände wurde der Regionalverband Donau-Iller länderübergreifend eingerichtet, d. h. er ist auch für Gebiete in Bayern zuständig. Am 1. Januar 2006 wurde der bisherige Regionalverband Rhein-Neckar-Odenwald aufgelöst und seine Aufgaben auf den durch Staatsvertrag neu gegründeten länderübergreifenden Verband Region Rhein-Neckar übertragen. Somit sind heute zwei Regionalverbände länderübergreifend tätig. In allen Bundesländern wird der Begriff „Regionalverband" darüber hinaus stellvertretend für regionale Planungs- oder Zweckverbände verwendet, bei denen sich mehrere Städte und Gemeinden freiwillig zur gemeinsamen Wahrnehmung bestimmter, von Fall zu Fall unterschiedlicher Aufgaben zusammengefunden haben. Bei Zweckverbänden ist die Zusammenarbeit meist projektbezogen und auf bestimmte Aufgaben beschränkt, etwa die gemeinsame Abfallentsorgung; Planungsverbände dienen dazu, das Regionalmanagement der entsprechenden Regionen wahrzunehmen und die kommunale Bauleitplanung zu koordinieren und abzustimmen.

4.2.3   Regionalebene

Es ist jedem Bundesland selbst überlassen, wie es die Regionalplanung verwaltungsmäßig organisiert. Daher gibt es starke Unterschiede. Grundsätzlich kann man aber zwischen zwei Modellen unterscheiden:

- *Behördenmodell*: Die Regionalplanung wird als eigenständige staatliche Aufgabe betrachtet und ist in die Verwaltungsstruktur der Behörden eingegliedert.
- *Verbandsmodell*: Als Träger der Regionalplanung agiert ein eigenständiger Planungsverband (Beispiel Bayern: 18 regionale Planungsverbände als Zusammenschlüsse von Gemeinden und Landkreisen einer Region).

Landesplanung und Regionalplanung bilden eine rechtliche und organisatorische Einheit.

4.2.4   Gemeindeebene

Die Aufgaben und der Umfang der Raumordnungsplanung der Gemeindeebene werden in Abschn. 4.4 (Bauleitplanung) und Abschn. 8.3 (Baugenehmigung) ausführlich erläutert.

Ein wesentliches Planungselement ist das sogenannte „Gegenstromprinzip". Das bedeutet, dass sich einerseits die Ordnung der Teilräume in die Ordnung des Gesamtraumes einfügen muss und andererseits die Ordnung des Gesamtraumes die Gegebenheiten und Erfordernisse der Teilräume berücksichtigen muss. Dies wird durch eine Beteiligung der Gemeinden an der Raumplanung sichergestellt

Eine weitere Form der Planung ist die sog. Fachplanung. Sie bezieht sich auf einzelne übergeordnete Vorhaben, welche raumordnungspolitische Relevanz haben. Dies sind beispielsweise Fernstraßen, Eisenbahnlinien, Abfallentsorgungsanlagen, Wasserschutzgebiete usw.

Die Fachplanung ist eine staatliche Aufgabe. Sie erfolgt auf der Grundlage spezieller Fachplanungsgesetze (z. B. § 17 FStrG, § 28 PBefG, § 9 AtG)[3]. Regelmäßig wird die Fachplanung aufgrund von Planfeststellungsverfahren durchgeführt – die sogenannten Planfeststellungsbeschlüsse sind formale Verwaltungsakte.

---

[3] Fernstraßengesetz (FStrG), Personenbeförderungsgesetz (PBefG), Gesetz über die friedliche Verwendung der Kernenergie und den Schutz gegen ihre Gefahren, kurz Atomgesetz (AtG).

4.3 Einführung in das öffentliche Baurecht

4.3.1 Wesen des öffentlichen Baurechts

Das öffentliche Baurecht lässt sich für ein Projekt grundsätzlich auf die Auflösung der folgenden Kurzformel des „WO – WIE – WAS" reduzieren. Folgendes wird abgeklärt:

- **Wo** gebaut werden darf, d. h. welches Grundstück.
- **Wie** an dieser Stelle gebaut werden darf, d. h. welche Nutzungsart.
- **Was** genau an dieser Stelle errichtet werden darf, d. h. die genaue Gebäudespezifikation.

In Deutschland existieren zwei Systeme des öffentlichen Baurechts parallel, die sich zwar in einigen Bereichen überlappen, aber im Wesentlichen ergänzen (siehe Abb. 4.2). Diese beiden Systeme des öffentlichen Baurechts in Deutschland werden unterschieden in

- das Bauplanungsrecht und
- das Bauordnungsrecht.

Abb. 4.2 Übersicht des öffentlichen Baurechts

4.3.2 Bauplanungsrecht

Das Bauplanungsrecht ist Bundesrecht und i. W. im Baugesetzbuch (BauGB), der Baunutzungsverordnung (BauNVO) und einer Reihe weiterer Verordnungen, z. B. der Immobilienwertermittlungsverordnung (ImmoWertV – die ehemalige WertV) oder der Planzei-
chenverordnung (PlanZVO), geregelt.

Historisch ist das Bauplanungsrecht im Zuge der Stadtentwicklung in der zweiten
Hälfte des 19. Jahrhunderts entstanden. Die zunehmende Industrialisierung und Gewer-
befreiheit in dieser Zeit führte einerseits zu einer verstärkten Ausdehnung der Städte, aber
andererseits ebenso zu einer erhöhten Verdichtung der Besiedlung. Dies erforderte letztendlich eine städtebauliche Ordnung, die sich z. B. in dem

- Badischen Fluchtliniengesetz (1868) und dem
- Preußischen Fluchtliniengesetz (1875)

begründete.

Dieser neue Rechtsbereich, das „Städtebaurecht", hatte als zentrales Thema die Bodennutzung. Das Bauplanungsrecht ist somit stark flächenbezogen. Es definiert, ob und wie
ein Grundstück bebaut werden darf, aber es regelt z. B. auch Fragen der städtebaulichen
Umlegung, Erschließung und Enteignung.

Anmerkung
Der grafische Teil von historischen Unterlagen wird selbst heute noch angewandt, d. h. seinerzeit definierte Fluchtlinien gelten z. T. noch heute. Lediglich der Textteil damaliger Regelungen wird nicht
mehr genutzt, da diese zumeist überholt sind. Üblicherweise wird hier § 34 BauGB angewandt. Dies
macht auch Sinn vor dem Hintergrund, dass derartige bauliche Areale heute zumeist voll überbaut
sind.

In den folgenden Jahren gab es weitere wichtige Entwicklungsschritte im öffentlichen
Baurecht Deutschlands wie beispielsweise:

- die Preußische Einheitsbauordnung (1919), welche insbesondere zu einer stärkeren Regelung von Hintergebäuden, Abständen und Hygiene führte,
- das Reichsstädtebaugesetz (1931),
- die Bauregelungsverordnung (1936),
- die Baugestaltungsverordnung (1936),
- das Bundesbaugesetz (1960),
- das Städtebauförderungsgesetz (1971).

Im Jahre 1986 wurden das Bundesbaugesetz (BBauG) und das Städtebauförderungsgesetz
im Baugesetzbuch (BauGB) zusammengefasst. Ein erster Ansatz diesbezüglich war im
Jahr 1942 im Entwurfsstadium steckengeblieben. Die Raumordnung und Landesplanung
sind nicht Bestandteil des Bauplanungsrechts, werden aber in § 1 Abs. 4 BauGB berücksichtigt.

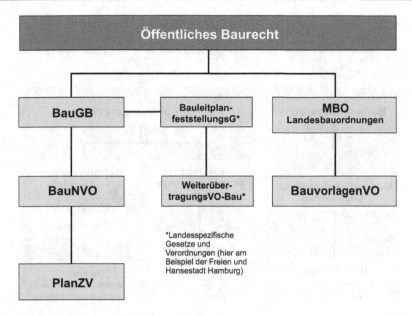

Abb. 4.3 Normen des öffentlichen Baurechts

4.3.3 Bauordnungsrecht

Das Bauordnungsrecht ist demgegenüber Landesrecht und findet sich im Wesentlichen in den Landesbauordnungen, z. B. der Landesbauordnung Rheinland-Pfalz (LBauO), der Landesbauordnung Baden-Württemberg (LBO) oder der Musterbauordnung (MBO) (siehe Abb. 4.3).

Das öffentliche Baurecht war bis Mitte des 19. Jahrhunderts, also bis zur Einführung des Städtebaurechts (des heutigen Bauplanungsrechts), nur über das sogenannte „Baupolizeirecht" geregelt. Dieses begründete das heutige Bauordnungsrecht. Dabei handelte es sich um allgemeine ordnungsrechtliche Anforderungen an

- die Standsicherheit von Gebäuden (Statik),
- die Sicherheit von Gebäuden (insbes. Brandschutz),
- Gesundheitsfragen (Hygiene, Belichtung, Belüftung).

Regelungen über die Nutzung von Grund und Boden kamen im „Baupolizeirecht" nicht vor. Diese wurden erst – wie bereits dargestellt – mit dem „Städtebaurecht" in der zweiten Hälfte des 19. Jahrhunderts eingeführt und bilden das heutige Bauplanungsrecht als eigenständiges Gebiet des öffentlichen Baurechts.

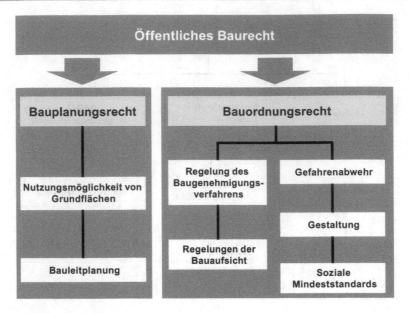

Abb. 4.4 Übersicht über die Inhalte des öffentlichen Baurechts

4.3.4   Konkurrierendes Recht

Daher ist im öffentlichen Baurecht Deutschlands ein sogenanntes „konkurrierendes Recht" gemäß Abb. 4.4 anzutreffen, und zwar

- das Bauplanungsrecht des Bundes und
- das Bauordnungsrecht der Länder.

Trotz unterschiedlichem Fokus gibt es doch eine Vielzahl von Wechselwirkungen und Überschneidungen zwischen beiden Systemen.

Beispiel für Überschneidungen

Beispiel: § 1 Abs. 6 Satz 1 BauGB versus § 6 LBO bzw. § 8 LBauO

Das BauGB fordert „gesunde Wohn und Arbeitsverhältnisse" ein. Dies ist eigentlich ein bauordnungsrechtliches Thema.

Die Landesbauordnungen hingegen regeln Abstandsflächen zwischen Gebäuden. Dies ist konzeptionell eher ein bauplanungsrechtlicher Sachverhalt.

Bauplanungsrecht Das Bauplanungsrecht regelt die Nutzungsmöglichkeiten von Grundflächen und ordnet die städtebauliche Entwicklung im weitesten Sinne. Es gehört, wie bereits dargestellt, als Bodenrecht in die Gesetzgebungskompetenz des Bundes.

Im Zentrum des Bauplanungsrechts stehen die Bestimmungen über

- die Aufstellung von Bauleitplänen (§§ 1 bis 13 sowie §§ 214 ff. BauGB, die durch die BauNVO ergänzt werden) und
- die Zulässigkeit baulicher Anlagen (§§ 29 bis 37 BauGB).

Daneben finden sich im BauGB Vorschriften über

- die Sicherung der Bauleitplanung (§§ 13, 14 BauGB),
- die Teilung von Grundstücken (§§ 19 ff. BauGB),
- das gemeindliche Vorkaufsrecht (§§ 24 ff. BauGB),
- das Planungsschadenrecht (§§ 39 ff. BauGB),
- die Umlegung (§§ 45 ff. BauGB), die Enteignung (§§ 85 ff. BauGB),
- die Erschließung, insbesondere das Erschließungsbeitragsrecht (§§ 123 ff. BauGB) und
- das besondere Städtebaurecht (§§ 136 ff. BauGB).

Bauordnungsrecht Das *Bauordnungsrecht* fällt demgegenüber in die Gesetzgebungskompetenz der Länder.

Es ist auf bauliche Anlagen und bestimmte sonstige Einrichtungen ausgerichtet und lässt sich in das materielle und formelle Bauordnungsrecht unterteilen.

Das materielle Bauordnungsrecht umfasst Regelungen

- zur Gefahrenabwehr (z. B. Brandschutz, Standsicherheit, Schallschutz, Feuerungsanlagen, Bauprodukte, ...) und
- auf dem Gebiet des öffentlichen Baurechts über soziale und gestalterische Mindeststandards beim Bauen (z. B. Grenzabstände, Aufenthaltsräume und Wohnungen, Aufzugspflicht, ...).

Das formelle Bauordnungsrecht umfasst Bestimmungen über

- das Baugenehmigungsverfahren und
- die Bauaufsicht, insbes. die bauordnungsrechtlichen Eingriffsbefugnisse (Abrissverfügung, Nutzungsverbot usw.).

4.4 Bauleitplanung

4.4.1 Stufen der Bauleitplanung

Die Bauleitplanung ist das wichtigste Planungswerkzeug zur Lenkung und Ordnung der städtebaulichen Entwicklung einer Gemeinde in Deutschland. Nach § 1 Abs. 1 BauGB ist es grundsätzlich die Aufgabe der Bauleitplanung der Gemeinden, die bauliche und sonstige zulässige Nutzung der Grundstücke innerhalb der jeweiligen Gemeinde festzulegen.

Sie erfolgt in zwei Stufen und wird mittels amtlicher Verfahren vollzogen, welche im Baugesetzbuch (BauGB) umfassend geregelt sind.

1. Stufe: Vorbereitende Bauleitplanung Die vorbereitende Bauleitplanung beinhaltet die Aufstellung eines Flächennutzungsplanes (FNP) für das gesamte Gemeindegebiet (§§ 5 bis 7 BauGB).

2. Stufe: Verbindliche Bauleitplanung In der Folge werden als verbindliche Bauleitplanung einzelne Bebauungspläne (B-Plan) für räumliche Teilbereiche des Gemeindegebietes aufgestellt (§§ 8 bis 10 BauGB). Ausnahmen bilden der vorzeitige Bebauungsplan und der gleichzeitige Bebauungsplan (§ 8 Abs. 3 BauGB) sowie der selbstständige Bebauungsplan (§ 8 Abs. 2 BauGB).

Während der Flächennutzungsplan nur behördenverbindliche Darstellungen über die Grundzüge der Bodennutzung enthält, regeln die Festsetzungen der Bebauungspläne die bauliche und sonstige Nutzung von Grund und Boden detailliert und allgemeinverbindlich.

Für die Aufstellung der Bauleitpläne sind die Gemeinden zuständig (Prinzip der kommunalen Selbstverwaltung). Sie unterliegen dabei der Rechtsaufsicht höherer Verwaltungsbehörden und der Normenkontrolle der Justiz. Bei der Bauleitplanung müssen die Gemeinden Ziele der Raumordnung in Raumordnungsplänen beachten (§ 1 Abs. 4 BauGB, Anpassungspflicht) sowie öffentliche und private Belange berücksichtigen (§ 1 Abs. 7 BauGB, Abwägungspflicht).

4.4.2   Art und Maß der baulichen Nutzung

4.4.2.1   Regelung der baulichen Nutzung
In Deutschland regelt aus der Sicht der Bauleitplanung die „Verordnung über die bauliche Nutzung von Grundstücken" (BauNVO) die Art und das Maß der baulichen Nutzung. Die Zusammenhänge sind in der Übersicht der Abb. 4.5 dargestellt.

4.4.2.2   Die Art der baulichen Nutzung
Der erste Abschnitt der BauNVO widmet sich der Art der baulichen Nutzung. Diese unterscheidet zwischen Bauflächen und Baugebieten.

Gemäß § 1 BauNVO werden Bauflächen und Baugebiete wie folgt unterteilt:

- Wohnbauflächen (W),
  - Kleinsiedlungsgebiete (WS),
  - Reine Wohngebiete (WR),
  - Allgemeine Wohngebiete (WA),
  - Besondere Wohngebiete (WB),
- Gemischte Bauflächen (M),
  - Dorfgebiete (MD),
  - Mischgebiete (MI),
  - Kerngebiete (MK),

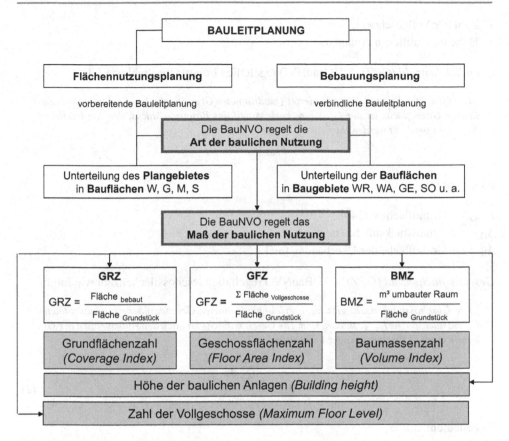

Abb. 4.5 Art und Maß der baulichen Nutzung nach BauNVO

- Gewerbliche Bauflächen (G),
  - Gewerbegebiete (GE),
  - Industriegebiete (GI),
- Sonderbauflächen (S),
  - Sondergebiete (SO).

Die Aufteilung der einzelnen Baugebiete und deren Abgrenzungen werden detailliert in §§ 2 bis 15 BauNVO beschrieben.

4.4.2.3 Das Maß der baulichen Nutzung

Der zweite Abschnitt der BauNVO (§§ 16 ff.) widmet sich wiederum dem Maß der baulichen Nutzung. Dieses kann durch fünf Kenngrößen beschrieben werden:

- Grundflächenzahl,
- Geschossflächenzahl,
- Baumassenzahl,

- Zahl der Vollgeschosse,
- Höhe der baulichen Anlagen.

Grundflächenzahl (GRZ) § 19 BauNVO regelt die Grundflächenzahl wie folgt:

„Die Grundflächenzahl gibt an, wieviel Quadratmeter Grundfläche [...] zulässig sind. Zulässige Grundfläche ist der [...] errechnete Anteil des Baugrundstücks, der von baulichen Anlagen überdeckt werden darf."

$$F_{GRZ} = \frac{A_B}{A_G} \tag{1}$$

Es bedeuten:

F_{GRZ} = Grundflächenzahl
A_G = Grundstücksfläche [m^2]
A_B = Grundfläche der Überbauung [m^2]

Geschossflächenzahl (GFZ) § 20 BauNVO regelt die Geschossflächenzahl wie folgt:

„Die Geschossflächenzahl gibt an, wieviel Quadratmeter Geschossfläche je Quadratmeter Grundstücksfläche [...] zulässig sind. Die Geschossfläche ist nach den Außenmaßen der Gebäude in allen Vollgeschossen zu ermitteln."

$$F_{GFZ} = \frac{\sum\limits_{1}^{n} A_F}{A_G} \tag{2}$$

Es bedeuten:

F_{GFZ} = Geschossflächenzahl
A_G = Grundstücksfläche [m^2]
A_F = nutzbare Fläche im Gebäude pro (Voll-)Geschoss [m^2]
n = Anzahl der (Voll-)Geschosse

Baumassenzahl (BMZ) § 21 BauNVO regelt die Baumassenzahl wie folgt:

„Die Baumassenzahl gibt an, wieviel Kubikmeter Baumasse je Quadratmeter Grundstücksfläche [...] zulässig sind. Die Baumasse ist nach den Außenmaßen der Gebäude vom Fußboden des untersten Vollgeschosses bis zur Decke des obersten Vollgeschosses zu ermitteln."

$$F_{BMZ} = \frac{V_B}{A_G} \tag{3}$$

Es bedeuten:

F_{BMZ} = Baumassenzahl
A_G = Grundstücksfläche [m^2]
V_B = Gebäudevolumen [m^3] umbauter Raum

Zahl der Vollgeschosse (VG) § 20 BauNVO regelt die Zahl der Vollgeschosse wie folgt:

„Als Vollgeschosse gelten Geschosse, die nach landesrechtlichen Vorschriften Vollgeschosse sind oder auf ihre Zahl angerechnet werden. "

Wie die Formulierung der BauNVO bereits aufzeigt, obliegt die Definition eines Vollgeschosses den Landesbauordnungen. Daher gibt es unterschiedliche Berechnungsmethoden. Während es wenige Probleme mit den Normalgeschossen gibt, sind insbesondere die Zuordnungen von Kellergeschossen und Dachgeschossen kritisch.

- Kellergeschosse gelten je nach betreffender Landesbauordnung als Vollgeschoss, wenn sie mindestens 1,20 m bis 1,60 m über die Geländeoberfläche hinausragen (Achtung: Es gibt auch unterschiedliche Bezugspunkte – Deckenunterkante oder Deckenoberkante!).
- Für die Zuordnung von geneigten Geschossen, insbesondere aber von Dachgeschossen, gibt es zwei gängige Regelungen:
  - „2/3-Regelung": Zwei Drittel der Grundfläche haben mindestens eine Höhe von 2,30 m. Basis hierfür ist die Unterkante des Daches.
  - „3/4-Regelung": Drei Viertel der Grundfläche haben mindestens eine Höhe von 2,30 m. Basis hierbei ist die Oberkante des Daches.

Beispiel § 2 (4) LBauO Rheinland-Pfalz

Geschosse über der Geländeoberfläche sind Geschosse, die im Mittel mehr als 1,40 m über die Geländeoberfläche hinausragen. Vollgeschosse sind Geschosse über der Geländeoberfläche, die über zwei Drittel, bei Geschossen im Dachraum über drei Viertel ihrer Grundfläche eine Höhe von 2,30 m haben. Gegenüber einer Außenwand zurückgesetzte oberste Geschosse sind nur Vollgeschosse, wenn sie diese Höhe über zwei Drittel der Grundfläche des darunter liegenden Geschosses haben. Die Höhe wird von Oberkante Fußboden bis Oberkante Fußboden oder Oberkante Dachhaut gemessen.

Beispiel § 2 (6) LBO Baden-Württemberg

Vollgeschosse sind Geschosse, die mehr als 1,4 m über die im Mittel gemessene Geländeoberfläche hinausragen und, von Oberkante Fußboden bis Oberkante Fußboden der darüberliegenden Decke oder bis Oberkante Dachhaut des darüberliegenden Daches gemessen, mindestens 2,3 m hoch sind. Die im Mittel gemessene Geländeoberfläche ergibt sich aus dem arithmetischen Mittel der Höhenlage der Geländeoberfläche an den Gebäudeecken. Keine Vollgeschosse sind

- Geschosse, die ausschließlich der Unterbringung von haustechnischen Anlagen und Feuerungsanlagen dienen,
- oberste Geschosse, bei denen die Höhe von 2,3 m über weniger als drei Viertel der Grundfläche des darunterliegenden Geschosses vorhanden ist.

Tab. 4.2 Obergrenzen des Maßes der baulichen Nutzung nach BauNVO

Baugebiet	GRZ	GFZ	BMZ
Kleinsiedlungsgebiet (WS)	0,2	0,4	–
Reines Wohngebiet (WR) Allgemeines Wohngebiet (WA) Ferienhausgebiet	0,4	1,2	–
Besonderes Wohngebiet (WB)	0,6	1,6	–
Dorfgebiet (MD) Mischgebiet (MI)	0,6	1,2	–
Kerngebiet (MK)	1,0	3,0	–
Gewerbegebiet (GE) Industriegebiet (GI) Sonstige Sondergebiete	0,8	2,4	10,0
Wochenendhausgebiete	0,2	0,2	–

Höhe der baulichen Anlagen § 18 BauNVO regelt die Höhe der baulichen Anlagen:

> *„Bei Festsetzung der Höhe baulicher Anlagen sind die erforderlichen Bezugspunkte festzusetzen."*

Gängige Bezugspunkte zur Festlegung der Höhe baulicher Anlagen sind

- Firsthöhe,
- Traufhöhe.

4.4.2.4 Definition von Grenzwerten baulicher Nutzung

Die Aufschlüsselung nach Art und Maß baulicher Nutzung dient nicht nur der Klassifikation. Im besonderen Maße hat diese den Zweck, die bauliche Nutzung von Liegenschaften durch Festsetzung von Grenzwerten gezielt zu steuern.

Die Obergrenzen für die Bestimmung des Maßes der baulichen Nutzung sind in § 17 BauNVO festgesetzt (siehe Tab. 4.2). Im § 16 (4) wird aber zudem die Möglichkeit gegeben, im Bebauungsplan neben Höchstmaßen Mindestmaße festzusetzen.

4.4.2.5 Internationale Kennzahlen

International gibt es noch etliche weitere bauplanerische Kennzahlen, die von Land zu Land einzeln zu prüfen sind. Beispiele hierfür werden nachfolgend dargestellt.

Grünflächenvorhaltung Mit der Vorgabe von Mindestgrenzen für Grünflächen (engl.: *greenery index*) sollen die Überbauung (Versiegelung) von Flächen beschränkt und das Vorhalten von Grünflächen auf einem Grundstück geregelt werden.

Freizeitfläche Analog zur Vorhaltung von Grünflächen ist es z. B. in Japan für Gewerbe-standorte ab einer gewissen Größe vorgeschrieben, auch Flächen für Erholung und Freizeit vorzuhalten (engl.: *recreation area index*). In Japan werden diese meist als Baseballplatz genutzt.

Untergrenzen für eine Bebauungsdichte In Ländern mit großer Baulandknappheit gibt es neben den in Deutschland ebenfalls bekannten Obergrenzen für das Maß der baulichen Nutzung auch Mindestanforderungen für die bauliche Nutzung. Eine solche Untergrenze ist die Mindestbebauungsdichte (engl.: *(minimum) building density*).

Diese existiert z. B. in der VR China, um eine Mindestbebauung zu erzielen und so-mit der Grundstücksspekulation in einem Land, in dem Knappheit an fruchtbarem Boden herrscht, vorzubeugen.

Wichtig hierbei ist jedoch die Art und Weise der Berechnung. In der VR China werden bei der Ermittlung der Mindestbebauungsdichte (engl.: *building density*) nicht nur Gebäu-de, sondern auch Anlagen (z. B. Leitungen, Reaktoren, Tanks von chemischen Produk-tionsanlagen) berücksichtigt. Bei der Grundflächenzahl (engl.: *coverage index*) hingegen zählen nur die Bauten mit Wänden, d. h. Kopfbauwerke, Verwaltungsbauten etc. Wie den nachstehenden Unterlagen entnommen werden kann, sind die begrifflichen Definitionen eher vage. Dies kann zwar einen deutschen Ingenieur frustrieren, aber ansonsten hilfreich sein. Es ist anzunehmen, dass dies ist so gewollt ist, um „individuelle Auslegungen" in angemessenem Umfang zu ermöglichen.

Fallbeispiel Shanghai Chemical Industry Park (aus „Unified Design Stipulations", 2004)

[...] The main indexes are as follows:

- Building Density of site area $\geq 35\,\%$,
- Coverage Index of site area $\leq 40\,\%$,
- Floor area ratio ≤ 1.0.

The detailed design indexes are in compliance with each project's Land Use Planning and Location Suggestion Paper. The stipulations about the green ratio in SCIP Planting System Planning are as follows:

- the green ratio of site area is $12\,\%$ for the industrial land in the Class III area,
- $25\,\%$ for the industrial land in the Class I area,
- $20\,\%$ for the industrial land in the Class II,
- $25 \sim 30\,\%$ for the municipal public facilities,
- $35\,\%$ for the public facilities and
- $12 \sim 20\,\%$ for the storage land [...].

Investitionsdichte Eine weitere, international immer wieder anzutreffende Kenngröße – wenn auch nicht bauplanerischer, sondern ansiedlungssteuernder Art – ist die sogenannte Investitionsdichte (engl.: *investment density*). Diese entspricht der Investitionssumme[4] pro

Quadratmeter Grundstücksfläche. Mit dieser Kenngröße, üblicherweise als Mindestgrenze verwandt, sollen oft gewisse Flächen für kapitalintensive Investitionen (z. B. Schwerindustrie) vorgehalten und nicht für weniger kapitalintensive aber flächenintensive Investitionen (z. B. Logistik) „verschwendet" werden. Dies ist eine durchaus interessante Steuerungsgröße in ausgewiesenen Industriegebieten.

Zusammenfassend existieren im internationalen Umfeld dem deutschen Modell durchaus ähnliche, jedoch im Detail mitunter recht unterschiedliche Systeme zur Steuerung von Art und Maß der baulichen Nutzung. Diese sind von Land zu Land im Einzelfall zu prüfen, insbesondere hinsichtlich folgender Fragestellungen:

- Welche Kenngrößen gibt es überhaupt?
- Für welche Nutzung gelten die Kenngrößen?
- Sind es Mindest- oder Maximalbeschränkungen?
- Welche Bauwerke, Bauwerksteile, Anlagen, Infrastruktureinrichtungen sind einzurechnen und welche nicht?
- Gibt es Sonderregelungen für bestimmte Nutzungsarten?

4.4.3 Bauleitpläne

4.4.3.1 Vorbereitende Bauleitpläne (Flächennutzungspläne)

Der Flächennutzungsplan (FNP) stellt in den Grundzügen die beabsichtigte Bodennutzung nach den voraussichtlichen Bedürfnissen der Gemeinde dar. Der FNP soll also die bauliche und sonstige Nutzung der Grundstücke in der Gemeinde nach Maßgabe des BauGB vorbereiten und leiten. Üblicherweise legt der FNP also fest, wie sich die Gemeinde in den nächsten 10 bis 15 Jahren entwickeln wird.

Die Gemeinde hat dieses Verzeichnis der *Nutzungsabsichten* für das gesamte Gemeindegebiet aufzustellen. Sie berücksichtigt dabei die Art der Bodennutzung, wie sie sich nach der beabsichtigten städtebaulichen Entwicklung darstellt, d. h. die derzeitige Bodennutzung und die Festsetzung im FNP können voneinander abweichen (siehe Beispiel in Abb. 4.6).

Inhalt des Flächennutzungsplanes Insbesondere sind die Bauflächen, also die überbaubaren Flächen, in der allgemeinen Art ihrer Nutzung (Wohnbauflächen, gewerbliche Bauflächen usw.) darzustellen.

Über die geplante bauliche Nutzung hinaus enthält der FNP Festsetzungen über die Bodennutzung allgemein. So können im FNP weitere Festsetzungen getroffen werden, etwa (siehe Beispiel in Abb. 4.7):

- Flächen für die Versorgung mit Gütern und Dienstleistungen des öffentlichen und privaten Bereiches (Schulen, Kirchen, soziale Einrichtungen, ...),

---

[4] Anm. d. Verf.: Investitionssumme = Gesamtinvestitionskosten abzüglich Grundstückspreis.

- Flächen für den überörtlichen Verkehr und die Hauptverkehrszüge,
- Flächen für Ver- und Entsorgungsanlagen sowie für Ablagerungen,
- Grünflächen, Parkanlagen, Kleingärten, Spiel-, Sportplätze, Friedhöfe,
- Wasserflächen (z. B. Kanäle), Flächen für die Wasserwirtschaft (z. B. Trinkwassergewinnung),
- Flächen für die Land- und Forstwirtschaft,
- Schutzflächen für Natur und Landschaft,
- etc.

Darüber hinaus gibt es eine Kennzeichnungspflicht für

- gefährdete Gebiete (z. B. gegen Naturgewalten),
- Bergbauflächen und
- erheblich belastete Flächen.

Durch den großen Maßstab (M = 1 : 5000, 1 : 10.000 oder 1 : 20.000) erfolgt eine relativ grobe Abgrenzung der Nutzungsbereiche, die anschließend im Bebauungsplan parzellenscharf weiterentwickelt werden können.

Aufstellungsverfahren des Flächennutzungsplanes Grundsätzlich sind Bauleitpläne von einer Gemeinde in eigener Verantwortung aufzustellen. Für die Aufstellung eines FNP gibt es ein klar gegliedertes Verfahren:

- Planaufstellungsbeschluss durch die Gemeinde (§ 2 Abs. 1 BauGB),
- Beschluss ist ortsüblich bekannt zu machen (§ 2 Abs. 1 BauGB),
- Beteiligung
  - Nachbargemeinde (§ 2 Abs. 2 BauGB),
  - Bürgerbeteiligung (§ 3 Abs. 1 BauGB),
  - Träger öffentlicher Belange[5] – TÖB – (§ 4 BauGB),
- Öffentliche Auslegung des Entwurfes (§ 3 Abs. 2 BauGB),
- Behandlung und Abwägung der Bedenken und Anregungen (§ 3 Abs. 2 BauGB) aus den Bürger- und Trägerbeteiligungen; eventuell erneute Beteiligung bei grundsätzlicher Änderung der Planung (§ 3 Abs. 3 BauGB),
- Beschluss über den FNP,
- Vorlage zur Genehmigung durch die höhere Verwaltungsbehörde (§ 6 Abs. 1 bis 5 BauGB),
- Ortsübliche Bekanntmachung des FNP (§ 6 Abs. 5 BauGB), der mit der Bekanntmachung wirksam wird.

Diese Verfahrensvorschriften gelten auch für Änderungen, Ergänzungen und Aufhebungen (§ 6 Abs. 6 BauGB).

---

[5] Anm. d. Verf.: Träger öffentlicher Belange sind Behörden, u. U. aber auch Private (z. B. Post, Bahn), die für die Wahrnehmung konkret betroffener öffentlicher Interessen eine Wahrnehmungszuständigkeit haben (z. B. Naturschutzbehörden, Gewerkschaften, Kirchen, Verkehrsbehörden u. a.).

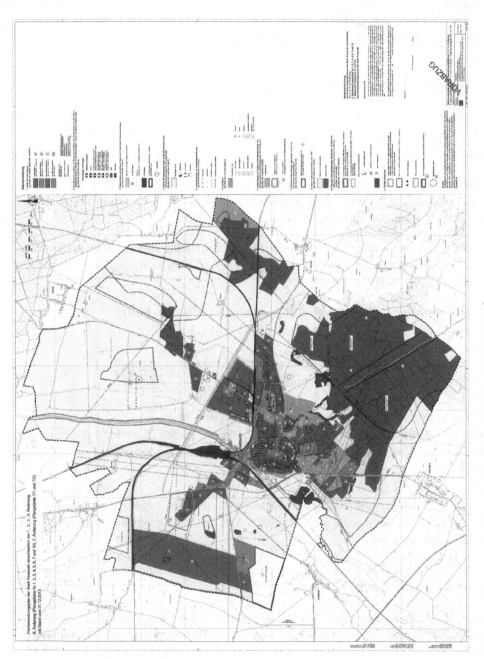

Abb. 4.6 Flächennutzungsplan der Stadt Pasewalk (Stand 04.09.2013)[6].

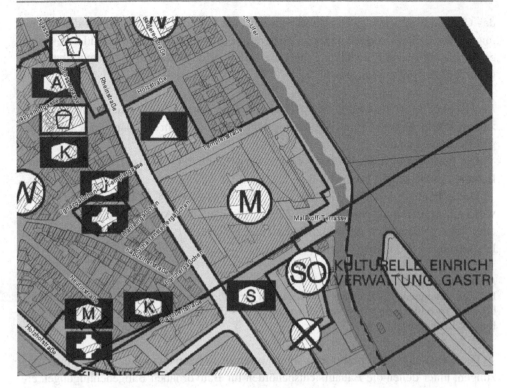

Abb. 4.7 Auszug aus dem FNP der Stadt Mainz (Stand 2004)

Rechtsnatur des Flächennutzungsplanes Der Flächennutzungsplan bildet die Grundlage für die Bauleitplanung der Gemeinde. Aus dem Flächennutzungsplan sind die Bebauungspläne zu entwickeln, sodass hier bereits eine Verbindung hinsichtlich der zulässigen Bodennutzung erfolgt. Deshalb spricht man auch vom zweistufigen Bauleitplanverfahren.

Der Flächennutzungsplan hat jedenfalls im Grundsatz keine Außenverbindlichkeit. Er entfaltet seine Bindungswirkung vor allem

- über das in § 8 Abs. 2 BauGB enthaltene Entwicklungsgebot, wonach die Bebauungspläne aus dem Flächennutzungsplan zu entwickeln sind, sowie
- durch § 35 Abs. 3 BauGB, wonach die Darstellungen eines Flächennutzungsplanes bei Entscheidungen über die Zulässigkeit baulicher Anlagen im Außenbereich (§ 35 BauGB) als öffentliche Belange zu berücksichtigen sind.

4.4.3.2 Verbindliche Bauleitpläne (Bebauungspläne)

Die vorbereitende Bauleitplanung erfolgt also durch den Flächennutzungsplan, welcher für das gesamte Gemeindegebiet aufgestellt wird. Die weitere Konkretisierung für Teile

---

[6] Quelle: http://www.pasewalk.de/downloads/pr/www.pasewalk.de/www.pasewalk.de_2013091911 0404_N3379_Flaechennutzungsplan-Gesamt.jpg

des Gemeindegebietes, ggf. sogar nur für einzelne Grundstücke wird durch die Bebauungspläne (B-Plan) vorgenommen. Eine derartige Aufstellung erfolgt sobald und soweit es für die geordnete Entwicklung einer Gemeinde erforderlich ist. Es besteht aber kein genereller Aufstellungsanspruch.

Rechtsnatur des Bebauungsplanes Bebauungspläne sind aus dem Flächennutzungsplan zu entwickeln. Existiert kein FNP, dann spricht man von einem sogenannten selbstständigen Bebauungsplan.

Die Festsetzungen des B-Planes sind rechtsverbindlich (§ 8 Abs. 1 BauGB), d. h. ein Bebauungsplan schafft Baurecht!

Der B-Plan wird von der Gemeinde als Satzung erlassen (§ 10 BauGB). Ist der Plan wirksam, so bestimmt sich danach die Zulässigkeit baulicher Anlagen (§§ 29, 30 BauGB), allerdings vorbehaltlich der Möglichkeit einer Befreiung (sog. Dispens) von einzelnen Festsetzungen (§ 31 Abs. 2 BauGB).

Anmerkung

Die Festsetzungen eines B-Planes sind allgemein *für sieben Jahre verbindlich*. Das bedeutet, dass bei einer vorzeitigen Änderung von Festlegungen eines B-Planes einem betroffenen Bauherrn eine Entschädigung zusteht.

Die Bebauungspläne bestimmen somit wesentliche bauplanungsrechtliche Voraussetzungen, unter denen die Bauaufsichtsbehörden für Bauvorhaben Baugenehmigungen erteilen (sofern nicht nach Maßgabe der Bauordnungen der Länder sog. Genehmigungsfreistellungsverfahren durchgeführt werden).

Anmerkung

Bei der Planung von Vorhaben in Gebieten mit einem bestehenden B-Plan ist es von besonderer Wichtigkeit zu prüfen, welcher Fassung der Landesbauordnung der B-Plan zugrunde liegt. Die Fassung der Bauordnung zum Zeitpunkt der Planaufstellung (und ggf. nicht die aktuell gültige Fassung) ist für die Berechnung des Maßes der baulichen Nutzung ausschlaggebend. Dies kann beispielsweise bei der Berechnung der jeweiligen Vollgeschosse wichtig werden[7].

Grundsätze und Inhalte des Bebauungsplanes Die Festsetzungen des B-Planes bestimmen unmittelbar Art und Umfang der Nutzungsmöglichkeiten der in seinem Geltungsbereich liegenden Grundstücke.

Die Grenzen des Geltungsbereiches müssen klar erkennbar sein. Es muss für jedermann ersichtlich sein, ob er von den Festsetzungen in irgendeiner Form betroffen bzw. in seinen Rechten durch die künftige Planung beeinträchtigt ist.

---

[7] Anm. d. Verf.: siehe hierzu Abschn. 4.4.2.3.

Grundsätzlich legt der B-Plan für das betreffende Areal das Bebauungskonzept fest. Dies geschieht über einen

- zeichnerischen Teil (Rechts- und Gestaltungsplan) und
- textliche Festsetzungen.

Die textlichen Festsetzungen beinhalten auch die Begründung der Planaufstellung, d. h. das Ziel für den B-Plan muss darin schlüssig ausgeführt sein. Ein detaillierter Katalog der möglichen Inhalte eines B-Planes ist in § 9 BauGB aufgeführt.

Es werden einfache und qualifizierte Bebauungspläne unterschieden, vgl. § 30 BauGB. Darüber hinaus gibt es als Sonderform sogenannte vorhabenbezogene Bebauungspläne.

Qualifizierter Bebauungsplan Ein Bebauungsplan ist qualifiziert (§ 30 Abs. 1 BauGB), wenn er allein oder gemeinsam mit sonstigen baurechtlichen Vorschriften mindestens Festsetzungen enthält über

- die Art der baulichen Nutzung,
- das Maß der baulichen Nutzung,
- die überbaubaren Grundstücksflächen und
- die örtlichen Verkehrsflächen.

Fehlt auch nur eine dieser Festsetzungen, handelt es sich um einen einfachen Bebauungsplan (§ 30 Abs. 3 BauGB).

Es gilt der Grundsatz: Ist ein Bebauungsplan qualifiziert, dann regelt er die Bebauung abschließend!

Anmerkung

Es muss daher für einen qualifizierten B-Plan ein *dreidimensionales Baufenster zwingend definiert* sein. So reicht es beispielsweise nicht aus, beim Maß der baulichen Nutzung neben GRZ und GFZ lediglich die Zahl der Vollgeschosse zu fixieren. Es muss eine feste Höhe, z. B. in Form einer Obergrenze für First- oder Traufhöhe benannt sein!

Einfacher Bebauungsplan Einfache Pläne haben zwar die gleiche Rechtsverbindlichkeit wie die qualifizierten (vgl. § 30 Abs. 3 BauGB), müssen aber, da sie keine vollständigen Regelungen enthalten, ergänzt werden. Ergänzend anwendbar sind die Regelungen in § 34 BauGB, wenn das Vorhaben im Innenbereich, oder § 35 BauGB, wenn es im Außenbereich liegt.

Vorhabenbezogener Bebauungsplan Ein vorhabenbezogener Bebauungsplan ist nach § 12 BauGB ein Bebauungsplan auf der Grundlage der Planung eines privaten Investors, nämlich eines sog. Vorhaben- und Erschließungsplanes.

Die Möglichkeiten planerischer Festsetzungen sind im Katalog des § 9 BauGB abschließend aufgezählt. Andere Festsetzungen sind unzulässig (anders nur beim Vorhaben- und Erschließungsplan nach § 12 Abs. 3 BauGB).

Aufstellungsverfahren des Bebauungsplanes Grundsätzlich sind Bauleitpläne von einer Gemeinde in eigener Verantwortung aufzustellen. Für die Aufstellung eines FNP gibt es ein klar gegliedertes Verfahren:

- Feststellung der Erforderlichkeit (§ 1 Abs. 3 BauGB), d. h. Rechtfertigung der Planung,
- Planaufstellungsbeschluss durch die Gemeinde (§ 2 Abs. 1 BauGB) und damit auch Möglichkeit des Beschlusses einer Veränderungssperre (§ 14 BauGB),
- Ortsübliche Bekanntmachung und Auslegung des B-Planes einschließlich Erläuterungsbericht (§ 2 Abs. 1 BauGB),
- Beteiligung der Bürger (§ 3 Abs. 2 BauGB) sowie Benachrichtigung und Beteiligung der Träger öffentlicher Belange[8] – TÖB (§ 3 Abs. 2 und § 4 Abs. 1 BauGB),
- Prüfung von Bedenken und Anregungen, evtl. Änderung der Planung und erneute Auslegung und Beteiligung,
- Beschluss des B-Planes als Satzung,
- (ggf. Vorlage des B-Planes bei der höheren Verwaltungsbehörde zur Genehmigung),
- Inkrafttreten des B-Planes durch ortsübliche Bekanntmachung (der Genehmigung).

Genehmigungsfreiheit Während der Flächennutzungsplan stets der Genehmigung der Höheren Verwaltungsbehörde bedarf (§ 6 BauGB), sind Bebauungspläne, die aus dem Flächennutzungsplan entwickelt wurden (vgl. § 8 Abs. 1 BauGB), heute grundsätzlich genehmigungsfrei.

Eine Genehmigungspflicht besteht nur noch für selbstständige (§ 8 Abs. 2 S. 2 BauGB) oder vorzeitige Bebauungspläne (§ 8 Abs. 3 S. 2 BauGB) sowie für solche, die im Parallelverfahren nach § 8 Abs. 3 S. 1 BauGB erlassen werden (§ 10 Abs. 2 BauGB).

4.4.4   Veränderungssperre und Zurückstellung von Baugesuchen

Der förmlichen Eröffnung eines Aufstellungsbeschlusses für einen B-Plan durch den Gemeinderat kommt besondere Bedeutung zu. An diesen Beschluss ist die Berechtigung der Gemeinde geknüpft, eine Veränderungssperre zu beschließen (§ 14 BauGB) oder Baugesuche durch die Baugenehmigungsbehörde zurückstellen zu lassen (§ 15 BauGB). Mit diesen beiden Instrumenten kann die Gemeinde verhindern, dass während des laufenden Planaufstellungsverfahrens noch Baugenehmigungen nach der alten Rechtslage erteilt werden.

Anmerkung
Zwingende Voraussetzung einer Veränderungssperre ist jedoch in jedem Fall, dass ein B-Plan oder zumindest ein Aufstellungsbeschluss hierfür überhaupt existiert. Die Verwendung des Rechtsin-

---

[8] Träger öffentlicher Belange sind Behörden, u. U. aber auch Private (z. B. Post, Bahn), die für die Wahrnehmung konkret betroffener öffentlicher Interessen eine Wahrnehmungszuständigkeit haben (z. B. Naturschutzbehörden, Gewerkschaften, Kirchen, Verkehrsbehörden u. a.).

strumentes einer Veränderungssperre als reines Vehikel zur Verhinderung missliebiger aber nach Bauordnungsrecht zulässiger Bauprojekte durch eine Gemeinde ist nicht statthaft. In der praktischen Umsetzung bestehen hier allerdings große Handlungsspielräume für eine Gemeinde. Bei Nichtbestehen eines B-Planes kann bereits die Form gewahrt werden, indem in einer Gemeinderatssitzung als vorangehender Punkt die Aufstellung eines B-Planes beschlossen und als nachfolgender Tagesordnungspunkt dann die Veränderungssperre verhängt wird. Der Nachweis des Missbrauchs ist nicht einfach zu führen und kostet neben den Aufwendungen für einen Rechtsstreit insbesondere Zeit.

4.4.5 Städtebaulicher Vertrag

Der städtebauliche Vertrag nach § 11 BauGB ist eine Sonderform eines sogenannten öffentlich-rechtlichen Vertrages, d. h. eines Vertrages zwischen Behörden und einer Person über eine öffentliche Sache. Zumeist wird er im Zusammenhang mit einem B-Plan-Verfahren zwischen der Gemeinde und privaten Investoren geschlossen.

Städtebauliche Verträge lassen sich nach ihrem Inhalt in drei Kategorien unterscheiden:

Maßnahmenverträge (§ 11 Abs. 1 Nr. 1) Maßnahmenverträge regeln die Vorbereitung und Durchführung städtebaulicher Maßnahmen durch den Vertragspartner (Investor) auf eigene Kosten, z. B. einschließlich der

- Neuordnung der Grundstücksverhältnisse,
- Bodensanierung,
- Ausarbeitung städtebaulicher Planungen.

Zielbindungsverträge (§ 11 Abs. 1 Nr. 2) Zielbindungsverträge regeln Themen, welche auf die Förderung und Sicherung der durch die Bauleitplanung verfolgten Ziele gerichtet sind, z. B.

- Grundstücksnutzung,
- Deckung des Wohnbedarfs von Bevölkerungsgruppen mit besonderen Wohnraumversorgungsproblemen,
- Deckung des Wohnbedarfs der ortsansässigen Bevölkerung.

Folgekostenverträge (§ 11 Abs. 1 Nr. 3) Folgekostenverträge regeln die Übernahme von Kosten, die der Gemeinde für städtebauliche Maßnahmen entstehen (inkl. Grundstücksbereitstellung).

Der Durchführungsvertrag im Rahmen eines Vorhaben- und Erschließungsplanes (siehe Abschn. 4.4.6) ist beispielsweise eine spezielle Form eines städtebaulichen Vertrages.

4.4.6 Vorhaben- und Erschließungsplan

Der Vorhaben- und Erschließungsplan (VE-Plan) begründet die Zulässigkeit eines Bauvorhabens – ausgestattet mit Besonderheiten in Funktion eines verbindlichen B-Planes.

Der VE-Plan findet dann Anwendung, wenn das Vorhaben nicht in der Zulässigkeit der §§ 30, 31, 33, 34, 35 BauGB bestimmt ist und das Vorhaben nicht ohne Aufstellung eines B-Planes zugelassen werden kann.

Für den Erlass eines vorhabenbezogenen Bebauungsplanes müssen zwei Voraussetzungen erfüllt sein:

- die Übereinstimmung mit dem Vorhaben- und Erschließungsplan des Investors,
- der vorherige Abschluss eines Durchführungsvertrages zwischen Gemeinde und Investor (Verpflichtung des Investors zur Verwirklichung des Vorhabens nach Maßgaben des Vorhaben- und Erschließungsplanes – siehe auch Abschn. 4.4.5 Städtebaulicher Vertrag).

Besonderheiten des Vorhaben- und Erschließungsplanes

- Anwendbarkeit auf bestimmte investive Zwecke,
- Beschleunigte Aufstellungsmöglichkeit durch Verfahrensverkürzung und Herausnahme aus dem zweistufigen Bauleitplanungssystem des BauGB,
- Entlastung der Planungs- und Kostenkapazität der Gemeinde durch die planerische Vorleistung des Investors,
- Verpflichtung des Investors zur unmittelbaren, fristgebundenen Durchführung der städtebaulichen Maßnahmen,
- Durchführung der Erschließungsmaßnahmen durch den Investor.

Von der Möglichkeit des Erlasses eines vorhabenbezogenen Bebauungsplanes nach § 12 BauGB wurde seit den 1990er Jahren zunehmend Gebrauch gemacht, weil damit in erheblichem Umfang Planungs- und Erschließungskosten gespart werden können.

Zudem besteht keine Bindung an den Festsetzungskatalog für B-Pläne nach § 9 BauGB. Die Vor- und Nachteile eines Vorhaben- und Erschließungsplanes sind in Tab. 4.3 als Übersicht aufgeführt.

Tab. 4.3 Vor- und Nachteile des VE-Planes auf Gemeindeebene

	Vorteile des VE-Planes	Nachteile des VE-Planes
Verfahren	• Wegfall der frühzeitigen Bürgerbeteiligung • Vorbereitung und Begleitung des Verfahrens durch den Investor	• Keine vorgezogene Baugenehmigung nach § 33 BauGB möglich • Keine Genehmigung einer vorgezogenen Erschließung nach § 125 BauGB zulässig
Planungsraum	• Zusammenfassung städtebaulicher Planung mit Grün- und Erschließungsplan	• Einzelvorhabenbezog. Sichtweise • Ausblendung städtebaulicher Verknüpfungen
Sicherungsinstrumente der Bodenordnung		• Veränderungssperre und Umlegung sind nicht zulässig • Enteignung nur für öffentliche Zwecke
Realisierung der Planung	• Bauverpflichtung des Investors	• Verknüpfung der Planung mit dem Investor • Gegenseitige Abhängigkeit bei mehreren Investoren
Planbindung bei Genehmigung	• Zusammenfassung städtebaulicher Planung mit Grün- und Erschließungsplan	• Ausnahmen (§ 31 Abs. 1) möglich, aber keine Befreiung (§ 31 Abs. 2)
Verfahrenskosten		• Investor trägt die vollen Planungskosten • Gemeindeanteil von 10 % entfällt für die vorhabenbezogene Erschließung

4.5 Rechtliche Zulässigkeit von Bauvorhaben

4.5.1 Unterscheidung nach Außenbereich und Innenbereich

Bei der Betrachtung der rechtlichen Zulässigkeit sei noch einmal an die Grundsatzfrage aus dem Abschn. 4.3 erinnert, nach welcher das öffentliche Baurecht sich damit befasst „wo-wie-was" gebaut werden darf (siehe Abb. 4.8).

Grundsätzlich gibt es mehrere Ansätze und Aspekte, unter welchen Bauvorhaben zulässig sein können. Diese orientieren sich an der baurechtlichen Gebietsstruktur.

Ein wesentliches Unterscheidungskriterium ist dabei die Aufteilung der Gebiete in den sogenannten Innenbereich und den Außenbereich. Als Innenbereich werden gemäß § 34 BauGB die „im Zusammenhang bebauten Ortsteile" bezeichnet, welche nicht durch einen qualifizierten Bebauungsplan überplant sind. Im Gegensatz zum Innenbereich ist der Außenbereich zu sehen. Darunter werden all jene Flächen verstanden, welche weder durch einen qualifizierten Bebauungsplan überplant noch den im Zusammenhang bebau-

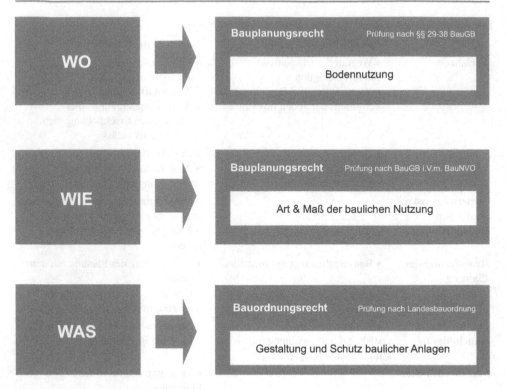

Abb. 4.8 Übersicht Zulässigkeit eines Bauvorhabens

ten Ortsteilen zuzuordnen sind (siehe Abb. 4.9). Der Außenbereich ist – von bestimmten
Ausnahmen abgesehen – grundsätzlich von Bebauungen freizuhalten.

4.5.2 Abgrenzung von Außenbereich und Innenbereich

Die Abgrenzung zwischen dem Innenbereich und dem Außenbereich gemäß Abb. 4.9
ergibt sich normalerweise aus der tatsächlichen Situation vor Ort. Nicht immer ist diese
jedoch klar ableitbar (siehe Abb. 4.10). Daher können die Gemeinden nach § 34 Abs. 4
BauGB die Grenzen des Innenbereiches auch mittels einer Satzung festlegen.

4.5.3 Vorhaben im Innenbereich

4.5.3.1 Bebauung nach §§ 30, 31 BauGB

§ 30 BauGB regelt die Zulässigkeit eines Bauvorhabens, wenn es den Festsetzungen des
B-Planes nicht widerspricht. Damit ist eine Bebauung innerhalb der getroffenen Festsetzungen möglich.

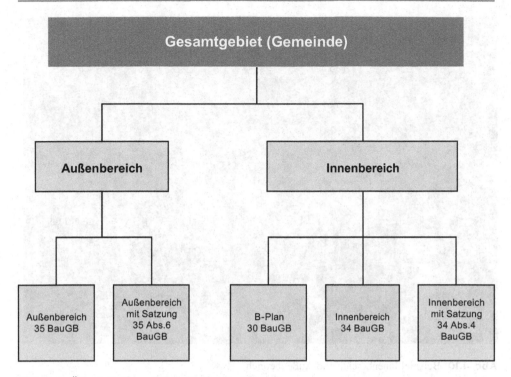

Abb. 4.9 Übersicht baurechtliche Gebietsstruktur

Darüber hinaus ermöglicht § 31 Abs. 1 BauGB die Zulässigkeit solcher Ausnahmen, welche im B-Plan nach Art und Umfang explizit vorgesehen sind. Zudem sind nach § 31 Abs. 2 Befreiungen von den Festsetzungen des B-Planes in einem sehr engen Rahmen möglich.

4.5.3.2   Bebauung nach § 33 BauGB

§ 33 BauGB regelt die Zulässigkeit von Bauvorhaben während der Planaufstellung. Dies ist grundsätzlich möglich, sofern

- die Planaufstellung beschlossen wurde,
- eine erforderliche, formelle Planreife vorhanden ist,
- das Vorhaben den Festsetzungen des künftigen B-Planes nicht widerspricht,
- eine Erschließung gesichert ist.

4.5.3.3   Bebauung nach § 34 BauGB

§ 34 BauGB regelt die Bebauung für Grundstücke *innerhalb* von Ortsteilen, welche

- im Zusammenhang bebaut und
- nicht qualifiziert überplant (d. h. ein B-Plan ist nicht vorhanden)

Abb. 4.10 Beispiel Innenbereich und Außenbereich[9]

sind. Derartige Bebauungen werden auch als Vorhaben im unbeplanten Innenbereich bezeichnet.

Diese Vorschrift hat die Funktion eines Planersatzes. Sie tritt damit an die Stelle der fehlenden Festsetzungen durch die Bauleitplanung.

Ein im Zusammenhang bebauter Ortsteil im Sinne des § 34 BauGB liegt vor, wenn die bereits vorhandene Bebauung nach Quantität und Qualität den Eindruck der Geschlossenheit vermittelt. Für den Eindruck der Geschlossenheit kommt es auf eine natürliche Betrachtungsweise an. Dabei sind auch sog. topografische Zwangspunkte, z. B. Straßen, Wasserläufe, Böschungen usw., zu berücksichtigen.

In diesem Zusammenhang wird zudem zwischen einer offenen bzw. geschlossenen Bauweise bzw. Häusergruppen unterschieden. Nach § 22 BauNVO kann im B-Plan die Bauweise als offen oder geschlossen festgesetzt werden (§ 22 Abs. 1 BauNVO).

Als offene Bauweise werden Gebäude mit seitlichem Grenzabstand in Form von Einzelhäusern, Doppelhäusern oder Hausgruppen bezeichnet (§ 22 Abs. 2 BauNVO). Dabei darf die Länge der vorgenannten Hausformen jedoch höchsten 50 m betragen. Eine geschlossene Bauweise ergibt sich im Gegenzug durch Gebäude ohne seitlichen Grenzabstand (§ 22 Abs. 3 BauNVO). Abb. 4.11 vergleicht diese Bauweisen.

---

[9] Quelle: Google Earth (04.01.2014), Gemeinden Altlußheim und Neulußheim, Rhein-Neckar-Kreis, Baden-Württemberg.

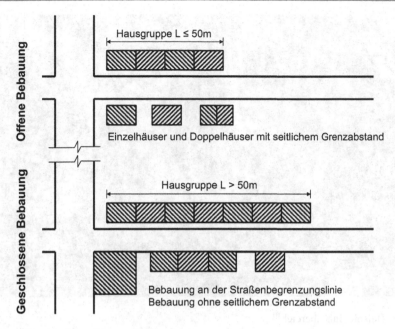

Abb. 4.11 Offene und geschlossene Bauweise

Genehmigungsfähig ist ein Immobilienprojekt nach § 34 BauGB also dann, wenn

- sich Art und Maß der baulichen Nutzung, Bauweise und überbaubare Grundstücksfläche des Vorhabens in die Eigenart der näheren Umgebung einfügen,
- die Erschließung gesichert ist,
- das Ortsbild nicht beeinträchtigt wird,
- die Anforderungen an gesunde Arbeits- und Wohnverhältnisse gewahrt sind.

Ein typisches Umfeld eines Innenbereiches ist in Abb. 4.12 dargestellt.

Durch den Erlass einer Satzung (Innenbereichssatzung, § 34 BauGB Abs. 4–6) hat die Gemeinde die Möglichkeit, die Grenzen des im Zusammenhang bebauten Ortsteils normativ zu beeinflussen.

Liegt ein Grundstück innerhalb des durch eine wirksame Satzung nach § 34 Abs. 4 BauGB bezeichneten Gebietes, braucht nicht weiter geprüft zu werden, ob es sich in einem im Zusammenhang bebauten Ortsteil befindet.

Die dort genannten verschiedenen Satzungstypen können miteinander verbunden werden. Es handelt sich um die Klarstellungs-, die Entwicklungs- und die Abrundungssatzung.

Klarstellungssatzung (§ 34 Abs. 4 Nr. 1 BauGB) Durch die Klarstellungssatzung (auch Abgrenzungssatzung genannt) erfolgt eine klare Zuordnung der Grundstücke zum Innenbereich.

⇒ Die Grenzen für im Zusammenhang bebaute Ortsteile werden festgelegt.

Abb. 4.12 Beispiel Innenbereich[10]

Entwicklungssatzung (§ 34 Abs. 4 Nr. 2 BauGB) Auf der Basis von Siedlungsansätzen werden die „im Zusammenhang bebauten Ortsteile" entwickelt.

⇒ Bebaute Bereiche im Außenbereich werden dergestalt festgelegt, wenn die Flächen im FNP als Baufläche dargestellt sind.

Abrundungssatzung (§ 34 Abs. 4 Nr. 3 BauGB) Durch Einbeziehung von einzelnen Außenbereichsflächen wird der Innenbereich abgerundet. Dies kann der Fall bei Außenbereichsflächen sein, die durch die bauliche Nutzung der angrenzenden Flächen entsprechend geprägt sind.

⇒ Hierbei handelt es sich vom Charakter her um eine Klarstellungs- und/oder Entwicklungssatzung.

4.5.4 Vorhaben im Außenbereich (Bebauung nach § 35 BauGB)

Zum Außenbereich gehören diejenigen Gebiete, für die folgende Lagekriterien nicht gelten:

- Geltungsbereich eines qualifizierten Bebauungsplanes (§ 30 Abs. 1 BauGB) oder
- Lage innerhalb der im Zusammenhang bebauten Ortsteile (§ 34 BauGB).

---

[10] Quelle: Google Earth (04.01.2014), Wohngebiet Tullastraße, Gemeinde Neulußheim, Baden-Württemberg.

Abb. 4.13 Bauernhof mit
Altenteiler-Haus[11]

Das Vorhandensein eines einfachen Planes ändert die Zugehörigkeit von Flächen außerhalb der im Zusammenhang bebauten Ortsteile zum Außenbereich nicht.

Es ist zu beachten, dass sich auch im Außenbereich die Zulässigkeit von Vorhaben
vorrangig nach den Festsetzungen eines einfachen Bebauungsplanes (§ 30 Abs. 3 BauGB)
richtet, sofern ein solcher vorhanden und gültig ist.

Für eine derartige Prüfung gelten die Regelungen für die Zulässigkeit baulicher Anlagen im Planbereich nach § 30 Abs. 1 BauGB. Nur wenn es im einfachen Plan an maßgeblichen Festsetzungen fehlt, richtet sich die Zulässigkeit ergänzend nach § 35 BauGB.

Grundlegend für § 35 BauGB ist die Unterscheidung von privilegierten und sonstigen
Vorhaben:

- Privilegierte Vorhaben sind zulässig, wenn öffentliche Belange im Ergebnis „nicht
  entgegenstehen" (§ 35 Abs. 1 BauGB). Hier findet eine Abwägung mit etwa beein-
  trächtigten Belangen statt.
- Sonstige Vorhaben sind zulässig, wenn öffentliche Belange „nicht beeinträchtigt" werden (§ 35 Abs. 2 BauGB). Bereits die bloße Beeinträchtigung öffentlicher Belange
  führt bei sonstigen Vorhaben also schon zur Unzulässigkeit des Vorhabens, sofern diese nicht unerheblich sind.

Beispiele für privilegierte Vorhaben:

- Land- und forstwirtschaftliche Betriebe (siehe Abb. 4.13),
- Landarbeiterstellen,

---

[11] Quelle: http://www.ostercappeln.de/pics/medien/1_1134714443/_arpvDieleLuftbild.jpg
(12.05.2012).

- Vorhaben, die der öffentlichen Versorgung dienen (Strom, Gas, Telekommunikation, Wärme, Wasser, Abwasser, . . .),
- Anlagen der Kern-, Wind- und Wasserenergie (Erforschung, Entwicklung, Nutzung).

Beispiele für die „Beeinträchtigung öffentlicher Belange":

- Vorhaben widerspricht Darstellungen im FNP.
- Vorhaben ruft schädliche Umwelteinwirkungen hervor.
- Vorhaben widerspricht den Belangen des Naturschutzes, Bodenschutzes, Denkmalschutzes etc.
- Vorhaben erfordert unwirtschaftliche Infrastrukturaufwendungen (Straße, Ver- und Entsorgung).
- Vorhaben lässt die Entstehung, Verfestigung oder Erweiterung einer Splittersiedlung befürchten.

Die Privilegierung stellt üblicherweise der Fachbereich Landwirtschaft der Unteren Baubehörde fest. Dabei muss z. B. die Wirtschaftlichkeit des Hofes, also des landwirtschaftlichen Betriebes, schlüssig dargestellt werden. Eine Landwirtschaft „im Nebenerwerb" reicht eigentlich nicht aus. In der Praxis ist die Beurteilung der Privilegierung immer eine Einzelfallentscheidung und Gratwanderung der zuständigen Behörde. Eine Bauvoranfrage ist bei derartigen Projekten sehr angeraten.

Anmerkung
In Baden-Württemberg gilt seit 2004 die Regel, dass im Falle einer Genehmigung im Außenbereich eine Baulast eingetragen wird, nach welcher der Bauherr zum Rückbau bei Wegfall der Privilegierung verpflichtet wird.

4.6 Bauplanerische Maßsysteme

4.6.1 Flächenstandards

In Deutschland kennen wir für Immobilienprojekte neben den bauleitplanerischen Kenngrößen der BauNVO ebenso die bauplanerischen Kenngrößen der DIN 277. Darüber hinaus gibt es allein in Deutschland noch etliche andere Instrumente der Flächenermittlung, beispielsweise die

- gif-Richtlinie für die Berechnung der Mietfläche für gewerblichen Raum (2004)[12],
- II. BV (Verordnung über wohnungswirtschaftliche Berechnungen nach dem 2. Wohnungsbaugesetz),
- WoFlV (Wohnflächenverordnung).

---

[12] Siehe www.gif-ev.de.

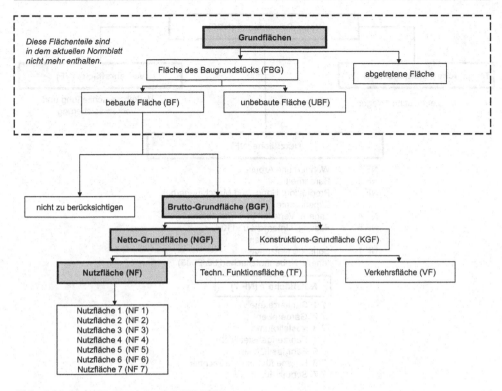

Abb. 4.14 Begriffsübersicht nach DIN 277

Die Begrifflichkeiten der DIN 277 „Grundflächen und Rauminhalte im Hochbau" sind wie folgt geregelt (siehe Abb. 4.14):

- Brutto-Grundfläche, kurz BGF (engl.: *gross building area*),
- Konstruktionsfläche, kurz KF (engl.: *area of structure*),
- Netto-Grundfläche, kurz NGF (engl.: *net building area*),
- Technische Funktionsfläche, kurz TF (engl.: *area for mechanical and electrical installations*),
- Verkehrsfläche, kurz VF (engl.: *public area*),
- Nutzfläche, kurz NF (engl.: *usable area*),
- Brutto-Rauminhalt, kurz BRI (engl.: *gross building volume*),
- Netto-Rauminhalt, kurz NRI (engl.: *net building volume*).

In den Übersichten der Abb. 4.14 „Begriffsübersicht nach DIN 277" und der Abb. 4.15 „Bestandteile der Netto-Grundfläche" sind die Zusammenhänge dieser Begriffe näher dargestellt.

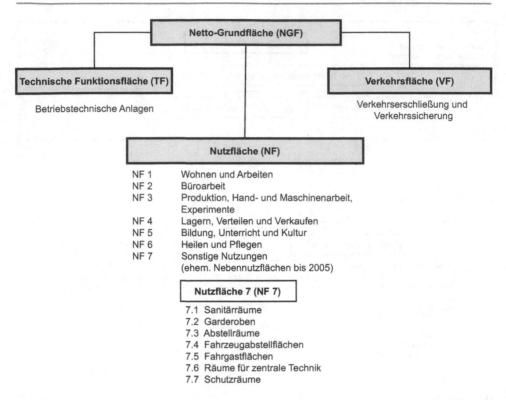

Abb. 4.15 Bestandteile der Netto-Grundfläche

4.6.2 Ableitung vermietbarer Flächen

Von besonderer Wichtigkeit bei Mietobjekten sind eine Analyse der Vermietbarkeit der einzelnen Flächen und eine dementsprechend angepasste Objektplanung (siehe Abb. 4.16). In Mietverträgen ist der angewandte Standard für das Flächenaufmaß anzugeben – in Deutschland beispielsweise ein Flächenaufmaß nach DIN 277 oder nach gif (z. B. gif Richtlinie MF/G Mietflächen für gewerblichen Raum, gültig seit 01.05.2012). Konzeptionell ist es jedoch immer so, dass exklusiv durch den Mieter genutzte Flächen ihm auch vollständig zugeschlagen und mit einer Miete veranschlagt werden. Vom Mieter anteilig mitgenutzte Flächen können ihm auch nur teilweise berechnet werden. Hiergemeinsamer zu ist ein Verteilungsschlüssel für alle Mieter zu vereinbaren.

Der Verteilungsschlüssel (auch Umlageschlüssel) soll nicht nur sicherstellen, dass die Gemeinschaftsmietflächen gerecht zugeordnet sind. Auch die anfallenden Nebenkosten sollen möglichst gleichmäßig und gerecht verteilt werden. Um dieses Ziel zu erreichen, werden in Mietverträgen verschiedene Verteilungsschlüssel der Kostenberechnung und Kostenverteilung zugrunde gelegt. In Betracht kommen dabei Bezugsgrößen wie Mietfläche, Personenzahl, Mieteinheit oder Verbrauch.

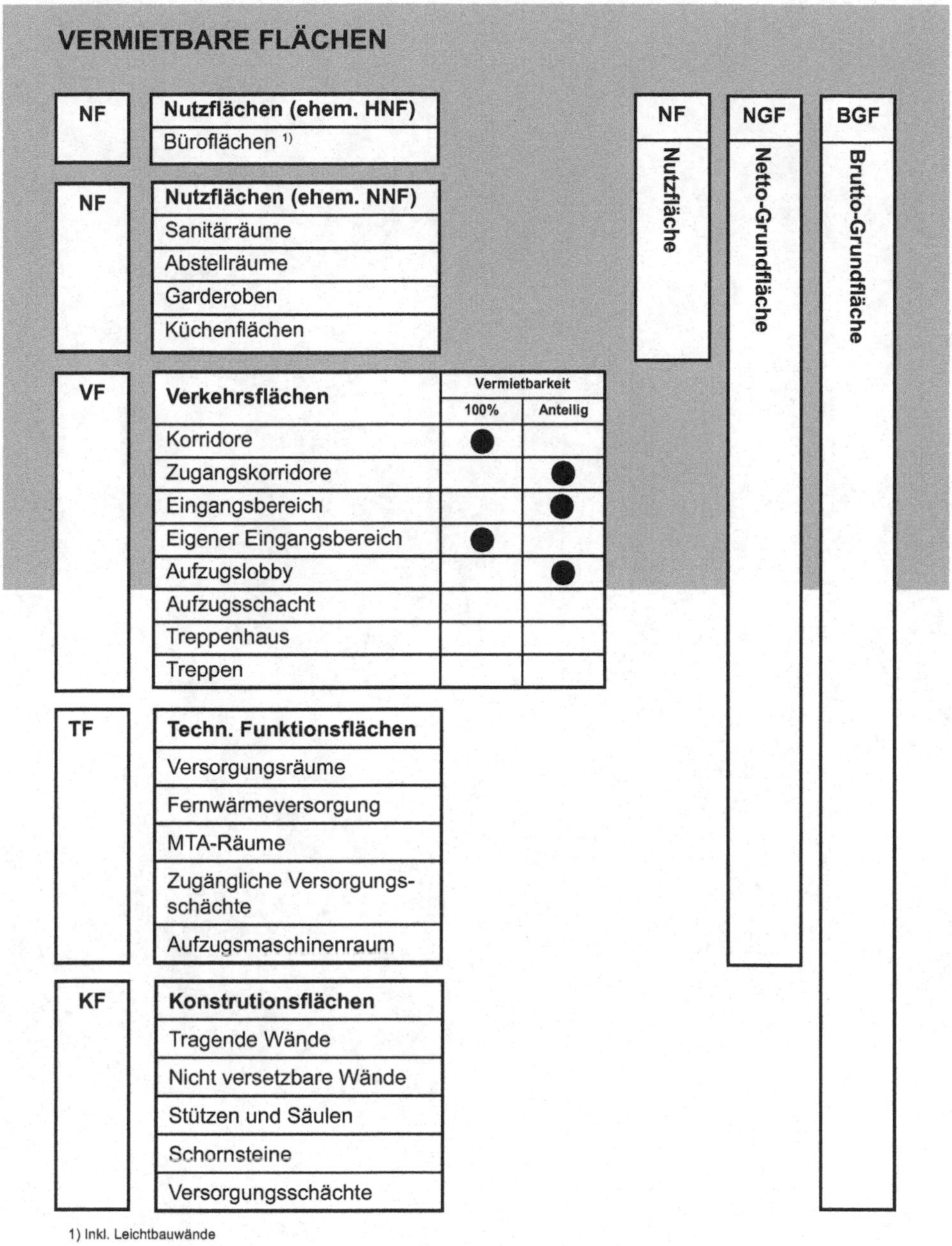

VERMIETBARE FLÄCHEN

NF	**Nutzflächen (ehem. HNF)**
	Büroflächen [1]

NF	**Nutzflächen (ehem. NNF)**
	Sanitärräume
	Abstellräume
	Garderoben
	Küchenflächen

VF	**Verkehrsflächen**	Vermietbarkeit	
		100%	Anteilig
	Korridore	●	
	Zugangskorridore		●
	Eingangsbereich		●
	Eigener Eingangsbereich	●	
	Aufzugslobby		●
	Aufzugsschacht		
	Treppenhaus		
	Treppen		

TF	**Techn. Funktionsflächen**
	Versorgungsräume
	Fernwärmeversorgung
	MTA-Räume
	Zugängliche Versorgungs-schächte
	Aufzugsmaschinenraum

KF	**Konstrutionsflächen**
	Tragende Wände
	Nicht versetzbare Wände
	Stützen und Säulen
	Schornsteine
	Versorgungsschächte

NF — Nutzfläche
NGF — Netto-Grundfläche
BGF — Brutto-Grundfläche

1) Inkl. Leichtbauwände

Abb. 4.16 Übersicht der vermietbaren Flächen

Projektkonzeption 5

5.1 Grundsätzliches

Nachdem das Projekt in der Phase der Projektinitiierung (siehe Kap. 3) grob umrissen wurde, gilt es nun in einer nächsten Stufe, dieses auf der Basis detaillierter und systematischer Analysen auf seine Machbarkeit hin zu untersuchen. Diese Phase, in der DIN 69901-5 auch Definitionsphase (engl.: *definition phase*) genannt, umfasst daher die *„Gesamtheit aller Tätigkeiten und Prozesse zur Definition eines Projektes"*[1].

Dem Faktor widmet sich dieses Kapitel. Die einzelnen Detailanalysen richten sich auf folgende Aspekte:

- den Markt,
- den Standort,
- die künftige Nutzung,
- potentielle Risiken und
- die Wirtschaftlichkeit.

Sie werden üblicherweise unter dem Dachbegriff „Machbarkeitsstudie" zusammengefasst.

5.2 Machbarkeitsstudie

Die Machbarkeitsstudie (engl.: *feasibility study*, kurz *FS*) ist ein besonders wichtiger und gerade bei betrieblichen Immobilienprojekten recht komplexer Baustein des Projektentwicklungsprozesses. Sie trägt nicht nur den Zielen des Corporates, sondern auch allen anderen beteiligten bzw. betroffenen Parteien Rechnung, u. a. der Öffentlichkeit.

---

[1] DIN 69901-5 Projektmanagement – Projektmanagementsysteme – Teil 5: Begriffe, Nr. 3.14.

© Springer Fachmedien Wiesbaden 2014
T. Glatte, *Entwicklung betrieblicher Immobilien*,
Leitfaden des Baubetriebs und der Bauwirtschaft, DOI 10.1007/978-3-658-05687-2_5

Ziel der Machbarkeitsstudie ist es, das Projekt hinsichtlich seiner Umsetzbarkeit innerhalb eines bestimmten Zeitrahmens zu untersuchen, und zwar

- unter Betrachtung möglicher Probleme in
  - wirtschaftlicher,
  - technischer,
  - sozialer und
  - rechtlicher Hinsicht sowie
- unter Berücksichtigung der vorhandenen Ressourcen des Industrieunternehmens in
  - finanzieller,
  - personeller und
  - technologischer Hinsicht.

Allerdings kann eine Machbarkeitsstudie, auch bei Erfüllung aller o. g. Faktoren, letztendlich nicht für den Erfolg des Projektes garantieren. Sie trägt lediglich dazu bei, die
Projektrisiken herauszuarbeiten, aufzuzeigen und zu bewerten.

5.3 Marktanalyse

Ein grundlegender und erster Schritt für ein Projekt ist eine detaillierte Untersuchung des
Zielmarktes. Dies gilt für beide gemäß Abschn. 3.1 hier betrachteten Konstellationen (I)
und (II).

Für eine Neuentwicklung beinhaltet sie insbesondere

- das Aufzeigen von Entwicklungspotentialen und -risiken,
- die gegenwärtige und mögliche künftige Stellung von Wettbewerbern im Markt sowie
- die jeweils verfügbaren Ressourcen.

Für eine Entwicklung im Bestand bedeutet dies insbesondere eine sorgfältige Analyse
des eigenen Umfeldes und der möglichen Potentiale und Vorteile für mögliche künftige Nutzer. Gerade für Bestandsobjekte, die sich z. B. der Drittverwendbarkeit gegenüber
öffnen oder im Zuge einer Umwidmung für komplett neue Nutzungsarten attraktiv sein
möchten, ist es essentiell,

- die eigene Stellung im Markt zu identifizieren,
- sich mit möglichen Wettbewerbern zu benchmarken,
- dadurch Vor- und Nachteile realistisch herauszuarbeiten,
- somit letztendlich die für sich interessante Zielgruppe herauszuarbeiten und

- diese hinsichtlich
  - ihrer gegenwärtigen wirtschaftlichen Lage und Zukunftsperspektive,
  - branchenspezifischen Anforderungen und Interessen sowie
  - strategischen Ausrichtung

  zu untersuchen.

Neuentwicklungen haben den Vorteil, hierbei auch umgekehrt i. S. der vorab identifizierten Zielgruppe von Nutzern angelegt werden zu können. Für beide ist die Marktstudie aber im Hinblick auf die notwendige Ausrichtung und Vermarktung von extrem hoher Wichtigkeit.

5.4 Standortanalyse

5.4.1 Standortbegriff

Die Auseinandersetzung mit der Thematik der Standortsuche und Standortanalyse erfordert zunächst eine Definition des Standortbegriffs. Karl-Werner Hansmann definiert für Industriebetriebe den Standort als einen „*[. . .] geografischen Ort [. . .], an dem das Unternehmen Leistungen erstellt bzw. verwertet*"[2].

5.4.2 Standortgunst

Das professionelle Umfeld einer Standortevaluierung ist zudem äußerst vielschichtig und komplex. Es setzt sich zusammen aus:

- technischen und architektonischen Rahmenbedingungen,
- wirtschaftlichen Rahmenbedingungen und
- rechtlichen Rahmenbedingungen.

Dabei ist gemäß Abschn. 2.3.4 zu beachten, dass jede der vorgenannten Rahmenbedingungen selbst Anforderungen und Einschränkungen für das Projekt mit sich bringt.[3] Davon abgeleitet, lässt sich zwischen Standortanforderungen und Standortbedingungen unterscheiden.[4]

Die Vorteilhaftigkeit der Standortbedingungen in Bezug auf die gestellten Standortanforderungen wird als Standortgunst bezeichnet.

---

[2] Hansmann, K.-W.: Entscheidungsmodelle zur Standortplanung der Industrieunternehmen, 1974, S. 15.

[3] Vgl. Abschn. 2.3.1.

[4] Vgl. Tesch, P.: Die Bestimmungsgründe des internationalen Handels und der Direktinvestition, 1980, S. 360.

Unter Standortanforderungen sind die Investitionskriterien für eine Neuentwicklung zu verstehen (siehe Konstellation I). Standortbedingungen wiederum stellen die vorhandenen Gegebenheiten an der jeweiligen Standortalternative dar. Der Abgleich zwischen den Standortanforderungen eines Unternehmens und den Standortbedingungen einer Lokalität, z. B. eines Industrie- oder Gewerbegebietes, führt zur Ableitung und damit Beurteilung der jeweiligen Standortqualität.[5] Hinsichtlich der Investitionskriterien für Neuentwicklungen ansiedlungswilliger Unternehmen sei hier auf die Abschn. 3.3 sowie 5.4.5 verwiesen.

Entwickler von Bestandsimmobilien müssen im Gegensatz dazu – die Standortanforderungen der künftigen Nutzer im Blick – an den vorhandenen Standortbedingungen arbeiten. Im Spezialfall eines Industrie- oder Gewerbegebietes gilt, dass jegliche Ansiedlung natürlich auf das Wohl des Standortes (Land, Region oder Gemeinde) ausgelegt sein soll. Um diesem Anspruch gerecht zu werden, gilt es in erster Linie, die Interessen und Absichten des Standortes zu erheben und abzuwägen. In den Abschn. 3.4 sowie 10.2 wird gesondert darauf hingewiesen, auf welche Kriterien bei der Entwicklung von Bestandsobjekten eingegangen werden sollte.

5.4.3 Arten von Standortfaktoren

5.4.3.1 Objektive und subjektive Standortfaktoren

Bei der konkreten Standortauswahl lassen sich grundsätzlich erst einmal subjektive und objektive Gründe unterscheiden.

Als subjektiv aus der Sicht des Unternehmens könnte man etwa das Bestehen eines bereits entwickelten Standortes oder das Vorhandensein eines Partners (Joint Venture, Kunde, Lieferant usw.), mit welchem man bereits gute Erfahrungen gemacht hat, einordnen. Die Erfahrung zeigt, dass aber auch „erste Eindrücke" oder persönliche Kontakte und Präferenzen oft eine wichtige Rolle spielen können.[6]

Als objektive Investitionskriterien werden im Wesentlichen operative Gesichtspunkte wie das Bestehen eines Marktes, die Verfügbarkeit von Rohstoffen, Gelände, Infrastruktur, Energien oder Personal gesehen. Hinzu kommen funktionale Rahmenbedingungen wie rechtliche, planungsrechtliche, steuerliche und zollrechtliche sowie finanzwirtschaftliche Rahmenbedingungen.

Vor dem Hintergrund der Zielstellung dieser Arbeit sind vor allem diese objektiven Standortfaktoren von Interesse, auf die nachfolgend im Einzelnen eingegangen wird. Die subjektiven Eindrücke und Annahmen dürfen nicht mit den in diesem Abschnitt dargestellten sogenannten weichen oder qualitativen Standortfaktoren verwechselt werden. Es ist gerade die Aufgabe einer professionellen Standortanalyse, derartige weiche (also schwer greifbare) Kriterien zu analysieren und zu quantifizieren, d. h. also letztendlich messbar und objektiv vergleichbar zu machen.

---

[5] Vgl. Tesch, P.: Die Bestimmungsgründe des internationalen Handels und der Direktinvestition, 1980, S. 525 ff.

[6] Vgl. Schulte, K. W.; Bone-Winkel, S.: Handbuch Immobilien-Projektentwicklung, 2002, S. 168.

5.4.3.2 Einmalig und kontinuierlich wirkende Standortfaktoren

Ebenso ist zu beachten, dass es Standortfaktoren gibt, welche sich nur einmalig auf die Standortgunst auswirken. Diese Einmaligkeit bezieht sich überwiegend auf den Betrachtungszeitpunkt der Analyse oder den geplanten Investitionszeitpunkt. Diese Kriterien sind somit stichtagsrelevant.

Dem stehen Standortfaktoren entgegen, welche auch über den Stichtag hinaus für die Standortbeurteilung relevant sind. Anders als bei einmalig wirkenden Kriterien, für welche die Notwendigkeit einer Prognose über deren künftige Wirkung entfallen kann, muss für kontinuierlich wirkende Standortfaktoren eine Aussage über deren Wirkung in zukünftigen Perioden getroffen werden.

Beispiele für einmalig wirkende Standortfaktoren sind die verschiedensten Merkmale des potentiellen Grundstückes für die Neuentwicklung:

- Grundstücksgröße,
- Grundstückspreis,
- Erschließungskosten,
- Abbruchkosten für ggf. noch vorhandene Bauwerke.

Informationen zu derartigen Standortfaktoren sind vergleichsweise einfach zu beschaffen und unterliegen selten dem Risiko unsicherer Erwartungen. Dies trifft für die kontinuierlich wirkenden Standortfaktoren nicht zu. Für diese Kriterien müssen Vorhersagen über deren Entwicklung und Verlauf in der Zukunft – üblicherweise über den Betrachtungszeitraum des projektspezifischen Business Planes (z. B. zehn Jahre) – getroffen werden. Auf die besonderen Probleme längerfristiger wirtschaftlicher Prognosen, z. B. in Form von Marktzyklen, veränderten Wettbewerbsbedingungen, Wechselkursschwankungen bei Auslandsprojekten, veränderten Steuersätzen usw., wurde bereits in Abschn. 3.2 eingegangen.

5.4.3.3 Operative und funktionale Standortfaktoren

Die Unterscheidung zwischen operativen und funktionalen Standortfaktoren beruht im Wesentlichen auf einer unternehmensinternen Sichtweise eines Corporates und findet daher insbesondere bei der Kategorisierung von Standortanforderungen Anwendung. Diese differenziert zwischen geschäfts- bzw. produktionsspezifischen und somit für das rein operative Geschäft essentiellen Kriterien sowie Kriterien, die nicht auf derartigen (auch „operativ" genannten) Anforderungen beruhen. Letztere werden als funktionale Standortfaktoren bezeichnet.

Typische operative Standortfaktoren sind:

- Markt (Kunden, Lieferanten, Wettbewerber etc.),
- Rohstoffe,
- Logistische Anbindung,
- Grund und Boden,

Tab. 5.1 Gründe für Betriebsverlagerungen[7]

Grund	Anteil der Befragten, welche diese Antwort gewählt haben
Kosteneindämmung	59 %
Bemühen um beispielhafte Praktiken	56 %
Verbesserung der Dienstleistungsqualität	41 %
Konzentration auf Kernkompetenzen	39 %
Verbesserung der Kapazitäten für die Entwicklung neuer Produkte und Dienstleistungen	35 %
Zugang zu neuen Technologien und Fertigkeiten	34 %
Verringerung von Beschäftigtenzahlen	34 %
Verringerung von Kapitalkosten	32 %
Entwicklung von firmeninternem Know-how	30 %
Verringerung von Transaktionskosten	27 %
Verringerung der Werbeausgaben	23 %
Investitionen in Technologie	18 %
Verbesserung der Position in der Wertschöpfungskette	17 %
Verbesserung der Fähigkeit zur Veränderung	17 %
Anmerkung:	Mehrfachnennungen waren möglich

- Infrastrukturen und Energien,
- Personal.

Typische funktionale Standortfaktoren sind:

- Rechtliche Rahmenbedingungen,
- Investitionsregelungen,
- Steuerrechtliche Rahmenbedingungen,
- Zollrechtliche Rahmenbedingungen,
- Finanzwirtschaftliche Rahmenbedingungen.

Diese Standortfaktoren werden gesondert in Abschn. 5.4.5 erläutert.

5.4.3.4 Push- und Pull-Faktoren

Eine andere Herangehensweise an standortbestimmende Faktoren ist die Betrachtung, welche Einflussgrößen zu einer Standortverlagerung führen oder welche Rahmenbedingungen eine Ansiedlung an einem anderen Standort besonders attraktiv machen. Gründe für eine Betriebs- oder Standortverlagerung sind aus Basis einer in Tab. 5.1 aufgeführt.

---

[7] Vgl. EESC: Relocation – Challenges and Opportunities; Stellungnahme des EESC, Juni 2006, S. 68, unter Bezugnahme auf eine Studie von Kakabadse & Kakabadse aus dem Jahr 2002.

Aus der Sicht dieses Buches sind vor allem die Pull-Faktoren relevant, d. h. die Determinanten, welche letztendlich für die Auswahl des neuen Standortes bestimmend sind. Diese sind grundsätzlich aus Unternehmenssicht für alle Formen der Etablierung eines neuen Standortes maßgeblich:[8]

- Neugründung,
- Betriebsverlagerung,
- Aufbau einer Zweigniederlassung.

Dies gilt aber ebenso, wenn auch mit gewissen Einschränkungen, für Akquisitionen bestehender Unternehmen mit vorhandenen Standorten in anderen Regionen sowie für den Aufbau von Gemeinschaftsunternehmen mit einem Partner an anderen Standorten. Die vorgenannten Einschränkungen ergeben sich aus den bestehenden Rahmenbedingungen existierender Standorte bei einem Unternehmenserwerb. Hier können natürlich die Standortbedingungen nicht proaktiv untersucht und optimiert werden.

Der potentielle Erwerber muss die bestehenden Rahmenbedingungen zum Zeitpunkt des Erwerbs akzeptieren. Er kann diese jedoch im Rahmen seiner Sorgfältigkeitsprüfung (engl.: *Due Diligence*) bereits vor Erwerb evaluieren und die Kompatibilität des zu erwerbenden Standortes mit der bestehenden Standortstruktur des Erwerbers bewerten. Im Zuge dessen kann es beispielsweise zu Abschlägen in der wirtschaftlichen Gesamtbeurteilung des Erwerbes kommen, da im Zuge der Integrationsphase nach dem Erwerb eine Standortschließung oder aber eine Standortverlagerung notwendig wird, z. B. Verlagerung der Aktivitäten des erworbenen Standortes an einen bestehenden Standort des Erwerbers in der gleichen Region.

Die Standortevaluierung bei geplanten Gemeinschaftsunternehmen (engl.: *Joint Ventures*) kann entweder mit dem Sachverhalt einer Standortneuansiedlung oder Akquisition gleichgesetzt werden oder gilt als Mischkonstellation mit Aspekten beider Situationen.

Eine Stellungnahme des EESC (Europäischer Wirtschafts- und Sozialausschuss)[9] zum Thema „Ausmaß und Auswirkungen von Betriebsverlagerungen" aus dem Jahre 2006 verweist auf vielfältige Gründe für Verlagerungen, welche im Detail in der nachfolgenden Tabelle dargestellt sind.

Einer der wichtigsten Push-Faktoren, d. h. Auslöser für Standortverlagerungen, ist hingegen der Mangel an Erweiterungsflächen. Dieser spezifisch immobilienwirtschaftliche Sachverhalt mangelnder bebaubarer Grundstücksreserven ist einer der deutlichsten Auslöser für eine Standortsuche, da in diesem Fall keine Handlungsalternativen am bestehenden Standort existieren.

Grundsätzlich ist es jedoch auch möglich, dass dieselben Einflussgrößen gleichermaßen als Push-Faktoren und als Pull-Faktoren wirken.

---

[8] Vgl. Kaiser, K.-H.: Industrielle Standortfaktoren und Betriebstypenbildung, 1979, S. 34.
[9] European Economic and Social Committee, Publications Unit, rue Belliard, 99, 1040 Brussels, Belgium, http://www.eesc.europa.eu.

5.4.3.5 Quantitative und qualitative Standortfaktoren

Standortfaktoren lassen sich auch in quantitative und qualitative Kriterien klassifizieren. Umgangssprachlich werden diese oft in sogenannte harte und weiche Standortkriterien unterschieden. Nach Hansmann sind unter harten Standortfaktoren solche Kriterien zu verstehen, deren „[...] *Beitrag zum Unternehmenserfolg direkt gemessen werden kann*"[10] und welche somit auch einfach vergleichbar sind.

Hierzu gehören beispielsweise alle Kriterien, die monetär bewertet werden können. Dies kann beispielsweise das Lohnniveau an unterschiedlichen Standorten (Personalkosten) oder aber auch die Entfernung zu Rohstoffquellen (Logistikkosten) sein.

Weiche Standortfaktoren sind im Gegenzug Kriterien, die nur sehr schwer quantifizierbar sind (siehe Abb. 5.1). Dabei handelt es sich oft um sozioökonomische oder psychologische Aspekte. Solche Kriterien können üblicherweise gut qualitativ beschrieben werden. Dies reicht aber für einen messbaren und damit letztendlich objektiven Vergleich nicht aus. Um eine solche Messbarkeit herzustellen, sind methodische Hilfsmittel nötig. Typische weiche Standortfaktoren sind z. B. politische oder sozioökonomische Rahmenbedingungen an Standorten. Es kann sich aber u. a. auch um die Lebensbedingungen

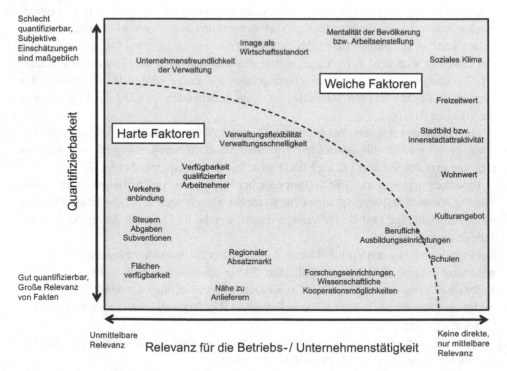

Abb. 5.1 Kontinuum der harten und weichen Standortfaktoren[11]

---

[10] Vgl. Hansmann, K.-W.: Industrielles Management, 1994, S. 91.

handeln, welche ein Standort zu bieten hat bzw. welche in seinem Umfeld anzutreffen sind.

Eine Abgrenzung zwischen harten und weichen Standortfaktoren ist nicht in jedem Fall präzise darstellbar. Wesentlich ist hierbei die jeweilige Betrachtungsweise. Beispielhaft sei hierbei auf die Beurteilung der Belastung durch lokale Steuern und Abgaben verwiesen. Diese kann zwischen der einerseits quantitativ konkret herleitbaren, faktischen Belastung für ein Unternehmen und andererseits der vom Unternehmen empfundenen, generellen Einschätzung des Wirtschaftsklimas am begutachteten Standort sehr unterschiedlich ausfallen.

Gerade die weichen Standortfaktoren werden jedoch im Vergleich zu den harten Fakten für Unternehmen immer wichtiger. Dies kann sich in unterschiedlichster Form äußern. Einerseits kann sich dies in gestiegenen Ansprüchen hinsichtlich der Umweltqualität, einem möglichst hohen Standortimage oder aber der Nähe zu Einrichtungen, mit denen es Synergieeffekte gibt, niederschlagen. Es kann sich aber auch in Aspekten wie Kriminalitäts- oder Armutsraten wiederfinden.

Grabow et al. stellten zudem im Zuge von zwei Unternehmensbefragungen fest, dass sich die Relevanz von weichen Faktoren über den Verlauf eines Entscheidungsprozesses verändert.[12] Diese Analyse ist nachvollziehbar. Auch wenn in einer frühen Phase eines Projektes, insbesondere bei einer Standortanalyse, die Gefahr einer Vermischung von subjektiven und weichen Faktoren groß ist (z. B. durch Vorurteile), so ist diese Phase doch grundsätzlich von einem vergleichsweise geringen Grad an Informationen geprägt. Mit der Zunahme der „harten Fakten" relativieren sich im Verlaufe des Projektfortschrittes derartige weiche Faktoren (siehe Abb. 5.2). Darüber hinaus kann festgestellt werden, dass gerade die harten Standortfaktoren, z. B. die Topografie des Geländes oder der Grad der infrastrukturellen Erschließung eines Grundstückes, von einem einzelnen Investor deutlich beeinflusst werden können, während eine derartige Beeinflussbarkeit bei weichen Faktoren kaum gegeben ist.

5.4.3.6 Mengenbezogene und wertbezogene Standortfaktoren
Standortfaktoren können des Weiteren in mengenbezogen und wertbezogen gegliedert werden.[13]

Mengenbezogene Anforderungen beziehen sich beispielsweise im Fall einer neu zu entwickelnden Produktionsstätte für ein Industrieunternehmen auf die Versorgung mit Produktionsfaktoren wie Rohstoffen, Finanzierungsmitteln oder auch den Absatz von geplanten Produktionsmengen. Wichtig für diese Betrachtung sind jedoch nicht die Kosten der Versorgung und auch nicht die Erlöse, welche durch die Produktion erzielt werden. Es wird lediglich in Augenschein genommen, ob z. B. die gewünschten Input-Mengen

---

[12] In Anlehnung an Grabow, B.; Henckel, D.; Hollbach-Grömig, B.: Weiche Standortfaktoren, 1995, S. 147.
[13] Vgl. Schmidt, M.: Die betriebswirtschaftliche Standortsuche – Ein Beitrag zur Standortbestimmungslehre, 1967, S. 91 ff.

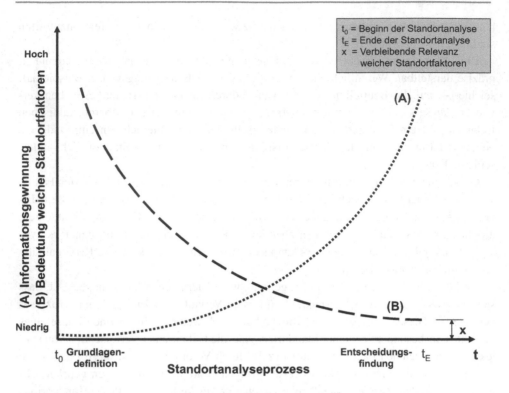

Abb. 5.2 Wechselwirkung weicher Faktoren & Informationsgrad[14]

verfügbar sind und ob die Output-Mengen vom betrachteten Markt entsprechend aufgenommen werden können. Demzufolge können mengenbezogene Standortfaktoren nur als „erfüllt" oder „nicht erfüllt" beurteilt werden.

Wertbezogene Standortfaktoren hingegen beziehen sich direkt auf die Standortkosten, die Erlöse aus den am Standort durchgeführten Aktivitäten (Vermietung, Nutzung, Fertigung usw.) oder das für den Standort benötigte Eigenkapital. Sie beeinflussen somit die Rentabilität des Standortes, wobei darunter im Allgemeinen die Fähigkeit zu verstehen ist, die aus einem Geschäftsprozess erwachsenden Aufwendungen (Kosten) durch entsprechende Einnahmen (Erträge) abzudecken.

5.4.3.7 Makrostandortfaktoren und Mikrostandortfaktoren
Eine sehr geläufige Form der Kategorisierung von Standortfaktoren ist deren Unterscheidung nach einem sogenannten Makrostandort und einem Mikrostandort.

---

[14] Vgl. Grabow, B.; Henckel, D.; Hollbach-Grömig, B.: Weiche Standortfaktoren, 1995, S. 148.

Makrostandortfaktoren Unter einem Makrostandort wird der Großraum verstanden, in welchem sich das Zielobjekt bzw. betreffende Grundstück sowie dessen Einzugs- und Verflechtungsbereich befindet.[15]

Der Makrostandort kann demnach sehr unterschiedlich sein. Er wird je nach Art und Umfang des Projektes sowie der Betrachtung hieraus definiert. Dies kann von Straßenzügen und Ortsteilen über Landkreise bis hin zu Wirtschaftsräumen und Kontinenten reichen.

Es sind aber ebenso Eigenschaften des Umfeldes hinzuzuzählen, z. B.[16]

- überregionale, regionale und lokale politische Rahmenbedingungen,
- Gesetze, Regeln und Normen,
- Fördermöglichkeiten und
- Konkurrenzprojekte.

Die Erhebung der Makrostandortfaktoren ist nur dann als notwendig anzusehen, wenn diese einen wesentlichen Einfluss auf den Erfolg des antizipierten Projektes haben bzw. das Projekt selbst Einfluss auf derartige Makrofaktoren haben könnte. Typische Makrostandortfaktoren wurden beispielhaft in Tab. 5.2 aufgelistet.

Mikrostandortfaktoren Unter einem Mikrostandort ist das Zielobjekt bzw. betreffende Grundstück selbst sowie sein unmittelbares, direktes Umfeld zu verstehen.[17] Typische Mikrostandortfaktoren sind z. B. in Bezug auf das Zielobjekt und sein direktes Umfeld in Tab. 5.3 dargestellt.

Eine sorgfältige und möglichst präzise Erhebung der Mikrostandortfaktoren wird als essentiell für den Projekterfolg angesehen. Bei genauerer Betrachtung können dieselben Standortfaktoren auf Mikroebene und Makroebene eine unterschiedliche Bedeutung besitzen.

Dies soll mittels nachstehender Übersicht anhand verschiedener qualitativer Standortfaktoren verdeutlicht werden (siehe Tab. 5.4).

Darüber hinaus sind zwischen dem die Stadt oder die Region definierenden Makrostandort und dem das betroffene Grundstück und dessen unmittelbare Nachbarschaft definierenden Mikrostandort oftmals noch statistisch nicht genau eingrenzbare Zwischenräume erforderlich. Diese werden als „Mesoebene" bezeichnet.[18]

---

[15] Vgl. Mayrzedt, H.; Geiger, N.; Klett, E.; Beyerle, T.: Internationales Immobilienmanagement, 2007, S. 19.

[16] Vgl. Kalusche, W.: Projektmanagement für Bauherren und Planer, 2002, S. 173.

[17] Vgl. Mayrzedt, H.; Geiger, N.; Klett, E.; Beyerle, T.: Internationales Immobilienmanagement, 2007, S. 486.

[16] Vgl. Diller, C.: Weiche Standortfaktoren – Zur Entwicklung eines kommunalen Handlungsfeldes, Das Beispiel Nürnberg; veröffentlicht in Arbeitshefte des Instituts für Stadt und Regionalplanung der TU Berlin, 1991, S. 48.

[18] Vgl. Mayrzedt, H.; Geiger, N.; Klett, E.; Beyerle, T.: Internationales Immobilienmanagement, 2007, S. 19.

Tab. 5.2 Typische Makrostandortfaktoren

Faktoren	Einzelne Bewertungskriterien, z. B.
Standortzentralität	Vorhandensein von und Nähe zu Einrichtungen von regionaler oder überregionaler Bedeutung
Standortimage	Qualitative Nachfragepräferenzen Standortmarketing Umweltqualität
Heutige Wirtschaftskraft und Zukunftspotentiale	Arbeitsmarktlage Ansiedlung neuer Branchen Geplante Großvorhaben und Einschätzung deren Umsetzbarkeit
Regionale/kommunale politische Rahmenbedingungen	Förderprogramme Steuerhebesätze Kommunale Gebühren Steuervergünstigungen Stabilität über die Projektlaufzeit
Angebotsstruktur	Zahl von bereits bestehenden gleichartigen Objekten Zahl der im Moment im Bau befindlichen gleichartigen Objekte Anzahl und Art der derzeitigen Baugenehmigungen
Nachfragestruktur	Bei Gewerbeprojekten, z. B.: • Lage der Wettbewerber • Absatzanalyse • Logistikanalyse
Kaufkraft und Kaufkraftbindung	Analyse der Kaufkraftströme
Einzugsgebiet	Größe Bevölkerung (Wohnprojekte) Kunden (gewerbliche Projekte) Regionale Verflechtungen
„Weiche" Standortfaktoren	Kulturelles Angebot Bildungsangebot Freizeitangebot Wohnsituation Klima

Tab. 5.3 Typische Mikrostandortfaktoren

Faktoren	Bewertungskriterien, z. B.
Verkehrsanbindung	ÖPNV/öffentlicher Fernverkehr Individualverkehr Radfahrer, Fußgänger etc.
Zugänglichkeit	Hammer-/Hinterlieger-Grundstück Zufahrt/Sackgasse Parkmöglichkeiten
Größe	Ausreichend für das Projekt Möglichkeit von Erweiterungen
Lage	Nachbarschaft Imagewert des (Gewerbe-)Gebietes Periphere oder innerstädtische Lage Immissionen (Luft, Lärm, Abwasser)
Grundstückszuschnitt	Regelmäßig/unregelmäßig Nutzbarkeit von „toten Ecken"
Topografie	Baugrund (Bodenzusammensetzung, Gefälle) Altlasten Bergbau bzw. bergrechtliche Risiken
Infrastruktureinrichtungen	Verfügbarkeit von Infrastrukturanschlüssen (Strom/Wasser/Abwasser/IT/Gas) Erweiterbarkeit kurz-/mittel-/langfristig Straße/Schiene/Wasser Logistik (Lager/Umschlag)
Umgebung	Wohnbebauung Gewerbliche/industrielle Nutzung Abstände zu Dritten und artfremder Nutzung
Baurecht	Land- und forstwirtschaftliche Fläche Bauerwartungsland Rohbauland Bauland
Entwicklungsgrad, Art und Maß der baulichen Nutzung	Über-/unterdurchschnittliche Nutzung Bauart GFZ, GRZ, BMZ Höhe der baulichen Anlagen: Vollgeschosse, First-/Traufhöhen

Tab. 5.4 Relevanz ausgewählter weicher Standortfaktoren[18]

Standortfaktor	Makrostandortwahl (interregional)	Mikrostandortwahl (intraregional)
Bildungseinrichtungen	Universitäten und Hochschulen, Fachschulen, Berufsschulen	Allgemeinbildende Schulen
Kulturangebote	Theater, Museen („Hochkultur")	Stadtteilkultur, Kino
Freizeitangebote	Klima, Landschaft, Berge, Seen	Sportanlagen, Parks
Politik/Wirtschaftsklima	Landespolitik	Kommunalpolitik
Image	Image der Region	„Gute Adresse", repräsentatives Gebäude
Persönliche Präferenzen	Verwandte, Freunde, Verein	Nachbarn, eigenes Haus
Sonstiges	Mentalität der Einheimischen	Atmosphäre, Milieu

Standorte lassen sich hinsichtlich der Stärken und Schwächen ihrer individuellen Standortfaktoren sehr anschaulich mittels einer Netzgrafik darstellen und vergleichen. Eine derartige Darstellung ist beispielhalt in Abb. 5.3 zu sehen.

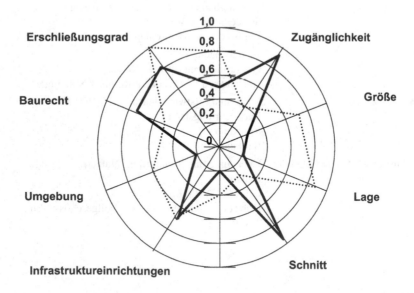

Abb. 5.3 Wichtung von Mikrostandortfaktoren

5.4.4 Entwicklungszustand von Grundstücken

Die Entwicklungszustände von Grundstücken werden in § 5 ImmoWertV beschrieben. Diese werden unterschieden in

- Flächen der Land- und Forstwirtschaft,
- Bauerwartungsland,
- Rohbauland,
- Baureifes Land.

Flächen der Land- und Forstwirtschaft § 5 (1) ImmoWertV regelt die Flächen der Land- und Forstwirtschaft wie folgt:

> *„Flächen der Land- oder Forstwirtschaft sind Flächen, die, ohne Bauerwartungsland, Rohbauland oder baureifes Land zu sein, land- oder forstwirtschaftlich nutzbar sind. "*

Bauerwartungsland § 5 (2) ImmoWertV regelt das Bauerwartungsland wie folgt:

> *„Bauerwartungsland sind Flächen, die nach ihren weiteren Grundstücksmerkmalen (vgl. § 6 ImmoWertV), insbesondere dem Stand der Bauleitplanung und der sonstigen städtebaulichen Entwicklung des Gebiets, eine bauliche Nutzung auf Grund konkreter Tatsachen mit hinreichender Sicherheit erwarten lassen. "*

Davon ist auszugehen, wenn

- die Flächen im Flächennutzungsplan entsprechend dargestellt sind oder
- ein entsprechendes Verhalten der Gemeinde oder die allgemeine städtebauliche Entwicklung der Gemeinde den Schluss nahelegen, dass in absehbarer Zeit ein Bebauungsplan erstellt und beschlossen wird.

Ein gewisses Restrisiko der Einschätzung bleibt allerdings bestehen, da die Gemeindepolitik nicht immer mit der wünschenswerten Deutlichkeit vorhersehbar ist.

Rohbauland § 5 (3) ImmoWertV regelt das Rohbauland wie folgt:

> *„Rohbauland sind Flächen, die nach den §§ 30, 33 und 34 des BauGB für eine bauliche Nutzung bestimmt sind, deren Erschließung aber noch nicht gesichert ist oder die nach Lage, Form oder Größe für eine bauliche Nutzung unzureichend gestaltet sind. "*

Das bedeutet, dass Rohbauland Flächen mit folgendem Entwicklungszustand bezeichnet:

- Flächen mit Baurecht, deren Erschließung noch nicht gesichert ist, oder
- Flächen, deren Flächengestaltung (Lage, Form und Größe) durch ein Umlegungs- oder Grenzregelungsverfahren noch so parzelliert werden muss, dass die zulässige Bebauung erst möglich wird.

Ist die Parzellierung erfolgt, die Erschließung aber noch nicht gesichert, spricht man von „Netto-Rohbauland". Flächen, für die zwar ein Baurecht besteht, das aber wegen fehlender Umlegung und mangelnder Erschließungssicherheit noch nicht bebaut werden kann, werden als „Bruttorohbauland" bezeichnet.

Baureifes Land § 5 (4) ImmoWertV regelt baureifes Land wie folgt:

„Baureifes Land sind Flächen, die nach öffentlich-rechtlichen Vorschriften und den tatsächlichen Gegebenheiten baulich nutzbar sind. "

Als „Bauland" werden im Allgemeinen Flächen bezeichnet, auf denen bauliche Anlagen errichtet werden dürfen (sogenannte „Baugrundstücke"). Baurechte können nach Vorliegen der bauordnungsrechtlichen Erfordernisse (Baugenehmigung) sofort genutzt werden. Die Erschließung muss gesichert sein. In diesem Sinne ist Bauland gleich baureifes Land.

5.4.5   Standort- und Investitionskriterien aus Unternehmenssicht

5.4.5.1   Unternehmensperspektive

Zum besseren Verständnis, welche Kriterien für ein Industrieunternehmen bei einer Standortentscheidung eine Rolle spielen, sollte insbesondere in Betracht gezogen werden, was dieses Unternehmen als Investor bieten kann.

Des Weiteren sollten bereits im Rahmen der Grundlagenermittlung während der Phase der Projektinitiierung (Abschn. 3.7), aber auch im Rahmen der Machbarkeitsstudie (hier insbesondere Standortanalyse, Nutzungskonzept und Risikoanalyse) die jeweiligen Kriterien für die Standortwahl sowie die letztendliche Investition klar herausgearbeitet werden. Ansatzpunkte hierfür lassen sich im Falle eines Corporates recht gut in der Struktur der operativen und funktionalen Standortfaktoren herausarbeiten.

5.4.5.2   Operative Standortbedingungen

Markt Der Standortfaktor „Markt" ist sehr komplex und hängt natürlich auch stark von der jeweiligen Branche ab. Deshalb soll dieser Punkt hier nur kurz angerissen werden.

Natürlich ist das Vorhandensein eines Marktes für die betreffenden Produkte an sich eine Grundvoraussetzung für eine Investitionsentscheidung. Dessen Vorhandensein sowie dessen künftige Entwicklung sind sehr detailliert im Vorfeld einer Investitionsentscheidung zu untersuchen.

Eine derartige Untersuchung sollte unter anderem den möglichen Bedarf, die Stellung im Markt vor und nach der Investition, die Rolle von Wettbewerbern sowie eine Aussage über die Marktentwicklung und dessen Nachhaltigkeit umfassen. Beachtet werden sollten auch mögliche staatliche Verbote oder Gebote, welche die öffentlichen Auftragsvergabe aber auch das Investitionsverhalten der Industrie in einigen Ländern gezielt beeinflussen (Bsp.: Planwirtschaft in der VR China).

Rohstoffe Die Verfügbarkeit von Rohstoffen zu wettbewerbsfähigen Preisen ist aus der Sicht des ansiedlungswilligen Industrieunternehmens ein Hauptfaktor. Dies gilt insbesondere mit Hinblick auf die immer stärker global orientierten Märkte.

Allerdings bestehen bei wichtigen Basisrohstoffen oft staatliche Monopole (Beispiel Chemieindustrie: Erdöl, Erdgas). Diese führen nicht selten zu Verzerrungen des Preisniveaus. Nur die Verfügbarkeit von Rohstoffen zu Weltmarktpreisen kann den Aufbau eines konkurrenzfähigen Standortes sichern.

Logistische Anbindung Eine möglichst schnelle und kostengünstige logistische Anbindung ist ein sehr wesentliches Standortkriterium. Dabei spielen aber je nach Art der industriellen Produktion sehr unterschiedliche Faktoren eine Rolle (Straße, Schiene, Schiff) und müssen dementsprechend gewichtet werden. Nicht zu vergessen sei hier jedoch auch der Kosten- und Zeitfaktor beim Umschlag von Materialien und Produkten.

Grund und Boden Weiterhin essentiell für eine Standortentscheidung und die damit verbundene hohe Investition, die sich erst über viele Jahre amortisieren lässt, ist die Verfügbarkeit von Gelände zu akzeptablen Bedingungen. Dieses wird als Produktionsgelände, Lager oder in Form von Büroflächen benötigt.

Infrastrukturen und Energien Da Energie- und Infrastruktureinrichtungen sehr kostspielig und den privaten, insbesondere ausländischen Investoren aufgrund bestehender Investitionsregularien ohnehin nur zum Teil zugänglich sind (z. B. Lizenzerfordernisse für den Betrieb eines Kraftwerks o. Ä.), ist ein weiterer entscheidender Faktor die Verfügbarkeit von Infrastrukturen und Energien am potentiellen Standort.

Personal Als Ansiedlungskriterium nicht zu vergessen sind die Verfügbarkeit von qualifiziertem Personal und die Zumutbarkeit der Standortbedingungen für solche Mitarbeiter. Letzteres stellt gerade die Schwerindustrie immer wieder vor Probleme, da entweder wegen der Rohstoffnähe oder aus Umweltgründen Interesse besteht, die Produktion aus den Ballungszentren dann natürlich für Personal in weniger attraktive und mitunter auch unwirtliche Gebiete verlegt wird.

5.4.5.3 Funktionale Standortbedingungen

Nach diesen operativ orientierten Standortbedingungen sollten nicht die anderen Standortfaktoren vergessen werden, die man unter dem Begriff „funktionale Standortbedingungen" zusammenfassen könnte. Dies sind die rechtlichen, planungsrechtlichen, steuerlichen, zollrechtlichen und finanzwirtschaftlichen Rahmenbedingungen.

Allein durch günstige Bedingungen der genannten Art wird sich eine positive Standortentscheidung zwar nicht ergeben, falls die bereits erwähnten operativen Bedingungen nicht hinreichend erfüllt sind. Allerdings können diese im Folgenden zu behandelnden Faktoren bei zwei ähnlich geeigneten Standortalternativen durchaus den entscheidenden Ausschlag geben.

Rechtliche Rahmenbedingungen Im Allgemeinen sollten im Investitionsland zumindest die grundsätzlichen rechtlichen Strukturen gegeben sein. Hierzu dürften zumindest die Beachtung elementarster Rechtsgrundsätze, ein hinreichendes Maß an Rechtssicherheit sowie die grundsätzliche Praktikabilität der vorhandenen Strukturen gehören.

Des Weiteren ist die Anerkennung internationaler Abkommen durch das Investitionsland für die Investitionsentscheidung von hoher Bedeutung. Dies gilt insbesondere im Bereich des Schutzes von Patenten und Warenzeichen, internationaler Gerichtsstands-, Schiedsgerichts- und Vollstreckungsabkommen sowie von Investitionsschutzabkommen.

Neben der Gültigkeit allgemeiner Rechtsgrundsätze und internationaler Abkommen steht auch das nationale Recht im Blickpunkt. Es erleichtert eine Investitionsentscheidung ungemein, wenn für das Projekt klare gesetzliche Regelungen Anwendung finden. Insbesondere sind hier natürlich die Bereiche des Gesellschafts- und Handelsrechts, Konkursrechts, Verfahrens- und Vollstreckungsrechts, die einen möglichst effektiven Rechtsschutz gewähren sollten, von Bedeutung. Hier ist anzumerken, dass gerade in Asien das Handels- und Gesellschaftsrecht in der Regel gut ausgeprägt ist. Vielfach finden sich englische oder australische Einflüsse, die dem westlichen Investor vertraut sind. Dagegen ist das Vollstreckungs- und Konkursrecht oft recht rudimentär.

Eine Investitionsentscheidung wird sicherlich unterstützt durch das Vorhandensein kompetenter unbürokratischer Genehmigungsbehörden mit praktikablen Genehmigungsverfahren, Mut zu neuen, flexiblen und sachgerechten Lösungen, verlässlichen Vorabauskünften und Zusagen. Insbesondere mit den in verschiedenen asiatischen Ländern entwickelten *„one-stop-agencies"*, bei denen eine Investitionsbehörde entweder für die Entscheidung zuständig ist oder zumindest die Abstimmung mit allen anderen betroffenen Behörden übernimmt, haben viele industrielle Investoren sehr gute Erfahrungen gemacht.

Investitionsregelungen Ein für eine Investitionsentscheidung besonders wichtiger Aspekt der rechtlichen Rahmenbedingungen sind die Investitionsregelungen. Die Investitionsregelungen sind primär darauf gerichtet, Investitionen zum Wohl des Standortes (also des Landes, der Region oder der Gemeinde) anzuziehen.

Die anwendbaren Mittel hierbei sind sehr vielfältig, beispielsweise:

- Investitionsbeihilfen,
- Günstigere Kreditbedingungen als am Kapitalmarkt erhältlich, Übernahme von Bürgschaften, Garantien etc.,
- Steuervergünstigungen und Steuerbefreiungen,
- Zollvergünstigungen und Zollbefreiungen,
- Bereitstellung von günstigem Bauland,
- Bereitstellung von Infrastrukturanbindungen,
- Beschleunigte bzw. vereinfachte Genehmigungsverfahren
- usw.

Bei Auslandsinvestitionen kommt noch hinzu, dass ausländische Investitionen gezielt zum Wohl des Gastgeberlandes gefördert werden. Dementsprechend enthalten die Investitionsregelungen in vielen Fällen Regelungen, welche die Interessen des Gastgeberlandes genauer definieren, wie beispielsweise:

- die Frage einer notwendigen lokalen Beteiligung am geplanten Investitionsvorhaben,
- die Anforderungen an den Know-how- und Technologietransfer,
- der Ausschluss oder die verstärkte Kontrolle ausländischer Investitionen in bestimmten Bereichen wie z. B. der Förderung von wichtigen Rohstoffen oder Bereichen der Daseinsvorsorge (Energien, Transport- und Verkehrswesen, Bank- und Versicherungssektor).

In der Regel finden allgemeine Genehmigungs- oder Registrierungspflichten Anwendung. Derartige Regelungen beschneiden natürlich die Möglichkeiten, Investitionen vorzunehmen.

Neben den im Folgenden erläuterten, eigentlich investitionsfördernden Regelungen bei Steuern und Zöllen hat der Investor als ureigenes Interesse zunächst den Schutz seiner Investition, d. h. insbesondere des eingesetzten Kapitals, der Kapitalerträge und des Knowhows. Dies ist besonders bei Großprojekten der Industrie angesichts der üblichen Investitionssummen von mehreren hundert Millionen Euro – oder sogar im Milliardenbereich – nachvollziehbar.

Zudem ist natürlich wichtig, dass die Voraussetzungen für den wirtschaftlichen Erfolg der Investition gegeben sind. Daher ist i. d. R. für ausländische Investoren die Möglichkeit zur Ausübung der operativen Führung des Investitionsprojektes ebenfalls ein wichtiger Aspekt bei der Standortentscheidung. Operative Führung bedeutet in diesem Zusammenhang die Möglichkeit, 100 % oder zumindest eine deutliche Mehrheit der Gesellschaftsanteile kontrollieren sowie die operative Handlungs- und personelle Entscheidungsfreiheit ausüben zu können.

Aus dem Vorangegangenen wird deutlich, wie wichtig die Ausgewogenheit von Investitionsregelungen zur Förderung von Investitionen und damit zur Förderung von nationalem Wohlstand, Technologie- und Know-how-Transfer sowie zur Sicherstellung von Arbeitsplätzen ist.

Steuerrechtliche Rahmenbedingungen Ein weiterer wichtiger Aspekt für die Beurteilung der Wirtschaftlichkeit einer Investitionsentscheidung ist die steuerrechtliche Investitionsförderung.

Insbesondere werden hier

- der Steuersatz im Allgemeinen,
- die Geltung von Doppelbesteuerungsabkommen und
- das Bestehen von steuerlichen Konsolidierungsmöglichkeiten zwischen Gruppengesellschaften oder steuerliche Vergünstigungen

betrachtet.

In den jeweiligen Ländern gibt es die unterschiedlichsten Fördermodelle, auf die hier jedoch nicht näher eingegangen werden soll, z. B.

- Steuerbefreiungen (engl.: *Tax Allowances*),
- Erstansiedlungsbonus (engl.: *Pioneer Status*),
- Freihandelszonen (engl.: *Free Trade Zones*).

Zollrechtrechtliche Investitionsförderungen Ein zusätzlicher Gesichtspunkt ist die zollrechtliche Situation im potentiellen Investitionsland. Förderlich für eine Standortentscheidung ist sicherlich, wenn

- keine Einfuhrzölle z. B. für Anlagenteile oder Rohstoffe bestehen oder
- der Verkauf der Produkte nicht durch Ausfuhrsteuern oder -zölle beeinträchtigt wird.

Finanzwirtschaftliche Rahmenbedingungen Abschließend sollte kurz auf die finanzwirtschaftlichen Rahmenbedingungen eingegangen werden, die gerade im Zusammenhang mit den Krisen in Asien und Südamerika verstärkt in den Blickpunkt geraten sind.

Es ist sicherlich unabdingbar, dass

- der Devisentransfer, aber auch die Rückführung von Dividenden und Kapital garantiert sind und
- Lizenzzahlungen oder sonstige finanzwirtschaftliche Transaktionen möglichst unkompliziert sein sollten.

Probleme bereiten daher Devisenkontrollbestimmungen, Auflagen zur lokalen Finanzierung oder Beschränkungen bei der Rückführung von Dividenden, Kapital oder Lizenzzahlungen.

5.4.6 Struktur einer Standortanalyse aus Sicht eines Corporates

Grundsätzlich lässt sich die Produktionsstandortsuche aus der Sicht des Bau- und Immobilienexperten in unterschiedliche Teilphasen untergliedern, welche letztendlich alle das Ziel verfolgen, die zu betrachtenden Standorte möglichst fair und professionell zu bewerten und über ein Ausschluss- bzw. Auswahlverfahren deren Zahl weiter einzugrenzen.

Grundsätzlich lässt sich der Standortanalyseprozess aus bau- und immobilienwirtschaftlicher Sicht in zehn Teilphasen untergliedern. Diese sind:

*   Teilphase 1: Aufstellung der Projektorganisation,
*   Teilphase 2: Grundlagendefinition,
*   Teilphase 3: Regionale Eingrenzung,
*   Teilphase 4: Regionales Screening,
*   Teilphase 5: Long-Listing,
*   Teilphase 6: Short-Listing,
*   Teilphase 7: Standortbesichtigungen,
*   Teilphase 8: Auswahl von Vorzugsstandorten,
*   Teilphase 9: Definition des Präferenzstandortes,
*   Teilphase 10: Entscheidung.

Dies ist sicherlich eine sehr ausführliche Darstellung für komplexere Projekte. Im Falle von einfacheren Projekten können selbstverständlich einzelne Teilphasen zusammengefasst werden. Es ist jedoch hervorzuheben, dass insbesondere die Teilphasen (1) und (2) nicht gekürzt oder übersprungen werden sollten. Genau diese Teilphasen sind für den Erfolg einer objektiven und fairen Standortanalyse essentiell.

5.4.6.1 Teilphase 1: Projektorganisation
Ein wesentlicher Erfolgsfaktor für eine Standortsuche ist die richtige Zusammenstellung des Projektteams (siehe Abschn. 3.6). Es versteht sich von selbst, dass dies nicht das Werk eines Einzelnen, sondern die Arbeit einer Gruppe von Sachverständigen mit den unterschiedlichsten Spezialisierungen ist. Deren Zusammenarbeit erfordert schlussendlich ebenso ein gut funktionierendes Projektmanagement.

Die Größe und vor allem die zu erwartende Komplexität des künftigen Produktionsstandortes bestimmen die Projektbeteiligten und die jeweilige Aufbauorganisation.[19] Im Fall eines Standortevaluierungsprozesses leiten sich daraus die Zahl, die Art und der Umfang der einzubindenden Spezialisten ab.

5.4.6.2 Teilphase 2: Grundlagendefinition
Die Grundlagendefinition konstituiert den Startpunkt für die Standortsuche. Sie löst den Projektentwicklungsprozess in seiner Gesamtheit einschließlich der Standortanalyse aus

---

[19] Vgl. Kochendörfer, B.; Liebchen, J. H.; Viering, M. G.: Bau-Projektmanagement – Grundlagen und Vorgehensweisen, 2010, S. 54.

und beinhaltet im Wesentlichen die Festsetzung der Art des zu suchenden Standortes sowie dessen strategische Ausrichtung. Insgesamt hat die Grundlagendefinition vier Hauptbestandteile:

- Ermittlung eines Bedarfs,
- Festlegung der Zielsetzung für den Standort,
- Strategische Definition des Standortes,
- Globale Vorauswahl.

Bedarfsermittlung Die Projektidee wird zumeist über einen aufgezeigten Bedarf, also das Vorhandensein eines neuen Marktes oder die Erwartung des Entstehens eines solchen initiiert.[20] Ebenso könnte ein solches Projekt in dem Niedergang traditioneller Märkte oder deren regionaler Verlagerung begründet sein. Grundlage hierfür stellen detaillierte Markt- und Wettbewerbsanalysen dar. Bei einem Markteintritt unter derartigen Rahmenbedingungen stellt sich beispielsweise einem Industrieunternehmen zuerst die Frage, ob der Bedarf an Produkten durch Importe gedeckt werden kann oder ob die Marktsituation eine Investition erfordert (siehe Abschn. 3.7).

Weitere Auslöser für eine Standortsuche können mangelnde Erweiterungsmöglichkeiten oder wachsende Einschränkungen durch gestiegene Auflagen an bestehenden Standorten sein. Dies gilt ebenso für einen zunehmenden Kostendruck und die daraus resultierende Möglichkeit, an anderer Stelle günstigere kostenspezifische Rahmenbedingungen zu finden. Ebenso können steigende Transportkosten dazu führen, dass ein neuer Standort gesucht wird.

Es empfiehlt sich zudem zu prüfen, ob der besagte Bedarf gegebenenfalls an bestehenden Liegenschaften – unter Umständen mit leichten Adaptionen – bereits abgebildet werden kann.

Strategische Ausrichtung des Standortes Nachdem der Bedarf der künftigen Immobilie analysiert wurde, ist die strategische Ausrichtung des künftigen Standortes auf strategischer Ebene konzeptionell festzulegen. Basierend auf den Vorgaben der strategischen Standortkonzeption sind nachfolgend wesentliche Ziele für den zu suchenden Standort festzulegen.[21] Durch diese wird der Standort in seiner strategischen Ausrichtung und seinem Umfang definiert und klassifiziert.

Dieser Schritt beinhaltet einen strategischen Plan, welche künftigen Aktivitäten der neue Standort kurz-, mittel- und langfristig aufnehmen soll und in welchem Zusammenhang dieser Standort zu bestehenden Aktivitäten des Corporates stehen soll. Die Definition des Standortes, d. h. die Bestimmung seiner künftigen Klassifizierung, basiert grundlegend auf einer Analyse des Nutzungskonzeptes (siehe Abschn. 5.5). Wesentlich für diese Betrachtung ist die Frage, wie sich der künftige Standort in die bestehende Standortstruktur des Unternehmens eingliedert.

---

[20] Vgl. Myhra, D.: Energy Plant Sites: Community Planning For Large Projects, 2000, S. 17.
[21] Vgl. Schulte, K. W.: Handbuch Immobilien-Projektentwicklung, 2002, S. 137.

Grundsätzlich hat die Festlegung von Zielen zwei wichtige Vorteile. Einerseits wird die Grundlage für das Anforderungsprofil des neuen Standortes gelegt. Andererseits unterstützt dieser Prozess die betrieblichen Entscheidungsträger in ihrem Verständnis und ihrer Einschätzung zu möglichen Vorteilen, welche gegebenenfalls von einem neuen Standort zu erwarten sind.

Neben der strategisch geprägten Standortklassifizierung sind noch einige grundlegende Standortanforderungen zu beschreiben, die sich ebenfalls im Wesentlichen aus den strategischen Ansätzen ableiten. Hierbei handelt es sich beispielsweise um die ungefähre Größenordnung des Flächenbedarfs, Vorgaben bezüglich der essentiell wichtigen infrastrukturellen Anbindungen sowie Maximaldistanzen zu bestimmten standortrelevanten Gebieten. Dies können Einzugsgebiete für Mitarbeiter sein oder – im Falle von Produktions- und Logistikstandorten – auch Rohstoff- oder Absatzmärkte.

Die hierbei skizzierten grundlegenden Standortanforderungen (Basisanforderungen) bilden die Basis für die Erstellung eines Anforderungskataloges. Dieser wird im Verlauf der Standortevaluierung immer weiter aufgefächert und um Detailanforderungen ergänzt. In dieser Phase wird der Anforderungskatalog üblicherweise in Form einer groben Projektbeschreibung für das jeweilige Projekt erstellt und danach wiederum auf eine Liste mit fünf bis zehn Basisanforderungen reduziert.

5.4.6.3 Teilphase 3: Regionale Eingrenzung

In einer globalisierten Welt sind einer Standortsuche gerade bei international agierenden Unternehmen grundsätzlich erst einmal wenig räumliche Grenzen gesetzt. Es ist daher wichtig, schon in der Initialphase eine gewisse Fokussierung auf das Machbare und Umsetzbare zu gewährleisten. Die Art der zuvor genannten Strategie setzt den Rahmen für die regionale Eingrenzung, welche auf noch globaler Ebene bereits eine erste, wenn auch sehr grobe Vorauswahl darstellt. Das Prinzip der regionalen oder räumlichen Eingrenzung basiert auf einer sehr großflächigen und einfachen Makroanalyse, für welche die grundlegenden strategischen Vorgaben die Eingangsgrößen darstellen.

Sind aus strategischer Sicht die Kosten – beispielsweise Lohnkosten – ein wesentlicher Treiber für eine Standortverlagerung, so reduziert sich die Standortsuche automatisch auf Regionen und Länder, die sich durch ein sehr niedriges Lohnniveau auszeichnen. Ebenso erfolgen bei marktgetriebenen Strategien bereits oft erhebliche regionale Einschränkungen. Diese können einerseits in dem Zwang begründet sein, im Absatzmarkt eine eigene Fertigungsstätte vorzuweisen. So ist es beispielsweise in der Automobilindustrie sinnvoll, bestimmte individuelle Fahrzeugtypen in den Märkten herzustellen, die einen überdurchschnittlichen Bedarf an derartigen Modellen aufweisen. Damit können nicht nur Produktions-, sondern auch Transportkosten verringert und flexibler auf Nachfragen reagiert werden. Dies führte bei Mercedes-Benz (heute: Daimler) Mitte der 1990er Jahre zur Entscheidung, dass für verschiedene Freizeitfahrzeuge (Cabrios etc.) und Geländefahrzeuge (SUV) gezielt nur in den USA Fertigungsstätten errichtet wurden.[22] Ganz

---

[22] Vgl. Gassert, H.; Horváth, P.: Den Standort richtig wählen, 1995, S. 38 ff.

nebenbei hatte dies den positiven wirtschaftlichen Effekt der Verminderung preislicher Verzerrungen aufgrund von Wechselkursschwankungen.

Eine regionale Eingrenzung kann letztendlich zu sehr unterschiedlichen Ergebnissen führen und muss sich bei Weitem nicht spezifisch auf Landesgrenzen beziehen. Dies kann ganze Wirtschaftsräume wie die in der ASEAN[23] zusammengefassten Staaten in Südostasien oder die in der Freihandelszone NAFTA[24] gebündelten Staaten Nordamerikas umfassen. Es kann aber auch unabhängig von Landesgrenzen die Region Osteuropa sein, welche von den EU-Beitrittsländern wie Polen bis zum Ural reicht und somit den nichteuropäischen Teil Russlands ausgrenzt. Allerdings kann es sich sehr wohl bereits an dieser Stelle nur noch um Teilregionen von Ländern handeln wie beispielsweise einen der fünf Wirtschaftsgroßräume Chinas.

Obwohl solche Einschränkungen auf den ersten Blick sehr limitierend erscheinen, zeigt ein maßstäblicher Vergleich der betrachteten Großräume von China mit dem EU-Wirtschaftsraum, dass es sich hierbei um flächenmäßig vergleichbare Regionen handelt (siehe Abb. 5.4). Von einer maßgeblichen Limitierung kann hierbei also noch keine Rede sein.

5.4.6.4   Teilphase 4: Regionales Screening
Der Phase der regionalen Eingrenzung schließt sich üblicherweise unmittelbar das Screening der nunmehr abgesteckten Zielregion bzw. Zielregionen an. Dieses oft großräumig und regional angelegte Screening beinhaltet das Erfassen und Zusammenstellen einer Übersicht von möglichen Standortalternativen. Dabei erfolgt die Auswahl zwar auf der Basis der während der Initialphase festgelegten strategischen Standortziele. Im Rahmen dieser Informationsbeschaffung liegt allerdings der Fokus weniger auf einer inhaltlich sauberen Bearbeitung von Details und existierenden Standortbedingungen an den aufgezeigten Optionen. Vielmehr geht es darum, in erster Linie einen flächendeckenden Überblick über alle Standortalternativen zu bekommen, die annähernd auf das strategisch definierte Standortprofil passen könnten. Nicht selten ist das Ergebnis dieses ersten Screenings eine Übersicht, die sich als sehr lange Liste mit einer Anzahl von Positionen im oberen zweistelligen oder auch im dreistelligen Bereich darstellt.

Die Informationsbeschaffung ist in dieser Teilphase von ganz besonderer Wichtigkeit (siehe auch Abschn. 5.4.7). Dabei ist nicht nur eine ausreichende Zahl an vorhandenen Standortalternativen wesentlich. Es kommt insbesondere darauf an, die „richtigen" Standortalternativen zu generieren, d. h. Optionen mit einem höchstmöglichen qualitativen und quantitativen Deckungsgrad der Standortbedingungen mit den für das Projekt definierten Standortanforderungen.

---

[23] Anm. d. Verf.: Mitgliedsländer des Staatenverbundes sind Brunei, Kambodscha, Indonesien, Laos, Malaysia, Myanmar, Philippinen, Singapur, Thailand und Vietnam (Stand 2009).
[24] Anm. d. Verf.: Länder dieser Freihandelszone sind Kanada, Mexiko und die USA (Stand 2014).

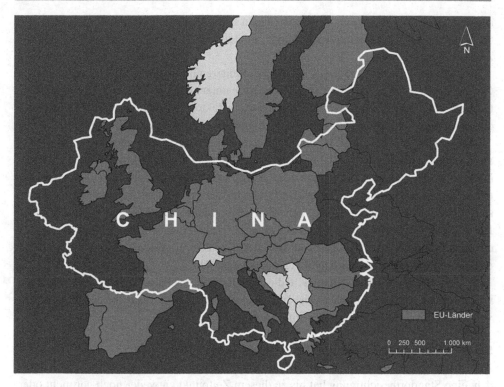

Abb. 5.4 Maßstäblicher Vergleich VR China und EU (2014)

5.4.6.5 Teilphase 5: Long-Listing

Mithilfe des Screenings wird ein allgemeiner Überblick über die zu betrachtende Region hergestellt. Die dabei beschafften Informationen sind nun zu analysieren und zu strukturieren. Da die während des Screenings generierte Standortübersicht durchaus Standortalternativen im oberen zwei- wie auch im dreistelligen Bereich aufweist, umfassen sie zumeist eine Vielzahl von entweder (noch) nicht vorhandenen oder aber auch (im Moment gegebenenfalls) überflüssigen Informationen. Diese gesammelten Daten sind also zu sichten und durch eine erste Vorauswahl auf ein bearbeitbares Maß zu reduzieren.

Grundlage hierfür sind wiederum die Mindeststandortbedingungen. Diese geben das Raster vor, nach welchem die in der beim Screening ermittelte Übersicht an möglichen Standorten ausgewertet und in einem Standortkatalog zusammengefasst wird. Dieser Standortkatalog wird in der Fachsprache auch *Long List* genannt. Diese Long List umfasst üblicherweise noch eine Anzahl von Standortalternativen im unteren bis mittleren zweistelligen Bereich.

5.4.6.6 Teilphase 6: Short-Listing

In einem nächsten Schritt wird nunmehr zum einen ein detaillierter Standortanforderungskatalog erstellt. Dieser nach Möglichkeit allumfassende Standortanforderungkatalog fußt auf den definierten Basisstandortanforderungen sowie den letztendlich erforderlichen detaillierten Anforderungen an den künftigen Standort, die anhand der strategischen Konzepte vorgegeben wurden.

Auf der Basis dieses Kataloges werden des Weiteren die in der Long List aufgezeigten Optionen mittels einer detaillierten Makroanalyse untersucht und bewertet. Diese beinhaltet die Betrachtung der betreffenden Makrostandortfaktoren, welche vor dem Hintergrund der künftigen Aktivität aus strategischer und operativer Sicht ausgewählt wurden.

Auch diese Teilphase wird zumeist vom Schreibtisch aus, als sogenannte *Desk Analysis*, durchgeführt. Die notwendigen zusätzlichen oder ergänzenden Informationen können häufig über die klassischen und oben in einer Auswahl bereits aufgelisteten Quellen ermittelt werden. Des Weiteren können weiterführende oder noch offene Fragen oder Problemstellungen entweder durch Telefonbefragung oder traditionelle Anfragen in Form einer Korrespondenz geklärt werden. Im Falle einer größeren Anzahl von offenen Punkten für die Bewertung bei einer Vielzahl von Standortalternativen hat sich zudem die Erstellung und Versendung eines einheitlichen Fragebogens bewährt.

Im Ergebnis dieser Beurteilung wird die Zahl der zu betrachtenden Standortalternativen weiter reduziert, sodass üblicherweise fünf bis zehn Standortoptionen übrig bleiben. Diese verbleibenden Standorte nennt man eine *Short List*.

5.4.6.7 Teilphase 7: Standortbesichtigungen

Alle bisherigen Betrachtungen fanden im Wesentlichen als reine Recherchearbeit statt, d. h. eine Standortbesichtigung hat bis zu diesem Zeitpunkt entweder noch gar nicht oder nur in Einzelfällen stattgefunden, beispielsweise im Rahmen der strategischen Konzeptionierung innerhalb der Initialphase. Aufgrund der derzeit sehr umfänglichen Standortlisten wäre ein solcher Aufwand weder aus Zeit- noch aus Kostengründen gerechtfertigt.[25] Trotzdem ist eine persönliche Inaugenscheinnahme der zu evaluierenden Standortalternativen eine sehr wesentliche Grundvoraussetzung für eine abschließende Standortentscheidung. Das Short-Listing hat die Zahl der Standortalternativen allerdings auf einen Umfang reduziert, der als verhältnismäßig und angemessen anzusehen ist.

Daher sind in einem nächsten Schritt die Ergebnisse der Desk Analysen durch Standortbesichtigungen zu erhärten und zu ergänzen. Es gibt dabei zwei wesentliche Komponenten der Standortbesichtigung:

- die persönliche Inaugenscheinnahme der Standortalternativen und
- die Befragung lokaler Unternehmen und Behörden.

Diese beiden Herangehensweisen sind nicht getrennt voneinander, sondern komplementär zueinander zu betrachten. Allerdings können die sich daraus ableitenden Aufgaben auf die einzelnen Teammitglieder je nach deren Aufgaben-, Anforderungs- und Kompetenzprofil verteilt und dann zwar getrennt voneinander, aber doch koordiniert miteinander bearbeitet werden. ·

---

[25] Vgl. Goette, T.: Standortpolitik internationaler Unternehmen, 1994, S. 273.

Als wesentlich für den Erfolg solcher Standortbesichtigungen ist eine wohl durchdachte und ausführliche Vorbereitung anzusehen. Grundlage hierfür bilden die Ergebnisse der bereits bearbeiteten Projekt-Teilphasen 2 bis 6 sowie detaillierte Anforderungskriterien.

Bestandteil der persönlichen Besichtigung der Standortalternativen ist zudem nicht nur die Besichtigung des für die Ansiedlung avisierten Grundstückes. Die Besichtigung bezieht sich insbesondere auf die Inaugenscheinnahme der Rahmenbedingungen für das erschlossene oder noch zu erschließende Grundstück. Dies beinhaltet den Baugrund, die Topografie und den Zuschnitt des Grundstückes sowie dessen Erschließungsgrad, d. h. das Vorhandensein infrastruktureller Anschlüsse, und die Beurteilung der unmittelbaren Nachbarschaft sowie gegebenenfalls bereits auf dem Grundstück vorhandener baulicher Einrichtungen. Dabei wird vor allem die Richtigkeit der Beantwortung des in Teilphase 6 „Short-Listing" erstellten und bearbeiteten Fragebogens überprüft und die zumeist noch zahlreichen offenen Punkte werden inhaltlich ergänzt.

Als zweite Komponente des Standortbesuches wurde die Befragung bereits vorhandener, angesiedelter Unternehmen sowie lokaler Behörden herausgestellt. Beide Aspekte sind hilfreich und wichtig.

Das frühzeitige Gespräch mit zuständigen Behörden, insbesondere lokalen Behörden, ist gerade bei gewerblicher und industrieller Standortansiedlung von essentieller Bedeutung. Diese Gespräche sollen das politische Umfeld im Sinne von Aufgeschlossenheit oder zu erwartenden Widerständen für eine solche industrielle Investition sowie die Grundlagen für einen formellen Genehmigungsprozess (Bau- und Betriebsgenehmigung) abklären.

Darüber hinaus sollten, sofern möglich, mit den Behörden die Zuständigkeiten der einzelnen Ämter im Genehmigungsprozess genauso angesprochen werden wie mögliche öffentliche Hilfen im Ansiedlungsprozess, z. B. in Form von behördlicher Begleitung des Ansiedlungsprozesses bis hin zu vereinfachten Genehmigungsverfahren, Steuer- und Zollerleichterungen oder aber durch unterschiedlichste materielle Zuwendungen.

Des Weiteren ist der besondere Nutzen von Gesprächen mit bereits angesiedelten Unternehmen herauszustellen. Allerdings sind diese Gespräche lediglich als ein erster Erfahrungsaustausch zwischen möglicherweise künftigen Nachbarn zu verstehen. Es entspricht der Natur derartiger Gespräche, dass diese stark von individuellen Erfahrungen und Eindrücken geprägt sind. Damit sind solche Gespräche aber ebenso in ganz besonderem Maße von Subjektivität gekennzeichnet. Solche Ausführungen sind daher im Interesse einer neutralen Herangehensweise an die Standortevaluierung entsprechend methodisch zu berücksichtigen.

Ein durchaus denkbarer und sinnvoller Ansatz ist hierbei die Betrachtung der Ausführungen von bereits angesiedelten Unternehmen als Plausibilitätscheck. Durch diese Betrachtung lassen sich die getroffenen Aussagen von Grundstücksvermittlern, Behörden oder anderen in den Standortevaluierungsprozess involvierten Dritten auf ihre Belastbarkeit hin überprüfen. In diesem Zusammenhang ist es aber ebenso wichtig, dass im Interesse einer ausgewogenen Betrachtung nicht nur mit einem, sondern mehreren Unternehmen Interviews geführt werden und diese Gespräche im Wesentlichen die gleichen Sachverhalte zum Inhalt haben.

Für die Gespräche bei Behörden wie auch bei bereits angesiedelten Unternehmen ist jedoch eine ausreichende Vorbereitung mit entsprechenden Vorab-Informationen unerlässlich. Im Interesse einer guten Vorbereitung der Gesprächspartner sollte Letzteres mit einem Vorlauf von zwei bis vier Wochen geschehen. Behörden wie auch anzusprechende Unternehmen sollten auf jeden Fall über das Anliegen des Besuches sowie die konkreten Fragen informiert sein. Je besser die Vorbereitung des Besuches ausfällt, umso besser wird dessen Ergebnis sein. Damit gehen eine objektive Aussagekraft und somit die Verwertbarkeit der gewonnenen Ergebnisse einher.

Des Weiteren sei an dieser Stelle ausgeführt, dass es grundsätzlich nicht bei lediglich einer Standortbesichtigung bleiben sollte. In der Praxis haben sich mindestens zwei Standortbesuche – eine Initialbesichtigung und eine Entscheidungsbesichtigung – als essentiell herausgestellt.

5.4.6.8 Teilphase 8: Auswahl von Vorzugsstandorten

Im Anschluss an die (erste) Standortbesichtigung der diversen Standortalternativen gilt es, die dadurch gewonnenen Ergebnisse und Eindrücke aufzubereiten. Gegebenenfalls gehören hierzu – wie oben bereits dargestellt – noch weitere, ergänzende Standortbesuche. Diese sollen helfen, die verbliebenen offenen Fragen auf beiden Seiten zu klären, eventuell weiterführende Kriterien aufzustellen und hierzu für alle Standortalternativen Informationen zu beschaffen sowie gegebenenfalls zusätzliche Behörden oder Unternehmen zu befragen. Die Bearbeitung dieser Teilphase ist durchaus als iterativer Prozess zu verstehen, in dessen Ergebnis aber eine sachlich fundierte und vergleichbare Datenlage über alle Standortalternativen vorliegen muss.

Im Zuge dieses Prozesses werden die Standorte der Short List einer nunmehr sehr detaillierten Analyse unterzogen. Dabei ist es von entscheidender Bedeutung, dass für alle betrachteten Standortalternativen verlässliche Aussagen und Ergebnisse zu allen untersuchten Kriterien vorliegen. Im Ergebnis dieses Evaluierungsschrittes sollten aus den Standorten der Short List zwei bis vier Standorte als sogenannte Vorzugsstandorte identifiziert werden.

5.4.6.9 Teilphase 9: Definition des Präferenzstandortes

In der Teilphase 9 ist aus den ausgewählten Vorzugsstandorten der bevorzugte Standort auszuwählen und die letztendliche Entscheidung vorzubereiten. Hierbei werden die einzelnen Kriterien noch einmal hinterfragt. Sollten sich zwei oder mehrere Standorte einerseits in ihrer Gesamturteilung bzw. Gesamtbewertung nur marginal unterscheiden, aber andererseits in einzelnen beurteilten Kriterien doch nennenswerte Unterschiede aufweisen, so sollten alle Beurteilungen bzw. Bewertungen in dieser Teilphase noch einmal hinsichtlich ihrer Auswirkung auf das Gesamturteil hin überprüft werden.

Letztendlich muss aber in diesem Prozessschritt ein Vorschlag für den Präferenzstandort durch das Projektteam erstellt werden. Das Projektteam, welches zwar mithilfe des Standortevaluierungsprozesses die Entscheidungsgrundlagen erstellt hat, aber üblicherweise selbst nicht Entscheidungsträger ist, setzt sich daher in dieser Teilphase ebenso mit dem unternehmensinternen Entscheidungsprozess auseinander. Dieser beinhaltet üblicherweise die Erstellung einer umfassenden Entscheidungsvorlage für das Management, welche den Prozess und die Ergebnisse der Standortevaluierung zusammenfasst und einen Vorschlag für den Präferenzstandort unterbreitet.

Unabhängig vom letztendlich vorgeschlagenen Präferenzstandort sollte das Projektteam jedoch ebenfalls ein bis zwei Standorte als mögliche Rückfallpositionen auswählen. Dies ist einerseits notwendig für den Fall, dass der Präferenzstandort zum Zeitpunkt der letztendlich getroffenen Entscheidung nicht mehr verfügbar ist, also beispielsweise ein Dritter den Zuschlag für das ausgewählte Grundstück erhalten hat.

Andererseits kann es ebenso dazu kommen, dass sich im nachfolgenden Abschnitt des Projektentwicklungsprozesses, der Projektkonkretisierung, noch weitere Aspekte oder Hindernisse ergeben, welche das Vorhandensein eines Backups hilfreich erscheinen lassen. Zudem zeigt sich in der Verhandlungspraxis immer wieder, dass die offene Kommunikation des Vorhandenseins von möglichen Alternativen zur bearbeiteten Vorzugsvariante die Handlungsfähigkeit des Projektteams im weiteren Projektablauf eher erhöht. Auch diese Backup-Standorte sollten in der Entscheidungsvorlage für das Management benannt werden.

5.4.6.10 Teilphase 10: Entscheidung

Die zehnte und letzte Teilphase des Standortauswahlprozesses führt nunmehr die endgültige Standortentscheidung durch die Entscheidungsträger herbei.

Die Entscheidung über den favorisierten Standort schließt dann auch die Phase der Projektkonzeption im Projektentwicklungsprozess ab und leitet die nachfolgende Phase der Projektkonkretisierung ein.

Daraus ergibt sich die in Abb. 5.5 dargestellte Zusammenführung der Übersichten des Projektentwicklungsprozesses im Allgemeinen (Abb. 2.9) und des hier ausgeführten 10-Teilphasen-Modells des Standortanalyseprozesses.

5.4.7 Informationsbeschaffung

5.4.7.1 Rahmenbedingungen für die Informationsbeschaffung

Der Informationsbeschaffung kommt im Rahmen der gesamten Standortanalyse eine herausragende Bedeutung zu. Dies ist insbesondere in der Phase des Screenings, d. h. des Generierens von potentiellen Standortalternativen, sowie in der Phase der Standortbesichtigung und der letztendlichen Beurteilung der Alternativen wichtig.

Die zeitliche Terminierung eines Projektes spielt ebenso eine wesentliche Rolle, denn die im Projektentwicklungsprozess getroffenen Annahmen und Beurteilungen unterliegen einer zeitlichen Abhängigkeit.[26] Sowohl die intensive und sorgfältige Vorbereitung als auch die Realisierung einer Investition benötigt allerdings ebenso Zeit. Damit füh-

---

[26] Vgl. Schulte, K. W.; Bone-Winkel, S.: Handbuch Immobilien-Projektentwicklung, 2002, S. 72.

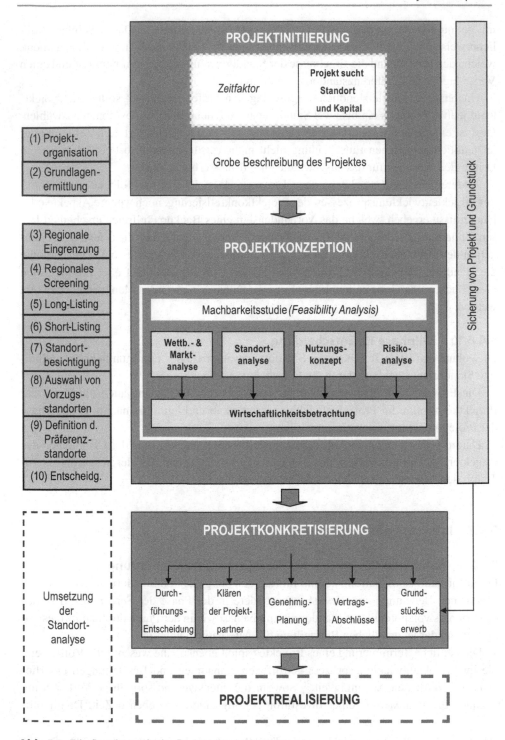

Abb. 5.5 Die Standortsuche im Projektentwicklungsprozess

ren sachlich fundierte Standortevaluierungen und Standortentscheidungen zwangsläufig zu zeitlichen Verzögerungen, sogenannten „*time lags*". Ziel des mit der Evaluierung betrauten Teams muss es aber sein, einerseits mit der nötigen Sorgfältigkeit und Genauigkeit die anstehende Aufgabe zu lösen.

Andererseits sollte dem Evaluierungsprozess aber nicht zu viel Zeit eingeräumt werden, damit sich die evaluierten Informationen bis zur Entscheidungsfindung und insbesondere bis zur Fertigstellung des Projektes nicht überholt haben. Aufwand und Nutzen haben in einem angemessenen Verhältnis zueinander zu stehen.

Damit benötigt die Standortevaluierung eine gut strukturierte und methodische Vorgehensweise, also ein professionelles Informationsmanagement. Dies ist ein wesentliches Instrument der Risikominimierung, vor allem bei Investitionen im Ausland. Es gilt grundsätzlich für alle Teilphasen des Standortanalyseprozesses und bezieht sich auf Vollständigkeit, Schlüssigkeit und Nachvollziehbarkeit aller Informationen sowie deren Herkunft.

Allerdings gibt es neben dem Zeitaufwand noch einen weiteren wichtigen Einflussfaktor für die Informationsbeschaffung. Im Zeitalter des Internets sind mittlerweile zwar viele Informationen frei und kostenlos zugänglich, allerdings sollte bei dieser Informationsquelle wie bei allen anderen Informationen die Herkunft und Belastbarkeit der getroffenen Aussagen gründlich geprüft werden. Diese Quelle reicht üblicherweise nur, um sich einen ersten Überblick zu verschaffen.

Weitere Information bedürfen einer deutlich gründlicheren Recherche, welche zumeist nicht kostenlos verfügbar ist. Damit besteht mit dem Kostenaspekt ein zweiter, die Informationsbeschaffung limitierender Faktor. Dies können beispielsweise Auslagen für einschlägige Literatur, Gutachten, Reisekosten, Berater- oder Vermittlerhonorare sein. Nicht zuletzt ist aber auch die eigene Arbeitszeit des Projektteams zu veranschlagen. Es versteht sich von selbst, dass hierfür kein uneingeschränkter Kostenrahmen zur Verfügung steht.

Es gilt also zusammenzufassen, dass

- Zeitaufwand und
- Kostenaufwand

limitierende Faktoren für die Informationsbeschaffung sind. Um beide Faktoren im Rahmen eines professionellen Projektmanagements nicht aus dem Auge zu verlieren, erweist sich eine Budgetierung beider Aspekte im Sinne eines vorgegebenen Zeit- und Kostenrahmens für die Standortevaluierung als sinnvoll.

5.4.7.2 Informationsquellen

In der Teilphase des regionalen Screenings ist es insbesondere wichtig, dass nicht nur eine ausreichende Zahl an Standortalternativen vorhanden ist. Es liegt auf der Hand, die „richtigen" Standortalternativen zu generieren, d. h. Optionen mit einem höchstmöglichen qualitativen und quantitativen Deckungsgrad der Standortbedingungen mit den für das Projekt definierten Standortanforderungen.

Die Quellen hierfür können vielfältig sein. Nachstehend ist eine Auswahl der in der Praxis häufig verwandten Informationsgrundlagen aufgeführt:

- Publikationen von den Research-Datenbanken verschiedenster Immobilienberatungsgesellschaften wie Jones Lang LaSalle[27], CB Richard Ellis[28], DTZ[29], Colliers[30], Binswanger[31], Savills[32] oder Cushman & Wakefield[33],
- Veröffentlichungen von Ansiedlungs- oder Wirtschaftsförderungseinrichtungen der definierten Zielregionen, z. B. Internetauftritte, Messeauftritte, Publikationen, Road-Shows,
- Veröffentlichungen von Behörden der definierten Zielregionen, z. B. Ministerien, Regional- und Kommunalverwaltungen,
- Anfragen, Gespräche oder Interviews mit Know-how-Trägern,
- Interessenverbände und Institutionen der deutschen Wirtschaft, z. B. Ostausschuss der Deutschen Wirtschaft[34] oder Asien-Pazifik-Ausschuss der Deutschen Wirtschaft[35], Industrie- und Handelskammern[36], Außenhandelskammern[37],
- Publikationen über bereits erfolgte Ansiedlungen anderer Unternehmen[38],
- Eigene Kunden- und Lieferantendatenbanken.

Mithilfe der vorgenannten Quellen lassen sich zwar bereits viele Informationen über das Land, die Region und das weitere wie nähere Umfeld der jeweiligen Standortalternativen ermitteln, es handelt sich hierbei jedoch im Wesentlichen um Informationen aus der Makrostandortperspektive.

Details und Aspekte zum Grundstück und seiner unmittelbaren Umgebung selbst, also den Mikrostandortfaktoren, lassen sich über diese Quellen eher selten beziehen. Hierzu müssen andere Wege beschritten werden. Gute Ansatzpunkte sind grundsätzlich die lokal zuständigen Behörden, diverse lokale Einrichtungen und Publikationen sowie lokal kompetente Ansprechpartner.

Beispielhaft können hierfür genannt werden:

---

[27] http://www.jll.com/research (Stand 04.01.2014).

[28] http://www.cbre.com/EN/Research (Stand 04.01.2014).

[29] http://www.dtz.com/research (Stand 04.01.2014).

[30] http://www.colliers.com/Research (Stand 04.01.2014).

[31] http://www.binswanger.com/Resource_Center/18 (Stand 04.01.2014).

[32] http://www.savills.com/research/ (Stand 04.01.2014).

[33] http://www.cushmanwakefield.com/en/research-and-insight (Stand 04.01.2014).

[34] http://www.ost-ausschuss.de (Stand 04.01.2014).

[35] http://www.asien-pazifik-ausschuss.de (Stand 04.01.2014).

[36] http://www.dihk.de (Stand 04.01.2014).

[37] http://www.ahk.de (Stand 04.01.2014).

[38] Anm. d. Verf.: Gute Quellen für internationale Ansiedlungen sind auch die US-amerikanischen Fachzeitschriften „The Leader" (im Internet unter http://www.corenetglobal.org/Publications; Stand 04.01.2014) und „Site Selection" (im Internet unter http://www.siteselection.com; Stand 04.01.2014) sowie Newsletter von CoreNet Global „Industry Tracker (im Internet unter http://www.corenetglobal.org/Publications; Stand 04.01.2014).

- lokale Behörden wie Bauamt, Stadtplanungsamt, Vermessungsamt, Liegenschaftsamt, Umweltamt und, in nicht frei marktwirtschaftlich organisierten Volkswirtschaften, das Wirtschaftsplanungsamt,
- Vertreter weiterer öffentlicher Belange oder Personen mit öffentlichem Einfluss (in Regionen mit stark religiöser Prägung könnten hierzu beispielsweise auch religiöse Repräsentanten gehören),
- Wirtschaftsförderungsgesellschaften und private Projektentwickler[39],
- örtliche Handelskammern,
- bereits am Standort angesiedelte Industrieunternehmen,
- lokal niedergelassene Makler, Vermittler, Berater,
- Lokalpresse und weitere lokal vertriebene Publikationen,
- Publikationen über bereits erfolgte Ansiedlungen anderer Unternehmen,
- eigene Datensammlungen, sofern vorhanden.

Unabhängig von der Vielzahl der verfügbaren Quellen und der nachweislich durch das Internet substantiell gestiegenen Transparenz und Informationsverfügbarkeit ist es trotzdem praktisch nie möglich, einen vollständigen Überblick über alle möglichen Standorte zu erhalten.

5.5 Nutzungskonzept

5.5.1 Treiber für Nutzungskonzepte

Für die wirtschaftliche Abschätzung der Erfolgswahrscheinlichkeit einer Projektentwicklung ist es wichtig, bereits möglichst früh eine belastbare Aussage zu den Investitionskosten und den Bewirtschaftungskosten zu bekommen. Ebenso soll in einer sehr frühen Phase, spätestens jedoch während der Machbarkeitsstudie, die Realisierungswürdigkeit einer spezifischen Projektidee im Vergleich zu anderen – möglicherweise ebenfalls diskutierten, alternativen Ideen – dargestellt werden. Es geht also explizit auch um die Optimierung zwischen verschiedenen Varianten im Zuge der einzelnen Phasen des Projektentwicklungsprozesses.

5.5.2 Nutzungsvarianten

Die Entwicklung einzelner Varianten für eine mögliche Nutzung hängt von den jeweils vorgegebenen Rahmenbedingungen ab. Im Falle der Konstellation (I) – Projekt sucht Standort und Kapital – beschränkt sich das Nutzungskonzept auf die jeweilige Ausnutzung

---

[39] Anm. d. Verfasser: Die US-Fachzeitschrift „Site Selection" veröffentlicht beispielsweise alljährlich eine umfangreiche Liste, den sogenannten Annual Guide to Economic Developers für die USA (z. B. Site Selection, Vol. 55, No. 3, May 2010).

des betreffenden Grundstückes unter den Vorgaben des Projektes (Standortanforderungen) und den örtlichen Gegebenheiten (Standortbedingungen).

Komplexer werden die Anforderungen bei zu entwickelnden Bestandsliegenschaften, also bei Konstellation (II) – Standort sucht Projektidee und Kapital. In diesem Fall setzt die Aufstellung von – realistischen – Nutzungsvarianten viel Kreativität, technisch-architektonischen Sachverstand und Kenntnis des örtlichen Immobilienmarktes (Nachfrage!) voraus. Wichtig sind hierbei insbesondere die Identifikation von Alleinstellungsmerkmalen des Bestandsobjektes im Zustand bereits vor einer Entwicklung sowie das Herausarbeiten von (weiteren) Vorteilen im Vergleich zu anderen Objekten im Zuge einer möglichen Neunutzung oder gar Umnutzung.

Dies sollte mit dem Ziel geschehen, das Redevelopment mittels eines geeigneten architektonischen wie auch bautechnischen Konzeptes sowie idealerweise einer städtebaulichen Einbeziehung von anderen Vergleichsobjekten abzuheben. Man spricht hierbei auch von einer „Markenbildung". Diese Maßnahmen helfen dann i. S. eines Brandings bei der späteren Vermarktung der Liegenschaft. Bei der Platzierung der Immobilie im Markt kann im Zuge der Marketingmaßnahmen auf diese Vorarbeit zurückgegriffen werden.

5.5.3 Kostenermittlungsverfahren

Es gibt unterschiedliche Herangehensweisen, derer sich ein Projektentwickler bedienen kann. Diese Modelle behelfen sich damit, dass einerseits bauleitplanerische Vorgaben für die Nutzbarkeit des Grundstückes verfügbar sind. Des Weiteren wird darauf gesetzt, dass es ausgewertete Informationen von bereits realisierten Bauprojekten gibt. Die einzelnen Verfahren können, wie nachfolgend dargestellt, kategorisiert werden.

Geometrieorientierte Verfahren Geometrieorientierte Verfahren beziehen sich auf Baukostenkennwerte, welche aus Flächendaten oder Rauminhalten abgeleitet werden. Die ermittelten Flächen oder Kubaturen eines Projektes werden mit Kostenkennwerten je Flächeneinheit oder Raumeinheit multipliziert.

Nutzungsorientierte Verfahren Eine weitere Form der Ableitung von Kostenkennwerten kann über entsprechende Nutzungsformen geschehen. Derartige Erfassungen können beispielsweise in den Segmenten der Büroimmobilien (Kosten pro Arbeitsplatz), Hotelimmobilien (Kosten pro Hotelbett), Krankenhäuser (Kosten pro Bett), Parkhäuser (Kosten pro Stellplatz) gut dargestellt werden.

Verhältnisorientierte Verfahren Das verhältnisorientierte Verfahren bedient sich der ersten und zweiten Gliederungsstufe der DIN 276 (siehe Abschn. 7.2.5). Dabei werden die Kosten der ersten Gliederungsebene auf der Basis von Erfahrungswerten oder Vergleichsobjekten geschätzt. Dabei ist es erst einmal egal, auf welcher Basis die Kosten dieser sogenannten Hauptgruppen geschätzt werden – beispielsweise nach geometrieorientierten oder nutzungsorientierten Verfahren. Darauf aufbauend werden jedoch die Hauptgruppen der ersten Gliederungsebene der DIN 276 auf die zweite Gliederungsebene über einen erfahrungsbasierten Verteilerschlüssel heruntergebrochen. Darin besteht die Besonderheit der verhältnisorientierten Vorgehensweise.

Gewerkeorientierte Verfahren Die Abschätzung der Kosten von zu vergleichenden Alternativen kann ebenfalls über ein Verfahren erstellt werden, welches auf Kennwerten zu den unterschiedlichen Baugewerken basiert. In der Phase der Projektkonzeption handelt es sich um eine vereinfachte Form der ausführungsorientierten Kostenberechnung, welche bei der Kalkulation von Bauprojekten verwendet wird. Das Verfahren bietet insbesondere bei Entwicklungen von Bestandsimmobilien Vorteile, da in diesem Verfahren explizit nur die notwendigen Baumaßnahmen betrachtet werden können. Gewerke, welche für das Projekt nicht relevant sind, können recht unproblematisch einfach ausgeblendet werden.

Bauteilorientierte Verfahren Bauteilorientierte Verfahren ähneln den gewerkeorientierten Verfahren, wobei sich diese nicht auf Kennwerte für Gewerke, sondern für einzelne Bauteile beziehen. Unter Bauteilen sind hierbei funktional wie auch geometrisch abgrenzbare Bestandteile eines Bauwerkes zu verstehen.[40] Dabei wird insbesondere Bezug auf die zweite Gliederungsebene der DIN 276 genommen, also beispielsweise Gründung (KG 320), Außenwände (KG 330), Innenwände (KG 340), Decken (KG 350), Dächer (KG 360) usw.

Eine weitergehende Detaillierung bis auf einzelne Bauelemente ist zwar grundsätzlich möglich, jedoch aufgrund des Aufwandes für eine Abschätzung der Kosten zum Zwecke des Vergleiches von Nutzungskonzepten zu aufwendig. Analog den gewerkeorientierten Verfahren hat die Bauteilorientierung den Vorteil, dass im Falle der Entwicklung im Bestand nur die Bauteile betrachtet werden können, welche baulich verändert werden müssen.

5.5.4 Einzelwertverfahren

Eine sehr gängige Methode eines geometrieorientierten Verfahrens ist das sogenannte Einzelwertverfahren, welches nun nachstehend beispielhaft vorgestellt werden soll.[41] Das Einzelwertverfahren ist die einfachste der marktüblichen Methoden. Sie wird insbesondere für erste Abschätzungen in den Phasen der Projektinitiierung, aber auch der Projektkonzeption genutzt.

Methodik In Abschn. 4.4.3 wurde bereits ausführlich erläutert, wann die Bebaubarkeit abschließend geregelt ist. Dies ist der Fall, wenn die bauleitplanerischen Vorgaben ein

---

[40] Vgl. Neddermann, R.: Kostenermittlung von Bauerneuerungsmaßnahmen. Entwicklung einer Methode zur Kostenschätzung und Kostenberechnung von Bauerneuerungsmaßnahmen, 1995, S. 7.
[41] Siehe auch Dietrich, R.: Entwicklung werthaltiger Immobilien, 2005, S. 180 ff.

dreidimensionales Baufenster definieren (qualifizierter B-Plan). Diese werden klassischer-weise durch die bekannten Vorgaben des Maßes baulicher Nutzung dargestellt:

- Grundflächenzahl (GRZ),
- Geschossflächenzahl (GFZ),
- Baumassenzahl (BMZ),
- maximale Höhe baulicher Anlagen (Trauf- oder Firsthöhe),
- Zahl der Vollgeschosse (VG).

In einem solchen Fall lässt sich die maximale Ausdehnung in Form von Länge, Breite und Höhe einfach ableiten. Je nach Nutzungsart kann daraus bereits recht einfach die bauliche Nutzbarkeit in Form von

- maximaler Gebäudekubatur (z. B. BRI) oder
- maximaler Gebäudefläche (z. B. BGF, NGF oder NF)

hergeleitet werden.

Die Werte werden anschließend mit den vorhandenen Kennwerten für Baukosten mul-tipliziert. Diese beziehen sich klassischerweise auf die Kostengruppen nach DIN 276 und werden oft als bereits gemittelte Werte für typische Gebäudearten vorgehalten, z. B. für Bürogebäude einfacher, mittlerer, gehobener und sehr gehobener Ausstattung.

Berechnung

$$K = V \times k_V \tag{4}$$

$$K = A \times k_A \tag{5}$$

Es bedeuten:

K = Geschätzte Investitionskosten [€]
V = (maximale) Gebäudekubatur [m³]
A = (maximale) Gebäudefläche [m²]
k_V = volumenbezogener Kostenkennwert [€/m³]
k_A = flächenbezogener Kostenkennwert [€/m²]

Anmerkung
Hilfreich für die Nutzung von Kostenkennwerten sind die umfangreichen und ständig aktualisierten Auswertungen des Baukosteninformationszentrums der deutschen Architektenkammern (BKI).

5.6   Risikoanalyse

5.6.1   Risikobegriff

Die Risikoanalyse soll letztendlich eine Aufarbeitung und Einschätzung von potentiellen Projektrisiken gewährleisten. Diese zielt im Wesentlichen auf die Standort- und Investitionskriterien (Standortanforderungen) sowie die am zu entwickelnden Standort vorhandenen Bedingungen (Standortbedingungen) ab sowie in welchem Umfang diese am Standort wirklich umsetzbar bzw. verfügbar sind.

Allerdings wird in der Literatur der Risiko-Begriff recht uneinheitlich definiert. Nachstehend sind zwei Beispiele aufgeführt, welche einen unterschiedlichen Detaillierungsgrad der Risikodefinition aufweisen.

▶ **Definition nach IDW-PS 340** *„Unter Risiko ist allgemein die Möglichkeit ungünstiger künftiger Entwicklungen zu verstehen.“*[42]

▶ **Definition nach Gleißner** *„Risiko ist die, aus der Unvorhersehbarkeit der Zukunft resultierende, durch zufällige Störungen verursachte Möglichkeit, von geplanten Zielen abzuweichen.“*[43]

Unabhängig von den unterschiedlichsten Definitionen ist jedoch ableitbar, dass ein Risiko einen auf die Zukunft ausgerichteten, nicht konkret planbaren Tatbestand darstellt. Dieser bedeutet damit für den Projekterfolg ein Gefährdungspotential, das es zu einzugrenzen und zu begrenzen gilt. Es ist somit Aufgabe und Ziel der Risikoanalyse, diese Unwägbarkeiten und damit Gefährdungspotentiale abzuschätzen, also letztendlich zu quantifizieren.

Im Zuge eines professionellen Risikomanagements ist zu untersuchen,

• welche Risiken hinnehmbar sind,
• welche Risiken beeinflusst werden können und
• welche Risiken nicht abzuwenden sind.

Auf dieser Basis muss anschließend entschieden werden, wie mit derartigen Risiken weiter verfahren wird (siehe Abb. 5.6).

5.6.2 Risiken im Immobilienportfolio

Aus der Sicht eines Portfolios mit mehreren Liegenschaften lässt sich zudem zwischen

• systematischen Risiken und
• unsystematischen Risiken

unterscheiden.

Dabei betrifft das systematische Risiko alle Objekte gleichermaßen. Unsystematische Risiken beziehen sich dagegen nur auf einzelne oder nur sehr wenige Objekte. Das Gesamtrisiko eines Projektes ist in Abb. 5.7 dargestellt.

---

[42] IDW PS 340: Die Prüfung des Früherkennungssystems nach § 317 Abs. 4 HGB, 1999.
[43] Gleißner, W.: Die Aggregation von Risiken im Kontext der Unternehmensplanung, 2004, S. 351.

Abb. 5.6 Struktur des Risikomanagements[44]

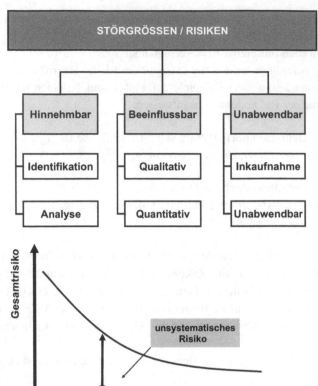

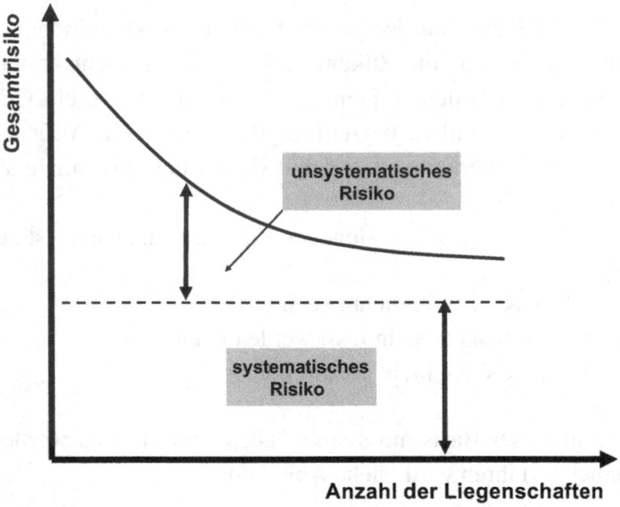

Abb. 5.7 Gesamtrisiko einer
Investition[45]

Unsystematische Risiken sind zum Beispiel das Risiko durch Brand oder das Risiko von Umweltbelastungen durch Altlasten. Unsystematische Risiken vermindern sich mit steigender Zahl von Liegenschaften in einem Immobilienportfolio oder, aus der Sicht eines industriellen Investors, mit der Zahl der Produktionsanlagen an Industriestandorten. Diese Risikoverminderung wird aus dem Blickwinkel einer Portfoliostrategie auch Diversifikation genannt.

Im Gegensatz dazu sind systematische Risiken durch Diversifikation nicht zu vermindern. Beispielhaft sei hier das Risiko der Veränderung von Kapitalmarktzinsen genannt.

---

[44] Vgl. Dietrich, R.: Entwicklung werthaltiger Immobilien, 2005, S. 157.
[45] Vgl. Hellerforth, M.: Der Weg zu erfolgreichen Immobilienprojekten durch Risikobegrenzung und Risikomanagement, 2001.

Abb. 5.8 Gliederung von ausgewählten Entwicklungsrisiken[46]

Darüber hinaus spielen Faktoren wie Wechselkursrisiken und auch die politische Stabilität eine wesentliche Rolle, wobei sich die Liste der potentiellen Risiken je nach Industriezweig im Detail beliebig ausweiten lässt (siehe Abb. 5.8).

5.6.3 Risiken einer Projektentwicklung

Ein wesentlicher Bestandteil der Risikoanalyse ist ebenfalls eine Abwägung und Aufteilung der möglichen Projektrisiken gegenüber den Projektbeteiligten. Eine Auswahl möglicher Risiken ist in Abb. 5.8 dargestellt.

Es ist hierbei darauf hinzuweisen, dass es eine gänzliche „Risikofreiheit" bei Projekten nicht gibt. Auch die Minimierung von Risiken erfolgt immer nur zu einem bestimmten Preis.

Das „Abdrücken" von Risiken an andere Projektbeteiligte ist nur bis zu einem gewissen Grad möglich und hängt von ihrem Risikomanagement sowie ihrer Bereitschaft ab, wie

---

[46] In Anlehnung an Schulte, K. W.; Bone-Winkel, S.: Handbuch Immobilien-Projektentwicklung, 2002, S. 50.

- der unbedingte Wille, den Auftrag zu bekommen,
- die Möglichkeit von Versicherungslösungen,
- das einkalkulierte Risiko, d. h. der Bestandteil der Gewinn- & Verlustmarge.

Grundsätzlich ist es also gerade im Verhältnis zwischen den Projektbeteiligten eine „Chance-Risiko"-Betrachtung, wobei eine Reduzierung von Risiken oft auch mit einer Reduktion von Margen und umgekehrt einhergeht.

Zudem ist hier anzumerken, dass die Sicherheit hinsichtlich eines Projekterfolges oder Projektmisserfolges im Zuge des Projektverlaufes steigt, d. h. die Ungewissheit und damit die hiermit verbundenen Risiken sinken. Allerdings nimmt im Verlauf des Projektes ebenso die Möglichkeit ab, bestimmten Einflüssen entgegenzusteuern.

5.6.4 Bauprojektrisiken

Die Phase der nachgelagerten baulichen Realisierung, welche im Rahmen dieses Buches nicht vertieft wird, ist selbstverständlich ebenfalls von Risiken geprägt. Die Risiken dieser Projektphase sind i. W. von den drei Hauptmerkmalen eines Bauprojektes – Bauzeit, Baukosten und Bauausführung – gekennzeichnet. Daraus abgeleitet können die einzelnen Risiken wie folgt kategorisiert werden:

- Terminrisiken,
- Kostenrisiken,
- Ausführungsrisiken.

Terminrisiken Die Terminrisiken lassen sich unter der bekannten Redewendung „Zeit ist Geld" zusammenfassen. Die zeitliche Einhaltung der einzelnen Projektabschnitte hängt von vielfältigen Randbedingungen ab. Es ist bei Bauprojekten nicht nur üblich, einen Fertigstellungstermin, sondern auch einzelne Phasen des Baufortschrittes (Meilensteine) vertraglich zu fest zu terminieren.

Die hohe Relevanz der Termineinhaltung leitet sich aus dem Verlangen ab, Planungssicherheit für das Gesamtprojekt zu haben. Einerseits hängen viele Baugewerke unmittelbar voneinander (Schnittstellenrisiko) ab. Andererseits kann ein Objekt auch nur dann erfolgreich für eine Nutzung vermarktet werden, wenn die Fertigstellung des Baus und somit der anschließende Nutzungsbeginn klar fixiert sind (Fertigstellungsrisiko).

Daher ist in Bauverträgen die termingerechte Realisierung der einzelnen Meilensteine zumeist mit Vertragsstrafen bei Nichterfüllung verbunden. Hierbei ist jedoch das Kumulationsverbot zu beachten. Darunter ist der Fall einer gegebenenfalls zu engen Staffelung von pönalisierten Fristen zu verstehen, sodass ein Auftragnehmer dann keine Möglichkeit mehr hat, einen eingetretenen Verzug wieder aufzuholen. Dieser Dominoeffekt wird von der Rechtsprechung mit der Erklärung der Unwirksamkeit derartiger Vertragsregelungen bedacht.[47]

Im Falle der Einzelvergabe von Gewerken haben der Bauherr und dessen Erfüllungsgehilfen wie z. B. Projektsteuerer, Projektmanager, Architekt die Pflicht der Bauablaufplanung und der Koordination der jeweils beauftragten Bauleistungen (Koordinationsrisiko). Der Verzug eines Gewerkes kann unter Umständen zu einer Behinderung und somit ebenfalls zum Verzug eines nachgelagerten Gewerkes führen. Ein derart behinderter Auftragnehmer hat nach § 642 BGB Anspruch auf eine angemessene Entschädigung.

Ein wesentlicher Aspekt der Risikobetrachtung bei Bauprojekten ist die Einschätzung von Ausfallrisiken auf der Auftragnehmerseite. Darunter ist u. a. das Risiko der mangelnden Liquidität eines Auftragnehmers zu verstehen (Liquiditätsrisiko). Dieses kann beispielsweise dazu führen, dass der Auftragnehmer aufgrund eines Liquiditätsengpasses nicht mehr in der Lage ist, seine eigenen Nachunternehmer termingerecht zu bezahlen. Sollten diese daraufhin die Arbeit einstellen oder verzögern, kann dies zu einem Bauverzug führen.

Natürlich steht dem Bauherrn gegebenenfalls eine Entschädigung in Form einer Vertragsstrafe zu. Bei bereits bestehenden Liquiditätsproblemen des Auftragnehmers verbessert sich dessen Lage jedoch durch zusätzliche Forderungen keinesfalls, sondern sie können letztendlich die drohende Insolvenz eher noch beschleunigen. Die Zahlungsunfähigkeit eines Auftragnehmers ist ebenfalls ein sehr wichtiges Ausfallrisiko im Rahmen eines Bauprojektes (Insolvenzrisiko).

Die möglichen Ausfallrisiken auf der Auftragnehmerseite spielen gerade bei der Auswahl der Vergabeart eine wichtige Rolle. Im Falle der Bündelung von Bauleistungen, z. B. in Form eines Generalplaner- oder Generalunternehmervertrages sowie erst recht beim Modell des Generalübernehmers, also der Vergabe aller Planungs- und Bauausführungsleistungen an ein Unternehmen, sind die Überprüfung und Sicherstellung der Bonität des Auftragnehmers essentiell.

Das Risiko lässt sich durch Aufteilung des Projektes in einzelne Gewerke und deren separate Vergabe vermindern. Dies erhöht jedoch das Exposure des Auftraggebers hinsichtlich des o. g. Koordinationsrisikos. Daher sollte die Vergabeform vor dem Hintergrund eigener Ressourcen und Kompetenzen wie auch der geprüften Bonität der möglichen Auftragnehmer abgewogen werden.

Kostenrisiken Zudem lassen sich die verschiedenen Kostenrisiken durch die entsprechende Auswahl der Vergabeart und die jeweilige Auswahl von Vergütungsformen, z. B. als Einheitspreis- oder Pauschalpreisvertrag, beeinflussen.

Eine immer wieder diskutierte Frage ist die Einschätzung der Vor- und Nachteile von Einzelvergaben der Baugewerke gegenüber der gebündelten Vergabe von Bauleistungen an einen Generalunternehmer (GU) oder Generalübernehmer (GÜ). Man spricht hierbei vom Vergabekostenrisiko.

---

[47] Vgl. OLG Bremen, NJW-RR 1987, 487.

Im Rahmen von empirischen Studien haben einzelne Bundesländer Parallelausschreibungen durchgeführt.[48] Danach ergaben sich für eine Vergabe an Generalunternehmer im Vergleich zur Einzelvergabe höhere Vergabekosten in der Größenordnung von 5 % bis 25 %. Allerdings ist hierbei zu berücksichtigen, dass sich allein aufgrund des geringeren Koordinationsaufwandes bei einer GU- oder GÜ-Vergabe niedrigere Kosten für den Eigenaufwand auf Bauherrenseite ergeben. Die Höhe dieser Aufwendungen wurde in besagten Studien leider nicht eruiert.

Aus Bauherrensicht ist aber genau dieser Punkt ein durchaus wichtiger Aspekt, wobei es nicht nur um Kosten, sondern auch um Abstimmungsfragen geht. Die Koordination der einzelnen Gewerke und insbesondere ihrer Schnittstellen erfordert gerade bei umfangreicheren oder zeitlich ambitionierten Bauprojekten einen hohen Aufwand (Schnittstellenrisiko). Aus Bauherrensicht macht es durchaus Sinn, dieses Risiko durch eine Vereinfachung der Organisationsstruktur mittels GU-Vertrag oder GÜ-Vertrag zu minimieren und dafür auf den ersten Blick höhere Vergabekosten in Kauf zu nehmen.

Des Weiteren besteht im Laufe eines Bauprojektes das Risiko, dass die Baukosten durch Nachträge, z. B. für vorab nicht ausgeschriebene Zusatzleistungen, schlechte Planung oder sonstige Anpassungswünsche, steigen (Nachtragskostenrisiko). Natürlich lässt sich durch einen GU- oder GÜ-Vertrag dieses Risiko auf den ersten Blick minimieren. Allerdings handelt es sich hierbei nicht um eine logische Konsequenz.

Die eigentliche Basis für ein erfolgreiches Risikomanagement hinsichtlich möglicher Nachträge besteht in einer fundierten Bauplanung, einem ordentlichen Vergabeprozess und einem professionellen Bauprojektmanagement. Nur so kann dem mittlerweile, dank geringer Margen im Baugeschäft, sehr professionellen Nachtragsmanagement (engl.: *claim management*) entgegengewirkt werden.

Nicht zu vergessen sind die ebenfalls die Vorleistungs- und Mitwirkungspflichten des Bauherrn. Deren Verletzung kann den Auftragnehmer aus seinen vertraglich zugesicherten Pflichten entlassen oder zu Entschädigungen führen (Bauherrenkostenrisiko). Hierzu zählen gebündelt die verschiedensten Aufgaben des Bauherrn – je nach Vergabeart und Projektorganisationsstruktur. Dazu gehören ebenfalls sämtliche aus dem vom Bauherrn zu stellenden Grundstück abgeleiteten Risiken wie beispielsweise das Baugrundrisiko, das Altlastenrisiko und Nachbarschaftsrisiken.

Ausführungsrisiken Es gibt kein Bauprojekt, welches komplett fehlerfrei abgewickelt wird (siehe Abb. 5.9). Die technische Weiterentwicklung im Allgemeinen wie auch die Anforderungen an die Nachhaltigkeit im Besonderen haben aus einer ehemals simplen baulichen Hülle mittlerweile ein bau- und prozesstechnisch komplexes Bauwerk werden lassen. Mit zunehmender Komplexität steigt natürlich auch die Gefahr, dass sich Fehler in der baulichen Planung und Umsetzung einschleichen (Qualitätsrisiko).

---

[48] Vgl. Schriek, T.: Entwicklung einer Entscheidungshilfe für die Wahl der optimalen Organisationsform bei Bauprojekten – Analyse der Bewertungskriterien Kosten, Qualität, Bauzeit und Risiko, 2002, S. 61 ff.

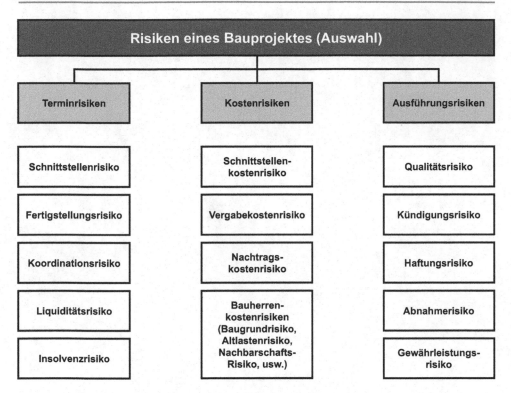

Abb. 5.9 Gliederung von ausgewählten Risiken für Immobilienprojekte

Es kann vorkommen, dass der Auftragnehmer seine Leitungen so mangelhaft ausführt, dass der Auftraggeber bereits vor Abnahme gezwungen ist, diese beheben zu lassen, um schlimmere (wirtschaftliche) Folgen zu verhindern. In einem solchen Fall kann der Auftraggeber dem Auftragnehmer gegebenenfalls den erteilten Auftrag entziehen (Kündigungsrisiko). Andererseits kann aber auch dem Auftraggeber im Falle von mangelhaften Planungsunterlagen ein Planungsverschulden nachgewiesen werden – entweder bezüglich der von ihm beauftragten Planer oder aber hinsichtlich eigenverantwortlicher Planungsfehler (Haftungsrisiko).

Werden im Zuge eines Bauprojektes Mängel festgestellt, so kann seitens des Bauherrn die Abnahme verweigert werden (Abnahmerisiko). In diesem Fall hat die Bündelung von Bauleistungen aus Bauherrensicht einen weiteren Vorteil, da sich die Vielzahl von Einzelabnahmen beim Einzelvergabeverfahren entsprechend reduziert. Im gleichen Maß nehmen die sich anschließenden Gewährleistungsfristen, das Koordinieren der Mängelbearbeitung innerhalb der Gewährleistungsfrist sowie das Monitoring dieser Fristen selbst hinsichtlich der einzelnen Vertragspartner (Gewährleistungsrisiko) ab.

Nicht-monetäre Verfahren zur Projektbewertung 6

6.1 Grundsätzliches

In diesem Abschnitt soll einerseits ein Überblick über die Art der Methoden gegeben werden, andererseits soll mit den Exkursen zu Skalierungssystemen und zur Ermittlung eines Barwertes die fachliche Grundlage für den Einstieg in die detaillierte Vorstellung der einzelnen Bewertungsmethoden geschaffen werden.

6.2 Strukturierung von Bewertungsverfahren

Grundsätzlich können die Beurteilungsmethoden gemäß den Ausführungen in qualitative und quantitative Methoden unterschieden werden. Diese Differenzierung basiert auf der Art der durch die Methode ermittelten und zur Beurteilung verwendeten Ergebnisgröße (siehe Abb. 6.1).

Quantitative Methoden haben Ergebnisgrößen in Form von messbaren Kennzahlen. Hierbei ist noch einmal gesondert zwischen monetären und nicht-monetären Ergebnis-

Abb. 6.1 Unterscheidung der Methoden nach Art der Ergebnisgröße

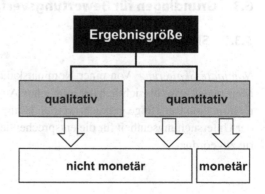

© Springer Fachmedien Wiesbaden 2014
T. Glatte, *Entwicklung betrieblicher Immobilien*,
Leitfaden des Baubetriebs und der Bauwirtschaft, DOI 10.1007/978-3-658-05687-2_6

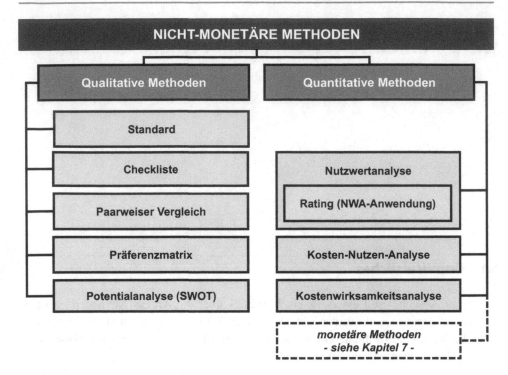

Abb. 6.2 Klassifikation der Methoden

größen zu unterscheiden. Wirtschaftlichkeits- bzw. Investitionsrechnungen sind gängige Beispiele für monetäre Betrachtungsweisen. Nutzen- und Kostenbetrachtungen sind wiederum nicht-monetäre Verfahren.

Die Ergebnisse qualitativer Methoden sind hingegen eher beschreibender Natur. Die nachstehende Übersicht in Abb. 6.2 fasst die in dieser Arbeit untersuchten Methoden zusammen.

6.3 Grundlagen für Bewertungsverfahren

6.3.1 Skalierungssysteme

Nominale Skalierung Von einer Nominalskala spricht man, wenn bei den betrachteten Merkmalen zwar hinsichtlich der möglichen Ausprägungen unterschieden wird, diese aber nicht in eine Rangfolge gebracht werden können. Bei nominalskalierten Merkmalen wird der Untersuchungseinheit für die entsprechende Ausprägung ein Name bzw. eine Kategorie zugeordnet.

Beispiele für Nominalskalen:

a) Klassifikation nach Farben: Rot, Gelb, Grün (z. B. Ampel),
b) Klassifikation nach Marken: Samsung, Apple, Blackberry, Nokia, ...,
c) Klassifikation nach Geschlecht: männlich, weiblich.

Die Ergebnisse können mit einer Nominalskala nur eingeschränkt dargestellt werden. Im Wesentlichen können nur Aussagen getroffen werden, ob die Eigenschaften gleich oder ungleich sind.

Ordinale Skalierung   Bei der Verwendung von ordinal skalierten Merkmalen wird jede Merkmalsausprägung der Untersuchungseinheit genau einer Kategorie zugeordnet. Die Kategorien lassen sich in eine Rangfolge bringen und mit Namen oder Zahlen bezeichnen (sog. Rangskala als Sonderform der Ordinalskala). Allerdings müssen die Abstände zwischen den einzelnen Kategorien nicht unbedingt gleich sein.
Beispiele für Ordinalskalen:

a) Klassifikation für Hotels: ein Stern, zwei Sterne, drei Sterne, vier Sterne, fünf Sterne,
b) Schulnoten: 1, 2, 3, 4, 5, 6,
c) Beurteilung: summa cum laude, magna cum laude, cum laude, rite, non sufficit.

Für die Entscheidungsdarstellung ist die Ordinalskala deutlich besser geeignet als die Nominalskala. Bestimmte Eigenschaften können so miteinander verglichen und anschließend in eine Rangfolge gebracht werden. Durch die Rangfolge wird auch eine abgestufte Bewertung möglich.
Nachteilig an der Ordinalskala ist die Tatsache, dass die Abstände zwischen den einzelnen Rängen nicht angegeben werden. Das Fehlen dieser Differenzierung verhindert letztendlich eine vertiefende und abwägende Bewertung.

Kardinale Skalierung   Das Gegenteil zu den vorgenannten Skalensystemen wäre eine kardinale Skalierung, d. h. eine Messbarkeit in Zahlen.[1] Einzig bei diesem Skalenniveau sind Multiplikation und Division sinnvoll und erlaubt.
Beispiele für Kardinalskalen:

a) Temperaturmessung: Skalierung in Celsius oder Kelvin,
b) Jahrgang: Skalierung der Jahreszahlen,
c) Anzahl: 1, 2, 3, 4, 5, 6, 7, 8, ...

---

[1] Anm. d. Verf.: Daher wird die kardinale Skala zuweilen in der Fachliteratur auch als „metrisches" Skalensystem bezeichnet.

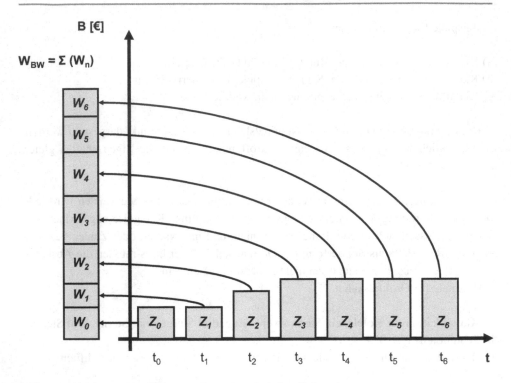

Abb. 6.3 Ableitung eines Barwertes für sieben Perioden (Schema)

6.3.2   Ermittlung eines Barwertes

Der Barwert (engl.: *present value*) ist ein Instrument der Finanzmathematik. Er entspricht dem Wert, den zukünftige Zahlungen in der Gegenwart besitzen. Daher wird er auch Gegenwartswert genannt. Der Barwert wird durch Abzinsung bzw. Diskontierung der zukünftigen Zahlungen und anschließendes Summieren ermittelt (siehe Abb. 6.3).

Die Abzinsung, also die Berechnung des Barwertes (W_{BW}) künftiger Zahlungsströme, erfolgt nach folgenden Formeln:

$$Z_0 = \frac{1}{q^t} \times Z_t, \tag{6}$$

wobei

$$q = 1 + \frac{p}{100}. \tag{7}$$

Der auf das Jahr „0", also den Stichtag abgezinste Zahlungsstrom aus dem Jahr „t" (Z_t) entspricht dem Gegenwartswert oder Barwert.

Der Barwert W_{BW} von verschiedenen, über mehrere zeitliche Perioden t verteilten Zahlungsströmen Z errechnet sich somit als

$$W_{BW} = \sum_t W_{BW,Z_t} = \sum_t \frac{Z_t}{(1+p)^t}. \tag{8}$$

Es bedeuten:

W_{BW} = Barwert bzw. Gegenwartswert
Z_t = Zahlungsstrom im Jahr t
Z_0 = Zahlungsstrom im Jahr 0 (Stichtag)
t = Anzahl der Jahre bzw. Laufzeit
p = (Diskontierungs-)Zinssatz
q^{-t} = $1/q^t$ = Diskontierungsfaktor

Übungsbeispiel 1

Aufgabe: Was sind heute 100 Euro wert, die bei einer Inflationsrate (Verzinsung) von 4 % erst in zwei Jahren bezahlt werden?

Berechnung: $\frac{100}{(1+0,04)^2} = 92,46$

Lösung: 92,46 Euro

Übungsbeispiel 2

Aufgabe: Wie hoch ist der Barwert von über fünf Jahre hinweg erhaltenen Jahreszahlungen in Höhe von 1000 Euro bei einem Diskontierungszinssatz von 3 %?

Berechnung: Es ist zu beachten, ab wann die Zahlungen fällig werden.

a) Die erste Zahlung ist bereits heute fällig.

$$\sum_{t=4} \frac{1000}{(1+0,03)^t} = 1000 + \frac{1000}{(1+0,03)^1} + \frac{1000}{(1+0,03)^2} + \frac{1000}{(1+0,03)^3}$$
$$+ \frac{1000}{(1+0,03)^4}$$

$$\sum_{t=4} \frac{1000}{(1+0,03)^t} = 1000 + 970 + 942 + 915 + 888 = 4745$$

b) Die erste Zahlung ist erst in einem Jahr fällig.

$$\sum_{t=5} \frac{1000}{(1+0,03)^t} = \frac{1000}{(1+0,03)^1} + \frac{1000}{(1+0,03)^2} + \frac{1000}{(1+0,03)^3}$$
$$+ \frac{1000}{(1+0,03)^4} + \frac{1000}{(1+0,03)^5}$$

$$\sum_{t=5} \frac{1000}{(1+0,03)^t} = 970 + 942 + 915 + 888 + 863 = 4608$$

Lösungen: a) 4715 Euro,
             b) 4608 Euro.

6.4 Qualitative Methoden

Die in Abb. 6.2 dargestellten qualitativen Methoden sollen nun einzeln analysiert werden.

6.4.1 Standard

Methodik Im Abschn. 5.4.2 (Standortgunst) wurde bereits ausgeführt, dass sich der Rahmen einer Standortsuche aus Standortanforderungen und Standortbedingungen definiert, welche technische, architektonische, wirtschaftliche und rechtliche Aspekte beinhalten.

Diese gesetzten Rahmenbedingungen sind ein möglicher Ansatz für eine einfache Auswahlform. Über die Definition von Ausgrenzungsmerkmalen besteht eine sehr einfache Möglichkeit, die Reduktion einer Vielzahl vorhandener Alternative zu erreichen. Dies geschieht über die Festlegung von Mindestbedingungen.[2]

Diese Methodik wird auch als das Arbeiten mit Standards (im Englischen z. T. auch „*yardsticks*" genannt) bezeichnet.[3] Wesentlich ist hierbei die Herangehensweise an das Festlegen von Standards.

Beispiel Als Beispiel sei die Definition des Flächenbedarfes für eine Projektentwicklung angeführt. Diese wird klassischerweise als Größenordnung oder Rahmen definiert, z. B. in Form der nachfolgenden Zusammenstellung:

a) $2000\,\text{m}^2$ bis $3000\,\text{m}^2$,
b) mit einer Mindestüberbaubarkeit von 60 % (mindestens $F_{GRZ} = 0,6$) und
c) einem maximalen Grundstückspreis von 50 €/m² sowie
d) einer Baulandausweisung als Gewerbegebiet.

---

[2] Vgl. LaGro Jr., J. A.: Site Analysis – A conceptual approach to sustainable land planning and site design, 2008, S. 57.
[3] Vgl. McPherson, E.: Plant Location Techniques, 1995, S. 11 ff.

Damit gibt es einen technischen Schwellenwert von 2000 m^2 als Mindestanforderung und einen Grenzwert von 3000 m^2 als Einschränkung. Gleichfalls gilt die Grundflächenzahl als unternehmerische Mindestanforderung (Schwellenwert) sowie als behördliche Obergrenze als wesentliches planerisch-architektonisches Kriterium. Des Weiteren definiert der Grundstückspreis (multipliziert mit der maximalen Grundstücksfläche) eine wirtschaftliche Obergrenze. Eine Baulandausweisung als Gewerbegebiet oder Industriegebiet weist ebenso auf Einstiegsbedingungen und Obergrenzen hin.

Beurteilung Standards gehören zu den Grundvoraussetzungen einer Standortsuche überhaupt. Zum einen sind diese z. B. durch bestehende Rechtssysteme vorgegeben. Zum anderen liegt es am Projektinitiator, eigene Anforderungen zu definieren. Innerhalb dieser von externen und internen Stakeholdern beschriebenen Vorgaben wird das Projekt letztendlich zu realisieren sein.

Hiermit wird es insbesondere ermöglicht, ausgewählte und besonders essentielle Kriterien in Form von Mindestbedingungen festzuschreiben und mithilfe eines solchen Grundlagenkataloges von Standortanforderungen die Basis für die Standortanalyse zu schaffen. Die Definition von Standards erfolgt in der Praxis oft entweder durch eine verbal ausformulierte Beschreibung oder eine Auflistung der Anforderungen und Einschränkungen für das Projekt. Wesentlich hierbei ist, dass es sich dabei um Schwellen- bzw. Grenzwerte, d. h. um Mindestanforderungen und mögliche Einschränkungen (maximale Werte, Obergrenzen usw.) handelt.

6.4.2   Checkliste

Methodik Checklisten bauen auf den Mindestanforderungen und Einschränkungen der Definition von Standards auf und führen den Anforderungskatalog um zusätzliche Kriterien angereichert weiter. Die Darstellung erfolgt übersichtlich in einer Liste. Der Umfang sowie die inhaltliche Ausgestaltung – einschließlich des Detaillierungsgrades – einer Checkliste hängen vom Anlass der Aufstellung, dem Nutzerkreis (Projektteam oder Individuum), aber auch von der jeweiligen Projektphase ab.

In der Initialphase sind derartige Checklisten allerdings noch fachübergreifend und nach einem relativ grobmaschigen Raster auszulegen. Der Fokus liegt auf Makrostandortfaktoren (siehe Abschn. 5.4.3.7) und der Verfügbarkeit von grundlegenden, sehr essentiellen Rahmenbedingungen, z. B. Infrastrukturen und Bauland. Trotzdem helfen die Checklisten, sich einen grundsätzlichen Überblick zu verschaffen, da alle die Standortentscheidung beeinflussenden Faktoren darin aufbereitet und zusammengefasst sind.[4] Die Abb. 6.4 zeigt ein Beispiel für eine Checkliste in der Initialphase einer Standortevaluierung für ein Industrieprojekt. Sie umfasst die ersten wichtigen Standortbedingungen.

---

[4] Vgl. May, A.; Eschenbaum, F.; Breitenstein, O.: Projektentwicklung im CRE-Management, 1998, S. 72.

| XYZ GmbH |
| Checkliste – Standortevaluierung (für Industriestandort) |

	Standortkriterien
Markt:	
	☐ Großraum…
a) **Kundennähe**	☐ Maximale Entfernung von … km zu …
b) **Rohstoffnähe**	☐ Maximale Entfernung von … km zu …
Flächenbedarf:	
a) **Erstinvestition**	☐ … Hektar
b) **Erweiterung**	☐ … Hektar
Bauleitplanung:	
a) **Bauleitplan. Ausweisung**	☐ Für industrielle Nutzung bereits ausgewiesene Fläche
b) **Wohnbebauung**	☐ Mindestabstand zu Wohnbebauung von … m
Verkehrsnetzanbindung:	
a) **Straßenanbindung**	☐ Gute Anbindung an das Schnellstraßennetz
b) **Eisenbahnanbindung**	☐ Gleisanbindung
Ver- und Entsorgung:	
	☐ Erdgasanschluss
	☐ Stromversorgung
	☐ Wasserversorgung über Netzanschluss/Tiefbrunnen
	☐ Biologische Kläranlage

Abb. 6.4 Checkliste in der Initialphase

Beispiel Siehe Abb. 6.4.

Beurteilung Checklisten helfen, den Überblick über den oft sehr langen Anforderungskatalog zu bewahren und beim Screening wie auch bei der späteren Detailsuche keine
wesentliche Position zu vergessen. Sie sind gerade bei der physischen Standortsuche vor
Ort ein gutes und gängiges Handwerkszeug. Checklisten variieren jedoch hinsichtlich ihrer Relevanz und ihres Einflusses in Abhängigkeit von der spezifischen Situation. Daher
müssen sie an die jeweiligen Umstände angepasst werden.

Im ersten Stadium der Standortsuche – der Projektinitiierung – ist es jedoch wichtig, die
„Wunschpositionen" sehr grob und überschaubar zu halten, um zum einen den Aufwand
übersichtlich darzustellen und zum anderen sich nicht zu früh ungewollt zu stark einzuschränken. Basierend auf den Ergebnissen der definierten Standards ist es daher sinnvoll,
auf detaillierte Checklisten zu setzen.

Gängige Abfragepunkte sind hierbei:

- Grundsätzliche genehmigungsseitige Zulässigkeit des anvisierten Projektes (Bauleit-planung),
- Ausreichende Grundstücksfläche,
- Vorhandensein von essentiellen Infrastruktureinrichtungen,
- Referenzprojekte in der Nachbarschaft/Umgebung.

Es ist jedoch sichtbar, dass Checklisten kein Instrument zum Wichten und Werten sind. Lediglich das Vorhandensein und, noch wichtiger, das Nichtvorhandensein einer Anfor-derung bzw. eines Standortkriteriums ist hiermit dokumentierbar. Insofern kann lediglich über Ausschlusskriterien, d. h. das Nichtvorhandensein eines essentiellen Standortkrite-riums, eine Verdichtung der möglichen Standortoptionen mittels Checklisten herbeige-führt werden.[5] Eine weitergehende Beurteilung der gewonnenen Informationen kann eine Checkliste nicht leisten.

6.4.3 Paarweiser Vergleich

Methodik Der paarweise Vergleich ist eine Methode, aus mehreren Alternativen für eine Problemstellung die beste herauszuarbeiten. Das Ergebnis des paarweisen Vergleiches ist eine Rangliste der zur Auswahl stehenden Alternativen.[6]

Die Bearbeitung geht in den nachfolgenden Schritten vonstatten:

(I)   Problematik beschreiben,
(II)   Auflistung der möglichen Alternativen,
(III)   Vergleichende Fragestellung formulieren,
(IV)   Aufstellung der Vergleichsmatrix,
(V)   Paarweise Abfrage der Alternativen und Bewertung eines jeden Paares,
(VI)   Summenbildung der Bewertung jeder Alternative,
(VII)   Ableitung der Rangfolge aus den ermittelten Einzelsummen.

Beispiel Der paarweise Vergleich wird in nachstehender Abb. 6.5 am Beispiel der Unter-suchung erläutert, welche logistische Anbindung für einen neuen Produktionsstandort am bedeutendsten ist.

Im Zuge der Analyse gemäß Abb. 6.5 ist die Straßenanbindung die wichtigste logis-tische Anbindung für den neuen Produktionsstandort. Als zweitwichtigste Anbindungen folgen gleichwertig die Eisenbahnanbindung und die Binnenschifffahrt. Die Luftverkehrs-anbindung ist von allen Kriterien die unwichtigste.

Beurteilung Der paarweise Vergleich ist eine sehr einfache Methode, um eine Vielzahl von Alternativen bzw. Kriterien zu strukturieren. Das Ergebnis ist eine ordinal skalierte

---

[5] Vgl. Stafford, H. A.: Principles of Industrial Facility Location, 1980, S. 253.
[6] Vgl. Drews, G.; Hillebrand, N.: Lexikon der Projektmanagement-Methoden, 2007, S. 129.

Problemstellung:
Was ist die wichtigste Logistikanbindung für den neuen Produktionsstandort ?

Vergleichende Fragestellung:
Welche logistische Anbindung ist für die künftige Produktion wichtiger ?

Paarweise Abfrage:
Ist das Kriterium $(K_{i,v})$ wichtiger als das Kriterium $(K_{i,h})$?

$(K_{i,v})$ = vertikal gelistetes Kriterium (K_i)
$(K_{i,h})$ = horizontal gelistetes Kriterium (K_i)

Antworten:
2 = wichtiger
1 = gleich wichtig
0 = weniger wichtig

		(K_1)	(K_2)	(K_3)	(K_4)	Σ	Rang
(K_1)	Straßenanbindung	(K_1) X	2	2	2	6	1
(K_2)	Eisenbahnanbindung	(K_2) 0	X	1	2	3	2
(K_3)	Binnenschifffahrt	(K_3) 0	1	X	2	3	2
(K_4)	Luftverkehrsanbindung	(K_4) 0	0	0	X	0	3

Abb. 6.5 Paarweiser Vergleich (Beispiel industrielle Standortsuche)

Rangliste. Ein erheblicher Nachteil dieser Methode ist, dass die Bewertung beim Vergleich der Alternativen absolut subjektiv erfolgt. Die Skalierung kann jedoch den Anschein einer Objektivität vermitteln, welche nicht gegeben ist. Die Subjektivität der Bewertung schwächt sich allerdings ab, je mehr vergleichende Alternativen zur Auswahl stehen.[7]

6.4.4 Präferenzmatrix

Methodik Die Präferenzmatrix – bei Risikobetrachtungen auch als Risikomatrix bekannt – ist ein sehr gängiges Verfahren, welches zur vergleichenden Betrachtung von Potentialen oder, wie dargelegt, Risiken eingesetzt wird.

Sie zielt darauf ab, die verschiedenen Einzelmerkmale bzw. Einzelfaktoren in einem ordinal skalierten System zu aggregierten Merkmalen und damit einer abstrakteren Darstellung zusammenzuführen.[8] Sie hilft, Probleme mit mehreren Einflussfaktoren zu wichten und diese letztendlich im Zusammenhang zu betrachten.

---

[7] Vgl. Drews, G.; Hillebrand, N.: Lexikon der Projektmanagement-Methoden, 2007, S. 131.
[8] Vgl. Fürst, D.; Scholles, F.: Handbuch Theorien und Methoden der Raum- und Umweltplanung, 2008, S. 403.

Abb. 6.6 Zweidimensionale
Präferenzmatrix (Schema)[9]

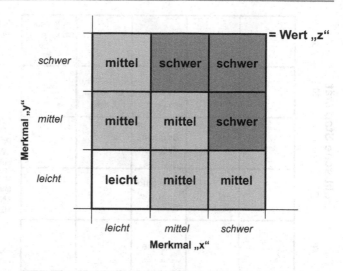

Voraussetzung für den Einsatz einer Präferenzmatrix ist, dass die einzelnen Merkmale bzw. Standortfaktoren bereits klassifiziert und damit einem ordinalen Skalensystem zuweisbar sind. Sollte eine Klassifizierung als essentielle Vorbedingung für die Methode noch nicht vorliegen, so ist diese als ein erster Arbeitsschritt vorab herbeizuführen (beispielsweise mittels des paarweisen Vergleiches).

Klassischerweise werden technisch geprägte Untersuchungen so dargestellt, dass die Auswirkungen auf der x-Achse und die Eintrittswahrscheinlichkeiten auf der y-Achse aufgezeigt werden (siehe Beispiel einer Risikomatrix in Abb. 6.7).

Die Auswertung der Präferenzmatrix erfolgt nicht durch eine arithmetische Aufrechnung der Ordinalskalen. Eine Addition oder Multiplikation der skalierten Größen ist nicht zulässig. Die Aggregation der Eingangsgrößen erfolgt unter Anwendung der Booleschen Algebra. Diese beruht auf logischen Kombinationen in Form von „Wenn-Dann-Aussagen".

Die Methodik wird nachfolgend anhand einer einfachen Präferenzmatrix erläutert (Abb. 6.6). Dabei wird die Korrelation von lediglich zwei Merkmalen, und zwar (x) und (y), dargestellt.

Die Arbeit mit der Präferenzmatrix wird nachfolgend verdeutlicht:

a) Wenn das Merkmal (x) die Wertigkeit „mittel" und das Merkmal (y) auch der Wertigkeit „mittel" entspricht, dann ist der zusammengefasste Wert (z) der beiden Merkmale ebenso „mittel".

b) Wenn das Merkmal (x) der Wertigkeit „leicht" und das Merkmal (y) der Wertigkeit „schwer" entspricht, so ist der zusammengefasste Wert (z) der beiden Merkmale „mittel".

---

[9] Vgl. Fürst, D.; Scholles, F.: Handbuch Theorien und Methoden der Raum- und Umweltplanung, 2008, Abb. 7.1.1.

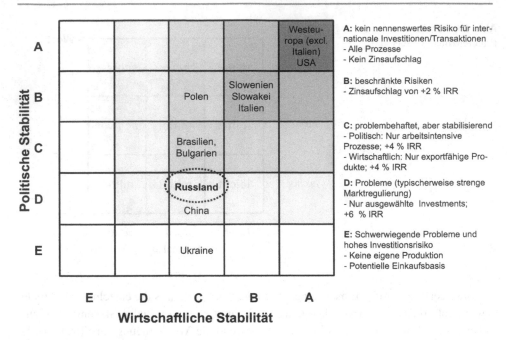

Abb. 6.7 Ländervorauswahl für Investitionsaktivitäten[10]

Es sei hierbei noch einmal explizit herausgestellt, dass bei diesen beiden Beispielen das Ergebnis jedoch nicht als Resultat einer arithmetischen Mittelung herbeigeführt wurde. Es wurde also keine Berechnung dahingehend durchgeführt, ein „scheinbares arithmetische Mittel" zwischen den beiden Wertigkeiten „leicht" und „schwer" zu einem Gesamtwert von „mittel" zu erhalten (im Sinne einer Rechnung $(1+3)/2 = 2$). Das Ergebnis wurde direkt aus der Matrix abgeleitet.

c) Wenn das Merkmal (x) die Wertigkeit „mittel" und das Merkmal (y) der Wertigkeit „schwer" entspricht, so ist der zusammengefasste Wert (z) der beiden Merkmale „schwer".

Am letzten Beispiel sind zwei wesentliche Charakteristika der Präferenzmatrix zu erkennen. Dies ist einerseits die ordinale Skalierung, d. h. es gibt keine Untergliederung bzw. keine Zwischenstufen. Ein Ergebnis in Form von „2,5" entspräche einer kardinalen Skalierung. Des Weiteren ist die Festlegung im Beispiel (c) auf den Wert „schwer" nicht die Grundlage einer Rundungsregelung oder eines anderen mathematischen Ansatzes. Die Festlegung dieses Wertes erfolgt normativ, d. h. der Wert wird festgesetzt. Ob in jenem Beispiel die Entscheidung für „mittel" oder für „schwer" fällt, hängt von den jeweiligen Umständen des zu betrachtenden Sachverhaltes oder der Sichtweise des Begutachters ab.

---

[10] Vgl. Abele, E.; Kluge, J.; Näher, U.: Handbuch Globale Produktion, 2006, S. 131.

Üblicherweise wird die Matrix dergestalt aufgestellt, dass zuerst die Eckwerte der Matrix festgesetzt werden. Im obigen Beispiel wären das „leicht und leicht entsprechen leicht", „leicht und mittel entsprechen mittel" usw.

Eine Präferenzmatrix kann bei Bedarf auch in einem mehr als zweidimensionalen System, z. B. einem dreidimensionalen System (Würfel) oder einem n-dimensionalen System, dargestellt werden.

Beispiel Die praktische Wirkungsweise einer Präferenzmatrix lässt sich sehr gut anhand von Risikobetrachtungen aufzeigen. Dort ist die Präferenzmatrix auch als Risikomatrix bekannt (siehe Abb. 6.7). Eine Betrachtung der möglichen Märkte für eine Immobilieninvestition sollte u. a. auch im Sinne einer Risikoanalyse erfolgen. Diese Betrachtung dient dem Vergleich mit anderen Investitionsoptionen im Rahmen der Machbarkeitsstudie. Beispielsweise können in dieser Phase Investitionen länderübergreifend anhand von Aufschlägen auf den zu erzielenden Kapitalkostensatz für das jeweilige Investment verglichen werden. Hierbei wird je nach Risikoumfang, z. B. basierend auf einem Country-Rating, ein Premium auf die notwendige Verzinsung im Vergleich mit dem Heimatmarkt Westeuropa ausgewiesen. Dabei wurden Kategorien für die politische und wirtschaftliche Stabilität in Form von fünf Risikostufen gebildet:

- (A) kein nennenswertes Risiko,
- (B) beschränkte Risiken,
- (C) problembehaftet, aber stabilisierend,
- (D) problematisch,
- (E) schwerwiegende Probleme und hohes Investitionsrisiko.

Die Einstufung der Kategorien, d. h. deren ordinale Skalierung, wird im Zuge der Risikobewertung nachvollziehbar geschätzt oder statistisch belegt. Die Country-Reports der EIU (The Economist Intelligence Unit Ltd.)[11] sind hierbei sehr gute Indikatoren, welche in einer Präferenzmatrix einerseits die politische Stabilität, andererseits die wirtschaftliche Stabilität darstellen und in einer Auswertung zusammenführen. Im EIU Country Report von 2004 (siehe Abb. 6.7) wurde beispielsweise Russland als vergleichsweise problematisch und riskant angesehen, mit leichten Vorteilen der wirtschaftlichen gegenüber der politischen Stabilität. Dies führte zu einem empfohlenen Investitionsaufschlag von + 6 % auf den internen Zinsfuß (engl.: *Internal Rate of Return*).

Anmerkung
Der interne Zinsfuß als eine typische Rentabilitätskennziffer ist derjenige Kalkulationszins einer Zahlungsreihe (engl.: cashflow), für welchen der Kapitalwert gleich 0 ist (engl.: break even).

Beurteilung Präferenzmatrizen sind ein Ansatz, verschiedene Merkmale bezogen auf einen Sachverhalt zu wichten und im Vergleich zu anderen Standorten vergleichbar zu

---

[11] Siehe auch http://www.eiu.com.

machen. Trotzdem ist diese Betrachtung nur überschlägig und indikativ. Eine arithmetische Aggregation, z. B. durch Addition oder Multiplikation, ist bei Ordinalskalen nicht möglich. Eine Zuordnung der Wertigkeit erfolgt normativ. Die extremen Einstufungen (also die Eckwerte) sind oft schlüssig und nachvollziehbar zu begründen. Die Zwischenstufen unterliegen jedoch einer gewissen Subjektivität und damit dem Risiko der Beliebigkeit, welche in der Auswertung zu verzerrenden Ergebnissen führen kann.

Andererseits bietet die Methode der Präferenzmatrix aber eine gute und anschauliche Möglichkeit, wenige (d. h. zwei bis drei) miteinander korrelierende Sachverhalte zu betrachten und deren Wechselwirkung zu beurteilen.

Allerdings lassen sich zahlreiche Problemfelder nicht auf zwei bis drei Merkmale eingrenzen. Eine Herausforderung für diese Methodik ist der Vergleich von mehr als drei Eigenschaften, welche letztendlich den Umgang mit n-dimensionalen Matrizen erfordern würden (im vorgenannten Beispiel des Risikowürfels könnte z. B. noch als dritte Dimension das Rechtssystem und als vierte Dimension sozioökonomische Kriterien wie z. B. Bevölkerungsentwicklung, Einkommensstruktur, Arbeitsmarktdaten berücksichtigt werden). Diese sind jedoch in ihren Einzelheiten kaum noch zu überblicken und damit schwer umsetzbar. Hier versagt diese Methodik, die für eine Standortevaluierung die notwendige Anschaulichkeit, Übersichtlichkeit und damit Praktikabilität bietet. Hilfsweise kann man sich hier einer gestuften Aggregation bedienen. Andererseits ist es jedoch gerade vor dem Hintergrund des betrachteten initialen Stadiums der Projektentwicklung in solchen Fällen eher angebracht, die Problematik drastisch zu simplifizieren.

6.4.5　Potentialanalyse

Methodik　Ein weiteres Instrument zur Beurteilung von strategischen Aufgabenstellungen ist die Potentialanalyse. Bekannter ist diese unter ihrem englischsprachigen Synonym „SWOT-Analyse" (engl.: *strengths, weaknesses, opportunities, threats*).

Diese Analyse ist eine sehr einfache und griffige Methode, um Stärken und Schwächen wie auch Chancen und Risiken von vergleichbaren Alternativen in einer übersichtlichen und damit sehr präsentablen Form aufzuzeigen. Klassisch für die Anwendung dieser Methode sind Aufgabengebiete wie das strategische Management in Unternehmen, bei denen typischerweise unternehmensspezifische Themenfelder (Stärken und Schwächen als interner Fokus) mit aufgabenorientierten Zielen (Chancen und Risiken als externer Fokus) abgeglichen werden. Die Untersuchung zielt darauf ab, durch ein Herausarbeiten der wesentlichen Aspekte die möglichen Schwächen und Risiken unter Ausnutzung der Stärken und Chancen zu minimieren.

Dabei ist die Methodik rein deskriptiv. In einer Matrix werden die jeweiligen Stärken, Schwächen, Chancen und Risiken zusammengeführt (siehe Abb. 6.8). Dabei werden diese vier Aspekte jedoch noch einmal gesondert in zwei separaten Dimensionen zusammengefasst und analysiert:

- Stärken versus Schwächen,
- Chancen versus Risiken.

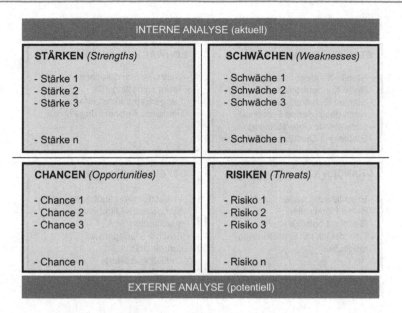

Abb. 6.8 Darstellung einer SWOT-Analyse (Schema)

In der Stärken-/Schwächen-Dimension werden die aktuellen eigenen (d. h. internen) Stärken und Schwächen des zu analysierenden Objektes aufgelistet und gegenübergestellt. Dabei wird als Stärke die Möglichkeit verstanden, einen bestimmten Sachverhalt positiv zu beeinflussen.

Die Chancen-/Risiken-Dimension führt wiederum diejenigen Elemente zusammen, welche keiner direkten Steuerung unterliegen und einen Fokus auf die Zukunft haben (daher auch als externe Analyse bezeichnet). Als Chance sind externe Vorgänge zu verstehen, welche die Möglichkeit haben, sich zu einer Stärke zu entwickeln.

Beispiel Die Potentialanalyse soll am Beispiel möglicher Überlegungen im Vorfeld des Aufbaus eines Produktionsstandortes im Ausland dargestellt werden, welcher als zweites Werk zusätzlich zum Stammwerk im Heimatmarkt dienen soll (siehe Abb. 6.9). Als erster Schritt wird die derzeitige Situation untersucht (interne Analyse).

Dabei werden die Stärken sowie die Schwächen des Status quo, also der Produktion an nur einem Standort, gegenübergestellt. In einem zweiten Schritt wird analysiert, welche Veränderungen sich aus dem Aufbau des neuen, zweiten Werkes im Ausland ergeben könnten. Diese werden als Chancen und Risiken einander gegenübergestellt.

Beurteilung Die SWOT-Analyse ist ein gängiges Hilfsmittel der Situationsanalyse.[12] Die Anwendung dieser Methode geht weit über die strategische Unternehmensplanung hinaus.

---

[12] Vgl. Lombriser, R.; Abplanalp, P. A.: Strategisches Management, 1998, S. 186 ff.

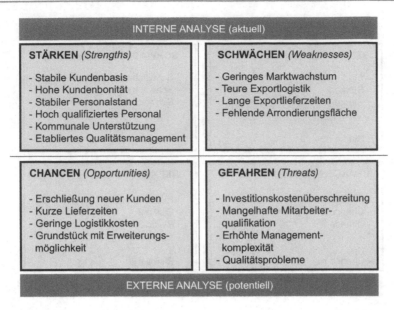

Abb. 6.9 Darstellung der SWOT-Analyse (Beispiel)

Das sehr einfache, intuitiv zu handhabende Verfahren ist rein beschreibender Natur. Selbst eine Skalierung i. S. einer Nominalskala ist kaum umsetzbar. Nachteilig sind die mangelnde Wichtung und Priorisierung von Zuständen. Somit ist auch eine Quantifizierung von Kriterien mit dieser Methode nicht möglich. Die Beurteilung erfolgt sehr subjektiv. Wesentliche Merkmale werden lediglich aus einer oft vorhandenen Informationsflut herausgearbeitet und im jeweiligen Kontext in präsentabler Form adressiert.

Genau darin liegt aber auch der große Vorteil der Methode. Die wichtigen bzw. wichtigsten Punkte für ein Projekt können kurz und prägnant zusammengestellt und in sehr überschaubarer Form dargestellt werden.

Die SWOT-Analyse eignet sich für die Standortbeurteilung insbesondere dann, wenn es gilt, die Mikrostandortfaktoren eines Standortes oder mehrerer Standorte in einer übersichtlichen Form aufzubereiten. Der erste Teil der Methodik betrachtet die standortspezifischen Stärken und Schwächen bezüglich der relevanten Kriterien. Im zweiten Teil können die Chancen und Risiken beispielsweise hinsichtlich der künftigen Entwicklungspotentiale, aber auch zu erwartender Einschränkungen und Hindernisse aus dem Umfeld des Standortes betrachtet werden.

Wichtig für die erfolgreiche Anwendung einer SWOT-Analyse ist die Fokussierung der Betrachtung auf ein gewünschtes Ziel. Eine rein abstrakte Anwendung führt mit hoher Wahrscheinlichkeit zu recht unterschiedlichen Zielen und somit zu einem Scheitern der Analyse. Daher ist die vorherige Definition des gewünschten Soll-Zustandes (beispielsweise des „Idealstandortes") eine essentielle Vorbedingung.

6.5 Quantitative Methoden

6.5.1 Arten von quantitativen Methoden

Die quantitativen Methoden heben sich insofern von den qualitativen Methoden ab, als dass diese Ergebnisse in Form von messbaren Zahlen und Größen – idealerweise sogar mit umrechenbaren Einheiten – ermöglichen.

Um Projekte quantitativ zu beurteilen, können zum einen Nutzen- und Kostenbetrachtungen angestellt oder aber auch detaillierte Wirtschaftlichkeitsberechnungen bzw. Investitionsrechnungen durchgeführt werden (siehe Abb. 6.10). Nachfolgend sollen die nicht-monetären Verfahren, d. h. die Nutzen- und Kostenbetrachtungen, näher in Augenschein genommen werden. Den monetären Verfahren in Form der Investitions- oder Wirtschaftlichkeitsberechnungen ist das Kap. 7 gewidmet.

Wie in Abb. 6.10 dargestellt, gibt es drei nicht-monetäre Arten quantitativer Methoden, die auch als Nutzen- und Kostenbetrachtungen bezeichnet werden:

- die Nutzwertanalyse,
- die Kosten-Nutzen-Analyse,
- die Kostenwirksamkeitsanalyse.

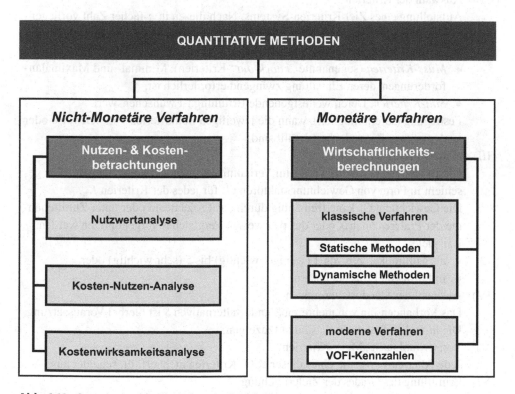

Abb. 6.10 Quantitative Möglichkeiten der Projektbewertung

Diese sollen nachfolgend untersucht werden. Komplementiert wird die Vorstellung dieser Methoden durch Erläuterungen zu Skalierungssystemen sowie zur Barwertberechnung. Diese sind zum Verständnis der Methodenanwendung wesentlich.

6.5.2 Nutzwertanalyse

Die Nutzwertanalyse (NWA, engl.: *benefit analysis*) ist ein Verfahren, welche die Bewertung verschiedener Alternativen in Vorbereitung einer Entscheidungsfindung ermöglicht. Sie kommt gerade dann zur Anwendung, wenn sich die entscheidungsrelevanten Konsequenzen schwer quantifizieren lassen. Dies geschieht vor allem im Hinblick auf Fakten, die keinen ökonomischen Hintergrund haben (nicht-monetäre Vor- und Nachteile). Dabei stellt der zu ermittelnde Nutzwert eine dimensionslose Kennzahl dar.

Methodik

(I)   Beschreibung der zu untersuchenden Situation
        Darstellung der allgemeinen Problem- und Aufgabenstellung, inklusive Beschreibung des Analyseumfeldes (z. B. Art der zu untersuchenden Standorte)
(II)   Auswahl der Kriterien
        Aufstellung eines Ziel-Kriterien-Systems. Nach diesen in n-facher Zahl vorliegenden Kriterien K richtet sich letztendlich die Standortauswahl. Diese werden in zwei Arten unterteilt – Muss- und Soll-Kriterien.
        - *Muss-Kriterien* (sogenannte „*knock-out*"-Kriterien): Minimal- und Maximalanforderungen, deren Einhaltung zwingend erforderlich ist.
        - *Soll-Kriterien*: Deren weitestgehende Erfüllung ist wünschenswert.
        Festlegung (sofern möglich), wann die jeweiligen Sollkriterien voll, teilweise oder auch nicht zur Zufriedenheit erfüllt sind.
(III)   Gewichtung der Kriterien
        Die Bedeutung der Kriterien K_n im Verhältnis zueinander ist festzulegen. Dies geschieht in Form von Gewichtungsfaktoren G_n für jedes der Kriterien K_n.
        Die Gewichtung G_n kann freihändig durch das Projektteam oder unter Zuhilfenahme der Präferenzmatrix oder des paarweisen Vergleiches vorgenommen werden.
        Beispiele:
        - als Multiplikatoren von 1 (weniger wichtig) bis 5 (sehr wichtig) oder
        - in Form von Prozentangaben.
(IV)   Auswahl der Standortalternativen
        Das Vorhandensein von mehreren Standortalternativen S ist hierbei Voraussetzung. Die m-fachen Standorte S_m sind aufzuzeigen.
(V)   Vorauswahl nach „Muss-Kriterien"
        Jede Alternative S_m, die eines dieser K.O.-Kriterien nicht erfüllt, scheidet aus.
(VI)   Ermittlung des Grades der Zielerreichung

Für jedes einzelne Kriterium K_n wird nun getrennt für jeden Standort S_m das Ausmaß der Zielerreichung (Erfüllungsgrad E) ermittelt.

Dies kann mittels unterschiedlichster Bewertungssysteme erfolgen, z. B.:

- Punktwerte: von 1 (sehr schlecht) bis 10 (ausgezeichnet),
- Ranking: von Platz 1 bis Platz „x",
- „Schulnoten": von 1 (sehr gut) bis 6 (ungenügend).

Damit die Herleitung des (üblicherweise kardinal skalierten) Erfüllungsgrades E_{nm} auch für an der unmittelbaren Projektumsetzung unbeteiligte Dritte nachvollziehbar ist, empfiehlt es sich, den Erfüllungsgrad E_{nm} in der Auswertungstabelle zusätzlich in beschreibender Form e_{nm} zu hinterlegen. Dies hat zwar keine Auswirkungen auf die Methode, hilft aber bei deren Nachvollziehbarkeit.

(VII) Ermittlung der Teilnutzwerte

Für jeden Standort S_m wird der Teilnutzwert N_{nm} des betreffenden Kriteriums K_n durch Multiplikation der Gewichtungsfaktoren G_n mit dem zutreffenden Erfüllungsgrad E_{nm} berechnet.

$$N_{nm} = G_n \times E_{nm} \tag{9}$$

(VIII) Ermittlung der Gesamtnutzwerte

Die Addition der Teilnutzwerte N_{nm} pro Standortalternative S_m ergibt den Gesamtnutzwert N_m für den jeweiligen Standort S_m, ermittelt aus m Kriterien K_n:

$$N_m = \sum_m N_{nm}. \tag{10}$$

Es bedeuten:

S_m = Standortalternativen

m = 1, 2, 3, ..., m = Zahl der Standorte

K_n = Beurteilungskriterium der Standortevaluierung

n = 1, 2, 3, ..., n = Zahl der Beurteilungskriterien

G_n = Gewichtungsfaktor für das Beurteilungskriterium K_n

e_{nm} = Erfüllung des Beurteilungskriteriums K_n – in beschreibender Form

E_{nm} = Erfüllungsgrad des Beurteilungskriteriums K_n am Standort S_m

N_{nm} = Teilnutzwert des Kriteriums K_n am Standort S_m

N_m = Gesamtnutzwert des Standortes S_m

(IX) Auswertung und Interpretation des Ergebnisses

Nach der Ermittlung des Gesamtnutzwertes für jede Standortalternative (siehe Tab. 6.1) sind diese miteinander zu vergleichen und unter Berücksichtigung von Bewertungsunsicherheiten und Fehlergrenzen zu interpretieren.

Hinsichtlich der Wichtung und Bewertung von Standortkriterien wie auch des Erfüllungsgrades dieser Kriterien ist im Rahmen der Nutzwertanalyse eine kardinale Skalierung aufgrund der Möglichkeit einer abgestuften, dezidierten Betrachtung zu bevorzugen.

Tab. 6.1 Struktur einer Nutzwertmatrix[13]

		Standortalternative S_1			Standortalternative S_2		
Kriterium	Gewicht	Erfüllungsgrad	Teilnutzwert		Erfüllungsgrad	Teilnutzwert	
K_1	G_1	e_{11}	E_{11}	$N_{11} = G_1 \times E_{11}$	e_{21}	E_{21}	$N_{12} = G_1 \times E_{12}$
K_2	G_2	e_{21}	E_{21}	$N_{21} = G_2 \times E_{21}$	e_{22}	E_{22}	$N_{22} = G_2 \times E_{22}$
K_3	G_3	e_{31}	E_{31}	$N_{31} = G_3 \times E_{31}$	e_{23}	E_{23}	$N_{32} = G_3 \times E_{32}$
...	...	...	...	...	...	...	...
K_n	G_n	E_{n1}	E_{n1}	$N_{n1} = G_n \times E_{n1}$	e_{1m}	E_{2n}	$N_{n2} = G_n \times E_{n2}$
Summen	$\sum G_n = 1$			$\sum N_{n1} = N_1$			$\sum N_{n2} = N_2$
Gesamt-summe		$\sum N_{nm} = N_m$					

Grundsätzlich sind aber alle Skalierungsarten für (zum Teil vereinfachte) Varianten der Nutzwertanalyse möglich:

- kardinaler Bewertungsmaßstab,
- ordinaler Bewertungsmaßstab,
- nominaler Bewertungsmaßstab.

Beispiel In dem nachfolgenden, sehr fiktiven Beispiel sind vier verschiedene Betrachtungsräume (A_k) – Deutschland, Frankreich, Kuweit, China – anhand von vier Kriterien (K_j) hinsichtlich der Möglichkeit der Ansiedlung eines Kernkraftwerkes zu beurteilen. Diese Kriterien haben folgende Wertigkeit (G_j):

- K_1: Mangel *an* alternativen Energieträgern mit $G_1 = 30\%$,
- K_2: Vorhandensein von Technologien mit $G_4 = 10\%$,
- K_3: Genehmigungsprozess mit $G_3 = 20\%$,
- K_4: Akzeptanz in der Öffentlichkeit mit $G_2 = 40\%$.

Dafür werden in einem ersten Schritt die Erfüllungsgrade (E_{ij}) ermittelt. Hierfür werden Werte von 1 bis 5 verteilt, mit 1 als besten Wert und 5 als schlechtesten Wert (siehe Tab. 6.2).

Tab. 6.2 Erfüllungsgrad der Kriterien K_j am Standort S_i

(E_{ij})	S_1 Deutschland	S_2 Frankreich	S_3 Kuweit	S_4 China
K_1	3	3	5	2
K_2	1	1	5	2
K_3	4	3	1	2
K_4	5	3	4	2

[13] In Anlehnung an Hanusch, H.: Nutzen-Kosten-Analyse, 1994, S. 167.

Tab. 6.3 Teilnutzwerte der Kriterien K_j am Standort S_i

(N_{ij})	S_1 Deutschland	S_2 Frankreich	S_3 Kuweit	S_4 China
K_1	$3 \times 0,3 = 0,9$	$3 \times 0,3 = 0,9$	$5 \times 0,3 = 1,5$	$2 \times 0,3 = 0,6$
K_2	$1 \times 0,1 = 0,1$	$1 \times 0,1 = 0,1$	$5 \times 0,1 = 0,5$	$2 \times 0,1 = 0,2$
K_3	$4 \times 0,2 = 0,8$	$3 \times 0,2 = 0,6$	$1 \times 0,2 = 0,2$	$2 \times 0,2 = 0,4$
K_4	$5 \times 0,4 = 2,0$	$3 \times 0,4 = 1,2$	$4 \times 0,4 = 1,6$	$2 \times 0,4 = 0,8$

Tab. 6.4 Gesamtnutzwert am Standort S_i

(N_i)	S_1 Deutschland	S_2 Frankreich	S_3 Kuweit	S_4 China
$(N_i) =$ $\sum (N_{ij})$	$0,9 + 0,1 + 0,8 + 2,0$ $= 3,8$	$0,9 + 0,1 + 0,6 + 1,2$ $= 2,8$	$1,5 + 0,5 + 0,2 + 1,6$ $= 3,8$	$0,6 + 0,2 + 0,4 + 0,8$ $= 2,0$

In einem zweiten Schritt werden die einzelnen Teilnutzwerte durch Multiplikation der Erfüllungsgrade mit der Gewichtung der einzelnen Kriterien (siehe Tab. 6.3) ermittelt.

In einem dritten Schritt werden die Teilnutzwerte pro Standort aufsummiert. Die Summe ergibt den Gesamtnutzwert (siehe Tab. 6.4). Der Betrachtungsraum mit dem niedrigsten Wert ist das Land mit der besten Platzierung, d. h. besten Möglichkeit zur Ansiedlung eines Kernkraftwerkes.

Auf der Basis der vorgegebenen Kriterien (K_j) würde sich China am ehesten für ein neues Kernkraftwerk eignen. Deutschland und Kuweit wären aus komplett verschiedenen Gründen am wenigsten geeignet.

Beurteilung Im Zuge einer Nutzwertanalyse werden die Standortanforderungen gewichtet und mittels eines individuellen Bewertungsmaßstabes bewertet (engl.: *scores*). Deshalb wird in der Literatur die Nutzwertanalyse häufig auch als Scoring-Modell bezeichnet. Eine besondere Form der Scoring-Modelle ist das sogenannte Rating, bei welchem die Nutzwertanalyse zur Anwendung kommt. Die Nutzwertanalyse ermöglicht, dass auch umfangreiche Kriterienkataloge zusammengefasst und relativ einfach bewertet werden können. Eine direkte Vergleichbarkeit der Kriterien wird ebenso möglich. Damit ist diese Methode gerade bei großen Projekten und komplexen Anforderungen weniger umfangreich und zeitraubend.

Zudem ist eine Beurteilung von qualitativen und quantitativen Kriterien gleichermaßen möglich. Die oben genannten individuellen Bewertungsmaßstäbe erlauben zudem eine flexible Anpassung an die speziellen Erfordernisse des jeweiligen Projektes. Des Weiteren lässt sich bei Vorhandensein einer Vielzahl von Alternativen eine klare Rangfolge ableiten. Als problematisch ist anzusehen, dass die Nutzwertanalyse durch einen als – dimensionslose – Kennzahl abgeleiteten Gesamtnutzwert eine vermeintliche Objektivität im Ergebnis suggeriert, die aufgrund der Herkunft und des Informationsgrades der Eingangsgrößen in dieser Form bedenklich erscheint. Die Wahl der Standortanforderungen, die Gewichtung und die Bewertung der Teilnutzen erfolgt durch individuelle Annahmen und eine relativ subjektive Beurteilung der Projektbeteiligten.

Es besteht damit die Gefahr, dass aufgrund von subjektiven Vorurteilen bereits intuitiv vorweggenommene Entscheidungen mithilfe der Nutzwertanalyse zurechtgerechnet werden und damit dem Ergebnis ein Anschein von Objektivität gegeben wird, welcher keinesfalls gerechtfertigt ist. Grundsätzlich können diese Defizite nur durch ein konsequentes Projektmanagement und methodische Disziplin vermieden werden. Es ist daher geradezu eine Grundvoraussetzung für die erfolgreiche Anwendung der Nutzwertanalyse, dass sich das Projektteam bereits in einer sehr frühen Projektphase gemeinsam und frei von Vorurteilen über die Standortanforderungen und deren Wertigkeit für das zu bearbeitende Projekt verständigt. Die vorurteilsfreie Auswahl und Festlegung der Kriterien ist also entscheidend. Ein mögliches Hilfsmittel, um die Gewichtung der einzelnen Faktoren nicht gänzlich freihändig zu erstellen, ist die Anwendung der Präferenzmatrix.

Diese in der Literatur oft als Vorteil[14] gepriesene Tatsache, dass qualitative und quantitative Kriterien gleichermaßen bewertet werden können, muss ebenso kritisch betrachtet werden. Die Möglichkeit der Quantifizierung und damit der Herstellung einer Vergleichbarkeit von qualitativen Standortfaktoren ist zweifelsohne das Herausstellungsmerkmal der Nutzwertanalyse. Allerdings erscheint es wenig nachvollziehbar, warum quantitative Standortfaktoren, und hierbei insbesondere konkret monetär ausweisbare Kriterien wie z. B. Grundstücks- und Flächenaufbereitungskosten, mit vergleichsweise grobmaschigen und durch oben herausgestellte subjektive Einflüsse behaftete Bewertungsmaßstäbe verwässert werden sollen. Daher erscheint die Beurteilung solcher Kriterien im Rahmen einer Nutzwertanalyse als problematisch und höchst kritikwürdig.

6.5.3 Kosten-Nutzen-Analyse

Im Gegensatz zu Investitionsrechnungen ermittelt die Kosten-Nutzen-Analyse (KNA, engl.: *cost-benefit-analysis*) nicht die erzielbare Rentabilität des Projektes. Basierend auf der Wohlfahrtstheorie stellt sie ein rein monetäres Bewertungsverfahren dar, in dem sie den monetär bewerteten Nutzen mit den Kosten des Projekts vergleicht.

Methodik Das Prinzip der Kosten-Nutzen-Analyse beruht auf der Prognose und monetären Bewertung aller anfallenden Kosten und entstehenden Nutzen. Diese werden auf einen gemeinsamen Stichtag (z. B. Projektbeginn oder Projektende) diskontiert. Das Verhältnis von Nutzen zu Kosten und die Differenz zwischen Nutzen und Kosten ergeben die Kenngrößen zur relativen und absoluten Bewertung der untersuchten Maßnahmen.

Die Bearbeitung der KNA erfolgt in den folgenden Schritten:

(I)   Beschreibung der zu untersuchenden Situation
        Zuerst wird die allgemeine Problem- und Aufgabenstellung dargestellt. Dabei wird
        das Analyse-Umfeld (z. B. Art der zu untersuchenden Standorte) beschrieben.

---

[14] Vgl. beispielsweise Kinkel, S.: Erfolgsfaktor Standortplanung, 2004, S. 34.

(II) Aufstellen eines Zielkriteriensystems

Die Aufstellung des Ziel(kriterien)systems beinhaltet die Nominierung von Bewertungskriterien (Zielsystem), nach denen letztendlich die zu erwartenden Kosten sowie der zu erwartende Nutzen bewertet werden.

(III) Ermittlung der Projektalternativen

Die zu betrachtenden Alternativen werden aufgestellt.

(IV) Erfassung der Eigenschaften und Auswirkungen

In diesem Schritt werden für alle Bewertungskriterien die Eigenschaften sowie die Auswirkungen der zu untersuchenden Maßnahmen zusammengestellt, welche für die Erhebung der jeweiligen Kosten C und deren Nutzen N relevant sind. Dieser Prozessschritt ist ein sehr kritischer Schritt für die Kosten-Nutzen-Analyse, da hier letztendlich der Berechnungs- und Beurteilungsmodus für die einzelnen Kriterien festgelegt wird.

Anmerkung

Am Beispiel möglicher, extremer Ansätze für das Kriterium „Vermeidung von Todesunfällen" lässt sich die Schwierigkeit sehr gut darstellen. In einem solchen Fall wäre nun zu klären, mit welchem Wert eines Menschen ein Todesfall letztendlich bemessen werden könnte. Dafür wären beispielsweise die folgenden – zur Veranschaulichung sehr drastischen – Überlegungen möglich:

• Wert einer Lebensversicherung: 100.000 Euro,

• Volkswirtschaftlicher Wert eines Menschen[15]: 1 Million Euro,

• Marktwert eines Fußballstars[16]: 100 Millionen Euro.

(V) Ermittlung und Diskontierung der monetär bewertbaren Auswirkungen

Die monetär bewertbaren Auswirkungen werden in ihrer Form als Kosten oder als Nutzen ermittelt. Anschließend werden die monetär erfassten Ergebnisse auf einen gemeinsamen Stichtag diskontiert.

Die Abzinsung (Diskontierung), d. h. die Ermittlung des Barwertes eines Zahlungsstromes Z, erfolgt nach den Gln. 6 und 7:

$$Z_0 = \frac{1}{q^t} \times Z_t$$

$$q = 1 + \frac{p}{100}.$$

Es bedeuten:

Z_t = Zahlungsstrom im Jahr t

Z_0 = Wert des Zahlungsstromes im Jahr 0 (Stichtag)

---

[15] Bundesanstalt für Straßenwesen: Volkswirtschaftliche Kosten durch Straßenverkehrsunfälle in Deutschland 2008, S. 2.

[16] Wert von Cristiano Ronaldo (Stand 30. April 2014); Quelle im Internet unter http://www.transfermarkt.de/de/cristiano-ronaldo/profil/spieler_8198.html.

t = Anzahl der Jahre

p = Zinssatz

$q^{-t} = 1/q^t$ = Diskontierungsfaktor

Der Barwert W_{BW} von verschiedenen, über zeitliche Perioden t verteilten Zahlungsströmen Z errechnet sich somit als

$$W_{BW} = \sum_t \frac{Z_t}{(1+p)^t}. \tag{11}$$

Für jedes einzelne Kriterium K_n sind auf dieser Basis die erwarteten Kosten C_n zu ermitteln.

Diese ergeben sich aus den über den Untersuchungszeitraum t diskontierten Kosten C_{nt}. Diese können als Einmalkosten (z. B. als Investitionskosten) oder als Zahlungsströme (z. B. kontinuierliche Instandhaltung) auftreten. Im Falle von Einmalkosten erübrigt sich zwar die Summenbildung, die Diskontierung auf den Beurteilungsstichtag ist aber notwendig.

$$C_n = \sum_t \frac{C_{nt}}{(1+p)^t} \tag{12}$$

Die gleiche Rechnung ist ebenso für den über den Untersuchungszeitraum t erwarteten monetären Nutzen N_{nt} durchzuführen, der entsprechend des zu definierenden Betrachtungszeitraumes t ebenfalls zu diskontieren ist.

$$N_n = \sum_t \frac{N_{nt}}{(1+p)^t} \tag{13}$$

Im Anschluss daran sind für jeden Standort S_m die jeweils zutreffenden einzelnen Kosten C_n und Nutzen N_n getrennt aufzuaddieren.

$$N_m = \sum_n N_{nm} \tag{14}$$

$$C_m = \sum_n C_{nm} \tag{15}$$

(VI)   Kennzahlenermittlung

Auf der Basis der ermittelten diskontierten Ergebnisse werden der Nutzen N und die Kosten C der untersuchten Standortalternativen S_m verglichen und die geforderten Kennzahlen berechnet. Klassischerweise handelt es sich hierbei um eine Darstellung als Verhältnis der Kosten zum erwarteten Nutzen, d. h. einem Nutzen-

Kosten-Quotienten V_{KNA}. Selbstverständlich kann auch die Differenz zwischen Nutzen und Kosten gebildet werden Δ_{KNA}.

$$V_{KNA,m} = \frac{N_m}{C_m} \tag{16}$$

$$\Delta_{KNA,m} = N_m - C_m \tag{17}$$

(VII) Beschreibung der nicht monetär bewertbaren Auswirkungen
Grundsätzlich verfolgt die Kosten-Nutzen-Analyse zwar das Ziel, alle zu untersuchenden Auswirkungen zu monetarisieren. Falls es letztendlich doch noch einige nicht monetär bewertbare Auswirkungen geben sollte, wären diese gegebenenfalls zu beschreiben.

(VIII) Abschließende Beurteilung
Abschließend sind die Ergebnisse für die einzelnen Alternativen unter Berücksichtigung der monetären Kennzahlen und der nicht monetär bewertbaren Auswirkungen zu vergleichen und zu beurteilen.

Beispiel Die Kosten-Nutzen-Analyse soll an einem fiktiven Vergleich von zwei Varianten einer Streckenführung für den Bau einer Ortsumgehungsstraße dargestellt werden (siehe Tab. 6.5).

Es gibt eine ortsnahe Variante 1, die allerdings teilweise durch ein Waldstück führt (und somit eine Rodung erfordert) oder eine ortsferne Variante 2, welche das Waldstück umfährt und damit länger ist.

Im Zuge einer Kosten-Nutzen-Analyse würde die Variante 2 sich als Vorzugsvariante herausstellen – trotz der Bau- und Instandhaltungskosten. Die sich negativ auswirkenden Eingriffe in das Ökosystem „Wald" (als Schaden im Sinne eines negativen Nutzens bewertet) und trotz der weniger hohen Reduktion der Unfallschäden (z. B. durch Unfälle im Wald aufgrund des Wildwechsels) sind in diesem Fall entscheidungsrelevanter. Wären die beiden Kriterien K_8 und K_9 nicht eingeführt worden, wäre die Entscheidung klar zugunsten der Variante 1 ausgegangen. In einem solchen Fall hätte Variante 1 den gleichen diskontierten Nutzwert wie Variante 2, aber in einem günstigeren Verhältnis zu den Kosten.

Beurteilung Das direkte Einfließen des monetären Aspektes in das Ergebnis der Kosten-Nutzen-Analyse ist grundsätzlich positiv zu beurteilen.

Allerdings unterstellt die KNA, dass praktisch alle zu untersuchenden Maßnahmen und Merkmale sauber messbar und monetär quantifizierbar sind. Gerade hinsichtlich vielfältiger Aspekte wie Zeitersparnisse, einfachere Genehmigungslage oder ökologische Folgen von Projekten erscheint es fragwürdig, ob die unbedingte Monetarisierung gerade solcher Auswirkungen im Sinne ihrer notwendigen Berücksichtigung in der KNA sinnvoll ist. Darüber hinaus lässt sich beobachten, dass die Definition des Nutzens nicht immer vorurteilsfrei erfolgt, d. h. dieser zuweilen sehr großzügig oder gezielt vorsichtig ausgelegt wird.

Tab. 6.5 Beispiel einer Kosten-Nutzen-Analyse

Beträge über 20 Jahre diskontiert in Millionen Euro			Variante 1 (ortsnah)		Variante 2 (ortsfern)	
K_n	Kriterium	Eigenschaften & Auswirkungen	Kosten C_{n1}	Nutzen N_{n1}	Kosten C_{n2}	Nutzen N_{n2}
K_1	Grundstücke	Kauf, Entschädigung	2	0	4	0
K_2	Straßenbau	Planung, Bau	55	0	60	0
K_3	Instandhaltung	Reparatur und Pflege für 20 Jahre	10	0	15	0
K_4	Unfallreduktion	Geringere Schäden	0	10	0	20
K_5	Lebensqualität im Ortskern	Attraktivität, Einkaufsqualität	0	40	0	40
K_6	Immobilienstandort Ortskern	Wertsteigerung durch Immissionsreduktion	0	30	0	30
K_7	Immobilienstandort Ortsrand	Wertsteigerung durch mögliche Erschließung (Bauerwartungsland)	0	20	0	10
K_8	Freizeitwert	Flächenverlust für Freizeitaktivitäten	0	− 20	0	0
K_9	Eingriffe in Ökosysteme	Verlust von ortsnahem Waldbestand	0	− 10	0	0
		Summe von C_{nm}	67		79	
		Summe von N_{nm}		70		100
	Differenz	$\Delta = \sum N_{nm} - \sum C_{nm}$		3		21
	Quotient	$V = \sum N_{nm} / \sum C_{nm}$		1,05		1,27

Erfolgskritisch für die Durchführung der Kosten-Nutzen-Analyse sind insbesondere die Bearbeitungsschritte (II) und (IV). Wesentlich ist einerseits die Festsetzung der zu bewertenden Kriterien. Im obigen Beispiel wären bei einer weniger ökologisch geprägten Beurteilung die Kriterien K_8 und K_9 nicht untersucht worden. Im Ergebnis wäre die Entscheidung zugunsten von Variante 1 zu fällen gewesen. Andererseits ist insbesondere die Quantifizierung eines Nutzens über eine monetäre Bewertung sehr schwierig. Wie das in Bearbeitungsschritt (IV) dargestellte Beispiel zeigt, kann es sehr stark divergierende Bewertungsmöglichkeiten geben. Dieses Problem kann nur im Sinne eines Konsenses innerhalb des Projektteams gelöst werden.

Trotz monetärer Bewertung handelt es sich jedoch nicht um eine Beurteilung der Wirtschaftlichkeit der untersuchten Alternativen. Die Kosten-Nutzen-Analyse wird deshalb im Wesentlichen bei Projekten eingesetzt, die nicht auf Gewinnerzielung ausgerichtet sind. Dies ist vor allem bei Projekten der öffentlichen Hand der Fall. Beispielhaft seien hierfür Verkehrs- und andere Infrastrukturprojekte genannt. Die Kosten-Nutzen-Analyse wird aber auch bei Non-Profit-Unternehmen und bei internen Projekten von Unternehmen angewandt.

6.5.4   Kostenwirksamkeitsanalyse

Die Kostenwirksamkeitsanalyse (KWA, engl.: *cost-effectiveness-analysis*) stellt praktisch eine Verknüpfung von Nutzwertanalyse und Kosten-Nutzen-Analyse dar.

Kosten und Nutzen werden zunächst getrennt ermittelt. Dabei werden die Kosten analog der Kosten-Nutzen-Analyse für jede Alternative zusammengeführt und verglichen. Separat werden die nicht monetär beschreibbaren Vor- und Nachteile (Nutzen) nach dem System der Nutzwertanalyse gewichtet und als dimensionslose Kennzahl ausgedrückt.

Die Kostenwirksamkeitsanalyse unterstellt dabei, dass der (nicht quantifizierbare) Nutzen die Kosten übersteigt. Das Erreichen eines Optimums aus Kosten und Nutzen ist das letztendliche Ziel der KWA.

Methodik   Bei der Nutzwertanalyse werden sowohl monetäre als auch nicht-monetäre Größen zu einer dimensionslosen Kennzahl (z. B. als Punktwert) verdichtet. Im Gegensatz hierzu werden bei der Kostenwirksamkeitsanalyse zwei Werte je Variante, z. B. pro Standortalternative S_m, ermittelt. Dies sind die Kosten C_m und der erwartete Nutzen N_m.

Analog der Nutzwertanalyse wird der nicht-monetäre bewertbare Nutzen in gewichteter Form ermittelt. Dieser wird anschließend den Kosten gegenübergestellt. Dabei lässt sich für jede Standortalternative S_m in Abhängigkeit von der Kriterienanzahl K_n ein bestimmter Nutzen N_{nm} ermitteln. Die Kostenwirksamkeit ergibt sich aus dem Verhältnis des Gesamtnutzens des betreffenden Standortes N_m zu den jeweiligen standortrelevanten Kosten C_m.

(I)   Beschreibung der zu untersuchenden Situation
      Zuerst wird die allgemeine Problem- und Aufgabenstellung dargestellt. Dabei wird das Analyse-Umfeld (z. B. Art der zu untersuchenden Standorte) beschrieben.
(II) Ermittlung des Nutzens gemäß NWA
      Die Ermittlung der Wirksamkeit (des Nutzens) mithilfe der Nutzwertanalyse führt unter Bezug auf die Gln. 9 und 10 zu folgendem Ergebnis an den evaluierten Standorten S_m:

$$N_m = \sum_n N_{nm} \quad \text{mit} \quad N_{nm} = G_n \times E_{nm}.$$

(III) Ermittlung der (diskontierten) Kosten
      Entstehen die standortrelevanten Kosten durch Zahlungsströme in unterschiedlichen Perioden, so sind diese abzuzinsen. Im Anschluss daran sind für jeden Standort S_m die jeweils zutreffenden einzelnen Kosten C_m gemäß Gl. 12 aufzuaddieren:

$$C_m = \sum_t \frac{C_{mt}}{(1+p)^t}.$$

Tab. 6.6 Beispiel einer Kostenwirksamkeitsanalyse

Standortalternativen (S_m)	Standort S_1	Standort S_2
Gesamtkosten (C_m) [in Mio. €]	2,40	1,80
Nutzen (N_m) [in Punkten nach NWA]	800	630
Kostenwirksamkeit ($V_{\text{KWA},i}$)	333	350

(IV) Ermittlung der Kostenwirksamkeit

Aus diesen Formeln lässt sich somit die diskontierte Kostenwirksamkeit eines Standortes (S_i) wie folgt darstellen:

$$V_{\text{KWA},m} = \frac{N_m}{C_m}. \tag{18}$$

(V) Auswertung

Im Prozess der Beurteilung der zu vergleichenden Alternativen erhält diejenige Variante den Zuschlag, welche das beste Verhältnis von Nutzen und Kosten aufweist.

Beispiel der KWA Das Beispiel in nachstehender Tab. 6.6 zeigt den Effekt der Kostenwirksamkeit. Trotz geringerem Nutzen N_m ist die Standortalternative S_2 die bessere Alternative. Grund hierfür sind die nicht nur als Absolutbetrag, sondern auch im Verhältnis deutlich niedrigeren Kosten des Standortes.

Demnach ist der Standort S_2 trotz eines geringeren Nutzwertes mit einer höheren Kostenwirksamkeit der bessere Standort. Der niedrigere Nutzwert wird durch die deutlich geringeren Kosten überkompensiert.

Priorisierung innerhalb einer KWA Es besteht die Möglichkeit einer Verfeinerung der Kostenwirksamkeitsanalyse. So kann unter Umständen entweder dem Kosten- oder dem Nutzenaspekt ein überproportionales Gewicht beigemessen werden. Dies kann durch Einführung eines Wichtungsfaktors (F_w) geschehen.

$$V_{\text{KWA},m} = \frac{F_w \times N_m}{C_m} \tag{19}$$

Beispiel Der Kostenaspekt ist deutlich höher als der Nutzenaspekt zu bewerten. Dabei wird entschieden, dass der Nutzen im Verhältnis 3 : 1 wichtiger ist. Der Wichtungsfaktor F_W ist somit 3 (Tab. 6.7).

Interessant bei dieser Priorisierung ist, dass erst bei einer sehr signifikanten Übergewichtung des Nutzens eine ungefähre Parität zwischen beiden Standortalternativen hergestellt werden kann.

Tab. 6.7 Beispiel einer Kostenwirksamkeitsanalyse mit Priorisierung

Standortalternativen (S_m)	Standort S_1	Standort S_2
Gesamtkosten (C_m) [in Mio. €]	2,40	1,80
Nutzen (N_m) [in Punkten nach NWA]	$800 \times 3 = 2400$	$630 \times 3 = 1890$
Kostenwirksamkeit ($V_{\text{KWA},i}$)	1000	1050

Abb. 6.11 KWA-Grenzwert-betrachtung

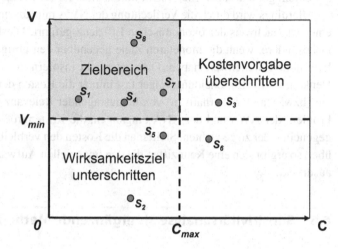

Grenzwertbetrachtung einer KWA Die Kostenwirksamkeitsanalyse kann zusätzlich um Randbedingungen ergänzt werden.[17] Dies gilt insbesondere, wenn die Sachziele vorgegeben sind und der Wert des Projektnutzens nicht adäquat gemessen werden kann.

So können beispielsweise Kostenvorgaben in Form einer Budgetobergrenze ($C_{\max}$) definiert werden. Diese Herangehensweise wird als *Fixed-Cost-Ansatz* bezeichnet.

Ebenso vorstellbar ist die Vorgabe einer bestimmten Mindestwirksamkeit ($V_{\min}$). Dies kann beispielsweise ein Minimalnutzen sein, der als Projektziel in jedem Fall erreicht werden sollte. Diese Betrachtungsweise wird *Fixed-Effectiveness-Ansatz* genannt.

Durch diese Beschränkungen kann bei einer großen Anzahl von möglichen Alternativen eine deutliche Reduktion vorgenommen werden. Die Wirkungsweise ist in Abb. 6.11 schematisch dargestellt, wonach lediglich die Standortalternativen S_1, S_4, S_7 und S_8 in den Zielbereich fallen und damit für eine detailliertere Betrachtung infrage kämen. Die Standorte S_2 und S_5 würden die gewünschten Mindestziele nicht erreichen und daher ausscheiden. Standort S_3 entfällt aufgrund der Kostenüberschreitung. Standort S_6 erreicht weder die Kosten- noch die Nutzenvorgaben.

Beurteilung Ein Vorteil der Kostenwirksamkeitsanalyse ist, dass sie grundsätzlich die Möglichkeit bietet, Daten mit verschiedenen Einheiten nebeneinander zu verwenden. Dies ist auch bei verschiedensten Skalierungen der jeweiligen Teilwirksamkeiten (nominal, ordinal, kardinal usw.) darstellbar.

---

[17] Vgl. Hanusch, H.: Nutzen-Kosten-Analyse, 1994, S. 170.

In der Fachliteratur wird allerdings immer wieder die Verknüpfung von monetären Größen mit nicht-monetären, dimensionslosen Kennzahlen kritisiert.[18] Diese Kritik hat durchaus Berechtigung. So ist es aufgrund der unterschiedlichen, an sich nicht kompatiblen Maßeinheiten nicht möglich, einzelne Standortalternativen für sich selbst gesamtwirtschaftlich zu beurteilen. Sie ist somit nur in der Lage, bestimmte Alternativen basierend auf einem gemeinsamen Zielsystem miteinander zu vergleichen.

Allerdings wird durch die Verflechtung der NWA mit Kostenaspekten letztendlich doch eine Art Nachweis der ökonomischen Effizienz geführt. Die KWA empfiehlt sich daher insbesondere, wenn die monetären Ziele gegenüber den übrigen Nutzengrößen einen relativ hohen Stellenwert haben. Dies entspricht insofern dem normalen wirtschaftlichen Denken, als für Entscheidungsträger fast immer die Kosten der einzelnen Lösungsvarianten (bzw. Standortalternativen) von herausragender Relevanz sind. Damit wird auch das Problem der NWA und der KNA umgangen, die Kostengrößen und die übrigen Größen gegeneinander zu gewichten. Stellt man die Kosten den verbleibenden Punktwerten gegenüber, so ergibt sich eine Kennziffer, die den finanziellen Aufwand für einen Qualitätspunkt ausdrückt.

6.6   Sensitivitätsanalyse als ergänzende Methode

Grundsätzlich verfolgt fast jede Untersuchung unabhängig von der eingesetzten Methode das Ziel einer möglichst umfassenden Transparenz und Beurteilung von relevanten Einflussfaktoren und deren Auswirkungen. Allerdings ist dies aufgrund der Komplexität der meisten Aufgabenstellungen zumeist nur recht eingeschränkt möglich. Um die jeweiligen Modelle bzw. Analysemethoden sinnvoll einsetzen zu können, sind Vereinfachungen in der Vorgehensweise oder auch einfach Annahmen für Rahmenbedingungen zu treffen.

Diese können zutreffend sein, müssen aber nicht. Um die Richtigkeit der getroffenen Annahmen zu testen (und diese letztendlich zu untermauern) besteht die Möglichkeit, Änderungen oder Abweichungen von den Annahmen in der Betrachtung zu berücksichtigen. Genau hier setzt die Sensitivitätsanalyse in Ergänzung zu den vorangegangenen Methoden an.

Methodik   Die Sensitivitätsanalyse beruht auf dem Prinzip der systematischen Veränderung der Eingangsparameter. Dabei wird untersucht, welche Auswirkungen eine solche Änderung der Eingangsgrößen auf das Ergebnis hat, d. h. wie empfindlich oder stabil das Ergebnis gegenüber Veränderungen ist. Im Ergebnis der Sensitivitätsanalyse lassen sich genau die Parameter herausarbeiten, welche auf das Ergebnis der Untersuchung den größten Einfluss haben und deren Änderungen damit ausschlaggebend für eine Entscheidung sein könnten.

---

[18] Vgl. Rath, A.: Möglichkeiten und Grenzen der Durchsetzung neuer Verkehrstechnologien, dargestellt am Beispiel des Magnetbahnsystems Transrapid, 1993, S. 203.

Tab. 6.8 Sensitivitätsanalyse in Ergänzung zu einer KWA (Beispiel)

Standortalternativen (S_m)	Standort S_1			Standort S_2		
	-10%	$\pm 0\%$	$+10\%$	-10%	$\pm 0\%$	$+10\%$
Gesamtkosten (C_m) [in Mio. €]	2,25	2,50	2,75	1,62	1,8	1,98
Nutzen (N_m) [in Punkten nach NWA]	800			630		
Kostenwirksamkeit ($V_{\text{KWA},m}$)	356	320	290	389	350	318

Grundsätzlich kann bei Sensitivitätsanalysen zwischen zwei Herangehensweisen unterschieden werden:[19]

- *Parameter-Variations-Betrachtung*: Diese Betrachtungsweise untersucht die Auswirkungen auf das Ergebnis bei einer leichten Variation der Eingangsparameter.[20] Es handelt sich hierbei um Abweichungen von beispielsweise $\pm 5\%$ bis $\pm 30\%$. Dieses Vorgehen verfolgt das Ziel herauszustellen, welche Parameter einen wesentlichen und welche einen unwesentlichen Einfluss auf das Gesamtergebnis haben.
- *Extremwert-Betrachtung*: Hierbei werden im Gegensatz zur vorangegangenen Betrachtungsweise für einen oder mehrere Eingangsparameter Extremwerte angesetzt und deren Auswirkungen auf das Ergebnis analysiert. Dieser Ansatz ist insbesondere für Risikobetrachtungen interessant, d. h. wie belastbar die untersuchte Alternative bei einer drastischen Veränderung der Ausgangslage für die Analyse ist.

Beispiel Die Funktion einer Sensitivitätsanalyse soll am bereits am für die KWA genutzten Beispiel angewandt werden. Im Ergebnis der dort dargestellten Kostenwirksamkeitsanalyse war die Standortalternative S_2 die bessere Alternative. Für dieses Beispiel wird nun das Risiko einer Kostenabweichung von $\pm 10\%$ unterstellt (siehe Tab. 6.8).

Wie das Ergebnis zeigt, würde nunmehr in den folgenden zwei Situationen der Standort S_1 die bessere Alternative darstellen:

- 10 % Kostenreduktion am Standort S_1 ($C_1 = -10\%$ bei $C_2 \geq 0\%$),
- 10 % Kostensteigerung am Standort S_2 ($C_2 = +10\%$ bei $C_1 \leq 0\%$).

Beurteilung Basis der Sensitivitätsanalyse ist die Untersuchung der Ergebnisauswirkung bei einer Änderung von Eingangsgrößen. Damit eignet sich die Methode insbesondere dann, wenn die Informationsbasis für die Eingangsgrößen nicht als absolut belastbar bezeichnet werden kann. Dies ist einerseits genau dann der Fall, wenn die Informationen aus

---

[19] Vgl. Schach, R.; Jehle, P.; Naumann, R.: Transrapid und Rad-Schiene-Hochgeschwindigkeitsbahn, 2006, S. 365.
[20] Vgl. Werners, B.: Grundlagen des Operations Research, 2008, S. 109 ff.

ungesicherten Quellen kommen oder andererseits nur innerhalb gewisser „Bandbreiten" angegeben werden können, d. h. hierbei letztendlich aus der Sicht des Bearbeiters logische Annahmen getroffen werden müssen. Die Belastbarkeit solcher Informationen oder Annahmen kann anschließend mithilfe der Sensitivitätsanalyse sehr gut geprüft und gestützt werden.

Ein Ausschluss von subjektiv geprägten Sichtweisen ist mit der Sensitivitätsanalyse sicherlich immer noch nicht gänzlich möglich. Sie kann aber trotzdem einen durchaus wesentlichen Beitrag zu einer Objektivierung eines ansonsten leichter anfechtbaren Ergebnisses leisten.

6.7 Einsatz der Beurteilungsmethoden bei Standortanalysen

6.7.1 Analyse der Beurteilungsmethoden

In den vorangestellten Abschnitten wurden mehrere Verfahren zur Analyse und Beurteilung von Sachverhalten untersucht. Jede der hier dargestellten und untersuchten Methoden folgt einem bestimmten System und erfordert im Sinne der praktischen Anwendbarkeit den Umgang mit Vereinfachungen, Annahmen und Vorhersagen. Für alle Methoden wurden ebenso die Vor- und Nachteile individuell herausgearbeitet.

Damit lässt sich bereits ableiten, dass es keine ultimative Beurteilungsmethode für bau- und immobilienspezifische Aspekte bei Standortanalysen geben kann. Jede letztendlich angewandte Methode ist auf ihre Anfälligkeit und Verlässlichkeit hin durch Anwendung alternativer Methoden zu prüfen, um dem Ergebnis die nötige Aussagesicherheit zu geben.

Wesentlich für den Erfolg sind drei Aspekte:

- die Art und der Umfang verfügbarer Daten (Daten-Input),
- der Umgang mit dem verfügbaren Datenmaterial (Daten-Management),
- die Art und Weise der Auswertung (Daten-Output).

Der Informationsbeschaffung kommt dabei eine besondere Rolle zu. Aus Zeit- und Kostengründen kann nicht für jede Phase der Projektentwicklung und damit auch nicht für jede Teilphase der Standortanalyse ein Maximum an Informationen bereitgestellt werden. Dies gilt sowohl für den Umfang der verfügbaren Informationen (Datenmenge) als auch deren Güte (Datenqualität).

In den frühen Teilphasen der Standortsuche müssen in einer sehr kurzen Zeit Informationen über möglichst viele Standorte beschafft und ausgewertet werden. Im Zuge des Analyseprozesses verringert sich die Zahl der zu betrachtenden Standorte immer mehr bei gleichzeitiger Zunahme der Detailtiefe der Informationen zu den einzelnen Standorten. Dies macht ein systematisches Vorgehen nicht nur über die Gesamtheit des Evaluierungsprozesses unumgänglich, sondern es muss auch das strukturierte und methodische Vorgehen innerhalb jeder einzelnen Teilphase sichergestellt sein (systematische Projektentwicklung, siehe Abb. 6.12).

Kenntnisse über projektbestimmende Faktoren

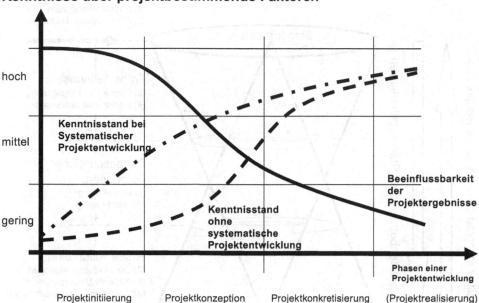

Abb. 6.12 Beeinflussbarkeit von Projektergebnissen[21]

Danach sind die einzusetzenden Methoden auszurichten. Orientieren sich die Methoden nicht an der verfügbaren Datenmenge und Datenqualität, so können die Methoden entweder nicht angewandt werden oder führen zu weniger aussagekräftigen Ergebnissen.[22]

In den frühen Teilphasen der Standortanalyse bezieht sich die Datenvielfalt daher auf die Zahl der generierten Standortalternativen (siehe Abb. 6.13). Der Informationsgehalt ist aber zumeist sehr rudimentär und zum Teil wenig belastbar.

In den fortgeschrittenen Teilphasen hat sich die Zahl der zu betrachtenden Standorte zwar reduziert, dafür sollten aber aufgrund von beantworteten Fragebögen, Standortbesichtigungen, Behördenterminen, Interviews und weiterführenden Rechercheaktivitäten der Umfang und die Belastbarkeit der vorliegenden Informationen substantiell zugenommen haben.

Daran wird deutlich, dass sich die Anforderungen an die anzuwendende Methodik über den gesamten Standortanalyseprozess ändern (siehe Abb. 6.13). Die frühen Teilphasen erfordern in erster Linie Methoden zum Auswählen, Strukturieren und Klassifizieren von Informationen. Dies soll dem Bearbeiter in erster Linie die Möglichkeit geben, einen

---

[21] Vgl. Dietrich, R.: Entwicklung werthaltiger Immobilien, 2005, S. 41.
[22] Vgl. LaGro Jr., J. A.: Site Analysis – A conceptual approach to sustainable land planning and site design, 2008, S. 23.

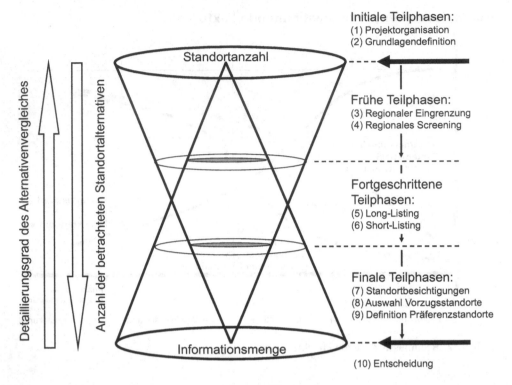

Abb. 6.13 Trichtermodell zur Standortentscheidung[23]

Überblick über die Sachlage zu bekommen sowie Wichtiges von Unwichtigem zu unterscheiden.[24]

Dem entgegenstehend sollten während den fortgeschrittenen und finalen Teilphasen solche Methoden zum Einsatz kommen, welche sowohl das Handling einer hohen Detailtiefe von Informationen ebenso ermöglichen als auch die vergleichende Betrachtung sowie Beurteilung unterschiedlichster Sachverhalte sicherstellen.

Während des gesamten Standortsuchprozesses, also über alle Teilphasen hinweg, sind erwiesenermaßen definierte Standards wie auch Checklisten nicht nur sehr praktisch anwendbare Methoden. Sie bilden zudem die wesentliche Grundlage für alle Aktivitäten in diesem Teil der Evaluierung. In den initialen Teilphasen helfen Checklisten, den Informationsbedarf für das Projekt in vollständiger Form zu ermitteln. Der Bedarf wiederum wird als Grundlage für das weitere Vorgehen in Form eines gesetzten Standards definiert. In der ersten Phase beginnt dies als Mindestanforderung. Dieser grundlegende Basisstandard ist über alle Phasen hinweg gültig und wird immer wieder auf Einhaltung überprüft.

---

[23] Vgl. Godau, M.: Die Bedeutung weicher Standortfaktoren bei Auslandsinvestitionen mit besonderer Berücksichtigung des Fallbeispiels Thailand, 2001, S. 101.
[24] Vgl. Kinkel, S.: Erfolgsfaktor Standortplanung, 2004, S. 33.

Jede einzelne Mindestanforderung dient somit als Selektionskriterium und führt in der Folge zu einer Reduktion der Auswahlmöglichkeiten. Je mehr derartige Mindestbedingungen festgelegt werden, desto größer ist die Selektion und desto weniger werden demzufolge die im weiteren Prozess zu untersuchenden Alternativen sein.[25] Damit wird letztendlich für die Methoden, welche in den fortgeschrittenen und finalen Teilphasen der Standortanalyse Anwendung finden, die Komplexität verringert. Diese Methoden werden damit für das Projektteam einfacher handhabbar.

Standortkriterien mit mengenbezogenen Ordnungswerten eignen sich in besonders gutem Maße als Mindestbedingungen. Die Verwendung von wertbezogenen Ordnungswerten als Mindestbedingung ist vor allem in einer frühen Teilphase als sehr kritisch anzusehen. Der noch niedrige Grad an vorliegenden Informationen birgt das hohe Risiko, für eine angemessene Auswahl von Extremwerten in der Streuungsbetrachtung nicht die richtigen Parameter auszuwählen. Daher ist von wertbezogenen Parametern als Mindestanforderung eher abzuraten. Sie sind, wenn überhaupt, eher in Ergänzung zu bestehenden mengenbezogenen Standortkriterien zu betrachten. Grundsätzlich lässt sich zudem feststellen, dass primär Kriterien mit einem hohen Ordnungswert als Mindestbedingungen sinnvoll sind.

Checklisten sind darüber hinaus in unterschiedlichem Umfang auch in anderen Teilphasen immer wieder gut verwendbar. Dies kann in allen Phasen analog der Standards in Form von unterstützenden Aufstellungen von für den Evaluierungsprozess wesentlichen Aspekten sein, z. B. für die Standortfaktoren. Checklisten bilden auch die Grundlage für den Fragebogen, welcher zur Erhebung von weiterführenden Informationen erstellt wird und die Grundlage für den detaillierten Katalog von relevanten Standortfaktoren in den späteren, detaillierten Phasen des Evaluierungsprozesses bildet.

Anders als ein gesetzter Standard kann eine Checkliste jedoch nur Informationen sammeln, bündeln und im Ergebnis dessen deren Vollständigkeit oder Unvollständigkeit ausweisen. Eine Wichtung oder gar Wertung der zusammengeführten Informationen ist mithilfe einer Checkliste nicht möglich. Standards hingegen eignen sich sehr wohl als Wertungs- und insbesondere als Auswahlkriterium. Dies geschieht allerdings auf der sehr grundsätzlichen Basis einer binären Beurteilung im Sinne eines „Ja/Nein"-Schemas, d. h. die am Standort definierten Rahmenbedingungen wurden erfüllt oder nicht erfüllt.[26]

Die anderen dargestellten qualitativen Methoden – paarweiser Vergleich, Präferenzmatrix, Klassifikationsbaum, SWOT-Analyse – sind lediglich unterstützend einsetzbar. Sie helfen, bei der Definition der Standards und der Anforderungen an die Checklisten das Wichtige vom Unwichtigen zu unterscheiden. Zudem ermöglichen sie, sowohl eine notwendige Priorisierung als auch eine Wichtung herbeizuführen.

Gerade bei einer relativ unübersichtlichen Datenlage ist der Klassifikationsbaum ein sehr geeignetes Instrument, die Informationen zu sichten und zu kategorisieren. Dies ist

---

[25] Vgl. LaGro Jr., J. A.: Site Analysis – A conceptual approach to sustainable land planning and site design, 2008, S. 57.
[26] Vgl. Kinkel, S.: Erfolgsfaktor Standortplanung, 2004, S. 33.

beispielsweise während der Erstellung der Long List hilfreich. Eine stringente Anwendung des Mindestanforderungskataloges (Mindest-Standard) würde in einer derart frühen Projektphase zu weit gehen. Es würde entweder einen deutlich höheren Rechercheaufwand erfordern oder aber zu einer zu hohen Ausfallrate von möglichen Standortalternativen führen. Zudem sollten im weiteren Prozessablauf ebenfalls Standorte betrachtet werden, für welche zum Zeitpunkt des Long-Listings entweder noch zu wenige Informationen vorliegen oder welche den Zielkorridor knapp verfehlt haben.

Die Nutzwertanalyse sowie, als eine Anwendung der Nutzwertanalyse, das Rating sind sogenannte Scoring-Modelle. Dies bedeutet, dass Standortfaktoren einer Wichtung unterzogen werden können. Dadurch ist die Vergabe von Punkten (engl.: *scores*) möglich, deren Aufrechnung letztendlich zu einer übergreifenden Vergleichbarkeit führt.

Ratings helfen insbesondere, in den Teilphasen der regionalen Eingrenzung und des regionalen Screenings die länderspezifischen Aspekte (im Sinne eines Country-Ratings) bewertend in die Analyse einfließen zu lassen. In späteren Teilphasen können die dann angewandten Methoden bei länderübergreifenden Beurteilungen Länderrisiken unter Zuhilfenahme eines Country-Ratings korrigierend berücksichtigen. Grundsätzlich aber hat das Country-Rating einen hohen Stellenwert bei der aufwandschonenden Vorauswahl von investitionsrelevanten Ländern oder Regionen.

Ein Herausstellungsmerkmal der Nutzwertanalyse ist die Möglichkeit, dass in diese Methode qualitative und quantitative Standortfaktoren einfließen können. Aufgrund dieser Tatsache sowie des vergleichsweise einfachen Handlings der Nutzwertanalyse wird in der Praxis sehr gern auf diese Methode bei Detailanalysen von Standortfaktoren zurückgegriffen.

Grundsätzlich ist jedoch die Verwendung der Nutzwertanalyse für eine allumfassende Bewertung aller Standortfaktoren sehr kritisch zu betrachten. Eine der wesentlichen Voraussetzungen für das sehr methodische Vorgehen im Standortanalyseprozess ist das Ziel einer objektiven Beurteilung. Dies ist nur durch eine größtmögliche und fundierte Quantifizierung der Bewertung von Standortkriterien zu erreichen. Daher ist der sehr bewusste und sorgfältige Umgang mit qualitativen wie quantitativen Standortfaktoren für den Analyseprozess entscheidend.

Dies gilt vor allem im internationalen Umfeld. Im Fall einer länderübergreifenden Betrachtungsweise werden zusätzliche Aspekte in die Analyse eingebracht, die in einer Standortevaluierung im Heimatland normalerweise nicht berücksichtigt würden. Gerade hier bekommen qualitative Faktoren wie politische Stabilität, Wirtschaftsethik, aber auch kulturelle und klimatische Problemstellungen eine deutlich höhere Bedeutung für die Evaluierung. Vor diesem Hintergrund kann die Annahme getroffen werden, dass die weichen Standortfaktoren im Vergleich zu den harten Fakten für Unternehmen immer wichtiger werden.

Gerade deshalb erscheint es nicht sinnvoll, die wenigen von vornherein konkret messbaren und damit quantitativ bewertbaren Standortfaktoren über eine Inkludierung in ein verallgemeinerndes Punkte- oder Skalensystem nachhaltig zu verwässern.

Des Weiteren ist kritisch anzumerken, dass die in der Nutzwertanalyse (und im Rating) verwendete Methodik des Scorings eine Unabhängigkeit der einzelnen Bewertungskriterien unterstellt. Diese ist so in der Praxis nicht umsetzbar. Gleichermaßen wird Unbefangenheit der beurteilenden Personen vorausgesetzt. All diese Aspekte kreieren somit eine Scheinobjektivität, welche aber nur schwer einem Belastungstest standhalten kann. Zudem unterliegt die Nutzwertanalyse einigen methodischen Defiziten. Daher ist auf eine Ausgewogenheit der Kriterien zu achten. Sie wird erreicht, indem einerseits keine zu große Streuung der Ordnungswerte der Kriterien existiert, aber ebenso eine absolute Gleichwertigkeit der Kriterien vermieden wird. Zudem sollte eine größere Menge von Kriterien und zu bewertenden Standortalternativen vorhanden sein, um die methodischen Mängel zu mindern.

Im deutlichen Gegensatz zur Nutzwertanalyse wiederum bemüht sich die Kosten-Nutzen-Analyse, alle Standortfaktoren, und damit auch die rein qualitativen Gesichtspunkte, dergestalt zu quantifizieren, dass diese monetär darstellbar sind. In einem solchen Fall ist ein direkter Vergleich möglich. Die Problematik besteht allerdings bei der Kosten-Nutzen-Analyse in der Belastbarkeit der Annahmen für die wirtschaftliche Bewertung der qualitativen Standortfaktoren.

Die Einschätzung möglicher Vorteile (positiver Nutzen) oder Nachteile (negativer Nutzen, d. h. Schaden) unterliegt einem hohen Risiko der Subjektivität. Damit wird eine Analyse nach dieser Methode gegebenenfalls anfechtbar. Kritisch sind hierbei insbesondere zwei Aspekte. Einerseits ist bereits die Auswahl der zu untersuchenden Kriterien erfolgskritisch. Durch eine Inkludierung oder den Ausschluss eines Standortfaktors kann die Standortanalyse gegebenenfalls deutlich beeinflusst werden. Dies trifft jedoch für alle Methoden zu. Dieser Aspekt wird jedoch durch die gewählte monetäre Bewertung eines qualitativen Kriteriums noch verstärkt. Die monetäre Ableitung und Bewertung von weichen Standortfaktoren führt gerade im internationalen Umfeld aufgrund der zusätzlichen Komplexitäten und Aspekte zu einer nochmaligen Erhöhung des Risikos der Anfechtbarkeit.

Die Kostenwirksamkeitsanalyse setzt genau an den beiden Schwachpunkten der vorgenannten Nutzwertanalyse wie auch der Kosten-Nutzen-Analyse an. Qualitative und quantitative Standortfaktoren werden zwar in einem Zusammenhang betrachtet, jedoch nach getrennter Systematik erhoben und zunächst separat bewertet. Erst durch die Bildung eines Verhältnisses zwischen beiden Aspekten – dem als Wirksamkeit bezeichneten Nutzen sowie den Gesamtkosten eines Projektes – wird die sich daraus ableitende ökonomische Effizienz letztendlich zum Entscheidungskriterium für die Standortwahl.

Alle vorgenannten qualitativen und quantitativen Methoden haben jedoch einige wesentliche Gemeinsamkeiten. Sie sind für sich alleinstehend nie umfänglich aussagekräftig, denn sie müssen mittels weiterführender Methoden oder Analysen hinsichtlich ihrer Aussagekraft gestützt werden. Dies gilt nicht nur für die einfachen, qualitativen Methoden in den frühen Teilphasen der Standortevaluierung, sondern insbesondere für die in der schlussendlichen Detailuntersuchung verwandten quantitativen Verfahren, also die Nutzwertanalyse, die Kosten-Nutzen-Analyse und die Kostenwirksamkeitsanalyse.

Alle Ergebnisse dieser Verfahren, ob Zwischenergebnis oder Endergebnis, sollten hinsichtlich ihrer Belastbarkeit mittels einer Sensitivitätsanalyse oder in ihren Auswirkungen mittels einer Szenarioanalyse geprüft werden. Dabei hilft vor allem die Sensitivitätsanalyse, die Wirkungsweise von Standortkriterien mit hohem Ordnungswert auf das Gesamtsystem der Beurteilung zu untersuchen. Ein solcher selbstkritischer Umgang mit den Verfahrensergebnissen ist erfolgsentscheidend.

6.7.2 Handlungsempfehlung

Grundlage für den Erfolg der Standortevaluierung ist die Art und Weise, wie die zugrunde gelegten Methoden letztendlich angewandt und die generierten Daten verwandt werden. Nicht selten ist in der Praxis zu beobachten, dass bereits auf subjektiver Grundlage gefällte Vorurteile oder sogar Entscheidungen letztendlich durch eine Evaluierungsmethode nur nachvollzogen oder zurechtgerechnet werden. Gegen dieses Risiko ist allerdings keine Methode gefeit. Daher ist eine saubere Anwendung der Methodik eine Grundvoraussetzung für deren erfolgreiche Verwendung.

Demzufolge liegt allen vorgenannten Methoden als zweite wesentliche Gemeinsamkeit ein gutes Daten- und Projektmanagement zugrunde. Es ist für den Erfolg der Standortanalyse nicht nur unablässig, dass einerseits alle Mitglieder des Projektteams sowohl bei Projektbeginn als auch über den gesamten Verlauf des Evaluierungsprozesses weitestgehend die gleiche Informationsbasis haben. Darüber hinaus muss ihnen die Möglichkeit gegeben werden, alle Bewertungen gemeinsam im Team und frei von äußeren Einflüssen vorzunehmen. Nur dadurch kann insbesondere die den Scoring-Modellen zugrunde liegende Subjektivität weitestgehend ausgeschlossen und ein auch hinsichtlich seiner Objektivität belastbares Ergebnis erzielt werden. Trotzdem sollte jede Bewertung einer klaren Zielhierarchie, d. h. den Vorgaben des Unternehmens für das betreffende Projekt folgen.

Somit lässt sich zusammenfassen, dass die Standortanalyse als Bestandteil einer Projektentwicklung grundsätzlich ein stufenweises Vorgehen erfordert. Eine Aufteilung in mehrere Teilphasen ist in jedem Fall sinnvoll, da in Abhängigkeit von der jeweiligen Teilphase Informationen unterschiedlicher Menge und Güte zu verarbeiten sind. Dies wiederum führt dazu, dass in Abhängigkeit von der jeweiligen Informationsbasis verschiedene Methoden zum Einsatz kommen sollten. Die Wichtigkeit des Projektteams hinsichtlich seiner ausgewogenen Zusammensetzung und fachlichen Beurteilungskompetenz wurde mehrfach herausgearbeitet. Daher ist es sinnvoll, die Aufstellung der Projektorganisation als gesonderte Teilphase des Standortanalyseprozesses ebenfalls aufzuzeigen. Sowohl diese Teilphase als auch die Teilphase der Grundlagenermittlung ist jedoch originärer Bestandteil der Initialphase einer Projektentwicklung.

Jede Bearbeitung der einzelnen zehn Teilphasen erfordert einen individuellen methodischen Ansatz. Zur Durchführung einer umfassenden Detailanalyse erweist sich jedoch die Kostenwirksamkeitsanalyse als besonders geeignet für die internationale Evaluierung der Wahl von Produktionsstandorten. Sie ermöglicht einerseits die monetäre Bewertung der mit hoher Sicherheit prognostizierbaren Kosten. Andererseits werden die qualitativen Determinanten des Standortanalyseprozesses über ein Scoring-Modell quantifiziert. Die Kostenwirksamkeitsanalyse umgeht damit die Monetarisierung qualitativer Determinanten aufgrund der gegenüber nationalen Standortanalysen deutlich erhöhten Ungenauigkeiten in der Kostenermittlung.

Hintergrund hierfür ist – aus der Sicht der internationalen Projektentwicklung für Industriestandorte – die deutlich höhere Risikostreuung einer Vielzahl von Standortbedingungen in den für derartige Projekte besonders relevanten Regionen, d. h. insbesondere in Entwicklungs- und Schwellenländern.

Allerdings bedarf auch die Kostenwirksamkeitsanalyse einer unterstützenden Begleitung durch andere Methoden. Zwecks frühzeitiger Eingrenzung der möglichen Standortalternativen empfiehlt sich die Definition von Mindestbedingungen, z. B. mithilfe von Standards. Für eine objektivierte Einordnung der Standortbedingungen empfiehlt sich die Priorisierung der Kriterien anhand eines paarweisen Vergleiches oder einer Präferenzmatrix, sofern im Projektteam Dissens hinsichtlich ihrer Ordnungswerte besteht. Mittels des Klassifikationsbaumes ist es zudem möglich, Standortalternativen hinsichtlich ihres Bearbeitungsstandes einzuordnen.

Abschließend sollten die Ergebnisse aufgrund der Vielfalt von Annahmen im Analyseprozess in jedem Fall noch einmal hinterfragt und plausibilisiert werden. Dazu empfiehlt sich insbesondere auf der Ebene der immobilienwirtschaftlich orientierten Standortevaluierung die Sensitivitätsanalyse. Mittels dieser Methode ist der Einfluss projektkritischer – und dabei vor allem der bau- und immobilienwirtschaftlich relevanten – Standortbedingungen auf die angewandte Beurteilungsmethodik nachweisbar.

Im Falle von somit erkennbaren substantiellen Abweichungen vom Beurteilungsergebnis sollten im Projektteam die methodischen Ansätze und deren Auswirkungen auf das Projektergebnis diskutiert und gegebenenfalls angepasst werden. Daher ist für eine objektive Standortbeurteilung ein qualifiziertes und fachlich breit aufgestelltes Projektteam genauso essentiell wie für den Erfolg des gesamten Projektes.

6.8 Fallbeispiel: Standortanalyse für eine industrielle Produktion

Anhand einer nachfolgend dargestellten Fallstudie wurden die Anwendbarkeit und Praktikabilität der vorgenannten Methoden untersucht. Bei dem für die Fallstudie herangezogenen Beispielprojekt handelt es sich um eine Standortevaluierung eines global agierenden Industrieunternehmens. Aus Gründen der Vertraulichkeit werden nachstehend unternehmens- und geschäftsspezifische Aspekte anonymisiert.

Des Weiteren werden im Interesse einer Vermeidung von unnötigen Komplexitäten vereinzelte Sachverhalte vereinfacht dargestellt, sofern eine solche Vereinfachung nicht zu einer Verzerrung des Gesamtbildes des Projektes oder dessen Ergebnissen führt.

6.8.1 Ausgangssituation

Das betreffende Unternehmen bestand zum Zeitpunkt der Standortanalyse aus 14 Geschäftsbereichen. Vier dieser Bereiche waren bereits zur Zeit der Standortanalyse in Russland mit Produktionsstätten an jeweils vier separaten Standorten (und in jeweils rechtlich separaten Gesellschaften) tätig.

Zwei dieser Standorte wurden von dem Unternehmen schon etliche Jahre vor dem dieser Analyse zugrunde liegenden Projekt aufgrund von Kundenwünschen in der Nähe von Kundenstandorten etabliert. Eine dieser Produktionsstätten wurde von einem Geschäftsbereich als Gemeinschaftsunternehmen (engl.: *joint venture*) inmitten des Produktionskomplexes des Joint-Venture-Partners im Osten des europäischen Teiles von Russland geführt. Die andere Produktionsstätte war erst wenige Jahre zuvor als eigenständiger Standort (engl.: *stand-alone site*) vom Geschäftsbereich *E* im weiteren Umland Moskaus etabliert worden.

Zwei weitere Standorte waren dem Unternehmen im Zuge von Akquisitionen zugefallen. Beide Standorte befanden sich ebenfalls im weiteren Umkreis von Moskau. Einer dieser Standorte wurde ebenfalls als Gemeinschaftsunternehmen mit einem lokalen Partner geführt. Die andere Produktionsstätte war zum Zwecke eines möglichst schnellen Markteintritts zwar rechtlich als 100 %ige Konzerntochter etabliert, dafür aber mit einem sehr kleinen Anfangsinvestitionsbudget ausgestattet und in temporär angemieteten Räumlichkeiten untergebracht. Bereits bei der Tätigung dieser Investition war es das erklärte Ziel, sich nach einer Etablierung im Markt an einem besser ausgestatteten Standort des Unternehmens anzusiedeln.

Diese Situation antreffend, kündigten zwei weitere Unternehmensbereiche auf der Basis einer geschäftsspezifischen Marktanalyse ein Interesse an einer Investition in Russland an, welches eine umfassende Standortsuche begründete. In Anbetracht der Wichtigkeit des russischen Marktes und seiner Anrainer (GUS-Staaten) wie auch des Interesses, geschäftsbereichsübergreifende Synergien durch Bündelung der Aktivitäten an einem Standort zu finden, galt es, die Bedürfnisse der unmittelbar investitionswilligen Geschäftsbereiche mit den Investitionsplanungen der anderen Geschäftsbereiche des Unternehmens abzugleichen und einen strategisch motivierten Standort zu finden, welcher den Investitionsabsichten möglichst vieler – vorzugsweise aller – derzeit oder in absehbarer Zeit investitionswilliger Geschäftsbereiche entspricht.

6.8.2 Standortanalyseprozess

Für den eigentlichen Prozess der Standortsuche stand – einige vorbereitende Arbeiten und interne Abklärungsgespräche nicht eingerechnet – ein Zeitfenster von neun Monaten zur Verfügung. Dies beinhaltete ebenso in vollem Umfang die Wintermonate, welche in Russland aufgrund einer permanent vorhandenen Schneedecke in weiten Teilen des Landes als denkbar ungünstig für Standortbesichtigungen anzusehen sind. Zeitkritisch war der Wunsch eines Geschäftsbereiches, die Inbetriebnahme der Anlage innerhalb von zwei Jahren nach Beendigung der Standortanalyse sicherzustellen.

Der Standortanalyseprozess wurde in all seinen zehn Teilphasen ausführlich bearbeitet. Diese sind nachfolgend im Einzelnen dargestellt.

6.8.2.1   Aufstellung des Projektteams

Als erster Schritt wurde das unternehmensinterne Projektteam aufgestellt. Dieses bestand aus

- zwei Mitarbeitern der Immobilienabteilung (dem Projektleiter für die Standortsuche und einem Mitarbeiter),
- einem Mitarbeiter des Geschäftsbereiches A,
- einem Mitarbeiter des Geschäftsbereiches B,
- einem Mitarbeiter des Geschäftsbereiches C,
- einem Mitarbeiter der russischen Landesgesellschaft,
- einem Mitarbeiter der Logistikabteilung,
- zwei Mitarbeitern der Ingenieurabteilung (ein Ingenieur für Verfahrenstechnik und ein Ingenieur für Bau- und Infrastrukturplanung) sowie
- einem Mitarbeiter der Umweltabteilung.

Die Aufgabengebiete Finanzen, Recht, Steuern, Versicherungen und Personal wurden durch die Mitarbeiter der Immobilienabteilung sowie der Landesgesellschaft koordiniert. Bei Bedarf wurden weitere Experten aus der russischen Landesgesellschaft und der Konzernzentrale, insbesondere für diese Themen, hinzugezogen.

6.8.2.2   Grundlagendefinition

Bedarfsermittlung   Als erster Schritt einer umfassenden Standortanalyse galt es abzuklären, welchen Umfang die Standortsuche haben sollte. Dieser konnte bestehen aus

- lediglich der geplanten Anlage des jeweiligen Geschäftsbereiches und den gegebenenfalls daraus resultierenden Erweiterungen (anlagenspezifischer bzw. geschäftsbereichsspezifischer Standort, auch Einbereichsstandort genannt),
- Anlagen mehrerer Geschäftsbereiche sowie gegebenenfalls darüber hinausgehende infrastrukturelle Einrichtungen wie Umschlags- und Lagereinrichtungen, Verwaltung und Vertrieb, Anwendungstechnik usw. (Mehrbereichsstandort),
- Anlagen vieler Geschäftsbereiche, deren Wertschöpfungsketten miteinander eng verknüpft sowie deren Betriebsprozesse technologisch wie infrastrukturell eng miteinander verzahnt und optimiert werden können (integrierter Chemie- oder Verbundstandort).

Eine konzernweite Abfrage des Projektteams über den initiierenden Geschäftsbereich (Geschäftsbereich *A*) hinaus kam zu dem Ergebnis, dass drei weitere Geschäftsbereiche

	Geschäfts bereich A	Geschäfts bereich B	Geschäfts bereich C	Geschäfts bereich D	Bereich Logistik	Landes- gesellschaft
Markt:						
a) Kundennähe	< 1.000 km, Moskau oder N. Novgorod	europäischer Teil Russland	< 400 km Moskau oder St Petersburg	< 400 km nur Moskau	„Großraum" Von Moskau	strategische Vorhaltung für weitere Investitionen
b) Rohstoffnähe	Nicht relevant	Nicht relevant	Nicht relevant	Nicht relevant	Nicht relevant	
Flächenbedarf:						
a) Erstinvestition	4 Hektar	1 Hektar	1 Hektar	1 Hektar	1 Hektar	Nicht relevant
b) Erweiterung	inkludiert	1 Hektar	2 Hektar	inkludiert	inkludiert	4 Hektar
Bauleitplanung:						
a) Zoning	industriell	industriell	industriell	industriell	gewerblich	industriell
b) Wohnbebauung	kritisch	weniger kritisch	weniger kritisch	weniger kritisch	nicht relevant	kritisch
Verkehrsnetz:						
a) Straße	sehr wichtig	sehr wichtig	sehr wichtig	wichtig	sehr wichtig	sehr wichtig
b) Eisenbahn	unwichtig	unwichtig	interessant*	unwichtig	interessant*	interessant*
c) Schifffahrt	unwichtig	unwichtig	unwichtig	unwichtig	unwichtig	unwichtig
d) Luftverkehr	unwichtig	unwichtig	unwichtig	unwichtig	unwichtig	unwichtig
Ver- / Entsorgung:	Erdgas, Strom, Wasser, Industrie- abwasser, ggf. Deponie	Erdgas, Strom, Wasser, Kommunales Abwasser,	Erdgas, Strom, Wasser, Kommunales Abwasser,	Erdgas, Strom, Wasser, Kommunales Abwasser,	Erdgas, Strom, Wasser, Kommunales Abwasser,	Erdgas, Strom, Wasser, Industrie- abwasser, ggf. Deponie

Überblick der Anforderungskataloge der einzelnen Stakeholder

Abb. 6.14 Zusammenfassung der Bedarfsermittlung

(Geschäftsbereiche *B*, *C* und *D*) kurz- bis mittelfristige Investitionsabsichten in Russland hegten. Hiervon war Geschäftsbereich *B*, wie bereits oben dargestellt, in Russland mit einer kleinen Produktionseinheit in temporär angemieteten Räumlichkeiten tätig.

Die Logistikabteilung meldete ebenfalls Bedarf an einem eigenen Lagergebäude im Großraum Moskau an. Weitere Geschäftsbereiche signalisierten langfristiges Interesse an einer Investition in Russland, ohne aber Investitionsabsichten konkretisieren zu können. Auf dieser Basis galt es, den Bedarf der einzelnen Interessengruppen zusammenzufassen. Der erste, grob umschriebene Bedarf wird anhand der Abb. 6.14 dargestellt.

Strategische Ausrichtung Durch die Geschäftsleitung des Unternehmens wurden für die Standortuntersuchung einige Vorgaben getroffen. Dazu gehörte u. a. die Maßgabe, dass die Standortevaluierung unter der Annahme einer Eigeninvestition zu erfolgen habe. Akquisitionen seien nicht in Betracht zu ziehen. Standorte von bisherigen Joint-Venture-Partnern oder aber möglichen künftigen Kooperationspartnern („strategische Partner") wären bei Gleichwertigkeit mit anderen Standortalternativen zu bevorzugen.

Festlegung der strategischen Standortziele Aus der geschäftsbereichsübergreifenden Bedarfsermittlung konnte ebenso abgeleitet werden, dass sich alle Projekte an einem Standort realisieren lassen, sofern dieser die in Abb. 6.15 dargestellten Rahmenbedingungen

Konsolidierter Minimalanforderungskatalog für alle Stakeholder	
	Geschäftsbereiche (A, B, C, D); Logistik, Landesgesellschaft, Immobilienabteilung, Ingenieurtechnische Abteilung
Markt: a) **Kundennähe**	Großraum Moskau (Oblast Moskau und angrenzende Verwaltungsbezirke) Maximale Entfernung von 400 km zum Stadtgebiet Moskaus
b) **Rohstoffnähe**	Nicht relevant
Flächenbedarf: a) **Erstinvestition**	10 Hektar
b) **Erweiterung**	15 Hektar
Bauleitplanung: a) **Zoning**	Für industrielle Nutzung bereits ausgewiesene Fläche
b) **Wohnbebauung**	Mindestabstand 1.000 m
Verkehrsnetzanbindung: a) **Straßenanbindung**	Gute Anbindung an das Schnellstraßennetz
b) **Eisenbahnanbindung**	Nicht notwendig (aber bei Gleichwertigkeit von Standorten ein Vorteil)
Ver- und Entsorgung:	Erdgasanschluss Stromversorgung Wasserversorgung über Netzanschluss oder Tiefbrunnen Biologische Kläranlage (alternativ eigene Vorklärung ggf. möglich) Rückstandsverbrennung oder Sondermülldeponie

Abb. 6.15 Konsolidierter Anforderungskatalog

erfüllt („kleinster gemeinsamer Nenner"). Der als Checkliste aufgestellte, konsolidierte Minimalanforderungskatalog sollte als Basis für die nachfolgende Standortsuche dienen.

Vor dem Hintergrund der bereits existierenden Standorte bestand die strategische Zielsetzung, die künftigen Aktivitäten nicht nochmals auf mehrere Standorte zu verteilen, sondern diese zusätzlichen Produktionsanlagen sowie die Logistikeinrichtungen an möglichst einem Standort zu bündeln. Damit zielte die strategische Ausrichtung dieses geplanten Standortes auf einen sogenannten Mehrbereichsstandort ab.

Bestandsanalyse bestehender Standorte Das Unternehmen konnte zum Zeitpunkt der Untersuchung bereits vier Standorte in Russland vorweisen. Diese wurden zuerst hinsichtlich einer möglichen Verfügbarkeit für die vorgenannten Investitionen untersucht. Nach eingehender Betrachtung der Ausgangssituation ließ sich feststellen, dass alle bereits vorhandenen Standorte weder dem Anspruch eines geplanten Mehrbereichsstandortes noch einer Möglichkeit der Einzelinvestition für eine der fünf Teilinvestitionen (vier Geschäftsbereiche plus Logistik) genügten. Alle Standorte wurden durch das Projektteam in diesem Zusammenhang besucht. Hierbei wurde auch die Möglichkeit der Flächenarrondierung in unmittelbarer Nachbarschaft zu den bestehenden Standorten untersucht. Auch diese Überlegung musste negativ beschieden werden.

6.8.2.3   Regionale Eingrenzung

Eine regionale Eingrenzung erfolgte im Rahmen dieses Projektes in doppelter Hinsicht. Die avisierten Produktionen dienen im Wesentlichen dem Zweck, den lokalen russischen Markt zu bedienen, welcher in den betreffenden Segmenten nicht mehr durch Exporte nach Russland abgedeckt werden konnte. Damit war durch die Maßgabe der Ausrichtung auf den Zielmarkt „Russland" klargestellt, dass Investitionen außerhalb Russlands, beispielsweise in Anrainerstaaten wie Weißrussland oder der Ukraine oder gar den baltischen Republiken und Finnland, nicht zu untersuchen waren. Diese Optionen sind somit entfallen.

Eine räumliche Eingrenzung erfolgte jedoch durch Vorgaben der Geschäftsbereiche hinsichtlich der notwendigen bzw. gewünschten Nähe zu den Kunden bzw. lokalen Märkten. Diese wurden bereits in Abb. 6.14 zusammengefasst. Diese Vorgaben wurden nun zusammengeführt und ausgewertet (siehe Abb. 6.16). Im Interesse der Bündelung aller Aktivitäten wurde die Schnittmenge aller räumlichen Vorgaben als Basis für die weitere Untersuchung definiert.

6.8.2.4   Regionales Screening

Im Zuge eines großräumigen und regionalen Screenings wurde im Folgeschritt durch das Projektteam versucht, einen flächendeckenden Überblick über die im vorgegebenen Gebiet vorhandenen Standortalternativen zu bekommen. Dabei galt es, im Rahmen dieser Phase zunächst möglichst viele Standortalternativen aufzuzeigen. Während dieser etwa zwei Monate dauernden Teilphase wurde der Fokus nicht auf die Vollständigkeit und Prüfung der Gültigkeit vorgefundener Informationen gelegt. Das Projektteam hat diese Informationen aus unterschiedlichsten Quellen bezogen:

- eigene Datenbank,
- Ingenieurbüros,
- Beratungsunternehmen,
- Vermittler/Makler,
- direkte Geschäftskontakte.

Zum einen wurde auf eine firmeneigene Kunden- und Lieferantendatenbank zurückgegriffen. Anhand dieser Datenbank konnten zum Zeitpunkt der Evaluierung etwa 100 Orte für das Zielgebiet identifiziert werden, an denen eine chemische Produktion oder der Umgang mit chemischen Produkten grundsätzlich möglich war.

Des Weiteren wurden zwei Ingenieurbüros engagiert, welche jeweils 20 zusätzliche Standortmöglichkeiten aufzeigen sollten. Es handelte sich hierbei um zwei Ingenieurbüros für Umwelttechnik, die über ausreichende Erfahrungen bei der Begleitung ausländischer

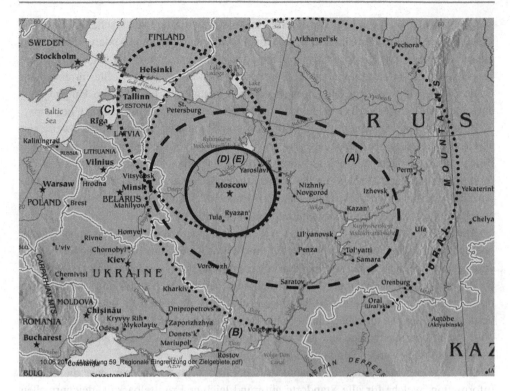

Abb. 6.16 Regionale Eingrenzung der Zielgebiete

Industrieunternehmen bei Investitionen in Russland verfügten und entsprechende Referenzen vorweisen konnten. Da diese Unternehmen aufgrund vorangegangener Projekte für andere Klienten bereits einen guten Überblick über vorhandene und geplante Industrieansiedlungen besaßen, konnte diese Aufgabe in recht kurzer Zeit erledigt werden.

Weitere zehn Vorschläge für mögliche Standortalternativen kamen über direkte Kontakte der Immobilienabteilung zu lokalen Projektentwicklern und Immobilienvermittlern sowie über Geschäftskontakte der russischen Landesgesellschaft des zu untersuchenden Unternehmens. In der Summe erbrachte die zweimonatige Erfassung von potentiellen Orten für eine Standortansiedlung 150 Optionen.

6.8.2.5   Long-Listing

Im nächsten Schritt galt es, die im Zuge des Screening-Prozesses ermittelten Informationen zu sichten und hinsichtlich ihrer Relevanz auszuwerten. Die zu diesem Zeitpunkt vorliegenden 150 Standortalternativen waren allerdings oft nur aufgrund von sehr spärlichen Informationen ermittelt worden. Die Spannbreite reichte von einer ausführlichen Ansiedlungsbroschüre eines Industrieparks bis hin zu einer Indikation, dass am besagten Ort ein Kunde eine Fertigungsstätte besitzt.

Vor diesem Hintergrund galt es, sich für ein Auswahlverfahren zu entscheiden, welches sich einerseits klar an der Einhaltung der Mindestkriterien orientiert. Andererseits lässt in dieser Teilphase des Standortanalyseprozesses sowohl der Umfang als auch der Belastbarkeitsgrad der Informationen noch sehr zu wünschen übrig. Daher sollte für eine erste grobe Vorauswahl in Form einer Long List noch genügend Elastizität im Umgang mit entweder (noch) nicht vorhandenen oder ungenügend geprüften Informationen bestehen.

Eine stringente Anwendung der Definition von Standards, indem beispielsweise die Mindestbedingungen festgelegt werden und deren Nichtvorhandensein oder mangelnde Belegbarkeit zu einem Ausschluss führen, ist in dieser frühen Projektphase nicht zielführend. Aufgrund der Datenlage ist das Risiko zu groß, dass bereits zu früh eine zu große Anzahl von Standorten ausscheidet oder, im Praxistest bereits mehrfach vorgekommen, gegebenenfalls gar keine Standortalternativen mehr übrig bleiben.

Andernfalls wäre es im Sinne eines zeit- und kosteneffizienten Projektmanagements ebenfalls nicht wünschenswert, bereits für eine derart große Anzahl von Standorten eine vergleichsweise hohe Detailtiefe bei den zu generierenden Informationen zu erzielen.

Daher erschien die Wahl des Relevanzbaumes in einer angepassten und vereinfachten Form als angebrachte Alternative. Hierbei waren einige Teilaspekte jedoch gesondert zu berücksichtigen. Die absolut grundlegende Basis war der definierte Maximalradius von 400 km um das Stadtgebiet von Moskau. Alle Standorte, die deutlich außerhalb dieses Umkreises lagen, wurden von vornherein ausgegrenzt.

Die Lage des Standortes, und damit dessen Entfernung zu Moskau, war die einzige Information, welche für alle Standorte aufgrund leichter Ermittelbarkeit gleichermaßen vorlag. Die Vorgehensweise zur Beurteilung der einzelnen Standortoptionen wird nachstehend schematisch in Abb. 6.17 dargestellt.

Insgesamt führte die Auswahl der anhand des Screenings ermittelten 150 Möglichkeiten zu einer Long List mit 22 Standorten. Hiervon waren

- vier Standorte der Kategorie (i),
- fünf Standorte der Kategorie (ii),
- acht Standorte der Kategorie (iii) und
- fünf Standorte der Kategorie (iv) zugeordnet.

6.8.2.6 Short-Listing

Im Zuge der nächsten Teilphase, dem Short-Listing, galt es, die noch fehlenden Informationen der in der Long List verbliebenen Standortmöglichkeiten zu beschaffen und auszuwerten. Zusätzlich wurden die Makrostandortfaktoren untersucht. Darüber hinaus wurde ein ausführlicher Standortanforderungskatalog erarbeitet.

Die Erstellung eines ausführlichen Standortanforderungskataloges erfolgte durch das Projektteam im Rahmen eines gemeinsam durchgeführten Workshops. Dabei wurde grundsätzlich zwischen qualitativen und quantitativen Standortkriterien unterschieden. Die qualitativen Kriterien wurden wie folgt strukturiert:

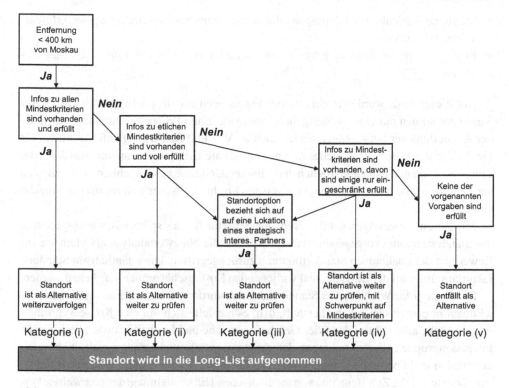

Abb. 6.17 Relevanzbaum für den Auswahlprozess beim Long-Listing

- Allgemeine Standortinformationen (engl.: *general site information*),
- Eigentumssituation am Grundstück (engl.: *ownership situation of site*),
- Bauleitplanung (engl.: *urban planning/zoning*),
- Bauplanung (engl: *building planning*),
- Natürliche Standortbeschaffenheit (engl.: *natural site conditions*),
- Umweltspezifische Standortbedingungen (engl.: *environmental site conditions*),
- Verfügbarkeit externer Infrastrukturanschlüsse (engl.: *external infrastructure avalability*),
- Verfügbarkeit von Logistikeinrichtungen (engl.: *logistic facilities*),
- Genehmigungswesen und Behörden (engl.: *procedures, permits, authority liaison*),
- Sicherheit (engl.: *safety issues*),
- Sozial-ökonomische Rahmenbedingungen (engl.: *social-economic factors*).

Darüber hinaus wurden quantitative Kriterien definiert:

- Preis für erschlossenes Bauland (engl.: *price of developed land*),
- Akquisitions- oder Transaktionssteuern (engl.: *acquisition/transfer taxes*),

- Mögliche Ansiedlungsförderungen oder Ansiedlungsanreize (engl.: *preferential treatments, incentives*),
- Kosten für Ver- und Entsorgungsinfrastrukturen (engl.: *cost for utilities and site services*).

Auf dieser Basis wurde ein detaillierter Fragebogen erstellt (siehe Anhang 1). Dieser wurde zusammen mit einer weitestgehend anonymisierten Projektbeschreibung sowie einer Aufstellung der notwendigen Kapazitäten an Ver- und Entsorgungsinfrastrukturen für die Anlage des Geschäftsbereiches *A*, eine sogenannte Utility Liste, an alle Standorte der Long List versandt. Um Unklarheiten und Missverständnisse aus sprachlichen Gründen zu vermeiden, wurde dieser Fragebogen zweisprachig in englischer und russischer Sprache verfasst.

Mit diesem Fragebogen wurde bereits die Struktur für das spätere Bewertungssystem der Standortfaktoren vorgegeben. Dabei wurde auf die Nutzwertanalyse als Methode zur Bewertung der qualitativen Standortfaktoren zurückgegriffen. Die quantitativen Standortfaktoren sollten auf der Basis der real vorliegenden Kostenschätzungen verglichen werden.

Das System zur Wichtung der Standortfaktoren wurde vom unternehmensinternen Projektteam in gemeinsamer Arbeit erstellt, d. h. es handelte sich um eine Konsensentscheidung, welche alle Teilprojekte (vier Geschäftsbereiche und Logistik) sowie alle weiteren Interessengruppen (Fachabteilungen der Konzernzentrale und Landesgesellschaft) gleichermaßen und übergreifend berücksichtigte. Da dieser Konsens ohne Weiteres erzielbar war, konnte auf die Zuhilfenahme von methodischen Hilfsmitteln wie des paarweisen Vergleiches oder der Präferenzmatrix verzichtet werden.

Dabei wurden die einzelnen Standortfaktoren hinsichtlich ihrer Wesentlichkeit für das Gesamtprojekt (Summe aller Anlagen der vier Geschäftsbereiche sowie der Logistikeinrichtungen) prozentual gewichtet. In einem ersten Schritt ist dies für die zwölf Hauptpositionen des Fragebogens vorgenommen worden. In einem zweiten Schritt sind für jeden dieser Hauptaspekte der Standortwahl noch einmal die Unterpositionen gemäß ihrer Relevanz innerhalb der jeweiligen Hauptposition prozentual gewichtet worden, jedoch ist die prozentuale Wichtung nur für die nicht monetär ermittelbaren Standortfaktoren berücksichtigt worden.

Kostenaspekte – und damit in Geldeinheiten ermittelbare Standortfaktoren – wurden mit „0 %" angesetzt sowie mit dem Vermerk einer separaten quantitativen Wertung versehen. Die Ergebnisse der definierten Wichtung für die Nutzwertanalyse der qualitativen Standortfaktoren sind in der Tabelle im Anhang 2 dargestellt. Diese Wichtung wurde vor dem Versand der Fragebögen vorgenommen. Für die Beantwortung der Fragebögen wurde den Ansprechpartnern an den verbliebenen Standorten der Long List zwei Wochen Zeit gegeben.

Ein weiterer Aspekt des Short-Listings ist die Erfassung und Untersuchung der Makrostandortfaktoren. Aufgrund der Vorgaben des dem Fallbeispiel zugrunde liegenden Projektes war der Einfluss der Makrostandortfaktoren jedoch nur von untergeordneter Bedeutung. Folgende Aspekte wurden als Makrostandortfaktoren angesehen:

- Lage bzw. Zentralität des Standortes,
- Standortreferenzen,
- Klima,
- Einflüsse durch Naturereignisse,
- Politisches Umfeld und Wirtschaftsethik,
- Rechtssystem,
- Finanzsystem,
- Steuern und Zölle.

Aufgrund der bereits erfolgten Eingrenzung der Standortsuche auf Russland allein und in diesem Fall sogar auf einen Radius von maximal 400 km um das Stadtgebiet von Moskau galten für alle zu untersuchenden Standortalternativen die gleichen Rahmenbedingungen hinsichtlich des Rechtsystems, des Finanzsystems, der Zollbestimmungen sowie des Klimas.[27]

Auch das Steuersystem war grundsätzlich nicht verschieden. Differenzen waren hier nur bei lokal erhobenen Steuern und Abgaben zu erwarten. Hinsichtlich des Einflusses von Naturereignissen bezieht sich dieser Sachverhalt bei Makrostandortfaktoren auf überregional auftretende Naturgroßereignisse. Hier war ebenso von gleichen Bedingungen für alle zu untersuchenden Standorte auszugehen wie bei der großräumig zu betrachtenden Lage und Zentralität der Standorte.

Somit bezog sich die Betrachtung der Makrostandortfaktoren lediglich auf eine Einschätzung der Standortreferenzen und des betreffenden politischen Umfeldes. Hier waren deutliche Unterschiede auszumachen, welche sich im Wesentlichen auf die Aktivitäten und die Wirtschaftsfreundlichkeit der jeweiligen Verwaltungsbezirke (russisch: *Oblast*) bezogen, die in unterschiedlichen Graden bereits Investitionen internationaler Unternehmen vorweisen konnten.

Auch in für Investitionen sehr aufgeschlossenen Regionen musste unterschieden werden zwischen Gebieten, welche bereits einen sehr hohen oder einen geringeren Grad an Investitionsvolumina vorzuweisen hatten. Erstere können zwar einerseits größere Erfahrungen mit internationalen Investoren und deren speziellen Anforderungen verweisen, andererseits zeichnen sich solche Regionen oft dadurch aus, dass sie im Fokus der Investoren stehen und damit zunehmend anspruchsvoller hinsichtlich der anzusiedelnden Branchen und Unternehmen werden. Ist ein sogenannter „Investitions-Sättigungsgrad" erreicht, können Planungs- und Genehmigungsprozesse zuweilen deutlich länger als ursprünglich antizipiert dauern. Somit schlagen mögliche Vorteile in Standortnachteile um.

Die Einschätzung und Beurteilung dieses Aspektes, der sich letztendlich in der Darstellung des Erfüllungsgrades (E_{ij}) und des Standortkriteriums (K_{10}) in der Ergebnistabelle (siehe Anhang 3) widerspiegelte, basierte auf Informationen, Analysen und Positionspa-

---

[27] Vgl. Freshfields Bruckhaus Deringer: Guide to doing business in Russia; Mai 2006, S. 1.

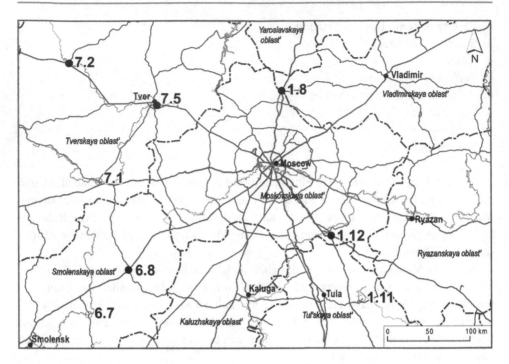

Abb. 6.18 Standortalternativen der Short List

pieren des Ostausschusses der Deutschen Wirtschaft[28] und der Außenhandelskammer[29] sowie auf Informationen der Landesgesellschaft und eigenen Recherchen.

Nach dem Rücklauf der Standortfragebögen und der Zusammenstellung der Makrostandortfaktoren stellte sich heraus, dass lediglich acht Standorte den Mindestanforderungen gemäß Abb. 6.15 genügen. Diese Standorte wurden als verbleibende Standorte für die Short List definiert (siehe auch Abb. 6.18).

6.8.2.7 Standortbesichtigungen

Die Qualität des Rücklaufes der Fragebögen war trotz regelmäßigen Nachfassens sehr unterschiedlich. Diese reichte von weitestgehend gut ausgefüllten Fragebögen bis hin zu nur sehr spärlichen Antworten oder gar Absagen.

Es war nunmehr Aufgabe des Projektteams, die gewonnenen Informationen mittels Standortbesichtigungen auf ihre Richtigkeit und Belastbarkeit hin zu überprüfen. Des Weiteren galt es, genau die nicht beantworteten Fragen sowie ungenaue Antworten nachzuarbeiten.

Diese erste Standortbesichtigung wurde durch einen Vertreter der Immobilienabteilung und einen russischsprachigen Mitarbeiter eines der beiden eingeschalteten umwelttechni-

---

[28] Ostausschuss der Deutschen Wirtschaft im Internet unter http://www.ost-ausschuss.de.
[29] Außenhandelskammer AHK in Russland im Internet unter http://russland.ahk.de.

sche Ingenieurbüros sowie, bei Standorten mit möglichen strategischen Partnern, zusätzlich durch einen Mitarbeiter der Landesgesellschaft durchgeführt.

Als weiterer Aspekt wurde zeitgleich mit den Standortbesichtigungen durch die Umweltberatungsgesellschaft eine erste Analyse der umweltrelevanten Aspekte, insbesondere hinsichtlich möglicher Risiken der Belastung durch Boden- und Grundwasserkontaminationen (sogenannte Phase 1) vorgenommen.

6.8.2.8   Auswahl von Vorzugsstandorten

Auf der Basis der nach der Befragung und Besichtigung vorliegenden Informationen wurde nunmehr eine detaillierte Bewertung der verbliebenen acht Standorte durchgeführt. Für diese umfassende Gesamtbeurteilung wurde auf die Kostenwirksamkeitsanalyse (KWA) zurückgegriffen. Dabei wurden die qualitativen und die quantitativen Standortfaktoren separat erfasst und ausgewertet (siehe hierzu die Ergebnistabelle im Anhang 3).

Die qualitativen Standortfaktoren wurden für alle Standortalternativen entsprechend der Methodik einer Nutzwertanalyse verglichen. Hierfür wurde bereits im Zuge des Short-Listings eine Wichtungssystematik (siehe Anhang 2) entwickelt. Diese wurde konsequent fortgeführt. Der Erfüllungsgrad der einzelnen Standortfaktoren am jeweiligen Standort wurde mit einem kardinalen Bewertungsmaßstab beurteilt. Auf diesem war eine aufsteigende Punkteskala von einem Punkt für „schlechte Rahmenbedingungen" bis fünf Punkte für „sehr gute Rahmenbedingungen" hinterlegt.

Die Multiplikation des Erfüllungsgrades (E_{ij}) mit der Wichtung (G_j) des betreffenden Standortkriteriums (K_j) führte zum Teilnutzwert (N_{ij}) des betreffenden Standortfaktors.

Die Summe der Teilnutzwerte aller Standortfaktoren ergab den Gesamtnutzwert (N_i) für die qualitativen Standortfaktoren der jeweiligen Standortalternative (siehe Tab. 6.9).

$$N_i = \sum_{K=1}^{j} N_{ij} \quad \text{mit} \quad N_{ij} = G_j \times E_{ij}$$

Ebenso wurden die quantitativen Standortfaktoren separat betrachtet. Hierbei handelte es sich um alle monetär erfassbaren Aspekte im Rahmen der Standortbeurteilung.

Der Rücklauf der Fragebögen erbrachte hierbei, dass es zwischen allen Standorten keine Unterschiede hinsichtlich erwerbsbedingter Steuern (z. B. Grunderwerbsteuer) gibt. Ebenso konnten keine besonderen wirtschaftlich bewertbaren Ansiedlungsanreize ausgemacht werden. Angaben zu Utilitypreisen wurden in den seltensten Fällen gemacht.

An neu zu entwickelnden Standorten auf der grünen Wiese wurde seitens der Developer auf die öffentlichen Versorger und deren Preissystem verwiesen. An Standorten mit bestehender Infrastruktur wurde auf später zu führende Preisverhandlungen verwiesen. Im Zuge der Gespräche ließ sich jedoch erkennen, dass an allen Standorten keine wesentlichen preislichen Verwerfungen im Bereich der Utilities zu erwarten wären.

Vor diesem Hintergrund wurden die in Sektion 9 der Standortfaktoren aufgeführten wirtschaftlichen Aspekte in der weiterführenden Betrachtung nicht mehr berücksichtigt.

Tab. 6.9 Übersicht und Ranking des qualitativen Standortvergleiches

Standort S_i	Gesamtnutzwert N_i	Platzierung nach qualitativen Standortfaktoren (NWA-Ranking)
$S_{1.8}$ Standort S (1.8)	387 Punkte	7
$S_{1.11}$ Standort S (1.11)	403 Punkte	5
$S_{1.12}$ Standort S (1.12)	392 Punkte	6
$S_{6.7}$ Standort S (6.7)	408 Punkte	4
$S_{6.8}$ Standort S (6.8)	409 Punkte	3
$S_{7.1}$ Standort S (7.1)	408 Punkte	4
$S_{7.2}$ Standort S (7.2)	422 Punkte	2
$S_{7.5}$ Standort S (7.5)	451 Punkte	1

Ebenso waren aufgrund der räumlichen Nähe der Standorte zueinander keine nennenswerten Unterschiede bei den zu erwartenden Baukosten (einschließlich Baunebenkosten) auszumachen.

Damit konzentrierte sich die Ermittlung quantitativer Aspekte auf den Vergleich der verfügbaren Grundstücke und aller damit assoziierten Kosten (C_G).

Wesentlich war hierbei die Sicherstellung der Vergleichbarkeit. In diesem Sinne wurden die Grundstücke auf der Basis einer technisch ungehinderten Bebaubarkeit verglichen, d. h. für die Grundstücke eines jeden Standortes wurden folgende Sachverhalte unterstellt:

- ungehinderte Baufreiheit,
- infrastrukturell voll erschlossen und
- ebene Geländeoberfläche.

Da fast alle Standorte diese Rahmenbedingungen nicht exakt erfüllten, mussten die genannten indikativen Grundstückspreise im Interesse einer angemessenen Vergleichbarkeit angepasst werden. Ebenso wurden bereits bestehende Infrastrukturen innerhalb der Grundstücksgrenzen, die mit übernommen und weiterbenutzt werden können, vom Vergleichs-Grundstückspreis abgezogen.

Dies betraf insbesondere einen Standort innerhalb eines bereits existierenden, größeren Industriekomplexes. Dies führte zu dem in Tab. 6.10 dargestellten Ergebnis. Darüber hinaus wurde gegenüber den Vorbesitzern klargestellt, dass Grundstücke nur in einem altlastenfreien Zustand übernommen werden.

Da für alle Standortalternativen ein Grundstück gleicher Größe unterstellt werden könnte, wurde vereinfachend ein Verhältnis zwischen der Punktzahl der Gesamtnutzwertes aus der Nutzwertanalyse und dem Wert des Vergleichslandpreises gebildet. Dieses Verhältnis wurde als „Kostenwirksamkeit" gemäß Gl. 18 ausgewiesen (Tab. 6.11).

$$V_{\text{KWA},i} = \frac{N_i}{C_i}$$

Tab. 6.10   Übersicht und Ranking der Grundstückspreise

Standort S_i	Kosten für voll erschlossenes, kontaminationsfreies und nivelliertes Bauland (Vergleichs-Landpreis) C_G	Platzierung nach qualitativen Standortfaktoren (Kosten-Ranking)
$S_{1.8}$ Standort S (1.8)	Keine verwertbaren Informationen geliefert	–
$S_{1.11}$ Standort S (1.11)	42,92 €/m²	4
$S_{1.12}$ Standort S (1.12)	62,55 €/m²	6
$S_{6.7}$ Standort S (6.7)	Keine verwertbaren Informationen geliefert	–
$S_{6.8}$ Standort S (6.8)	49,30 €/m²	5
$S_{7.1}$ Standort S (7.1)	26,97 €/m²	2
$S_{7.2}$ Standort S (7.2)	26,50 €/m²	1
$S_{7.5}$ Standort S (7.5)	30,97 €/m²	3

Tab. 6.11   Übersicht und Ranking der Nutzen-Kosten-Verhältnisse

Standort S_i	Nutzen-Kosten-Verhältnis (Kostenwirksamkeit) V_{KWA}	Platzierung nach Gesamtbetrachtung (KWA-Ranking)
Standort $S_{1.8}$	keine verwertbaren Kosteninformationen geliefert	–
Standort $S_{1.11}$	9,4	4
Standort $S_{1.12}$	6,3	6
Standort $S_{6.7}$	keine verwertbaren Kosteninformationen geliefert	–
Standort $S_{6.8}$	8,3	5
Standort $S_{7.1}$	15,1	2
Standort $S_{7.2}$	15,9	1
Standort $S_{7.5}$	14,6	3

Für die Standorte $S_{1.8}$ sowie $S_{6.7}$ konnten keine brauchbaren Informationen über die zu erwartenden Kosten ermittelt werden. Daher schieden diese Standorte aus der weiteren Betrachtung aus. Ebenso bestand am Standort $S_{6.7}$ ein erhebliches Altlastenrisiko. Mit dem Vorbesitzer konnte in dieser Beziehung kein Einvernehmen über das weitere Vorgehen erzielt werden. Daher wurden diese beiden Standortalternativen vom Projektteam ausgeschlossen.

Im Zuge dieses Prozesses wurde durch einen Ansprechpartner der Alternative $S_{6.8}$ ebenso mitgeteilt, dass der betreffende Standort nicht mehr zur Verfügung stehen würde. Des Weiteren wurde aufgrund des letzten Platzes im Ranking nach der Kostenwirksamkeitsanalyse der Standort $S_{1.12}$ für die weitere Betrachtung gestrichen.

Tab. 6.12 Vorzugsvarianten nach Kostenwirksamkeitsanalyse

Standort S_i	Nutzen-Kosten-Verhältnis (Kostenwirksamkeit) V_{KWA}	Platzierung nach Gesamtbetrachtung (KWA-Ranking)
Standort $S_{1.11}$	9,4	3
Standort $S_{7.2}$	15,9	1
Standort $S_{7.5}$	14,6	2

Das Fehlen eines lokalen Developers für das Grundstück am Standort $S_{7.1}$ bis zum Stichtag der Standortevaluierung bedeutete ein zusätzliches, in der bisherigen Evaluierung nicht berücksichtigtes Zeitrisiko beim Grunderwerb. Damit war nach einhelliger Meinung des Projektteams sowie der konsultierten externen Berater mit einem Zeitraum von deutlich über einem Jahr für den Grundstückskauf zu rechnen.

Damit würde sich der Zeitplan für das Projekt deutlich verzögern. Da dies vom Projektteam aufgrund der Vorgaben, insbesondere des ambitionierten Zeitplanes, als nicht akzeptabel angesehen wurde, ist auch diese Standortalternative ausgeschieden.

Im Ergebnis wurden somit die drei in Tab. 6.12 dargestellten Standorte gemäß ihrem Ranking der anhand der Kostenwirksamkeitsanalyse ermittelten Platzierung als Vorzugsvarianten benannt.

6.8.2.9 Definition des Präferenzstandortes

Aus den drei vorgenannten Vorzugsvarianten war seitens des Projektteams ein Präferenzstandort als Vorschlag zu ermitteln. Zur Sicherstellung einer fachlich fundierten und korrekten Entscheidung wurden alle verbliebenen Standorte noch einmal mittels einer Standortbesichtigung untersucht. An diesen Vor-Ort-Terminen nahmen alle Mitglieder des Projektteams teil.

Von besonderer Wichtigkeit war die nochmalige Überprüfung aller gesammelten Informationen, da sich alle drei Standorte gerade in ihren qualitativen Beurteilungen nicht sehr drastisch unterschieden (siehe Tab. 6.13 und Abb. 6.19). Damit war eine Hinterfragung aller Eingangsgrößen im Sinne einer Sensitivitätsanalyse angebracht.

Dies galt vor allem, da der Standort $S_{1.11}$ gegenüber den beiden anderen Standorten $S_{7.2}$ und $S_{7.5}$. durchaus ein deutlich anderes Profil besaß. Standort $S_{1.11}$ war ein weitestgehend freies Grundstück inmitten eines älteren großen Industriekomplexes. Die beiden anderen Standorte waren bisher noch unbebaute Grundstücke.

Das im Zuge der Kostenwirksamkeitsanalyse ermittelte Ergebnis wurde noch einmal mittels einer Sensitivitätsanalyse hinterfragt. Dabei war es wichtig zu erkennen, ob die Entscheidung bei etwas veränderten Eingangsgrößen anders ausgefallen wäre. Vor diesem Hintergrund wurden vier wichtige Kriterien ausgewählt und untersucht. Einerseits wurden die Kosten als qualitatives Standortkriterium als ergebniskritisch angesehen. Des Weiteren wurden die drei qualitativen Standortkriterien ausgewählt, welche die höchsten Ordnungswerte aufweisen.

Tab. 6.13 Vereinfachte Zusammenfassung der Standortfaktoren[30]

	Standort $S_{1.11}$	Standort $S_{7.2}$	Standort $S_{7.5}$
Grundstück ($K_1 + K_2$)	65,6 Punkte	70,0 Punkte	70,0 Punkte
Bau ($K_3 + K_4 + K_5$)	76,8 Punkte	80,0 Punkte	65,8 Punkte
Umwelt (K_6)	30,0 Punkte	46,0 Punkte	48,0 Punkte
Infrastruktur ($K_7 + K_8$)	115,2 Punkte	105,2 Punkte	118,2 Punkte
Behörden ($K_{10} + K_{11}$)	79,0 Punkte	92,0 Punkte	110,0 Punkte
Sozio-Ökonomik (K_{12})	36,0 Punkte	28,35 Punkte	39,15 Punkte
Grundstückspreis (C_G)	42,92 €/m²	26,50 €/m²	30,97 €/m²

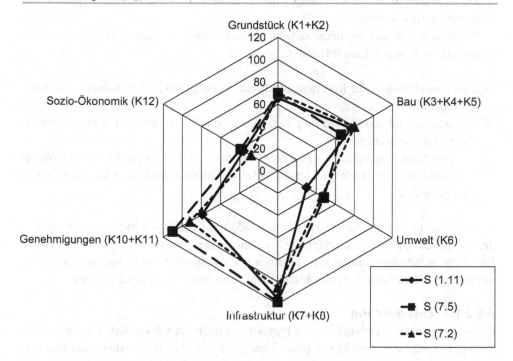

Abb. 6.19 Netzdiagramm der Vorzugsvarianten (qualitative Merkmale)

Diese qualitativen Kriterien (K_j) wurden mittels Sensitivitätsanalyse auf eine Ergebnisveränderung hin untersucht, wobei jeweils eine Abweichung der Gewichtung (G_j) des jeweiligen Kriteriums in Höhe von ± 5 % betrachtet wurde:

- Kriterium K_3 „Bauleitplanung" mit $G_3 = 13$ %,
- Kriterium K_7 „Externe Infrastrukturen" mit $G_7 = 25$ %,
- Kriterium K_{10} „Genehmigungswesen, Behörden" mit $G_{10} = 18$ %.

---

[30] Anm. d. Verf.: Mit K9 wurden quantitative Standortkriterien (ökonomische Faktoren wie Grundstückspreis und Erschließungskosten) erfasst. Daher werden diese nicht in der Liste dargestellt.

Tab. 6.14 Zusammenfassung der Standortentscheidung

Standort S_i	Nutzen-Kosten-Verhältnis (Kostenwirksamkeit) V_{KWA}	Platzierung nach Gesamtbetrachtung (KWA-Ranking)
Standort $S_{1.11}$	9,4	Backup-Standort
Standort $S_{7.2}$	**15,9**	**Präferenzstandort**
Standort $S_{7.5}$	14,6	Entfällt

Zudem wurden Kostenabweichungen für das baureife, voll erschlossene Grundstück in Höhe von $\pm 10\%$ untersucht.

Die Sensitivitätsanalyse, deren detaillierte Aufstellung und Ergebnisse in Anhang 4 dargestellt sind, zeigt folgende Resultate:

a) Die Veränderungen der Kriteriengewichtung haben grundsätzlich keine Auswirkung auf das Ergebnis.

b) Das ermittelte Ranking wird bestätigt, solange die Baukosten aller Standort in gleichem Maße schwanken.

c) Standort $S_{7.5}$ würde auf Platz 1 zu setzen sein, wenn die Kosten nur für diesen Standort sinken und die Aufwendungen für die anderen Standorte mindestens konstant bleiben oder gar steigen.

Aufgrund der klaren Distanz zwischen Standort $S_{7.2}$ und Standort $S_{1.11}$ einerseits und des Einflusses von Kostenverschiebungen zugunsten des Standortes $S_{7.5}$ andererseits war für alle Standorte noch einmal die Sicherheit der jeweiligen Kostenschätzung zu prüfen, um eine gesicherte Basis für eine abschließende Entscheidung zu gewährleisten.

6.8.2.10 Entscheidung

Die Kostenschätzungen wurden vom Projektteam noch einmal geprüft. Zudem wurden weitere Gespräche mit den Developern (Standorte $S_{7.2}$ und $S_{7.5}$) oder dem Industriekomplexbetreiber (Standort $S_{1.11}$) sowie den örtlichen und regionalen Behörden (Oblast-Verwaltung) geführt. In diesem Zusammenhang konnten erhöhte Risiken hinsichtlich des im Anforderungskatalog geforderten Mindestabstandes zur Wohnbebauung von 1 km (sogenannte Sanitärzone) am Standort $S_{7.5}$ herausgearbeitet werden. Vor diesem Hintergrund wurde diese Alternative zurückgestellt.

Dies führte zur letztendlichen Nominierung der Standortalternative $S_{7.2}$ als Präferenzstandort. Dieser hatte die deutlich günstigeren Grundstückskosten bei leicht besseren qualitativen Rahmenbedingungen vorzuweisen, welche zu einem substantiell besseren Abschneiden beim Nutzen-Kosten-Verhältnis (Kostenwirksamkeit) führten (siehe Tab. 6.14).

Monetäre Verfahren zur Projektbewertung

7.1 Methoden der Wirtschaftlichkeitsbewertung

Im Rahmen der Bewertung der Wirtschaftlichkeit eines Industrieprojektes werden systematisch und zielgerichtet die wirtschaftlichen Konsequenzen, die sich aus der Realisierung des Projektes ergeben, begutachtet. Derartige Investitionsrechnungen sind so angelegt, dass eine rechnerische Vergleichbarkeit mit anderen Kapitalanlagen möglich ist. Dabei stehen unterschiedlichste Verfahren, wie in Abb. 7.1 dargestellt, zur Auswahl.

Grundsätzlich hat jeder Industriezweig, u. a. gemessen an der Marktsituation der jeweiligen Branche, recht unterschiedliche Renditen aus seinen Investitionen zu erwarten. Daraus leitet sich letztendlich ab, bei welcher erwarteten Rendite ein Projekt als realisierungswürdig angesehen wird oder nicht. Dabei gibt es wiederum branchenspezifisch große Unterschiede.

7.2 Einfache wirtschaftliche Kennzahlen

Nachstehend soll eine kleine Einführung in grundsätzliche, für die wirtschaftliche Betrachtung einer Immobilie und einer Immobilieninvestition wichtige Kennzahlen gegeben werden.

7.2.1 Kapitalverhältnis

Das Kapitalverhältnis (V_{KV}) bezeichnet das Verhältnis der diskontierten, kumulierten Cashflows nach Steuern zu den zu den diskontierten, kumulierten Investitionsaufwendungen

© Springer Fachmedien Wiesbaden 2014

T. Glatte, *Entwicklung betrieblicher Immobilien*,
Leitfaden des Baubetriebs und der Bauwirtschaft, DOI 10.1007/978-3-658-05687-2_7

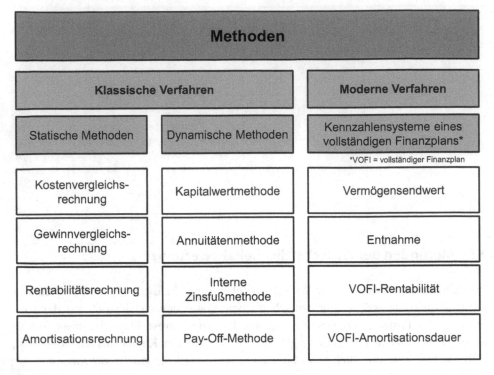

Abb. 7.1 Monetäre Verfahren – Methoden der Investitionsrechnung[1]

über eine festgelegte Anzahl von Nutzungsjahren.

$$V_{KV} = \frac{\sum_t (\text{Einnahmen, diskontiert})_t}{\sum_t (\text{Ausgaben, diskontiert})_t} \qquad (20)$$

Als Wiederholung (siehe Gln. 6–8): Die Herleitung eines Barwertes (Diskontierung) lautet:

$$Z_0 = \frac{1}{q^t} \times Z_t \quad \text{wobei} \quad q = 1 + \frac{p}{100}.$$

Es bedeuten:

Z_t = Zahlungsstrom im Jahr t
Z_0 = Zahlungsstrom im Jahr 0 (Stichtag)
t = Anzahl der Jahre bzw. Laufzeit
p = (Diskontierungs-)Zinssatz
q^{-t} = $1/q^t$ = Diskontierungsfaktor

---

[1] Schulte, K. W.; Bone-Winkel, S.: Handbuch Immobilien-Projektentwicklung, 2002 S. 54.

Der Barwert W_{BW} von verschiedenen, über mehrere zeitliche Perioden t verteilten Zahlungsströmen Z errechnet sich somit als:

$$W_{BW} = \sum_t \frac{Z_t}{(1+p)^t}.$$

Daher ergibt sich das Kapitalverhältnis als:

$$V_{KV} = \frac{\sum_t \frac{E_t}{(1+p)^t}}{\sum_t \frac{A_t}{(1+p)^t}}. \tag{21}$$

Es bedeuten:

E_t = Rückflüsse (Einnahmen) im Jahr n
A_t = Kosten (Ausgaben) im Jahr n
t = Anzahl der Jahre bzw. Laufzeit
p = (Diskontierungs-)Zinssatz

Ein Kapitalverhältnis größer 1 ($V_{KV} > 1$) zeigt eine über den Betrachtungszeitraum wirtschaftliche Investition an.

In Abhängigkeit von branchenspezifischen oder unternehmensinternen Vorgaben sowie individuellen Risikobetrachtungen muss das Kapitalverhältnis entsprechend deutlich das $V_{KV} = 1$ überschreiten oder im Falle von strategischen Entscheidungen kann ggf. auch ein Verlust ($V_{KV} < 1$) in Kauf genommen werden.

7.2.2   Kapitalwert

Der Kapitalwert (W_{KW}) bezeichnet hingegen die Differenz des diskontierten, kumulierten Cashflows nach Steuern zu den diskontierten, kumulierten Investitionsaufwendungen über eine festgelegte Anzahl von Nutzungsjahren.

$$W_{KW} = \sum_t (\text{Einnahmen, diskontiert})_t - \sum_t (\text{Ausgaben, diskontiert})_t \tag{22}$$

$$W_{KW} = \sum_t \frac{E_t}{(1+p)^t} - \sum_t \frac{A_t}{(1+p)^t} \tag{23}$$

Es bedeuten:

E_t = Rückflüsse (Einnahmen) im Jahr t
A_t = Kosten (Ausgaben) im Jahr t

t = Anzahl der Jahre bzw. Laufzeit

p = (Diskontierungs-)Zinssatz

Ein positiver Kapitalwert ($W_{KW} > 0$) zeigt eine über den Betrachtungszeitraum wirtschaftliche Investition an.

7.2.3 Interner Zinsfuß

Die Methode des internen Zinsfußes (engl.: *internal rate of return*, kurz *IRR*) ist ebenfalls eine dynamische Investitionsrechnung und in gewisser Weise mit der Kapitalwertmethode verbunden.

Sie ermöglicht es, für eine Investition mit unregelmäßigen oder schwankenden Erträgen eine (wenn auch nur theoretische) mittlere, jährliche Rendite zu berechnen. Der IRR drückt damit die durchschnittliche Verzinsung des in einem Investitionsobjekt gebundenen Kapitals[2] aus.

Im Rahmen einer Investitionsanalyse errechnet die IRR-Methode den Zinssatz („Zinsfuß"), der sich bei einem Kapitalwert W_{KW} von „0" ergibt. Der interne Zinsfuß ist somit genau jener Zinssatz, bei dem die Summe der diskontierten Zahlungsströme eines Investitionsobjektes null ist.

Aus der Gl. 23 ergibt sich durch Umstellung Folgendes:

$$W_{KW} = \sum_t \frac{E_t}{(1+p)^t} - \sum_t \frac{A_t}{(1+p)^t} = 0, \tag{24}$$

$$W_{KW} = \sum_t (E_t - A_t) \times \frac{1}{(1+p)^t} = 0. \tag{25}$$

Demnach ist diese Kapitalwertformel nach p aufzulösen, da p den internen Zinsfuß p_{IRR} darstellt. So erhält man die effektive Verzinsung einer Investition. Da diese Auflösung mathematisch sehr umfangreich ist, wird mittels eines Iterationsverfahrens gearbeitet.

Dabei wird für eine zu betrachtende Investition jeweils der Kapitalwert W_{KW} mit einem (frei gewählten) niedrigen Kalkulationszinssatz p_1 und einem (ebenfalls frei wählbaren) Kalkulationszinssatz p_2 errechnet. Mit der nachstehenden Formel kann dann der interne Zinsfuß p_{IRR} mit einer ausreichenden Genauigkeit ermittelt werden.

$$p_{IRR} = p_1 - \frac{W_{KW,1}}{W_{KW,2} - W_{KW,1}} \times (p_2 - p_1) \tag{26}$$

---

[2] Anm. d. Verf.: Unter gebundenem Kapital versteht man die Mittel eines Unternehmens, welche nicht sofort liquide sind, d. h. sie stehen zwar in der Unternehmensbilanz, sind jedoch nicht als Geldmittel verfügbar.

Es bedeuten:

$W_{\text{KW},1}$ = Kapitalwert, der sich mit dem Kalkulationszinsfuß p_1 ergibt

$W_{\text{KW},2}$ = Kapitalwert, der sich mit dem Kalkulationszinsfuß p_2 ergibt

p_{IRR} = interner Zinsfuß

p = Kalkulationszinsfuß

Der ermittelte IRR trifft an sich noch keine Aussage über die Vorteilhaftigkeit einer Investition. Diese kann erst getroffen werden, wenn die ermittelte Rendite IRR mit der geforderten Mindestverzinsung des durch die Investition gebundenen Kapitals verglichen wird. Ist der interne Zinsfuß IRR größer als der anzuwendende Kalkulationszinsfuß p (sprich: die Rendite ist größer als die Kapitalzinsen plus Risikoaufschlag), dann ist die Investition über die Gesamtlaufzeit wirtschaftlich vorteilhaft.

$$p_{\text{IRR}} > p = \text{wirtschaftlich}$$

7.2.4 Gesamtinvestitionskosten

Die Gesamtinvestitionskosten (C_{GIK}) berücksichtigen alle aktivierungsfähigen Aufwendungen, die bei der Herstellung, aber auch bei der Anschaffung einer Immobilie anfallen. Diese werden üblicherweise mit der Bruttogrundfläche (BGF) oder Nettogrundfläche (NGF) in ein Verhältnis gesetzt.

Bei Neubauobjekten (und somit insbesondere für eine Projektentwicklung relevant) zählen hierzu die Anschaffungskosten für das Grundstück sowie die Kosten für die Errichtung des aufstehenden Gebäudes, einschließlich der betreffenden Nebenkosten.

$$C_{\text{GIK,NEUBAU}} = C_{\text{G}} + C_{\text{TR}} + C_{\text{B}} \qquad (27)$$

$$c_{\text{GIK,NEUBAU}} = \frac{C_{\text{G}} + C_{\text{TR}} + C_{\text{B}}}{A_{\text{BGF}}} \qquad (28)$$

Es bedeuten:

$C_{\text{GIK, NEUBAU}}$ = Gesamtinvestitionskosten für ein Neubauobjekt

$c_{\text{GIK, NEUBAU}}$ = flächenbezogene $C_{\text{GIK, NEUBAU}}$

C_{G} = Grundstückspreis

C_{TR} = Grundstückstransaktionskosten[3]

C_{B} = Baukosten (siehe nachfolgenden Abschnitt)

A_{BGF} = Bruttogrundfläche

---

[3] Grunderwerbsteuer, Notargebühren, Maklerhonorar etc.

Bei (einem Kauf von) Bestandsobjekten leiten sich die Gesamtinvestitionskosten aus dem Bruttokaufpreis ab, d. h. von dem Kaufpreis sowie den damit verbundenen Transaktionskosten.

$$C_{\text{GIK,BESTAND}} = C_{\text{KP,BRUTTO}} = C_{\text{KP,NETTO}} + C_{\text{TR}} \qquad (29)$$

$$c_{\text{GIK,BESTAND}} = \frac{C_{\text{KP,BRUTTO}}}{A_{\text{BGF}}} = \frac{C_{\text{KP,NETTO}} + C_{\text{TR}}}{A_{\text{BGF}}} \qquad (30)$$

Es bedeuten:

$C_{\text{GIK, BESTAND}}$ = Gesamtinvestitionskosten für ein Bestandsobjekt

$c_{\text{GIK, BESTAND}}$ = flächenbezogene $C_{\text{GIK, BESTAND}}$

$C_{\text{KP,BRUTTO}}$ = Bruttokaufpreis

$C_{\text{KP,NETTO}}$ = Nettokaufpreis

C_{TR} = Grundstückstransaktionskosten[4]

A_{BGF} = Bruttogrundfläche

7.2.5 Baukosten

Unter dem Begriff „Baukosten" wird die Summe der Kostengruppen 200, 300, 400, 500, 600 und 700 gemäß DIN 276 (Kostenermittlung im Hochbau) verstanden.

Kostengruppen gemäß DIN 276

- 100 Grundstück,
- 200 Herrichten und Erschließen,
- 300 Bauwerk – Baukonstruktionen,
- 400 Bauwerk – technische Anlagen,
- 500 Außenanlagen,
- 600 Ausstattung und Kunstwerke[5],
- 700 Baunebenkosten.

Baunebenkosten gemäß DIN 276[6]

- 710 Bauherrenaufgaben (Projektleitung, Bedarfsplanung, Projektsteuerung, . . .),
- 720 Vorbereitung der Objektplanung (Untersuchungen, Wertermittlungen, städtebauliche Planungen, Wettbewerbe, . . .),

---

[4] Grunderwerbsteuer, Notargebühren, Maklerhonorar etc.

[5] Kosten für alle beweglichen oder ohne besondere Maßnahmen zu befestigenden Sachen, die zur Ingebrauchnahme, zur allgemeinen Benutzung oder zur künstlerischen Gestaltung des Bauwerks und der Außenanlagen erforderlich sind.

[6] Siehe auch § 22 ImmoWertV.

- 730 Architekten- und Ingenieurleistungen,
- 740 Gutachten und Beratung (Fachgutachten, Vermessung, Altlasten, SGU, ...),
- 750 Künstlerische Leistungen (Kunstwettbewerbe und Künstlerhonorare),
- 760 Finanzierungskosten (Finanzierungsbeschaffung, EK- und FK-Zinsen),
- 770 Allgemeine Baunebenkosten (Prüfungen, Genehmigungen, Abnahmen, Bewirtschaftungskosten der Baustelle, Bemusterungskosten, Betriebskosten nach Abnahme, Versicherungen, ...),
- 790 Sonstige Baunebenkosten.

$$C_B = C_E + C_K + C_{TA} + C_A + C_I + C_N \qquad (31)$$

Wobei gilt:

$$C_C = C_E + C_K + C_{TA} + C_A + C_I \qquad (32)$$

Daraus folgt:

$$C_B = C_C + C_N. \qquad (33)$$

Es bedeuten:

C_B = Baukosten
C_C = Summe aller Erstellungskosten für das Bauwerk
C_E = Kosten für das Herrichten und Erschließen (Kostengruppe 200)
C_K = Kosten für das Bauwerk/Baukonstruktion (Kostengruppe 300)
C_{TA} = Kosten für die technischen Anlagen (Kostengruppe 400)
C_A = Kosten für die Außenanlagen (Kostengruppe 500)
C_I = Kosten für die Ausstattung und Kunstwerke (Kostengruppe 600)
C_N = Kosten für die Baunebenkosten (Kostengruppe 700)

Gute Indikationen über Baukosten sind entweder über die NHK 2010[7] oder empirischen Ermittlungen wie den BKI-Kenndaten[8] ableitbar. Diese Werte können jedoch nicht unangepasst übernommen werden.

Die Kostenkennwerte der NHK 2010 sind in €/m² Brutto-Grundfläche (€/m² BGF) angegeben. Sie erfassen die Kostengruppen 300 und 400 der DIN 276-11:2006. In ihnen sind die Umsatzsteuer und die üblichen Baunebenkosten eingerechnet, die sich gemäß DIN 276 ergeben – die Kostengruppe 730 (Architekten- und Ingenieurleistungen) sowie die Kostengruppe 771 (Kosten im Zusammenhang mit Prüfungen, Genehmigungen und Abnahmen, z. B. Prüfung der Tragwerksplanung, Vermessungsgebühren für das Liegenschaftskataster). Sie sind bezogen auf den Kostenstand des Jahres 2010 (Jahresdurchschnitt).[9]

---

[7] Normalherstellungskosten des Jahres 2010 – als Bestandteil der Sachwertrichtlinie.
[8] Baukostenindex – veröffentlicht durch das Baukosteninformationszentrum der Deutschen Architektenkammern (http://www.baukosten.de).
[9] Vgl. Artikel 4.1.1 der Sachwert-Richtlinie vom 5. September 2012.

Die Kennwerte des Baukostenindex BKI haben wiederum die Besonderheit, dass sie die Umsatzsteuer inkludieren und sich auf die Kostengruppen 200, 300, 400, 500 und 600 konzentrieren – mit besonderem Fokus auf die Kostengruppen 300 und 400.

Mögliche Baukostenabschätzungen müssen also bei beiden Kennwerten – NHK 2010 und BKI – die Umsatzsteuer wie auch ggf. bestimmte Kostengruppen entweder heraus-rechnen bzw. hinzurechnen.

Als Baunebenkosten C_N können üblicherweise angesetzt werden:

- 15 % bis 18 % der Bauwerkskosten C_C bei einfachen Projekten,
- 18 % bis 23 % der Bauwerkskosten C_C bei Projekten mit durchschnittlichem Schwie-rigkeitsgrad,
- 23 % bis 28 % der Bauwerkskosten C_C bei sehr schwierigen Projekten.

Achtung
Baunebenkosten C_N sollten nicht mit den Nebenkosten im Rahmen eines Grundstückskaufes (Grundstückstransaktionskosten C_{TR}) verwechselt werden!

7.2.6 Mietflächenfaktor

Der Mietflächenfaktor trifft eine Aussage über die jeweilige Wirtschaftlichkeit der Bau-weise des betreffenden Objektes. Dieser wird üblicherweise in Prozentwerten angegeben.

$$F_{MF} = \frac{A_{MF}}{A_{BGF}} \times 100\,\% = \frac{A_{NF} + A_{VFumlegbar}}{A_{BGF}} \times 100\,\% \qquad (34)$$

Es bedeuten:

F_{MF} = Mietflächenfaktor
A_{MF} = Mietfläche (DIN 277)
A_{NF} = Nutzfläche (DIN 277)
$A_{VF,\,umlegbar}$ = umlegbare Verkehrsfläche (DIN 277)
A_{BGF} = Bruttogrundfläche (DIN 277)

Effizient geschnittene Büroimmobilien liegen beispielsweise bei einem Mietflächen-faktor $> 80\,\%$, während verschwenderisch gestaltete Verwaltungsbauten sich z. T. deutlich unterhalb der 70-Prozent-Marke befinden.

7.2.7 Break-Even-Rendite

Es gibt verschiedene Formen, eine Rendite (engl.: *yield*) zu ermitteln. Die Einstandsren-dite oder Break-Even-Rendite (Y_{BER}) trifft eine Aussage darüber, ab welcher Rendite ein

Objekt ohne Gewinn bzw. ohne Verlust veräußert wird. Man bezeichnet diesen Punkt auch als „Gewinnschwelle" (engl.: *break even*).

$$Y_{\text{BER}} = \frac{M_{\text{NETTO}}}{C_{\text{GIK}}} = \frac{\text{Jahres(netto)miete}}{\text{Gesamtinvestitionskosten}} \tag{35}$$

Wobei gilt:

- Die C_{GIK} berücksichtigen den Eigenkapitalzinssatz (EKZ), aber keinen gegebenenfalls veranschlagten Gewinn,
- Die Jahresnettomiete entspricht der erzielbaren Soll-Miete zum Zeitpunkt der Veräußerung.

Die Break-Even-Rendite stellt fest, zu welcher Rendite verkauft werden muss, um bei Kenntnis der Jahresnettomiete zum Zeitpunkt des Verkaufes sowie der Gesamtkosten letztendlich ohne Gewinn bzw. Verlust zu verkaufen. Daher sind die Gesamtinvestitionskosten auch ohne Annahme für eine Gewinnmarge zu veranschlagen.

Wird diese Rendite unterschritten, dann befindet sich die Projektentwicklung in der Gewinnzone.

- $Y_{\text{BAR}} < Y_{\text{BER}} \Rightarrow$ Gewinn des Projektentwicklers,
- $Y_{\text{BAR}} > Y_{\text{BER}} \Rightarrow$ Verlust des Projektentwicklers.

Beispiel

Gegeben sind

- $C_{\text{GIK}} = 1.000.000\,€$,
- Jahresnettomiete $= 100.000\,€$,
- Verkaufspreis $= 1.100.000\,€$.

Daraus errechnen sich

$\Rightarrow Y_{\text{BER}} = 10\,\%$,
$\Rightarrow Y_{\text{BAR}} = 9,1\,\%$,
$\Rightarrow$ Projekt ist für den Projektentwickler gewinnbringend.

7.2.8 Anfangsrenditen[10]

Bruttoanfangsrendite Die Bruttoanfangsrendite (Y_{BAR}) ist die wohl einfachste Renditekennzahl und gemeinsam mit dem Bruttomultiplikator (als Kehrwert der Bruttoanfangs-

---

[10] Gemäß „Renditedefinitionen Real Estate Investment Management" der gif Gesellschaft für immobilienwirtschaftliche Forschung e. V. vom Juni 2007 (veröffentlicht unter http://www.gif-ev.de).

rendite => $1/Y_{BAR}$) auch eine der in der Praxis gängigsten Kenngrößen.

$$Y_{BAR} = \frac{M_{VM}}{C_{NKP}} \tag{36}$$

Es bedeuten:

Y_{BAR} = Bruttoanfangsrendite
M_{VM} = Vertragsmiete p. a. (Jahreskaltmiete), d. h. ohne Betriebskosten
C_{NKP} = Netto-Kaufpreis = Kaufpreis ohne Erwerbsnebenkosten

$$Y_{BAR} = \frac{\text{Vertragsmiete}}{\text{Nettokaufpreis}} = \frac{\text{Monats(kalt)miete} \times 12}{\text{Nettokaufpreis}} = \frac{\text{Jahresnettomiete}}{\text{Nettokaufpreis}}$$

(Brutto-)Multiplikator Der Kehrwert der Bruttoanfangsrendite ist der Bruttomultiplikator[11].

$$F_{BRUTTO} = \frac{1}{Y_{BAR}} = \frac{C_{NKP}}{M_{VM}} \tag{37}$$

Dies bedeutet:

$$\text{Bruttomultiplikator} = \frac{\text{Nettokaufpreis}}{\text{Vertragsmiete}} = \frac{\text{Nettokaufpreis}}{\text{Monats(kalt)miete} \times 12}$$

Der Bruttomultiplikator ist neben der Y_{BAR} die wohl gängigste, da sehr einfache Form einer wirtschaftlichen Beurteilung. Dies gilt trotz seiner vergleichsweise beschränkten Aussagekraft, da nur unmittelbar erhältliche Vertragsinformationen verwendet werden. Außerordentliche Einnahmeminderungen wie Mieter-Incentives, Mietrückstände, Reparaturstau, aber auch mögliche Mietsteigerungspotentiale werden nicht berücksichtigt. Andererseits ist gerade diese Einschränkung ein Vorteil, da Y_{BAR} und Bruttomultiplikator lediglich – bezogen auf einen Stichtag – auf vorhandenen Vertragsinformationen beruhen und daher keine weiteren (subjektiven) Annahmen zu treffen sind. Damit sind Y_{BAR} und Bruttomultiplikator eigentlich die einzig objektiven Renditedefinitionen.

Nettoanfangsrendite Die Nettoanfangsrendite (Y_{NAR}) erweitert die Bruttoanfangsrendite um verschiedene wichtige Eingangsgrößen wie die nicht umlagefähigen Bewirtschaftungskosten und die Nebenkosten des Grundstückserwerbs. Aus diesem Grund ist sie nicht so einfach handhabbar wie die Bruttoanfangsrendite.

$$Y_{NAR} = \frac{M_{NETTO}}{C_{BKP}} \tag{38}$$

---

[11] Anm. d. Verf.: In der Praxis wird der Bruttomultiplikator auch oft das „X-fache" und daher häufig fälschlicherweise „Vervielfältiger" genannt (da irreführend gegenüber dem Begriff „Vervielfältiger" in der Verkehrswertermittlung).

Daraus folgt:

$$Y_{NAR} = \frac{M_{VM} - C_{BEW}}{C_{BKP}} = \frac{(M_{KALT} \times 12) - C_{BEW}}{C_{NKP} + C_{TR}} \tag{39}$$

Es bedeuten:

M_{NETTO} = Nettomiete p. a.

M_{VM} = Vertragsmiete p. a.

M_{KALT} = (Monats-)Kaltmiete

C_{BEW} = *nicht umlagefähige* Bewirtschaftungskosten

C_{BKP} = Bruttokaufpreis

C_{G} = Grundstückspreis

C_{TR} = Grundstückstransaktionskosten (GrESt, Notar, Makler)

Bei Bedarf kann daraus der sog. Nettomultiplikator als Kehrwert $(1/Y_{NAR})$ abgeleitet werden. Die Abb. 7.2 zeigt die Entwicklung der Nettoanfangsrenditen ausgewählter Immobilienmarktsegmente in Deutschland in den Jahren 2005 bis 2013. Es ist erkennbar, dass sich trotz Marktvolatilität bezogen auf die Segmente zum Teil sehr unterschiedliche Nettoanfangsrenditen erzielen lassen.

Anmerkung zu den Bewirtschaftungskosten (C_{BEW})

Bewirtschaftungskosten (C_{BEW}) sind die Ausgaben für die laufende Bewirtschaftung einer Immobilie. Diese werden gemäß § 19 ImmoWertV bzw. § 24 II. BV wie folgt eingeteilt:

- Betriebskosten,

- Instandhaltungskosten,

- Verwaltungskosten,

- Mietausfallwagnis,

- (Abschreibung)[12].

Die Bewirtschaftungskosten können bei vermieteten Flächen teilweise auf den Mieter umgelegt werden. Daher können sie auch eingeteilt werden in:

- Umlagefähige Bewirtschaftungskosten,

- Nicht umlagefähige Bewirtschaftungskosten.

Umlagefähige Bewirtschaftungskosten können dem Mieter in Rechnung gestellt werden. Sie stellen daher für den Vermieter daher nur einen „durchlaufenden Posten" dar.

---

[12] Nur in der II. BV, nicht aber in der ImmoWertV den Bewirtschaftungskosten zugeordnet.

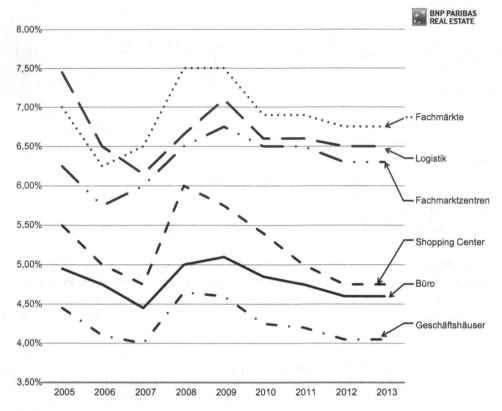

Abb. 7.2 Entwicklung der NAR für deutsche Immobilienmarktsegmente[13]

Bei der Möglichkeit der Umlage von Bewirtschaftungskosten ist in Deutschland zwischen Wohn- und Gewerbeimmobilien zu unterscheiden. Diese Regelungen ergeben sich unter anderem aus dem BGB, diversen Grundsatzurteilen und der Betriebskostenverordnung[14]:

- Gewerbeimmobilie: Es können alle Bewirtschaftungskosten bis auf die Instandhaltungskosten von „Dach und Fach" umgelegt werden.
- Wohnimmobilie: Es ist nur eine begrenzte Umlage möglich. Grundsätzlich können nur die Betriebskosten umgelegt werden. Zudem können in begrenztem Umfang auch Schönheitsreparaturen (entspricht einem Teil der Instandhaltungskosten) umgelegt werden.

---

[13] Quelle: BNP Paribas Real Estate GmbH, 2014.
[14] Die Betriebskostenverordnung (BetrKV) gilt in Deutschland seit dem 1. Januar 2004. Sie basiert auf den Regelungen des § 27 II. Berechnungsverordnung sowie der Anlage 3 zur II. Berechnungsverordnung und löst diese als gesonderte Definition der Betriebskosten ab.

7.2.9 Kapitalisierungsrate

Die Kapitalisierungsrate (engl.: *capitalization rate*, umgangssprachlich auch „*cap rate*")
spielt insbesondere in angelsächsisch geprägten Immobilienmärkten und in deren Bewertungsverfahren eine wichtige Rolle. Sie ist dort mit die griffigste Renditekennzahl analog
den Anfangsrenditen im deutschsprachigen Raum und ermittelt sich aus dem Nettobetriebsergebnis, I_{NOI} (engl.: *net operating income*, kurz *NOI*), und dem Nettokaufpreis,
C_{NKP}.

$$Y_{CAP} = \frac{I_{NOI}}{C_{NKP}} \qquad (40)$$

Analog der Nettoanfangsrendite wird bei der Cap Rate die Nettomiete in ein Verhältnis zum Kaufpreis gesetzt. Anders als bei der Nettoanfangsrendite werden hier aber die
Erwerbsnebenkosten nicht mit betrachtet.

$$Y_{CAP} = \frac{M_{NETTO}}{C_{NKP}} \qquad (41)$$

Daraus leitet sich im Detail ab:

$$Y_{CAP} = \frac{M_{VM} - C_{BEW}}{C_{NKP}} = \frac{12 \times M_{KALT} - C_{BEW}}{C_{NKP}} \qquad (42)$$

Es bedeuten:

M_{NETTO} = Nettomiete p. a.
M_{VM} = Vertragsmiete p. a.
M_{KALT} = Monatskaltmiete
C_{BEW} = nicht umlagefähige Bewirtschaftungskosten
C_{NKP} = Netto-Kaufpreis

7.2.10 Sollrenditen

Analog zu den o. g. Anfangsrenditen sind die Sollrenditen zu berechnen. Allerdings werden hier nicht die aktuellen Mieteinnahmen gem. vorliegender Mietverträge angenommen,
sondern die Jahresmieten bei angenommener Vollvermietung (zu derzeit üblichen Mieten). Daraus leiten sich ab:

- Brutto-Sollrendite (Y_{BSR}),
- Brutto-Soll-Multiplikator,
- Netto-Sollrendite (Y_{NSR}),
- Netto-Soll-Multiplikator.

7.2.11 Trading Profit

Der Trading Profit (P_{TP}) ist für den Projektentwickler die interessanteste Kenngröße, da sie letztendlich seinen Gewinn darstellt und somit eine sehr wichtige Aussage über die Sinnhaftigkeit der geplanten Investition trifft. Der Trading Profit P_{TP} ermittelt sich aus der Differenz zwischen dem Verkaufspreis des Projektes W_{VP} und der Summe aller aufgelaufenen Kosten für die Projektentwicklung C_{GIK}.

$$P_{TP} = W_{VP} - C_{GIK} \tag{43}$$

Der Trading Profit lässt sich auch als relative Kennzahlzahl in [%] zur Investition darstellen.

$$P_{TP} = \frac{W_{VP} - C_{GIK}}{C_{GIK}} \times 100\,\% \tag{44}$$

Es bedeuten:

P_{TP} = Trading Profit
W_{VP} = Verkaufspreis der entwickelten Immobilie
C_{GIK} = Gesamtinvestitionskosten

Ein marktüblicher Trading Profit für ein klassisches Bürogebäude liegt bei mindestens 15 %.

7.2.12 Net Trading Profit

Beim Net Trading Profit (P_{NTP}) werden zusätzlich zu den Gesamtinvestitionskosten C_{GIK} die eigenen Kosten des Projektentwicklers wie

- die Verzinsung des eingesetzten Eigenkapitals C_{EKZ} und
- die Kosten für den eigenen Managementaufwand C_M, z. B. die eigene Zeit, eigenes Personal, eigenes Büro etc.

berücksichtigt (vgl. Erläuterungen zu Baunebenkosten).

$$P_{NTP} = W_{VP} - C_{GIK} - (C_M + C_{EKZ}) \tag{45}$$

$$P_{NTP} = \frac{W_{VP} - C_{GIK} - (C_M + C_{EKZ})}{C_{GIK}} \times 100\,\% \tag{46}$$

Es bedeuten:

P_{NTP} = Net Trading Profit
W_{VP} = Verkaufspreis der entwickelten Immobilie
C_{GIK} = Gesamtinvestitionskosten
C_{M} = eigener Managementaufwand des Entwicklers
C_{EKZ} = Verzinsung des eingesetzten Eigenkapitals

7.3 Developer-Rechnung

7.3.1 Methodik

Die Developer-Rechnung, umgangssprachlich oft Bauträgerrechnung genannt, ist eine vergleichsweise einfache und überschlägliche Methode, um in einem frühen Stadium eines Projektes dessen wirtschaftliche Tragfähigkeit abzuschätzen.

Es gibt für die Developer-Rechnung zwei Herangehensweisen. Diese werden auch *Front-Door-Approach* und *Back-Door-Approach* genannt (siehe Abb. 7.3). Die Namen leiten sich von der Vorgehensweise der Projektentwicklungsrechnung ab, d. h. mit welchen Eingangsgrößen letztendlich entsprechende Zielgrößen zu errechnen sind.

7.3.2 Front-Door-Approach

Bei dem sogenannten *Front-Door-Approach* werden zunächst die Gesamtinvestitionskosten (C_{GIK}) prognostiziert und mit einem Zuschlag für Wagnis und Gewinn (P_{TP}) versehen. Daraus wird anschließend der erforderliche Mietertrag (Jahresmiete, Miete pro m^2 etc.) abgeleitet. Im Vergleich mit dem ortsüblichen Mietniveau der entsprechenden Immobilienart kann daraufhin abgeschätzt werden, ob sich eine Investition lohnt.

7.3.3 Back-Door-Approach

Der sogenannte *Back-Door-Approach* beginnt am entgegengesetzten Ende der Projektentwicklungsrechnung. Dieses Verfahren fängt mit einer Prognose der erzielbaren Mieterträge an und leitet daraus die Höhe des notwendigen Kapitaleinsatzes für die Gesamtinvestition (Bau und Grundstückskauf) ab. Es handelt sich also im Vergleich zum *Front-Door-Approach* um eine Rückrechnung.

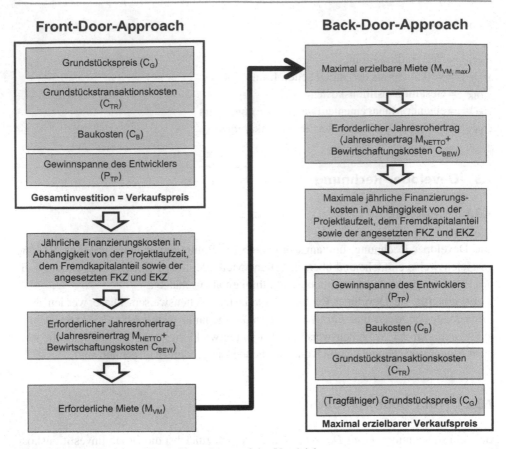

Abb. 7.3 Front-Door- und Back-Door-Approach im Vergleich

7.4   Fallbeispiel für eine Developer-Rechnung

7.4.1   Entwicklung einer Büroimmobilie

Anhand des nachfolgenden Beispiels soll das Zusammenspiel der einzelnen wirtschaftlichen Kennzahlen im Rahmen der Developer-Rechnung dargestellt werden. In den nachfolgenden Abschn. 7.4.2 und 7.4.3 wird noch einmal gesondert auf die zwei verschiedenen Herangehensweisen bei der Developer-Rechnung – *Front-Door-Approach* und *Back-Door-Approach* – eingegangen.

Die Methodik ist vergleichsweise einfach. Zunächst werden alle erforderlichen Kosten ermittelt und aufgestellt, die bis zur Fertigstellung bzw. zum Verkauf einer Immobilie anfallen. Dies sind:

> Grunderwerbskosten
> + Erschließungskosten
> + Baukosten
> + Projektnebenkosten
> + Vermarktungskosten
> + Risikorückstellungen (Unvorhergesehenes …)
> + Sonstige Kosten.

Diese werden den möglichen Erträgen zu genau diesem Zeitpunkt gegenübergestellt, also dem (avisierten) Verkaufspreis. Dieser lässt sich wiederum recht gut von den (avisierten) Mieterträgen ableiten.

7.4.1.1   Eingangsgrößen

Am Beispiel eines geplanten Bürogebäudes soll dieses nun dargestellt werden. Gegeben sind:

- Informationen über das Grundstück
  - Innerstädtisches Grundstück,
  - Grundstücksgröße mit $3500 \, \text{m}^2$,
- Vorgaben aus der Bauleitplanung (B-Plan)
  - MK = Kerngebiet,
  - GRZ = 1,0,
  - GFZ = 3,0,
- Information über Stellplatzanforderungen
  - Mindestens 50 Stellplätze,
- Information über den Immobilienmarkt
  - Marktübliche Miete (Mieterwartung) monatlich von $19 \, \text{€}/\text{m}^2$,
  - Mieterwartung pro Stellplatz monatlich 100 EUR,
- Informationen zur Finanzierung
  - Eigenkapitalquote von 20 %,
  - Aktueller Finanzierungszinssatz bei der Hausbank: 4,5 %.

7.4.1.2   Bauplanerische Konzeption

Aus diesen Eingangsgrößen können für ein modernes Bürogebäude mit guter Flächeneffizienz (80 % der BGF) folgende Werte abgeleitet werden:

- Maximale Bruttogrundfläche von $A_{\text{BGF}} = 10.000 \, \text{m}^2$ (oberirdisch – siehe Geschossfläche – und abgerundet),
- Abgeleitete oberirdische Mietfläche $A_{\text{MF}} = 80 \, \% \times A_{\text{BGF}} = 8000 \, \text{m}^2$,

- 50 Stellplätze in einer Tiefgarage[15],
- Geschätzte Zeit für Planung, Errichtung und Vermarktung: zwei Jahre, davon
  - 18 Monate Bauzeit,
  - sechs Monate Vermarktung der Flächen.

7.4.1.3 Kostenaufstellung

Grunderwerbskosten Grunderwerbskosten = Grundstückspreis + Grundstückstransaktionskosten

(A) Grundstückspreis:
   Der Grundstückspreis am betreffenden Standort wird geschätzt auf der Grundlage
   - der Erfahrungswerte,
   - der Vergleichspreise,
   - der Bodenrichtwerte (gemäß der Bodenrichtwertkarte des örtlich zuständigen Gutachterausschusses),
   - des Verkehrswertes (gemäß eines ggf. schon vorliegenden Gutachtens).

   $\Rightarrow$ *750 €/m²* als Bodenrichtwert im betreffenden Gebiet angenommen

(B) Grundstückstransaktionskosten:
   Die Grundstückstransaktionskosten bestehen aus:
   - Grunderwerbsteuer (3,5 % bis 6,0 %),
   - Notargebühr (ca. 1,5 %),
   - gegebenenfalls Erstellung eines Verkehrswertgutachtens,
   - Vermessungsgebühren.

   $\Rightarrow$ *pauschal 7 %* des Grundstückskaufpreises angesetzt

Baukosten Baukosten werden auf der Basis der Gl. 33 geschätzt:

$$C_B = C_C + C_N,$$

wobei für die Erstellungskosten C_C gilt:

$$C_C = C_E + C_K + C_{TA} + C_A + C_I.$$

Es bedeuten:

C_E = Kosten für Herrichten und Erschließen (Kostengruppe 200)
C_K = Kosten für Bauwerk/Baukonstruktion (Kostengruppe 300)

---

[15] Anm. d. Verf.: Im Flächenverbrauch sind für Tiefgaragenstellplätze Nutzflächen zwischen 15 m² und 18 m² sowie BGF zwischen 26 m² und 30 m² pro Stellplatz übliche Ansätze.

C_{TA} = Kosten für die technischen Anlagen (Kostengruppe 400)
C_A = Kosten für die Außenanlagen (Kostengruppe 500)
C_I = Kosten für die Ausstattung und Kunstwerke (Kostengruppe 600)
C_N = Kosten für die Baunebenkosten (Kostengruppe 700)

(A) Erstellungskosten des Bauwerkes

Die Erstellungskosten des Bauwerkes sind ableitbar aus:

*   Erfahrungswerten,
*   Baukostendatenbanken (z. B. BKI),
*   NHK 2010.

⇒ *1600 €/m²* ohne C_N für oberirdische A_{BGF} angesetzt

(B) Baunebenkosten des Bauwerkes

Für die Baunebenkosten ohne Finanzierungskosten kann überschläglich in Abhängigkeit vom Schwierigkeitsgrad des jeweiligen Projektes von folgenden Ansätzen ausgegangen werden[16]:

*   15 % bis 18 % bei einfachen Projekten,
*   18 % bis 23 % bei Projekten mit durchschnittlichem Schwierigkeitsgrad,
*   23 % bis 28 % bei sehr schwierigen Projekten.

Diese Ansätze gelten in Bezug auf vorgenannte Erstellungskosten:
⇒ *pauschal 20 % der Erstellungskosten* für Baunebenkosten angesetzt

Projektnebenkosten Die Projektnebenkosten bestehen aus:

*   möglichen besonderen Fachgutachten,
*   Vergütung des externen Projektmanagements, der Projektsteuerung etc.,
*   sonstigen, nicht anderweitig budgetierten Kosten.

⇒ *pauschal 5 % der Erstellungskosten* angesetzt für ein externes Projektmanagement

Risikorückstellungen Risikorückstellungen sind i. W. Aufwendungen für Unvorhergesehenes wie:

*   Baukostenüberschreitungen,
*   Bauzeitverzögerungen,
*   Sonderkosten.

⇒ *pauschal 4 % der Baukosten ohne Finanzierungskosten* angesetzt

---

[16] Vgl. Kleiber, W.; Simon, J.: Verkehrswertermittlung von Grundstücken, 2007, S. 1733.

Vermarktungskosten Vermarktungskosten = Marketingkosten + Vermietungskosten

(A) Marketingkosten
   Die Marketingkosten sind für jegliche Form von vermietungsvorbereitenden Aktivitäten anzusetzen wie:
   - Anzeigen,
   - Flyer,
   - Promotions,
   - sonstige PR-Aktionen.

   ⇒ *1,5 % der Gesamtinvestitionskosten ohne Finanzierungskosten angesetzt.*

(B) Vermietungskosten
   Vermietungskosten sind i. W. Maklerhonorare. Diese sind entsprechend der ortsüblichen Vergütung anzusetzen.

   ⇒ *drei Monatsmieten* als Maklerhonorar angesetzt

Finanzierungskosten Die Finanzierungskosten fließen als Zwischenfinanzierung des Projektentwicklers bis zum Verkauf des Objektes in die Rechnung ein. Aufgrund unterschiedlicher Zeiträume sind die einzelnen Zwischenfinanzierungen getrennt gemäß Anfall (Grundstück, Gebäudeerrichtung, mögliche Leerstandzeit) zu erfassen.
   Des Weiteren wird zwecks Vereinfachung ein linearer Verlauf als „Durchschnittswert" angenommen. Diese Annahme wird trotz der Problematik getroffen, dass der Kostenverlauf in der Praxis nie linear ist. Daher wird der Faktor 0,5 für die Zwischenfinanzierung bei der Gebäudeerrichtung angesetzt.

Annahmen

- für Grundstück: angenommene *zwei Jahre* nach Kauf,
- *für Bauwerk:* angenommene *1,5 Jahre* nach Baubeginn,
- *für Leerstand:* angenommene *0,5 Jahre* nach Baufertigstellung,
- *4,5 % Zinssatz* gewählt (z. B. aktueller Finanzierungszins der Hausbank).

7.4.1.4 Gesamtkostenermittlung

Auf der Basis der vorgenannten Erfassung und Abschätzung der einzelnen Kostenblöcke werden diese nun systematisch zusammengeführt und aufaddiert. Dies wird in Tab. 7.1 in Form einer Übersicht dargestellt.

7.4.1.5 Aufstellung der geplanten Erlöse

Ermittlung der Mieteinnahmen Es versteht sich von selbst, dass die Vermietung eines Bürogebäudes zumeist nicht auf einen Schlag geschieht, sondern sich häufig über einen

Tab. 7.1 Übersicht der Projektkosten

Pos.	Beschreibung	Ansatz	Berechungsbasis	Kosten
1	Grundstück	750 €/m²	3500 m²	2.625.000 €
2	Erwerbsnebenkosten für Grundstück	7 %	Pauschal auf (1)	183.750 €
3	**Summe Grunderwerbskosten**		(1) + (2)	**2.808.750 €**
4	Erstellungskosten Bauwerk	1600 €	10.000	16.000.000 €
5	Baunebenkosten (exkl. Finanzierung)	20 %	Pauschal auf (4)	3.200.000 €
6	**Summe Baukosten (exkl. Finanzierung)**		(4) + (5)	**19.200.000 €**
7	**Projektnebenkosten**	5 %	Pauschal auf (6)	**960.000 €**
8	**Risikorückstellungen (Unvorhergesehenes)**	4 %	Pauschal auf (6)	**768.000 €**
9	Marketingkosten	1,5 %	Pauschal auf (3) und (6)	330.131 €
10	Vermietungskosten (10.000 m² × 19 €/m² × 85 % + 50 TG × 100 €/TG)	3 Monatsmieten	152.000 €/M	456.000 €
11	**Summe Vermarktungskosten**			**786.131 €**
12	Zwischenfinanzierung Grundstück	4,50 %	24 Monate auf (3)	252.787,50 €
13	Zwischenfinanzierung Bauwerk	4,50 % (× 1/2)	18 Monate auf (6)–(9)	717.462 €
14	Zwischenfinanzierung auf Leerstand	4,50 %	6 Monate auf (3) und (6)–(9)	541.505 €
15	**Summe Finanzierungskosten**			**1.511.754 €**
16	Gesamtinvestitionskosten (GIK)			26.034.636 €
17	**GIK gerundet**			**26.000.000 €**
	C_{GIK}/A_{BGF}			*2600 €/m²*
	C_{GIK}/A_{MF}			*3059 €/m²*

längeren Zeitraum hinzieht. Idealerweise beginnt der Vermietungsprozess schon in der Planungsphase des Projektes. Er kann sich unter Umständen für einige Mieteinheiten auch über viele Monate erstrecken. Daher wird zur Vereinfachung folgende Annahme getroffen.

- maximal sechs Monate Leerstand,
- Vollvermietung nach sechs Monaten Vermarktung angenommen.

> ⇒ *1.884.000 € Mieteinnahmen* angenommen, abgeleitet aus

- 19 €/m² × 8000 m² × 12 Monate = 1.824.000 € p. a.,
- 100 €/TG-Stellplatz × 50 Stellplätze × 12 Monate = 60.000 € p. a.

Tab. 7.2 Zusammenstellung der Erlöse

Pos.	Beschreibung	Ansatz	Berechnungsbasis	Kosten
18	Vollvermietung der Büroflächen	19 €/m² p. M.	8000 m²	1.824.000 €
19	Vollvermietung der Tiefgaragenstellplätze	100 €/Stellplatz p. M.	50 Stellplätze	60.000 €
20	**Summe Mieteinnahmen**	Jahresmiete M_{NETTO}		**1.884.000 €**
21	Einstandsfaktor ($1/Y_{\text{BER}}$)	$C_{\text{GIK}}/M_{\text{NETTO}}$	(17)/(20)	**13,80**
22	**Einstandsrendite (Y_{BER})**	$M_{\text{NETTO}}/C_{\text{GIK}}$	(20)/(17)	**7,25 %**
23	Angestrebter Trading Profit (P_{TP})	pauschal auf (12)	15 %	3.900.000 €
24	Angestrebter Verkaufspreis (W_{VP})	$C_{\text{GIK}} + P_{\text{TP}}$	(17) + (23)	**29.900.000 €**
25	Verkaufsfaktor ($1/Y_{\text{BSR}}$)	$W_{\text{VP}}/M_{\text{NETTO}}$	(24)/(20)	**15,87**
26	**Verkaufs-/Brutto-Soll-Rendite (Y_{BSR})**	$M_{\text{NETTO}}/W_{\text{VP}}$	(20)/(24)	6,30 %
	$W_{\text{VP}}/A_{\text{BGF}}$			*2990 €*
	$W_{\text{VP}}/A_{\text{MF}}$			*3518 €*

Ermittlung des Verkaufserlöses Der Verkaufspreis leitet sich gemäß Gl. 43 aus der Summe der Gesamtinvestitionskosten und dem angestrebten Trading Profit ab (siehe Tab. 7.2).

$$W_{\text{VP}} = C_{\text{GIK}} + P_{\text{TP}}$$

⇒ *29.900.000 € Verkaufserlös* avisiert, abgeleitet aus

- Gesamtinvestitionskosten = 26.000.000 € (gerundet),
- (Gross) Trading Profit = 15 % von GIK = 3.900.000 €.

7.4.1.6 Wirtschaftliche Beurteilung

Einstandsrendite (bezogen auf Investition) Die Einstandsrendite bezieht sich auf die Investition. Sie wird als (statische) Break-Even-Rendite (BER) gemäß Gl. 35 ermittelt

$$Y_{\text{BER}} = \frac{M_{\text{NETTO}}}{C_{\text{GIK}}} \tag{35}$$

⇒ *7,25 %* Einstandsrendite, bezogen auf die zu tätigende Investition bei

- Gesamtinvestitionskosten = 26.000.000 € (gerundet),
- Jahresmiete i. H. v. 1.884.000 € (als Jahresnettomieteinahmen).

Dies führt zu einem Multiplikator als Einstandsfaktor

$$F_{\text{EINSTANDSFAKTOR}} = \frac{C_{\text{GIK}}}{M_{\text{NETTO}}} = \frac{1}{Y_{\text{BER}}}.$$

$\Rightarrow$ *13,8-facher Einstandsfaktor* bezogen auf die zu tätigende Investition

Verkaufsrendite (bezogen auf Verkaufserlös) Die Verkaufsrendite bezieht sich auf den Verkaufserlös. Sie wird als (statische) Brutto-Anfangsrendite (BAR) gemäß Gl. 36 ermittelt.

$$Y_{\text{BAR}} = \frac{M_{\text{NETTO}}}{C_{\text{NKP}}}$$

Anmerkung
Die gegebenenfalls anfallenden Erwerbsnebenkosten des Käufers werden hier bei C_{NKP} nicht berücksichtigt.

$\Rightarrow$ *6,30 % Verkaufsrendite*, bezogen auf den geplanten Verkaufserlös

- Verkaufspreis = 29.900.000 € (gerundet),
- Jahresmiete i. H. v. 1.884.000 € (als Jahresnettomieteinnahmen).

Dies führt zu einem Bruttomultiplikator als Verkaufsfaktor

$$F_{\text{VERKAUFSFAKTOR}} = \frac{C_{\text{GIK}}}{M_{\text{NETTO}}} = \frac{1}{\text{Verkaufsrendite}}.$$

$\Rightarrow$ *15,87-facher Verkaufsfaktor* bezogen auf die zu tätigende Investition

Berücksichtigung der Eigenkosten Für die Feststellung der Eigenwirtschaftlichkeit, d. h. der Sinnhaftigkeit der Investition aus der Sicht des Projektentwicklers müssen noch dessen eigenen Kosten vom (Gross) Trading Profit abgezogen werden (siehe Tab. 7.3). Dies sind:

- eigene Aufwendungen (Deckungsbeitrag) = 33 % vom Trading Profit angenommen,
- Verzinsung des eingesetzten Eigenkapitals = 13 % (selbst veranschlagt).

Der Net Trading Profit ermittelt sich aus der Gl. 45

$$P_{\text{NTP}} = W_{\text{VP}} - C_{\text{GIK}} - (C_{\text{M}} + C_{\text{EKZ}}).$$

Daraus leitet sich folgende Formel ab:

$$P_{\text{NTP}} = P_{\text{TP}} - (C_{\text{M}} + C_{\text{EKZ}}).$$

$\Rightarrow$ *8,05 % Net Trading Profit*, bezogen auf Einstand (Gesamtinvestitionskosten)

Tab. 7.3 Ermittlung Net Trading Profit

Pos.	Beschreibung	Ansatz	Berechnungsbasis	Kosten
27	Angestrebter (Gross) Trading Profit (P_{TP}) – siehe (23)	pauschal auf (17)	15 %	**3.900.000 €**
28	Eigenkosten (Deckungsbeitrag)	pauschal auf (27)	33,33 %	– 1.299.870 €
29	EK-Verzinsung	pauschal auf (27)	13,00 %	– 507.000 €
30	Net Trading Profit (P_{NTP})	(27) abzgl. (28) + (29)		2.093.130 €
31	Net Trading Profit (P_{NTP}) bezogen auf Einstand (C_{GIK})	(30)/(17)		**8,05 %**

7.4.1.7 Risikoanalyse

Danach gilt es, mögliche Risiken und deren Auswirkungen auf den Trading Profit zu analysieren. Es geht hierbei um die Berücksichtigung von möglichen Risiken, z. B. von Änderungen im Marktumfeld. Diese zeigen sich durch:

- Änderung der erzielbaren Mieten,
- Änderung der Verkaufspreise,
- Änderung der Vermarktungsfähigkeit (Leerstandzeit, Marketingkosten, . . .),
- Änderung der Baukosten,
- Änderung der Grunderwerbskosten (Grundstückspreis, Grundstückstransaktionskosten wie beispielsweise die Grunderwerbsteuer),
- etc.

Die Risiken können beispielsweise mittels einer Sensitivitätsanalyse möglicher Risiko-Eingangsgrößen analysiert werden.

Im Rahmen dieses Fallbeispiels werden zwei Risiken analysiert. Diese werden zudem nicht nur getrennt, sondern in einer Matrix in Wechselwirkung zueinander dargestellt (siehe Tab. 7.4):

- Schwankung der Mieten um +/– 10 %,
- Schwankung des Verkaufspreises ⇒ Verkaufsfaktor (Multiplikator) +/– 1,00.

Diese Darstellung zeigt sehr gut, dass bereits bei einem Zusammenwirken von einer Miete 10 % unterhalb des erwarteten Niveaus sowie einem Anstieg i. H. v. 10 % in den Gesamtinvestitionskosten ein Verlust entsteht. Da der Verkaufspreis unmittelbar von der erzielbaren Miete abhängt, handelt es sich hierbei sogar um ein sehr realistisches Risiko. Die Sensitivitätsanalyse zeigt zudem, wie volatil der wirtschaftliche Erfolg des Projektentwicklers sein kann und wie schnell bei selbst kleinen Änderungen der Eingangsgrößen Gewinnsprünge, aber auch Verluste erzielt werden können. Vor diesem Hintergrund ist die antizipierte Marge von 15 % durchaus gerechtfertigt.

Tab. 7.4 Sensitivitätsanalyse (Auswirkungen auf Gross Trading Profit)

Mieteinnahmen (exkl. TG-Stellplätze)	Mietreduktion (-10%) $17{,}90\,€/m^2$	Prognostizierte Miete $19\,€/m^2$	Mietsteigerung ($+10\%$) $20{,}90\,€/m^2$
GIK-Minderung Reduktion um 10 %	4,8 Mio. € 17 %	6,6 Mio. € 22 %	9,4 Mio. € 29 %
GIK gemäß Rechnung kostenneutral	2,2 Mio. € 8 %	**3,9 Mio. €** 15 %	6,8 Mio. € 21 %
GIK-Mehrung Steigerung um 10 %	$-0{,}4$ Mio. € -1%	1,3 Mio. € 4 %	4,2 Mio. € 13 %

7.4.2 Beispielrechnung nach Front-Door-Approach

Wie bereits oben ausgeführt, werden bei dem sogenannten *Front-Door-Approach* zunächst die Gesamtinvestitionskosten prognostiziert und mit einem Zuschlag für Wagnis und Gewinn versehen. Daraus wird anschließend der erforderliche Verkaufspreis abgeleitet, der letztendlich den zu erzielenden Mietertrag (Jahresmiete, Miete pro m² etc.) definiert. Im Vergleich mit dem ortsüblichen Mietniveau der entsprechenden Immobilienart kann dann abgeschätzt werden, ob sich eine Investition lohnt.

Berechnung Aus der Gl. 43 ergibt sich $C_{GIK} + P_{TP} = W_{VP}$.

C_{GIK} = 26.000.000 € (ermittelt)
P_{TP} = 15 % (Vorgabe)
W_{VP} = 26.000.000 € × 1,15 = 29.900.000 €

Gemäß Erfahrung werden vergleichbare Objekte im Immobilienmarkt für (Brutto-) Multiplikatoren in Höhe von 15 bis 16 gehandelt. Die Berechnung basiert auf den Gln. 36 und 37:

$$F_{BRUTTO} = \frac{1}{Y_{BAR}} = \frac{C_{NKP}}{M_{VM}} \quad \text{und} \quad Y_{BAR} = \frac{M_{VM}}{C_{NKP}}.$$

Unter Gleichsetzung von $W_{VP} = C_{NKP}$ ergibt sich:

$$M_{VM} = \frac{W_{VP}}{F_{BRUTTO}}. \tag{47}$$

$\Rightarrow M_{VM(16)} = 29.900.000\,€\,/\,15 = 1.993.333\,€,$
$\Rightarrow M_{VM(17)} = 29.900.000\,€\,/\,16 = 1.868.750\,€.$

Je nach Verkaufsfaktor müssten also Mieterlöse in der Größenordnung von 1,87 Mio. € bis 1,99 Mio. € erzielt werden. Dabei können die Erlöse für die 50 vermieteten Stellplätze in der Tiefgarage mit einer Monatsmiete i. H. v. 100 EUR/Stellplatz klar abgegrenzt und als marktüblich definiert werden. Somit ergeben sich die zu erzielenden jährliche Büromieten wie folgt:

$$\Rightarrow M_{\text{VM, BÜRO (16)}} = 1{,}99 \text{ Mio. €} - (50 \times 100 \text{ €} \times 12 \text{ Monate}) = 1{,}93 \text{ Mio. €},$$
$$\Rightarrow M_{\text{VM, BÜRO (17)}} = 1{,}87 \text{ Mio. €} - (50 \times 100 \text{ €} \times 12 \text{ Monate}) = 1{,}81 \text{ Mio. €}.$$

Aus den bauleitplanerischen Vorgaben konnte ein bauplanerisches Konzept mit einer Bruttogrundfläche von $10.000 \, \text{m}^2$ und daraus wiederum eine anzunehmende vermietbare Fläche von $8000 \, \text{m}^2$ abgeleitet werden. Daraus ergibt sich die folgende Monatsmiete auf Quadratmeterbasis:

$$m_{\text{VM}} = \frac{M_{\text{VM}}}{A_{\text{MF}}} \times \frac{1}{12}. \tag{48}$$

$$\Rightarrow m_{\text{VM, BÜRO (16)}} = 1{,}93 \text{ Mio. €} / (8000 \, \text{m}^2 \times 12 \text{ Monate}) = 20{,}14 \text{ €/m}^2,$$
$$\Rightarrow m_{\text{VM, BÜRO (17)}} = 1{,}81 \text{ Mio. €} / (8000 \, \text{m}^2 \times 12 \text{ Monate}) = 18{,}84 \text{ €/m}^2.$$

Ergebnis Im betrachteten Immobilienmarkt sind Büromieten in einer Größenordnung von $18{,}84 \, \text{€/m}^2$ bis $20{,}14 \, \text{€/m}^2$ in vergleichbaren Objekten erzielbar. Damit gilt die Projektentwicklung unter den getroffenen Annahmen hinsichtlich Gesamtinvestitionskosten, Trading Profit und erzielbarem Verkaufserlös als realistisch und somit als machbar.

7.4.3   Beispielrechnung nach Back-Door-Approach

Wie dargestellt, ist der sogenannte *Back-Door-Approach* eine Rückrechnung. Sie beginnt also mit einer Prognose der erzielbaren Mieterträge und leitet daraus die Höhe des notwendigen Kapitaleinsatzes für die Gesamtinvestition (Bau und Grundstückskauf) ab.

Berechnung Aus der Gl. 43 ergibt sich $W_{\text{VP}} - P_{\text{TP}} = C_{\text{GIK}}$.

Im betrachteten Marktsegment sind für Büroobjekte $19 \, \text{€/m}^2$ eine realistisch erzielbare Miete. Für das zu bebauende Grundstück ergibt sich aus bauleitplanerischen Vorgaben eine bauplanerische Konzeption mit einer Bruttogrundfläche von $10.000 \, \text{m}^2$ und daraus aus Effizienzkennwerten eine vermietbare Fläche von $8500 \, \text{m}^2$. Hinzu kommen 50 Tiefgaragenstellplätze, welche im Marktumfeld zu jeweils monatlich $100 \, \text{€/Stellplatz}$ vermietet werden können.

Daraus ergeben sich folgende Jahresmieten M, abgeleitet von flächenbezogenen Monatsmieten m.

$$M_{\text{VM,BÜRO}} = m_{\text{VM}} \times A_{\text{MF}} \times 12 \text{ für die Büroflächen} \tag{49}$$

$$M_{\text{VM,TG}} = m_{\text{VM}} \times s_{\text{TG}} \times 12 \text{ für Tiefgaragenstellplätze} \tag{50}$$

$\Rightarrow M_{VM,\ BÜRO} = 19\ €/m^2 \times 8000\ m^2 \times 12 = 1.824.000\ €,$

$\Rightarrow M_{VM,\ TG} = 100\ €/Stellplatz \times 50\ Stellplätze \times 12 = 60.000\ €,$

$\Rightarrow M_{VM} = M_{VM,\ BÜRO} + M_{VM,\ TG} = 1.884.000\ €.$

Gemäß Erfahrung werden vergleichbare Objekte im Immobilienmarkt für (Brutto-) Multiplikatoren in Höhe von 15 bis 16 gehandelt. Die Berechnung basiert auf den Gl. 36 und 37:

$$F_{BRUTTO} = \frac{1}{Y_{BAR}} = \frac{C_{NKP}}{M_{VM}} \quad \text{und} \quad Y_{BAR} = \frac{M_{VM}}{C_{NKP}}.$$

Unter Gleichsetzung von $W_{VP} = C_{NKP}$ ergibt sich:

$$W_{VP} = M_{VM} \times F_{BRUTTO}. \tag{51}$$

$\Rightarrow W_{VP(16)} = 1.884.000\ € \times 16 = 30.144.000\ €,$

$\Rightarrow W_{VP(17)} = 1.884.000\ € \times 17 = 32.028.000\ €.$

Basierend auf der Gl. 43 ergibt sich:

$$C_{GIK} = W_{VP} - P_{TP}. \tag{52}$$

Dabei wird ein Entwicklergewinn (Trading Profit) von mindestens 15 % angenommen.

$\Rightarrow C_{GIK(16)} = 30.144.000\ € - 15\ \% \times 30.144.000\ € = 25.622.400\ €,$

$\Rightarrow C_{GIK(17)} = 32.028.000\ € - 15\ \% \times 32.028.000\ € = 27.223.800\ €.$

Bezug nehmend auf eine Bruttogrundfläche von 10.000 m² ergibt sich ein flächenbezogener Kennwert für die Gesamtinvestitionskosten:

$$c_{GIK} = \frac{C_{GIK}}{A_{BGF}}. \tag{53}$$

$\Rightarrow c_{GIK(16)} = 25.622.400\ €\ /\ 10.000\ m^2 = 2562\ €/m^2,$

$\Rightarrow c_{GIK(17)} = 27.223.800\ €\ /\ 10.000\ m^2 = 2722\ €/m^2.$

Ergebnis Sowohl nach Erfahrungswerten als auch nach allgemein zugänglichen Vergleichswerten (z. B. BKI-Kennzahlen) sind vergleichbare Büroobjekte für 2500 €/m² bis 2700 €/m² bezogen auf die Bruttogrundfläche realisierbar[17].

Damit gilt die Projektentwicklung unter den getroffenen Annahmen hinsichtlich der erzielbaren Mieteinnahmen, des Trading Profit und des platzierbaren Verkaufserlöses als realistisch und somit als machbar.

---

[17] Anm. d. Verf.: Die Kennwerte der BKI inkludieren die Umsatzsteuer. Daher sind im Falle eines Vergleiches die BKI-Werte um die Umsatzsteuer zu reduzieren.

7.5 Ableitung des Grundstückspreises

7.5.1 Wirtschaftliche Aspekte eines Grundstückes

Jede Projektentwicklung erfordert Investitionen in die innere Erschließung des Grundstückes, einschließlich deren Planung und Finanzierung sowie gegebenenfalls auch der Ausbau umliegender, weiterführender Infrastrukturen (z. B. Verkehrsanbindung, Lager, Umschlagseinrichtungen, Hochwasserschutz usw.). Diese sind nur möglich, wenn sich alle Stakeholder des Projektes, also z. B. die bisherigen Grundstückseigentümer, die Behörden, die Banken und die interessierten Investoren über die damit verbundenen Kosten im Klaren sind.

Dies ist anhand der Projektkalkulation mit realistischen Annahmen hinsichtlich des Grundstückspreises, der Art und des Maßes der baulichen Nutzung sowie der Erstellungs- und Finanzierungskosten möglich.

Der Grundstücksmarkt selbst definiert sich wie jeder andere frei funktionierende Markt über Angebot und Nachfrage. Gewerbliche und industrielle Grundstücke haben hierbei einerseits den Vorteil, zumeist in peripheren Randlagen oder abseits urbaner Siedlungsgebiete ausgewiesen zu werden. Dies deutet tendenziell auf niedrige Grundstückspreise hin. Diese Unterstellung stimmt auch für Regionen mit fallender oder stagnierender Wirtschaftskraft. In einem dynamisch wachsenden ökonomischen Umfeld ist jedoch oft mit einer Knappheit von Gewerbe- und Industrieflächen zu rechnen, welche sich auch preislich niederschlägt.

Im Rahmen einer Standortevaluierung für ein Projekt sind üblicherweise Grundstücke in unterschiedlichstem Zustand und in verschiedenen Lagen miteinander zu vergleichen. Dies macht die Vergleichbarkeit für eine Einschätzung nicht einfach.

Copozza/Helsley haben diesen Sachverhalt untersucht und 1989 ein Modell hierzu veröffentlicht (siehe Abb. 7.4). Dabei wird für den Grundstückspreis von vier additiven Komponenten ausgegangen:

(1) Grundstückspreis für landwirtschaftliche Nutzung ohne Erwartung einer baulichen Nutzbarkeit,
(2) Wert, der sich durch die Erschließungs- und Lagegunst des Grundstückes in Abhängigkeit von der Entfernung zum Stadtzentrum ergibt,
(3) Kosten für die (infrastrukturelle) Erschließung des Grundstückes,
(4) (zukünftig zu erwartender) Wertzuwachs des Grundstückes infolge Siedlungserweiterung.

Sofern das Grundstück noch nicht erschlossen ist (Rohbauland), ist Punkt (3) unabhängig von der Lage wertmäßig nicht zu berücksichtigen. Interessant ist bei der praktischen Anwendung dieses Modells, dass der Bodenpreis bei einer großen Entfernung von urbanen Gebieten ($D_B \ll D_S < D_G$) zunehmend dem Preis von Ackerland entspricht. Je weiter

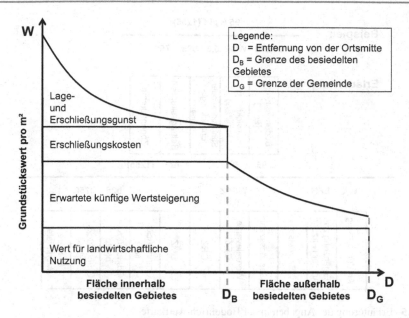

Abb. 7.4 Modell von Copozza und Helsley (Schematik)[18]

die Lage des Grundstückes sich besiedelten Gebieten nähert ($D_B < D_S \ll D_G$), umso höher steigt die Erwartung einer möglichen künftigen Wertsteigerung.

An der Übergangsstelle zu bereits erschlossenem Gelände ($D_B = D_S$) springt der Grundstückswert und erfährt danach mit weiterer Annäherung an den Siedlungskern ($D_S < D_B$) eine zunehmende Steigerung aufgrund der Berücksichtigung von Lage- und Erschließungsgunst.[19]

Es bedeuten:

D_B = Entfernung der Außengrenze eines besiedelten Gebietes innerhalb einer Gemeinde von der Ortsmitte

D_G = Entfernung der Gemeindegrenze von der Ortsmitte

D_S = Entfernung des Grundstücksstandortes von der Ortsmitte

Zur wertmäßigen Ermittlung des Grundstückspreises gibt es zwei mögliche Wertansätze, die nachstehend erläutert werden:

- der Vergleichswert,
- der Residualwert.

---

[18] Capozza, D. R.; Helsley, R. W.: The Fundamentals of Land Prices and Urban Growth; Journal of Urban Economics No. 26, 1989, S. 300.
[19] Vgl. Koll-Schretzenmayr, M.: Strategien zur Umnutzung von Industrie- und Gewerbebrachen, 2000, S. 45.

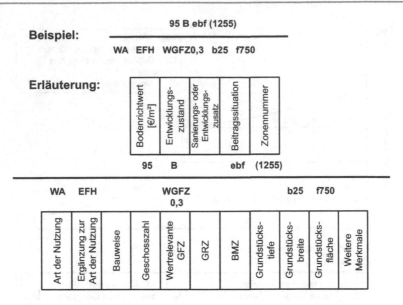

Abb. 7.5 Erläuterung der Angaben in der Bodenrichtwertkarte

7.5.2 Bodenrichtwerte

In Deutschland werden Bodenrichtwerte von Gutachterausschüssen[20] auf der Basis von Kaufpreissammlungen zur Verfügung gestellt. Die Bodenrichtwerte werden gemäß der Bodenrichtwertrichtlinie (BRW-RL) in der nachfolgend dargestellten Form angegeben.

Der Bodenrichtwert ist als Betrag in Euro pro Quadratmeter Grundstücksfläche ausgewiesen. Im Kartenbild (Abb. 7.5) sind die weiteren Bodenrichtwertinformationen in verkürzter Form dargestellt.

Die jeweiligen Angaben haben folgende Bedeutung:

Entwicklungszustand

B = baureifes Land
R = Rohbauland
E = Bauerwartungsland
SF = sonstige Flächen

Beitragssituation

Keine Angabe: Die Bodenrichtwerte beziehen sich auf Baugrundstücke, bei denen für die vorhandenen Anlagen Erschließungsbeiträge i. S. des § 127 Abs. 2

---

[20] http://www.gutachterausschuesse-online.de/.

	BauGB, Kostenerstattungsbeträge für Ausgleichsmaßnahmen nach § 135a BauGB sowie Abgaben nach dem jeweiligen Kommunalabgabengesetz nicht bzw. nicht mehr erhoben werden.
ebf:	Die Bodenrichtwerte beziehen sich auf Baugrundstücke, bei denen für die vorhandenen Anlagen Erschließungsbeiträge i. S. des § 127 Abs. 2 BauGB und Kostenerstattungsbeträge für Ausgleichsmaßnahmen nach § 135a BauGB nicht bzw. nicht mehr, aber Abgaben nach dem jeweiligen Kommunalabgabengesetz noch erhoben werden können.
ebpf:	Die Bodenrichtwerte beziehen sich auf Baugrundstücke, bei denen Erschließungsbeiträge i. S. des § 127 Abs. 2 BauGB, Kostenerstattungsbeträge für Ausgleichsmaßnahmen nach § 135a BauGB sowie Abgaben nach dem jeweiligen Kommunalabgabengesetz noch erhoben werden können.

Sanierungs- oder Entwicklungszusatz

SU: Sanierungsunbeeinflusster Bodenrichtwert ohne Berücksichtigung der rechtlichen und tatsächlichen Neuordnung

EU: Entwicklungsunbeeinflusster Bodenrichtwert ohne Berücksichtigung der rechtlichen und tatsächlichen Neuordnung

SB: Sanierungsbeeinflusster Bodenrichtwert unter Berücksichtigung der rechtlichen und tatsächlichen Neuordnung

EB: Entwicklungsbeeinflusster Bodenrichtwert unter Berücksichtigung der rechtlichen und tatsächlichen Neuordnung

Die Begrenzung förmlich festgelegter Gebiete nach dem Zweiten Kapitel BauGB (Besonderes Städtebaurecht) wird durch eine Begleitlinie dargestellt; auf den Verfahrensgrund wird durch Schriftzusatz hingewiesen:

San = Sanierungsgebiet
Entw = Entwicklungsgebiet

Art der baulichen Nutzung Die Zuordnung der Bauflächen bzw. Baugebiete erfolgt durch die Bezeichnung gemäß § 1 BauNVO (siehe Abschn. 4.4.2.2).

Die Bauflächen können durch folgende Ergänzung zur Art der Nutzung weiter spezifiziert sein:

EFH	= Ein- u. Zweifamilienhäuser	LAD	= Läden (eingeschossig)
MFH	= Mehrfamilienhäuser	EKZ	= Einkaufszentren
GH	= Geschäftshäuser (mehrgeschossig)	MES	= Messen, Ausstellungen, Kongresse etc.
WGH	= Wohn- und Geschäftshäuser	BI	= Bildungseinrichtungen
BGH	= Büro- und Geschäftshäuser	MED	= Gesundheitseinrichtungen
BH	= Bürohäuser	HAF	= Hafen
PL	= Produktion und Logistik	GAR	= Garagen, Stellplatzanlagen, Parkhäuser
WO	= Wochenendhäuser	MIL	= Militär
FEH	= Ferienhäuser	LP	= Landwirtschaftliche Produktion
FZT	= Freizeit und Touristik	ASB	= Außenbereich

Sonstige Flächen:

PG	= private Grünfläche	WF	= Wasserfläche
KGA	= Kleingartenfläche	FP	= Flughäfen, Flugplätze
FGA	= Freizeitgartenfläche	PP	= priv. Parkplatz, Stellplatz
CA	= Campingplatz	LG	= Lagerfläche
SPO	= Sportfläche	AB	= Abbauland
SG	= sonstige private Fläche	GF	= Gemeinbedarfsfläche (kein Bauland)
FH	= Friedhof	SN	= Sondernutzungsfläche

Abbauland kann durch folgende Ergänzung zur Art der Nutzung weiter spezifiziert sein:

SND	= Abbauland von Sand und Kies
TON	= Abbauland von Ton und Mergel
TOF	= Abbauland von Torf
STN	= Steinbruch
KOH	= Braunkohletagebau

Bauweise

o = offene Bauweise	eh = Einzelhäuser	rh = Reihenhäuser
g = geschlossene Bauweise	ed = Einzel- u. Doppelhäuser	rm = Reihenmittelhäuser
a = abweichende Bauweise	dh = Doppelhaushälften	re = Reihenendhäuser

Maß der baulichen Nutzung Das Maß der baulichen Nutzung nach der BauNVO wird beschrieben durch:

II = Geschosszahl (als römische Ziffer)
WGFZ = Wertrelevante Geschossflächenzahl
BMZ = Baumassenzahl

Weitere Angaben zum Richtwertgrundstück

t = Grundstückstiefe in Metern, z. B. $t20 = 20$ m Grundstückstiefe
b = Grundstücksbreite in Metern, z. B. $b20 = 50$ m Grundstückstiefe
f = Grundstücksfläche in Metern, z. B. $f500 = 500$ m^2 Grundstücksfläche

Die hier dargestellten Zustandsmerkmale werden jedoch nicht immer vollumfänglich angegeben. Sie sind in der jeweiligen Bodenrichtwertdefinition nur enthalten, wenn sie örtlich wertrelevant sind. Zur Berücksichtigung von Wertunterschieden, die auf Abweichungen von den wesentlichen wertbeeinflussenden Merkmalen des Bodenrichtwertgrundstückes beruhen, sind ggf. Umrechnungstabellen anzuwenden oder Zu- bzw. Abschläge bei der jeweils zuständigen Geschäftsstelle des Gutachterausschusses zu erfragen.

7.5.3 Vergleichswert

Methodik Die Vergleichswertmethode setzt auf die Heranziehung von Vergleichspreisen oder aber von Bodenrichtwerten. In Deutschland werden Bodenrichtwerte von Gutachterausschüssen[21] auf der Basis von Kaufpreissammlungen zur Verfügung gestellt (siehe Abb. 7.6).

In anderen Ländern sind derartige Informationen zum Teil über Behörden oder unabhängige Institute verfügbar. Vergleichspreise beziehen sich auf unmittelbar bekannte und vergleichbare Grundstückstransaktionen. Die Vergleichbarkeit in Bezug auf die Übereinstimmung der Zustandsmerkmale ist hierbei von ganz besonderer Bedeutung.

Diese leiten sich gemäß § 4 ImmoWertV insbesondere aus

• den rechtlichen Gegebenheiten,
• den tatsächlichen Eigenschaften (z. B. Bodenbeschaffenheit, Grundstücksgröße, Grundstückszuschnitt),
• der Lage des Grundstückes,
• dem Entwicklungszustand,
• der Art und dem Maß der baulichen Nutzung,

---

[21] http://www.gutachterausschuesse-online.de/.

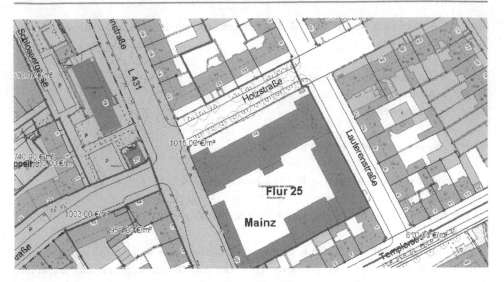

Abb. 7.6 Bodenrichtwertkarte der Stadt Mainz (Auszug)[22]

- den wertbeeinflussenden Rechten und Belastungen und
- dem abgabenrechtlichen Zustand (z. B. Erschließungsbeiträge)

ab.

Sollten auf dem Grundstück bereits bauliche Anlagen vorhanden sein, so sind hierfür zudem deren Alter, Bauzustand und möglicher Ertrag relevant[23]. Die Vergleichswertmethode ist in der deutschen ImmoWertV[24] und WertR[25] im Detail geregelt. Die WertR soll künftig durch gesonderte Richtlinien abgelöst werden. Die geplante Vergleichswertrichtlinie ist derzeit in Erarbeitung. Ähnliche Verfahren gibt es ebenso in anderen Ländern, z. B. als *Direct Value Comparison Method*[26] oder *Comparative Method*[27]. Auf die Methodik der Ermittlung des Vergleichswertes wird in Abschn. 7.6.5.2 noch einmal gesondert eingegangen.

---

[22] www.mainz.de/WGAPublisher/online/html/default/HTHN-7U8AUA.DE.0 (Stand 05.01.2012).

[23] Vgl. Kleiber, W.; Simon, J.: Verkehrswertermittlung von Grundstücken, 2007, S. 1144.

[24] Verordnung über die Grundsätze für die Ermittlung der Verkehrswerte von Grundstücken (Immobilienwertermittlungsverordnung) in der aktuellen Fassung von 2010.

[25] Richtlinie für die Ermittlung der Verkehrswerte (Marktwerte) von Grundstücken (Wertermittlungsrichtlinie) in der aktuellen Fassung von 2006 (WertR 06).

[26] Vgl. White, D.; Turner, J.; Jenyon, B.; Lincoln, N.: Internationale Bewertungsverfahren für das Investment in Immobilien, 1999, S. 19.

[27] Vgl. Brinsa, T.: Nationale und Internationale Immobilienbewertung, 2007, S. 109.

Beurteilung Grundsätzlich ist aber der Nutzung von Vergleichspreisen der Vorzug vor den Bodenrichtwerten zu geben. Gerade in den für industrielle Ansiedlungen typischen Randlagen und dünn besiedelten Regionen finden jedoch zumeist sehr wenige Grundstückstransaktionen statt. Dieses macht Bodenrichtwerte aufgrund einer sehr geringen Datenbasis angreifbar.

7.5.4 Residualwert

Methodik Das Wort Residuum heißt das „Zurückgebliebene". Die Residualwertmethode leitet den (maximal) tragfähigen Grundstückspreis W_G aus dem letztendlichen Verkaufspreis der Projektentwicklung W_{VP}, reduziert um die Entwicklungskosten C_{GHK} und den Entwicklergewinn P ab.

Das Grundprinzip dieser Methode lässt sich wie folgt zusammenfassen:

$$W_G = W_{VP} - C_{GHK}. \tag{54}$$

Zu den Entwicklungs- bzw. Gesamtherstellungskosten C_{GHK} sind zu zählen:

- Baukosten C_B (Kostengruppen 200, 300, 400, 500, 600 und 700),
- Honorare C_V bei der Vermarktung/Vermietung (Makler etc.),
- Finanzierungs- und Zwischenfinanzierungskosten C_F für Bau und Grundstück,
- unvorhergesehene Kosten C_U (z. B. 5 % der Baukosten),
- Grundstückstransaktionskosten C_{TR},
- zu erwirtschaftender Gewinn P.

Daraus ergibt sich ein maximaler Grundstückswert für ein im Rahmen der Projektentwicklung zu akquirierendes Grundstück:

$$W_G = W_{VP} - (C_B + C_V + C_F + C_U + C_{TR} + P). \tag{55}$$

Dabei gilt es für die Baukosten die bereits vorgenannte Gl. 31 zu berücksichtigen:

$$C_B = C_E + C_K + C_{TA} + C_A + C_I + C_N.$$

Es bedeuten:

C_B = Baukosten
C_E = Kosten für das Herrichten und Erschließen gem. Kostengruppe 200
C_K = Kosten für das Bauwerk/Baukonstruktion gem. Kostengruppe 300
C_{TA} = Kosten für die technischen Anlagen gem. Kostengruppe 400
C_A = Kosten für die Außenanlagen gem. Kostengruppe 500

C_I = Kosten für die Ausstattung und Kunstwerke gem. Kostengruppe 600

C_N = Kosten für die Baunebenkosten gem. Kostengruppe 700, aber ohne Finanzierungskosten[28]

Beurteilung Dieses Verfahren ist ein gängiges und praktikables Verfahren für Bauträger und Projektentwickler als Hilfsmittel bei einer Investitionsrechnung. Es ist daher an sich nicht als Verfahren zur Ermittlung eines Verkehrswertes zu betrachten.

Allerdings birgt das Verfahren auch Probleme und Risiken. Bei dem Ansatz der Wert- und Kostenkenngrößen ist große Vorsicht geboten. Trotz großer Erfahrung kann es hier bei der späteren Umsetzung schnell zu Abweichungen kommen, z. B. bei einer Bauzeitverzögerung: Die Finanzierungskosten schnellen in die Höhe, die Baukosten können steigen und ggf. ist mit erhöhten Vermarktungskosten zu rechnen, da das Objekt nicht zum erwarteten Zeitpunkt im Markt platziert werden konnte.

Die Methode findet besonders bei der Ermittlung von Preisen (keine Wertermittlung!) für bebaute und unbebaute Grundstücke Anwendung und wird meist dann herangezogen, wenn keine vergleichbaren Markttransaktionen vorliegen, die eine Bewertung nach den Vergleichswertverfahren zulassen würden. Die Residualwertmethode eignet sich hervorragend, um die zwei nachfolgenden Sachverhalte zu ermitteln bzw. zu evaluieren:

• Definition der Obergrenze für den zu zahlenden Grundstückpreis oder
• Maximierung der Marge bei einem bereits feststehenden Standort und Grundstückspreis durch einen Vergleich (Sensitivität) der Investitionskosten unterschiedlicher Projektalternativen am Standort.

In letzterem Fall wird diese Methode in der Praxis oft für klassische Projektentwicklungen im Bauträgerbereich angewendet und daher auch umgangssprachlich als Bauträgerrechnung bezeichnet. Dies offenbart aber ebenso bereits die Grenzen der Methode. Einerseits ist die Residualwertmethode nicht für die Analyse von mehreren Standortalternativen geeignet. Andererseits ist der zu erwartende Gewinn aus der Veräußerung des Objektes eine Eingangsgröße dieser Methode. Dieser Ansatz unterscheidet die Projektentwicklung eines Bauträgers grundsätzlich von der eines industriellen Investors. Letzterer errichtet insbesondere seine Produktionsanlage nicht schon mit der Intention, diese in absehbarer Zukunft wieder zu veräußern. Diese Langfristigkeit des Investments führt dazu, dass die Residualwertmethode für industrielle Standortevaluierungen ungeeignet ist.

Es sei zudem nochmals herausgestellt, dass es sich bei der Residualwertmethode nach allgemeiner Ansicht nicht um ein klassisches Verfahren der Verkehrswertermittlung, sondern eher um eine Investitionsrechnung handelt.

---

[28] Anm. d. Verf.: Zu den Baunebenkosten gehören Aufgaben des Bauherrn wie Baubetreuung, vorbereitende Studien und Wertermittlungen, Architekten- und Ingenieurleistungen (in Deutschland gem. HOAI), Fachgutachten und Beratungen, aber auch Finanzierungs- und Zwischenfinanzierungskosten (als Komponente C_F in Gl. 55 bereits separat ausgewiesen).

7.6 Immobilienbewertung im Überblick

7.6.1 Anwendungsgebiete der Immobilienbewertung im CREM

Ein wichtiger Punkt im Zusammenhang mit einer möglichst realistischen Wirtschaftlich-keitsbewertung eines Projektes, aber auch als Basis für die anschließende Vertragsver-handlung ist eine sach- und fachgerechte Bewertung des Grundstückes und der aufste-henden Bauwerke. Des Weiteren stellt die Immobilienbewertung gerade aus der Sicht des betrieblichen Immobilienmanagements eine wichtige Entscheidungsgrundlage dar. Dies kann für den Erwerb eines neuen Grundstückes oder eines Bestandsobjektes genauso gelten wie für das angestrebte Verwertungsziel von nicht betriebsnotwendigen Liegen-schaften.

Daher soll im Rahmen dieses Buches ein kurzer Überblick über die wichtigsten Bewer-tungsverfahren gegeben werden. Grundsätzlich befindet sich die Immobilienwertermitt-lung in Deutschland im Umbruch. Die seit 2006 gültige Wertermittlungsrichtlinie wird schrittweise von einzelnen Richtlinien abgelöst.

Zu Beginn des Jahres 2014 sind die Bodenwertrichtlinie (BW-RL) und die Sachwer-trichtlinie (SW-RL) fertiggestellt. Weitere Richtlinien für spezifische, nachfolgend darge-stellte Verfahren werden noch erarbeitet.

7.6.2 Verkehrswert

Das BauGB definiert den „Verkehrswert" in § 194 wie folgt:

> Der Verkehrswert wird durch den Preis bestimmt, der in dem Zeitpunkt, auf den sich die Ermittlung bezieht, im gewöhnlichen Geschäftsverkehr nach
>
> - den rechtlichen Gegebenheiten und
> - tatsächlichen Eigenschaften,
> - der sonstigen Beschaffenheit und
> - der Lage des Grundstückes oder
> - des sonstigen Gegenstandes der Wertermittlung
>
> ohne Rücksicht auf ungewöhnliche oder persönliche Verhältnisse zu erzielen wäre.

7.6.3 Wertbeeinflussende Faktoren

Der Verkehrswert kann durch eine Vielzahl unterschiedlicher Faktoren beeinflusst werden:

- Individueller Zustand des Grundstückes,
- Öffentlich-rechtliche Beschränkungen und Belastungen,

- Privatrechtliche Beschränkungen und Belastungen,
- Rahmenbedingungen des betreffenden Immobilienmarktes.

Diese sollen nachstehend etwas detaillierter aufgelistet werden.

Zustand des Grundstückes Dabei handelt es sich um:

- Entwicklungsstand (Bauerwartungsland, Rohbauland, Bauland etc.),
- Art der baulichen Nutzung,
- Maß der baulichen Nutzung,
- Wartezeit bis zur baulichen Nutzbarkeit,
- Zuschnitt,
- Bodenbeschaffenheit (Baugrund etc.),
- Altlastenrisiken (Boden und Grundwasser),
- Für bestehende Bauten, bauliche Anlagen oder Einrichtungen und deren
  - Zustand (Alter, Reparaturstau, vorhandene Genehmigungen etc.),
  - derzeitige Nutzung (Leerstand, Mieteinnahmen in Abhängigkeit vom Marktumfeld),
  - künftige Verwendbarkeit (gemäß Nutzungskonzept oder örtlichen Marktbedingungen).

Öffentlich-rechtliche Belastungen und Beschränkungen Dies sind insbesondere:

- Planungsrechtliche Festsetzungen,
- Bestimmungen des Bauordnungsrechts,
- Einschränkungen aus den Bereichen
  - Landschafts- und Naturschutz,
  - Deichrecht,
  - Wasserrecht,
  - Straßenrecht,
  - Luftverkehrsrecht (Bauschutz),
  - Denkmalschutz,
  - Immissionsschutz,
- Öffentlich-rechtliche Gegebenheiten, z. B.
  - Erschließungsbeiträge,
  - Ausgleichsleistungen.

Privatrechtliche Belastungen und Beschränkungen Dies betrifft einerseits das Nachbarrecht des BGB sowie ggf. Fragen des Landesrechts. Darüber hinaus sind ebenfalls folgende Belastungen und Beschränkungen zu berücksichtigen:

- Grundstücksgleiche Rechte wie
  - Erbbaurecht,
  - Jagd- und Fischereirecht,
  - Bergrecht,
- Dinglich gesicherte Nutzungsrechte wie
  - Wegerecht,
  - Leitungsrecht,
  - Fahrrecht,
- Beschränkt persönliche Dienstbarkeiten wie
  - Wohnungsrechte,
  - Benutzungsrechte,
  - Nießbrauch,
- Verfügungs- und Erwerbsrechte
  - Verkaufsrecht,
  - Ankaufsrecht,
  - Wiederverkaufsrecht,
  - Aneignungsrecht.

Immobilienmarkt Die Rahmenbedingungen des jeweiligen Immobilienmarktes insgesamt spielen selbstverständlich auch eine Rolle:

- Zu erwartende Preisentwicklung,
- Zu erwartende Entwicklung
  - der Baukosten,
  - der Mieten,
  - des Zinsniveaus,
  - der Inflation etc.
- Gegenwärtige und erwartete Höhe der steuerlichen Belastung des Grundeigentums,
- Staatliche Förderprogramme (z. B. Wohnungs- oder Ansiedlungspolitik).

7.6.4   Weitere beeinflussende Faktoren

Die in Abteilung III des Grundbuches hinterlegten Sicherungs- und Verwertungsrechte sind nach herrschender Meinung zwar nicht wertbeeinflussend, d. h. sie spielen bei der Ermittlung des Verkehrswertes keine Rolle. Trotzdem sind sie für den letztendlich zu zahlenden Kaufpreis einer Liegenschaft relevant. Sie sind im Kaufpreis zu berücksichtigen, sofern sie nicht abgelöst (und aus dem Grundbuch gelöscht) werden.

Derartige Sicherungs- und Verwertungsrechte sind beispielsweise:

- Hypotheken,
- Grundschulden,
- Rentenschulden.

Abb. 7.7 Vergleichswertverfahren nach ImmoWertV (Struktogramm)

7.6.5   Bewertungsmethoden in Deutschland

7.6.5.1   Überblick

In Deutschland sind für die Verkehrswertermittlung von Immobilien folgende Bewertungsverfahren in der ImmoWertV[29] normiert:

- das Vergleichswertverfahren,
- das Ertragswertverfahren,
- das Sachwertverfahren.

Die Wahl des Verfahrens ist ein wesentlicher Schritt zur Ermittlung des Verkehrswertes.

7.6.5.2   Vergleichswertverfahren

Das Vergleichswertverfahren (§ 15 ImmoWertV) findet im Wesentlichen Anwendung bei:

---

[29] ImmoWertV: Verordnung über die Grundsätze für die Ermittlung der Verkehrswerte von Grundstücken (Immobilienwertermittlungsverordnung), in der aktuellen Fassung von 2010.

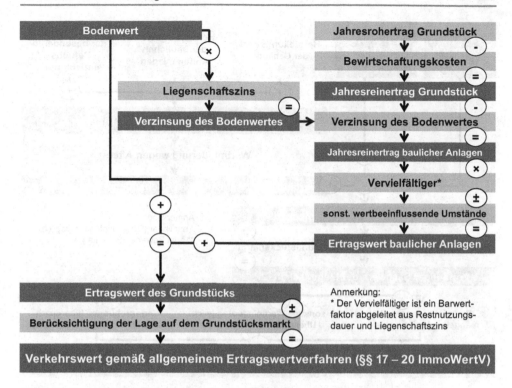

Abb. 7.8 Ertragswertverfahren nach ImmoWertV (Struktogramm)

- unbebauten Grundstücken,
- bebauten Grundstücken (problematisch, da zwar oft Gemeinsamkeiten beim Grundstück selbst, aber selten bei marktrelevanten Merkmalen der Bebauung bestehen),
- dem Anteil des Bodenwertes bei bebauten Grundstücken,
- Eigentumswohnungen.

Die Methodik ist in Abb. 7.7 dargestellt. Grundsätzlich setzt das Vergleichswertverfahren auf eine Vergleichbarkeit von Liegenschaften und deren Preisen ab, d. h. die Bewertung erfolgt mithilfe von Kaufpreisen vergleichbarer Objekte. Wichtig hierbei ist, dass die Liegenschaften wirklich vergleichbar sind. Zu beachten sind hier insbesondere die zuvor herausgearbeiteten wertbeeinflussenden Faktoren.

7.6.5.3 Ertragswertverfahren

Das Ertragswertverfahren (§§ 17–20 ImmoWertV) wird grundsätzlich bei allen Objekten angewandt, die Erträge erwirtschaften könnten. Dies sind beispielsweise:

- Gewerblich genutzte Grundstücke (Büro, Logistik, Einzel- und Großhandel, Forschung und Entwicklung usw.),

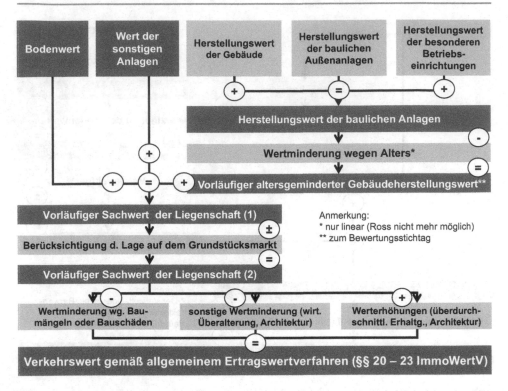

Abb. 7.9 Sachwertverfahren nach ImmoWertV (Struktogramm)

- Mietwohnhäuser,
- Parkhäuser und Garagengrundstücke,
- Hotels.

Die Methodik des Ertragswertverfahrens ist in Abb. 7.8 dargestellt. Dabei wird von einem erzielbaren Reinertrag des Grundstückes und seiner Bebauung ausgegangen. Der Wert der auf dem Grundstück befindlichen Bauten wird getrennt vom Grundstück selbst nach deren Ertrag (z. B. Verpachtung oder Vermietung) ermittelt. Der Bodenwert wird i. d. R. mittels Vergleichswertverfahren gesondert ermittelt und anschließend mit dem Wert der Bauten zusammengeführt.

7.6.5.4 Sachwertverfahren

Das Sachwertverfahren (§§ 21–23 ImmoWertV) findet i. W. Anwendung bei selbst genutzten Immobilien (Eigennutzung) oder Objekten, bei denen eine Rendite nicht im Vordergrund steht. Die Methodik ist in Abb. 7.9 schematisch dargestellt.

Ermittlungsgrundlage ist der Bodenwert gemäß Vergleichswertverfahren. Die baulichen Anlagen, Außenanlagen usw. werden auf der Basis ihres Substanzwertes, also des altersgemäß wertgeminderten Herstellwertes, bewertet. Auch hier werden erst dann der Bodenwert und der Wert der Bauten zusammengeführt.

Projektkonkretisierung

8

8.1 Grundsätzliches

Haben die detaillierten Analysen die Machbarkeit, also ein wirtschaftliches Erfolgspotential aufgezeigt, so kann nun das Projekt konkretisiert werden. Damit wird die wichtige Verhandlungs- und Entscheidungsphase eingeleitet, welche

- die Grundstückssicherung,
- die Sicherung von Ansiedlungs- und Infrastrukturbedingungen (bei Gewerbe- oder Industriegebieten),
- die Sicherung der Ver- und Entsorgung,
- die Erwirkung der Bau- und Betriebsgenehmigungen,
- die Vergabe von Planungs- und Bauleistungen,
- die Sicherstellung der Finanzierung sowie
- sonstige vertragliche Bindungen

beinhaltet.

Auf die Sicherung des Grundstückes sowie weitere, aus immobilienrechtlicher Sicht interessante Vertragswerke wird eingehend in Kap. 9 Bezug genommen. Dieses Kapitel widmet sich den übrigen vorgenannten Aspekten.

Die Erwirkung von Bau- und Betriebsgenehmigungen ist ein weiterer und gerade für Industrieprojekte besonders kritischer Schritt. Trotz frühzeitiger Klärung, ob derartige Projekte (z. B. Industrieprojekte für die petrochemische Produktion) überhaupt am Standort realisiert werden können, muss nun gegenüber den Behörden und der Öffentlichkeit der Nachweis der Vertretbarkeit geführt werden, welcher dann – hoffentlich – einen positiven Bescheid nach sich zieht.

Art und Umfang der Nachweisführung sind von Land zu Land sehr spezifisch und komplex. Garantien für eine Genehmigung gibt es allerdings häufig nicht. Auch das Recht, wie

© Springer Fachmedien Wiesbaden 2014
T. Glatte, *Entwicklung betrieblicher Immobilien*,
Leitfaden des Baubetriebs und der Bauwirtschaft, DOI 10.1007/978-3-658-05687-2_8

in Deutschland innerhalb bestimmter Fristen einen Bescheid zu erlangen, ist insbesondere in Entwicklungs- und Schwellenländern zumeist unbekannt.

Dies macht gerade dort eine intensive politische Lobbyarbeit bei Behörden nötig. Zudem sehen sich ausländische Investoren im Vergleich mit lokalen Investoren üblicherweise deutlich erhöhten Ansprüchen, vor allem auf umwelttechnischem Gebiet, ausgesetzt. Dies spiegelt sich meist deutlich im Umfang der als Teilschritt zu erstellenden Umweltverträglichkeitsprüfung wider.

Um in Deutschland ein Gebäude bzw. eine bauliche Anlage zu errichten und in Betrieb nehmen zu können, müssen je nach Art und Umfang sowie Standort der geplanten Anlage verschiedene Genehmigungsverfahren durchgeführt werden:

- Raumordnungsverfahren,
- Bauleitplanerische Verfahren,
- Baugenehmigungsverfahren,
- Genehmigungen nach Bundesimmissionsschutzgesetz.

In diese werden Umweltverträglichkeitsprüfungen (UVP) und, wenn erforderlich, ein Flora-Fauna-Habitat (FFH)-Prüfverfahren oder Vogelschutz (VS)-Prüfverfahren integriert. Die Genehmigungsverfahren und die integrierten Planverfahren werden in den folgenden Abschnitten erläutert.

8.2 Eigentum – Miete – Leasing

8.2.1 Bedeutung des Immobilieneigentums im CREM

Im betrieblichen Immobilienmanagement ist die Frage, ob eine Immobilie im Eigentum gehalten, gemietet oder geleast werden sollte, eine der spannendsten und sehr kontrovers diskutierten Themen.

Dies ist spätestens in der Phase der Projektkonkretisierung zu klären, da hier die Konzepte finalisiert und auch Finanzierungen gesichert werden. Hierzu gibt es keine pauschale Antwort, da die individuelle Strategie im Umgang mit Betriebsimmobilien – abgeleitet aus der Unternehmensstrategie mit Fokus auf das Kerngeschäft (siehe Kap. 2) – von Unternehmen zu Unternehmen stark differiert.

Dies kann grundsätzliche strategische Gründe hinsichtlich der Abwägung von Rechten und Pflichten oder bilanztechnische Gründe (Grundstruktur eine Bilanz in Tab. 8.1) oder finanzwirtschaftliche Gründe wie die Kapitalkosten oder betriebswirtschaftliche Gründe wie die Wirtschaftlichkeit oder sonstige Gründe haben. Diese werden in den nachfolgenden Abschnitten individuell vorgestellt und diskutiert.

Aspekte der Rechnungslegung/Bilanzierung werden hier nur sehr allgemein dargestellt. Hinsichtlich der Besonderheiten der Rechnungslegung nach HGB, IFRS oder US-GAAP sei auf die einschlägige Fachliteratur verwiesen.

Tab. 8.1 Grundstruktur einer Bilanz

	AKTIVA	PASSIVA
	Mittelverwendung, Vermögensformen, Investierung	Mittelherkunft, Vermögensquellen, Finanzierung
Langfristig	**Anlagevermögen**	**Eigenkapital**
	1 Immaterielle Vermögensgegenstände (*z. B. Schutzrechte, Konzessionen, Geschäfts- oder Firmenwert*)	1 Gezeichnetes Kapital
		2 Rücklagen
	2 Sachanlagen (*z. B. Grundstücke, grundstücksgleiche Rechte, Gebäude, technische Anlagen, Maschinen*) (*z. B. geleistete Anzahlungen und Anlagen im Bau*)	3 Bilanzgewinn (*wenn im Unternehmen verbleibend*)
		Langfristiges Fremdkapital
	3 Finanzanlagen (*z. B. Unternehmensbeteiligungen, Wertpapiere*)	1 Langfristige Rückstellungen (*z. B. für Pensionen, Steuernachzahlungen, Altlastensanierungen*)
		2 Langfristige Verbindlichkeiten
Kurzfristig	**Umlaufvermögen**	**Kurzfristiges Fremdkapital**
	1 Vorräte	1 Kurzfristige Rückstellungen
	2 Forderungen	2 Kurzfristige Verbindlichkeiten
	3 Flüssige Mittel	3 Bilanzgewinn (*wenn ausgeschüttet*)
	Rechnungsabgrenzungsposten	**Rechnungsabgrenzungsposten**
	Bilanzsumme (*Gesamtvermögen*)	Bilanzsumme (*Gesamtvermögen*)

8.2.2 Eigentum an betrieblichen Immobilien

Das Eigentum an einer Liegenschaft garantiert grundsätzlich die maximal mögliche Verfügungsgewalt über die Immobilie. Sobald Baurecht vorhanden ist, kann innerhalb des Rahmens der Baugenehmigung gebaut werden. Konzept, Kosten und Zeit für den Bau und die Bewirtschaftung der Immobilie hat der Eigentümer im Prinzip selbst in der Hand. Allerdings ist diese Verfügungsgewalt nicht uneingeschränkt möglich. Beschränkungen am Eigentum können sich beispielsweise aus folgenden Aspekten ergeben:

- Raumordnung,
- Öffentliches Baurecht/Bauleitplanung,
- Umweltrecht, z. B. Immissionsschutz oder Altlastenverpflichtungen,
- Urheberrechte, z. B. des Architekten,
- Auflagen zur Arealentwicklung etc.

Des Weiteren lösen der Erwerb und das Halten von Immobilien Steuern in unterschiedlicher Form aus wie z. B. Grunderwerbsteuern, Grundsteuern, Gewerbesteuern, Körperschaft-/Einkommensteuern etc. Zudem werden bestimmte Abgaben und Gebühren wie Notargebühren, Gebühren für den Eintrag in das Grundbuch, kommunale Abgaben (z. B. Erschließungsbeitrag), Vermessungsgebühren, Maklerhonorare etc. fällig. Zudem unterliegt das Halten von Immobilien einer Vielzahl von Betreiberrisiken. In einem dynamischen Geschäftsumfeld ist eine Immobilie im Eigentum durchaus als unflexibel anzusehen. Nutzungskonzepte für Betriebsimmobilien sind auf längerfristig verlässliche Planungen, insbesondere Personalstandplanungen, angewiesen. Stark steigende, sinkende oder anderweitig schwankende Mitarbeiterzahlen sind in der Praxis zumeist nicht vernünftig planbar. Ein Eigentumsobjekt läuft daher schnell Gefahr, entweder nicht ausreichenden Platz zu bieten oder einen hohen Leerstand aufzuweisen. Ersteres führt zu einem ineffizienten Arbeitsumfeld, letzteres zu unnötigen Leerstandskosten.

Unabhängig von den Beschränkungen und Kosten lässt sich zudem festhalten, dass der Eigentümer vollumfänglich an der Wertentwicklung partizipiert – sowohl im Positiven (Wertsteigerung) als auch im Negativen (Wertverlust). Ebenfalls kann das Eigentum hinsichtlich der Flexibilität im Umgang mit der Immobilie ein Vorteil und ein Nachteil zugleich sein. Grundsätzlich bindet eine Immobilie erst einmal an einen Standort. Diese Immobilität ist aber nur ein scheinbarer Nachteil. Der Eigentümer hat die freie Wahl, zu jeder Zeit die Immobilie zu verlassen, zu verändern oder zu verwerten.

Bilanziell werden Immobilien im Eigentum (und im Bau) als Sachanlagen im Anlagevermögen ausgewiesen. Damit steigt die Bilanzsumme und der Anteil des Eigenkapitals – also die Eigenkapitalquote – daran fällt. Grundstücke werden zum Anschaffungswert ausgewiesen. Gebäude und bauliche Anlagen können – im Gegensatz zu Grundstücken – abgeschrieben und daher im Falle der Eigennutzung zum abgeschriebenen Herstellwert ausgewiesen werden. Sollte eine Immobilie nicht mehr einer Eigennutzung unterliegen, ist diese wie eine Anlageimmobilie zu sehen und somit nach ihrem Marktwert zu bewerten und bilanziell auszuweisen. Zwischen abgeschriebenen Herstellwerten und dem Marktwert von Immobilien klafft häufig eine Lücke.

Unternehmen sind daher nach den jeweiligen Rechnungslegungsvorschriften (HGB, IFRS, US-GAAP usw.) angehalten, die Werthaltigkeit ihres Immobilienvermögens regelmäßig zu überprüfen. Dies geschieht mittels sogenannter Werthaltigkeitsprüfungen (engl.: *impairment test*). Sollte der Buchwert einer Immobilie oberhalb des ermittelten Marktwertes liegen, sollte er nach unten korrigiert werden. Falls der Buchwert unterhalb des Marktwertes liegt, kann er bei betriebsnotwendigen Immobilien fortgeschrieben werden. Lediglich bei nicht betriebsnotwendigen Immobilien ist der Buchwert an den Marktwert anzupassen.[1] Daher ist es möglich, dass Unternehmen bei größeren Immobilienportfolios über die Jahre hinweg signifikante „stille Reserven" generieren. Das Heben solcher Reserven ist einerseits ein wichtiger Werthebel des Corporate Real Estate Managements. Andererseits kann die plötzliche Wertberichtigung von Immobilien – z. B. aufgrund einer

---

[1] Nach IFRS.

strategischen Neupositionierung im Kerngeschäft – auch signifikant negative Auswirkungen auf die Bilanz haben.

8.2.3 Miete oder Pacht von betrieblichen Immobilien

Unter einer Miete wird im Allgemeinen die Überlassung einer Sache zum Gebrauch verstanden. In der Immobilienwirtschaft handelt es sich dabei um die entgeltliche Überlassung von Gebäuden, Gebäudeflächen und Grundstücken. Diese werden vom Mieter genutzt, der hierfür eine entsprechende Miete zahlt.

Die Pacht geht über die Gebrauchsüberlassung oder Miete hinaus. Ein Pächter darf eine Sache nicht nur nutzen, sondern auch Erträge daraus ziehen wie z. B. Pflanzen, Gemüse oder Obst ernten. In der Praxis kommt die Pacht daher zumeist in der Land- und Forstwirtschaft vor. Das Generieren von Erträgen wird deshalb auch „Fruchtziehung" genannt.

In Kürze:

- Miete = (entgeltliche) Nutzung,
- Pacht = (entgeltliche) Nutzung + Fruchtziehung.

Aus der Sicht eines (Corporate) Mieters ist die Miete eine sehr einfache Form der Immobiliennutzung. Dies gilt insbesondere vor dem Hintergrund, dass gewerbliche Mietverträge, anders als beispielsweise Mietverträge für Wohnraum, einer weitgehenden vertraglichen Gestaltungsfreiheit unterliegen.

Damit werden die Bedingungen des gewerblichen Mietvertrages wie Miethöhe, Mietanpassungen, Laufzeit sowie mögliche Sonderregelungen wie Renovierungskosten, mietfreie Zeit, Wiederherstellung bei Auszug, Umgang mit Mietereinbauten etc. im Wesentlichen durch die Bedingungen des lokalen Marktes bestimmt. Herrscht ein hoher Leerstand an vergleichbaren Mietobjekten, kann der Mietinteressent die Bedingungen stark beeinflussen. Herrscht Knappheit an derartigen Objekten, diktiert der Vermieter die Bedingungen.

Bilanziell werden Mieten (noch) nicht in der Bilanz aktiviert. Entsprechende Änderungen der Rechnungslegungsstandards (z. B. IFRS) sind jedoch bereits avisiert. Aus steuerlicher Sicht ist Miete für ein Unternehmen recht interessant, da Mietzahlungen als betrieblicher Aufwand in der Gewinn- und Verlustrechnung des Unternehmens ausgewiesen und gebucht werden können. Damit reduziert sich der zu versteuernde Betriebsgewinn.

Da Mieten nicht in der Bilanz ausgewiesen werden müssen, verringert sich auch der Anteil des Eigenkapitals am Gesamtvermögen des Unternehmens nicht. Dies wiederum ist ein wesentliches Kriterium bei der Kreditvergabe von Finanzinstituten. Sie stufen bei einer höheren Eigenkapitalquote die Bonität der Gruppe höher ein und das wiederum beeinflusst die Kreditkonditionen positiv.

Neben der Miete ist der Mieter zudem zur Zahlung der entsprechenden Nebenkosten verpflichtet. Ein wesentliches Risiko des Mieters besteht in den Mietkosten, da diese je nach Vertragsstruktur angepasst werden können. Gängige Modelle sind die Marktanpassung nach Ablauf von Festmietzeiten (Vergleichsmiete), die stufenweise Erhöhung bzw. Reduktion (Staffelmiete), die Anlehnung der Miete an einen allgemein anerkannten Index, z. B. an den vom Statistischen Bundesamt ermittelten Preisindex der Lebenshaltungskosten (Indexmiete) oder frei vereinbarte Mietanpassungen.

Ein weiteres Risiko ist die Laufzeit des Mietvertrages. Kurze Mietvertragslaufzeiten (ein bis fünf Jahre) sichern eine hohe Flexibilität. Allerdings kann dies auch dazu führen, dass nach Ablauf die Immobilie anderweitig vermietet wird. In einem solchen Fall fallen Kosten für einen Umzug und gegebenenfalls für die Wiederherstellung des Ursprungszustandes, der zumindest teilweise Verlust von Investitionen in Mietereinbauten und die notwendigen neuen Einrichtungskosten an.

Bei mittleren (fünf bis zehn Jahre) und langfristig orientierten (>10 Jahre) Mietverträgen geht der Vorteil der Flexibilität sehr schnell wieder abhanden. Andererseits lohnen sich dann die Kosten für Ein- und Umbauten in den Mietgegenstand.

8.2.4   Leasing von betrieblichen Immobilien

8.2.4.1   Leasingarten

Unter Leasing versteht man die vertraglich festgelegte, entgeltliche Nutzungsüberlassung eines Wirtschaftsgutes durch einen Leasinggeber an einen Leasingnehmer. Zumeist steht zwischen dem Hersteller und dem Verwender eines Gutes eine Leasinggesellschaft, die als Käufer und Vermieter eintritt.

Nach dem jeweiligen Verpflichtungscharakter des Leasingvertrages lassen sich zwei verschiedene Formen des Leasings unterscheiden:

- Operating Leasing,
- Financial Leasing.

Beide Formen des Leasings unterscheiden sich im Wesentlichen in der vertraglichen Regulierung des Kündigungsrechts sowie in der Verteilung der mit dem Leasingobjekt verbundenen Investitionsrisiken zwischen Risikogeber und Risikonehmer.

Die Grundstruktur eines Leasingmodells ist in Abb. 8.1 dargestellt.

Operating Leasing Als *Operating Leasing* werden eher kurzfristige Modelle bezeichnet, welche von beiden Parteien jederzeit innerhalb gewisser Fristen gekündigt werden können. Dabei sind keine festen Grundmietzeiten vorgesehen. Es handelt sich daher um „normale" Mietverhältnisse nach BGB.

Beim Operating Leasing wird das Leasingobjekt vom Leasingnehmer nach Ende der Laufzeit wieder an den Leasinggeber zurückgegeben. Der Leasinggeber trägt daher die mit dem Eigentum verbundenen Chancen und Risiken. Die Leasinggesellschaft übernimmt das Investitionsrisiko, die Gefahr der Wertminderung sowie des zufälligen Untergangs

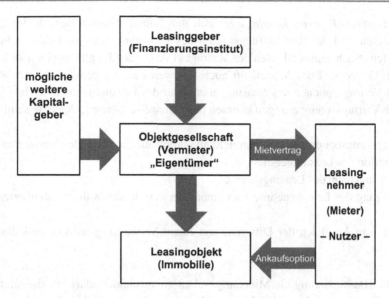

Abb. 8.1 Grundstruktur eines Leasing-Modells

des Leasinggegenstandes. Es ist an ihr, das Leasingobjekt möglichst lange bzw. möglichst oft zu vermieten, sodass sich die Anschaffungskosten amortisieren. Darüber hinaus ist die Leasinggesellschaft für die Wartung und Reparatur des Leasingobjektes verantwortlich.

Financial Leasing Als Financial Leasing werden eher längerfristige Modelle bezeichnet, die sich durch eine festgelegte Grundmietzeit auszeichnen, in deren Rahmen die Vertragsbeziehung von keiner der beiden Parteien gekündigt werden darf. Diese Grundmietzeit liegt in der Regel zwischen 50 % und 75 % der eigentlichen betrieblichen Nutzungsdauer des Vermögensgegenstandes.

In Abhängigkeit der Vertragsform besteht nach Ablauf der Grundmietzeit für den Leasingnehmer die Möglichkeit der Rückgabe des Leasingobjektes (Finanzierungsleasing ohne Option), einer Kaufoption (Finanzierungsleasing mit Kaufoptionsrecht) oder einer Vertragsverlängerung (Finanzierungsleasing mit Verlängerungsoptionsrecht).

8.2.4.2 Formen des Financial Leasings
Grundsätzlich wird zwischen drei Arten des Financial Leasings unterschieden, die nachstehend kurz vorgestellt werden.

Vollamortisation Im Fall der Vollamortisation werden innerhalb der vereinbarten Laufzeit die Anschaffungskosten des Leasingobjektes sowie die Finanzierungskosten vollständig bezahlt. Ein Eigentumsübergang erfolgt jedoch nicht. Die geleaste Immobilie hat noch einen Restwert.

Teilamortisation (Restwert-Leasing) Im Fall der Teilamortisation bezahlt der Leasingnehmer einen Teil der Anschaffungskosten des Leasingobjektes und dessen Finanzierungskosten. Nach dem Auslaufen des Vertrages (Vertragsende) gibt es einen kalkulierten Restwert. Daher wird das Modell oft auch Restwert-Leasing genannt. Dieser Restwert kann mit Vertragsoptionen des Leasinggebers oder des Leasingnehmers verbunden sein. Derartige Vertragsvereinbarungen könnten beispielsweise folgende Aspekte sein:

- Verlängerungsoption mit Leasingratenkalkulation auf der Basis des Restwertes,
- Kaufoption des Leasingnehmers,
- Andienungsrecht des Leasinggebers,
- Beteiligung des Leasingnehmers an einem Verwertungserlös über kalkuliertem Restwert,
- Pflicht zum Ausgleich der Differenz aus einem Verwertungserlös unter kalkuliertem Restwert.

Um die Klassifizierung als Mietkaufgeschäft zu vermeiden, darf ein Eigentumsübergang an den Leasingnehmer bei Vertragsabschluss nicht feststehen. Von einem Andienungsrecht wird der Leasinggeber üblicherweise nur Gebrauch machen, wenn der Marktwert des Objektes zum Zeitpunkt des Vertragsendes kleiner als der kalkulierte Restwert ist.

Bei der Teilamortisation muss der Leasinggegenstand nicht vollständig abbezahlt werden. Daher sind die Leasingraten bei identischer Laufzeit kleiner als bei der Vollamortisation. Bei gleichen Raten hat der Vollamortisationsvertrag eine längere Laufzeit als der Teilamortisationsvertrag.

Kündbare Leasingverträge Bei der vorzeitigen Beendigung eines Leasingvertrages ist ein Leasingnehmer auf das Angebot des Leasinggebers bezüglich der Einwilligung in diese Vertragsveränderung grundsätzlich angewiesen. Bei kündbaren Leasingverträgen stehen die Konditionen für eventuelle vorzeitige Beendigungen jedoch bereits bei Vertragsabschluss fest. Um eine Klassifikation des Vertrages als Mietkaufvertrag nach deutschem Steuerrecht zu vermeiden, ist eine Kündigung jedoch frühestens nach Ablauf von 40 % der betriebsgewöhnlichen Nutzungsdauer des Objektes möglich.

8.2.4.3 Leasing in der Bilanzierung

Nach deutschem Recht (HGB) existiert keine Legaldefinition des Leasings. Dies erschwert die Abgrenzung von anderen Vertragsarten. Die Art der Berücksichtigung in der Bilanz hängt von den Fragen nach dem juristischen und wirtschaftlichen Eigentum sowie der Nutzungsdauer des Leasingobjektes ab. Da der Leasingnehmer die Verfügungsgewalt und damit das wirtschaftliche Eigentum für die Dauer des Vertrages besitzt, das juristische Eigentum jedoch stets beim Leasinggeber verbleibt, ergibt sich also keine eindeutige Situation.

Beim Operating Leasing erfolgt die Bilanzierung immer beim Leasinggeber. Aufgrund der in der Regel jederzeit möglichen Kündigung sowie der kurzen bzw. mittelfristigen Vermietungsdauer ist der Leasinggeber sowohl als wirtschaftlicher als auch als zivilrechtlicher Eigentümer anzusehen. Es ergibt sich folgende Bilanzierung: Der Leasinggeber aktiviert die vermieteten Objekte und schreibt diese über die betriebliche Nutzungsdauer ab. Der Leasingnehmer verzeichnet die zu zahlenden Raten in der GuV als Aufwand.

Das Financial Leasing hat eher den Charakter von Finanzierungsgeschäften – vergleichbar mit einem Ratenkauf. Es wird daher grundsätzlich, wie oben dargestellt, zwischen Vollamortisationsverträgen und Teilamortisationsverträgen unterschieden. Im Falle der Vollamortisation hat der Leasingnehmer zu bilanzieren, wenn

- die Grundmietzeit unter 40 % bzw. über 90 % der betriebsüblichen Nutzungsdauer liegt.
- die Grundmietzeit zwischen 40 % und 90 % liegt und eine Kaufoption besteht, wobei der Kaufpreis kleiner als der Restbuchwert bei linearer Abschreibung sein muss.
- die Grundmietzeit zwischen 40 % und 90 % liegt und eine Mietverlängerungsoption besteht, wobei die vereinbarte Anschlussmiete so zu bemessen ist, dass sie den Buchwert abzüglich der linearen Abschreibung nicht übersteigt.
- Spezialleasing vorliegt. Hierbei wird das Leasingobjekt speziell für den Leasingnehmer angefertigt und ist daher ausschließlich von diesem nutzbar.

Der Leasinggeber bleibt zwar rechtlicher Eigentümer. Da er jedoch das wirtschaftliche Eigentum an den Leasingnehmer übergibt, bilanziert er das Leasinggut nicht. Er weist aber die Forderungen gegenüber dem Leasingnehmer und ggf. Umsatzerlöse in der Gewinn- und Verlustrechnung (GuV) aus.

In der internationalen Rechnungslegung ist das Bilanzieren von Leasinggeschäften deutlich einfacher gestaltet. Sowohl im IAS 17 (IFRS) als auch im FAS 13 (US-GAAP) finden sich Legaldefinitionen des Leasings: Es wird als ein Vertragsverhältnis charakterisiert, in dem Leasinggeber und Leasingnehmer die Nutzung eines Vermögensgegenstandes über einen bestimmten Zeitraum festlegen. So sind Objekte des Financial Leasing grundsätzlich dem Leasingnehmer und solche des Operating Leasing dem Leasinggeber zuzuordnen. Allerdings gibt es auch hier in der praktischen Umsetzung noch eine Vielzahl von Gestaltungsspielräumen.

8.2.5 Diskussion der Optionen

Wie bereits ausgeführt, gibt es keine pauschale Antwort, welche der Optionen „Eigentum oder Miete oder Leasing" für die zu entwickelnde Immobilie gewählt werden soll. Es ist vielmehr immer eine Einzelfallentscheidung, welche sich unter anderem aus folgenden Faktoren ableitet:

- Angebotsstruktur im Immobilienmarkt (Kann überhaupt Eigentum erworben werden? Sind Mietobjekte verfügbar?),
- Angebotsstruktur im Finanzmarkt (Existieren Leasinggeber? Welche Konditionen werden angeboten?),
- Rechtliche Anforderungen und Einschränkungen,
- Zeithorizont der Standortbindung,
- Notwendigkeit räumlicher Flexibilität,
- Notwendigkeit finanzieller Flexibilität oder Stabilität,
- Notwendigkeit der Verfügungsgewalt,
- Steuerliche Erwägungen,
- Bilanzielle Optimierung (Bilanzsummenverkürzung, Eigenkapitalquote etc.),
- Risikoabwägungen (Betreiberrisiken, Mietkostenrisiken, Altlastenrisiken etc.),
- Drittverwendungsfähigkeit der zu errichtenden Immobilie,
- Wirtschaftliche Vergleichsrechnung.

Gerade der letzte Punkt, die wirtschaftliche Vergleichsrechnung, sollte noch einmal vertieft werden. Hier können zwei unterschiedliche Perspektiven des betrieblichen Immobilienmanagements zu sehr verschiedenen Ergebnissen führen. Hauptunterschied zwischen beiden Perspektiven ist der zugrunde zu legende Diskontierungszinssatz (siehe Abschn. 6.3.2).

Die erste Perspektive, der Finanzierungsansatz, entspricht der Sicht eines Immobilieninvestors jeglicher Couleur. Hier werden für die Wirtschaftlichkeitsberechnung die üblichen, für das Unternehmen am Finanzmarkt erzielbaren, Fremdfinanzierungszinssätze angesetzt.

Die zweite Perspektive, der Kapitalkostenansatz, ist insbesondere ein Thema für Corporates. Für einen Corporate stellt sich grundsätzlich die Frage der Notwendigkeit von Investitionen in Immobilien, da diese eigentlich nicht sein Kerngeschäft sind. Er bindet mit einer Immobilieninvestition also Kapital in nicht kerngeschäftsrelevanten Anlagen. Natürlich benötigen seine Kerngeschäftsaktivitäten eine „Einhausung", also eine Immobilie. Der Corporate verdient jedoch kein Geld damit. Für ihn stellt sich also die Frage, welche Rendite jener Immobilie im entsprechenden Marktumfeld zugrunde gelegt werden könnte. Diese sollte mit dem eigenen Anspruch an die Verzinsung des eingesetzten (Eigen-) Kapitals verglichen werden. In vielen Fällen, insbesondere in den Kernmärkten der Immobilienwirtschaft und bei guter Drittverwendungsfähigkeit, werden die anzusetzenden Immobilienrenditen unter den avisierten der Kapitalverzinsung (d. h. den Kapitalkosten) des Corporates liegen. In einem solchen Fall spricht viel gegen eine Eigentumslösung.

Leasing ist beispielsweise für Unternehmen mit einer geringeren Eigenkapitalisierung oft eine sehr gute Finanzierungsalternative, da ein höheres Finanzierungsvolumen zu geringeren Kosten finanziert werden kann als mit einem entsprechenden Bankkredit – sofern dieser überhaupt gewährt wird. Für Unternehmen mit hoher Eigenkapitalquote und guter Bonität dürfte es dagegen eher kostengünstiger sein, sich über Kredite zu finanzieren.

Die bilanziellen Aspekte wurden bereits in den vorstehenden Abschnitten detailliert ausgeführt, sodass auf die jeweiligen Vor- und Nachteile hier nicht noch einmal grundlegend eingegangen werden soll. Oft wird die Übernahme von Altlastenrisiken als Argument gegen das Eigentum angeführt. Dieses ist zu bezweifeln. Auf die Regelung von Altlastenhaftungen wird gesondert in Abschn. 9.6 eingegangen.

8.3 Baugenehmigung

8.3.1 Grundsätzliches

Die Erteilung einer Baugenehmigung ist ein wesentlicher Baustein des Baurechts und ein besonders wichtiger Meilenstein im Prozess der Projektentwicklung. Im Rahmen des Baugenehmigungsverfahrens wird die Einhaltung wesentlicher öffentlich-rechtlicher Vorschriften überprüft. Der Bauherr muss sich eigenverantwortlich um die Einhaltung der weiteren Vorschriften kümmern. Die Details hierzu sind in Deutschland in den jeweiligen Ländern unterschiedlich geregelt.

8.3.2 Gebäudeklassen

In den Landesbauordnungen werden Gebäude in unterschiedlicher Form abgegrenzt. Eine Einteilung erfolgt nach sogenannten „Gebäudeklassen" (GK). Diese Klassifizierung erfolgt auf der Basis von Gebäudehöhe und Nutzungseinheiten innerhalb des Gebäudes. Die Bauordnungen der Bundesländer regeln dies recht unterschiedlich, sodass nachfolgend auf die Musterbauordnung zurückgegriffen wird.

Gebäudeklassen nach MBO Die Einteilung der Gebäudeklassen nach MBO entspricht z. B. auch der Regelung LBO (Baden-Württemberg).

- Gebäudeklasse 1:
  - freistehende Gebäude mit einer Höhe bis zu 7 m und nicht mehr als zwei Nutzungseinheiten von insgesamt nicht mehr als 400 m^2 und
  - freistehende land- oder forstwirtschaftlich genutzte Gebäude,
- Gebäudeklasse 2: Gebäude mit einer Höhe bis zu 7 m und nicht mehr als zwei Nutzungseinheiten von insgesamt nicht mehr als 400 m^2,
- Gebäudeklasse 3: sonstige Gebäude mit einer Höhe bis zu 7 m,
- Gebäudeklasse 4: Gebäude mit einer Höhe bis zu 13 m und Nutzungseinheiten mit jeweils nicht mehr als 400 m^2,
- Gebäudeklasse 5: sonstige Gebäude einschließlich unterirdischer Gebäude.

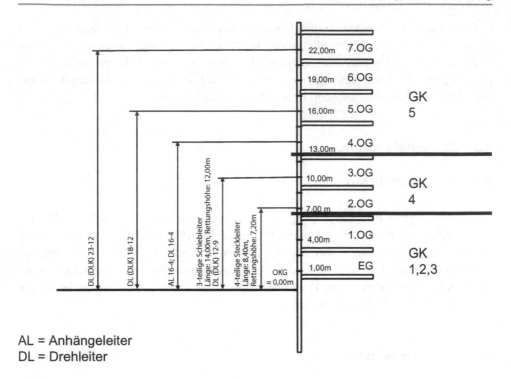

AL = Anhängeleiter
DL = Drehleiter

Abb. 8.2 Leiterhöhen der Feuerwehr im Verhältnis zu Geschosshöhen

Anmerkung
Bei der Berechnung der GK ist zu beachten, dass sich die Höhen auf folgende Höhenpunkte beziehen:

- die Fußbodenoberkante des höchstgelegenen Geschosses, in dem ein Aufenthaltsraum möglich ist,
- auf die Geländeoberfläche (bzw. das Mittel bei geneigtem Gelände).

Die Flächen beziehen sich auf Brutto-Grundflächen; Flächen in Kellergeschossen bleiben aber außer Betracht.

Durch die in der Bauordnung vorgegebenen Höhenbegrenzungen für die Gebäudeklassen ergeben sich brandschutztechnische Rahmenbedingungen, insbesondere aus den Möglichkeiten zur Anleiterung der Feuerwehr (Höhen für Dreh- und Anhängeleitern – siehe Abb. 8.2).

Gebäudeklassen nach LBauO (Rheinland-Pfalz) Die LBauO (Rheinland-Pfalz) regelt dies etwas abweichend und detaillierter in § 2 Abs. 2 LBauO.

8.3.3 Genehmigungsbedürftigkeit

Genehmigungspflicht Grundsätzlich ist zu Beginn einer Baumaßnahme zu prüfen, ob diese überhaupt genehmigungsbedürftig ist.

Als Baumaßnahme gelten hierbei grundsätzlich

- Neubau,
- Umbau,
- Abbruch,
- Nutzungsänderung,
- Instandhaltung

von baulichen Anlagen.

Bauliche Anlagen sind mit dem Erdboden verbundene oder auf ihm ruhende, aus Bauprodukten hergestellte Anlagen (Achtung: dazu zählen aber auch Werbeanlagen, Stellplätze und Gerüste).

Grundsätzlich unterliegen bauliche Anlagen gem. § 60 LBauO (Rheinland-Pfalz) der Genehmigungspflicht, d. h. ein Bauantrag ist zu stellen.

Für bestimmte kleinere Vorhaben sind Ausnahmen vorgesehen, entweder in Form einer Genehmigungsfreiheit oder als vereinfachtes Verfahren.

Genehmigungsfreiheit Die Befreiung von einer Baugenehmigung ist in den jeweiligen Landesbauordnungen geregelt (in Rheinland-Pfalz: §§ 62, 67 und 84 LBauO).

Beispiele für solche Ausnahmen sind gem. § 62, Abs. 1 LBauO

- Gebäude bis zu $50\,m^3$, im Außenbereich bis zu $10\,m^3$ umbauten Raumes ohne Aufenthaltsräume, Toiletten oder Feuerstätten,
- freistehende Gebäude ohne Unterkellerung und ohne Feuerstätten bis zu $100\,m^2$ Grundfläche und 5 m Firsthöhe, die einem land- oder forstwirtschaftlichen Betrieb dienen und nur zur Unterbringung von Sachen oder zum vorübergehenden Schutz von Tieren bestimmt sind,
- Gewächshäuser bis zu 5 m Firsthöhe, die einem landwirtschaftlichen Betrieb dienen,
- Kleinwochenendhäuser, Wohnwagen und Zelte auf genehmigten Camping- und Wochenendplätzen,
- Gartenlauben in Dauerkleingärten (§ 1 Abs. 3 und § 3 Abs. 2 des Bundeskleingartengesetzes),
- Garagen und überdachte Stellplätze innerhalb bestimmter Abmessungen,
- weitere.

Ebenfalls genehmigungsfrei sind

- die Nutzungsänderung baulicher Anlagen, sofern für die neue Nutzung keine weitergehenden baurechtlichen Anforderungen bestehen,

- die Umnutzung von Dachgeschossräumen in Einfamilienhäusern zu Wohnräumen sowie
- die Instandhaltung von baulichen Anlagen.

Vereinfachtes Genehmigungsverfahren Bestimmte Bundesländer ermöglichen sogenannte vereinfachte Genehmigungsverfahren. Anwendungsbereich und Durchführung sind in den Landesbauordnungen der Länder unterschiedlich geregelt.

Das vereinfachte Verfahren hat den Zweck, die Genehmigungsbehörden zu entlasten und die Wartezeiten zu verkürzen. Daher werden seitens der Behörde nur bestimmte Punkte der Bauvorlage geprüft. Für den Bauherrn selbst vereinfacht sich nichts. Er hat alle üblichen Bauvorlagen einzureichen, Fertigstellungen anzuzeigen und Nachweise zu erbringen. Lediglich die Bearbeitungszeit kann sich verkürzen (oder die Behörde ist zumindest in der Lage, die Fristen zu halten). Im vereinfachten Baugenehmigungsverfahren wird dem Bauherrn und dem Entwurfsverfasser mehr Eigenverantwortung überlassen. Die Behörde prüft die Einhaltung der öffentlich-rechtlichen Vorschriften nur in den wichtigsten Punkten.

Rheinland-Pfalz ermöglicht auf dieser Basis gem. § 66 LBauO für bestimmte Vorhaben, die nicht unter die Genehmigungsfreiheit gem. §§ 62, 67 fallen, ein vereinfachtes Verfahren, z. B. für

- Wohngebäude der Gebäudeklassen 1 bis 3 einschließlich ihrer Nebengebäude und Nebenanlagen[2],
- landwirtschaftliche Betriebsgebäude mit nicht mehr als zwei Geschossen über der Geländeoberfläche einschließlich ihrer Nebenanlagen,
- Gewächshäuser bis zu 5 m Firsthöhe,
- nicht gewerblich genutzte Gebäude bis zu 300 m^3 umbauten Raumes,
- oberirdische Garagen bis zu 100 m^2 Nutzfläche,
- Behelfsbauten und untergeordnete Gebäude (§ 49),
- nicht gewerblich genutzte Lager-, Abstell-, Aufstell- und Ausstellungsplätze,
- Stellplätze, Sport- und Spielplätze,
- Werbeanlagen und Warenautomaten.

Freistellungsverfahren/Kenntnisgabeverfahren Rheinland-Pfalz ermöglicht zudem gem. § 67 LBauO für bestimmte Vorhaben das sogenannte Freistellungsverfahren. Es gilt für Wohngebäude der Gebäudeklassen 1 bis 3 einschließlich ihrer Nebenanlagen unter folgenden Bedingungen:

- das Vorhaben entspricht den Vorgaben des B-Planes,
- die Erschließung ist gesichert,
- die Gemeinde fordert nicht ausdrücklich ein Genehmigungsverfahren.

---

[2] Siehe § 2 Abs. 2 LBauO Rheinland Pfalz.

In diesem Verfahren wird das Projekt der Gemeinde durch Vorlage der erforderlichen Bauunterlagen angezeigt, d. h. lediglich zur Kenntnis gegeben. Daher heißt dieses Verfahren in anderen Bundesländern, z. B. Baden-Württemberg, abweichend „Kenntnisgabeverfahren". Die Gemeinde leitet die Unterlagen nach Prüfung deren Vollständigkeit (besser: Vollzähligkeit) an die (untere) Bauaufsichtsbehörde weiter und benachrichtigt die Angrenzer (Nachbarn). Mit Ablauf der Frist von einem Monat kann nach diesem Verfahren mit dem Bau begonnen werden.

Ziel dieses Verfahrens ist es, insbesondere den bürokratischen Aufwand für einfache Wohnprojekte zu reduzieren. Die Vorteile des Verfahrens sind aber sehr wohl gegen die Nachteile abzuwägen.

Vorteile:

- schneller Baubeginn,
- geringer bürokratischer Aufwand,
- Genehmigungsgebühr entfällt.

Nachteile:

- keine baurechtliche Prüfung des Vorhabens,
- ein förmlicher Bescheid entfällt,
- somit letztendlich niemals Rechtssicherheit bzgl. der Vorhabenzulässigkeit.

Insbesondere muss der Bauherr (bzw. sein beauftragter Architekt) alle erforderlichen Ausnahmen, Abweichungen und Befreiungen kennen. Absolute Detailkenntnis ist notwendig – ein in der Praxis schwierig umzusetzender Sachverhalt. Des Weiteren müssen alle Unterlagen von Fachleuten (Sachverständigen) erstellt werden, z. B. der Lageplan durch einen öffentlich bestellten Vermesser (um sicherzugehen, dass die Nachbarbebauung wirklich aktuell im Katasterplan dargestellt ist).

Anmerkung

Mittlerweile tauchen im Markt immer wieder einmal Bauscheine mit einem „Grünen Punkt" auf (vgl. unten Bauschein/Baugenehmigung). Es handelt sich hierbei um selbst gefertigte „Pseudo-Bauscheine" von Architekten. Diese haben keine rechtliche Wirkung oder Bestandskraft, sondern dienen lediglich dem Zweck, den Bauherren ein „gutes Gefühl" zu vermitteln und analog dem „Roten Punkt" eines amtlichen Bauscheines ein Dokument für die Bekanntgabe des Bauvorhabens an der Baustelle zu bieten.

8.3.4 Bauvoranfrage und Bauvorbescheid

Es ist empfehlenswert, vor der Einreichung eines Bauantrages, aber auch vor dem Kauf oder einer geplanten Teilung eines Grundstückes zum Zweck der Bebauung eine Bauvoranfrage (§ 72 LBauO) zu stellen.

Der daraufhin erteilte Bauvorbescheid kann einzelne Fragen vorab klären, z. B. ob und wie das Grundstück bebaubar ist. Der Bauvorbescheid ersetzt zwar nicht die Baugenehmigung, bindet aber die Bauaufsichtsbehörde an ihre getroffenen Entscheidungen.

Der Bauvorbescheid hat eine Gültigkeit von vier Jahren. Er kann entsprechend verlängert werden (unbegrenzt – zumindest solange sich die gesetzliche Grundlage nicht ändert).

8.3.5 Bauantrag

Der Bauantrag ist schriftlich bei der jeweiligen Gemeindeverwaltung einzureichen (§ 63 LBauO). Für den Bauantrag sind die vorgeschriebenen Formulare zu verwenden (siehe Anhang 5 als Beispiel für das Land Rheinland-Pfalz). Der Bauantrag ist vom Bauherrn und dem Entwurfsverfasser („bauvorlageberechtigt" gem. § 64 LBauO) zu unterzeichnen.

Im Regelfall sind folgende Unterlagen zur Antragstellung erforderlich:

- Formeller Bauantrag,
- Lageplan
  - Schriftlicher Teil (Formular),
  - Zeichnerischer Teil (M 1 : 500).

Anmerkung

- bei Vorhaben im Außenbereich ggf. zusätzlicher Lageplan in M 1 : 1000 oder M 1 : 2000 (Übersicht),
- Lageplan darf max. ein Jahr alt sein (Katasterplanauszug).

- Bauzeichnungen (M 1 : 100)
  - Grundrisse,
  - Schnitte,
  - Ansichten,
- Baubeschreibung (Formular),
- Berechnungen
  - Maß der baulichen Nutzung nach BauNVO,
  - BRI und NF nach DIN 277,
  - sonstige,
- Nachweis der erforderlichen Einstellplätze, Spielplätze etc.,
- Bautechnische Nachweise (Standsicherheitsnachweis, Wärme- und Schallschutznachweis),
- Technische Angaben zu Feuerungsanlagen (Formular),
- Evtl. Anträge auf Ausnahme oder Befreiungen nach § 31 BauGB sowie nach § 69 LBauO.

Welche Bauvorlagen im Einzelfall einzureichen sind, wird auf Anfrage durch das Bauordnungsamt mitgeteilt.

8.3.6 Baugenehmigung

Die Antragsunterlagen sind bei der Gemeinde einzureichen. Als Ausdruck ihres planerischen Willens hat die Gemeinde gegenüber der Baugenehmigungsbehörde ihr Einvernehmen zu erklären (Einvernehmenserklärung, gemäß § 36 BauGB). Bei Vorliegen eines qualifizierten Bebauungsplanes (siehe Abschn. 4.4.3.2) ist eine derartige Einvernehmenserklärung grundsätzlich nicht notwendig.

Wird das Einvernehmen nicht erteilt, entfällt die weitere Prüfung und die Baugenehmigung ist von der Baugenehmigungsbehörde zu versagen. Das Einvernehmen ist innerhalb eines Monats zu erklären, ansonsten gilt es grundsätzlich als erklärt.

Besonders wichtig ist die Vollständigkeit der Antragsunterlagen (vollzählig und inhaltlich vollständig!). Solange Unterlagen nicht vollständig vorliegen, müssen diese nachgefordert werden. Während dieser Zeit ruht die Bearbeitung. Dies bedeutet ggf. einen Zeitverlust im Projektablauf.

Bei Vorlage vollständiger Unterlagen beginnt die Prüfung in drei Schritten:

Schritt 1: Planungsrechtliche Zulässigkeit Im Rahmen der planungsrechtlichen Zulässigkeit wird geprüft, ob das Bauvorhaben in dem jeweiligen Bereich allgemein oder ausnahmsweise zulässig ist.

Schritt 2: Beteiligung von Fachbehörden Sollte aufgrund der Lage oder Nutzung des Grundstückes eine Beteiligung von Fachbehörden erforderlich sein, so werden die Unterlagen zur Prüfung an diese Behörden weitergeleitet.

Beispiele:

- Gewerbeaufsichtsamt bei gewerblicher Nutzung,
- Straßenbauamt, wenn das Vorhaben in der Nähe einer Landes- oder Bundesstraße liegt.

Auch hier werden den jeweiligen Behörden Fristen gesetzt, in denen eine Stellungnahme abzugeben ist.

Schritt 3: Bauordnungsrechtliche Prüfung Sofern das Bauvorhaben nunmehr bauplanungsrechtlich zulässig ist, wird der Antrag in bauordnungsrechtlicher Hinsicht abschließend geprüft.

Prüfung insbesondere von:

- Standsicherheitsnachweis,
- Bauzeichnungen auf die vorgeschriebenen Voraussetzungen der einschlägigen Bestimmungen, z. B.
  - Bauliche Maße,
  - Einhaltung des Wärmeschutzes,
  - Brandschutz.

Maßgebend sind hierbei DIN-Vorschriften. Die vorherige Einschaltung vereidigter Sachverständiger bei den Nachweisen (z. B. Statik) vereinfacht das Verfahren, da die Behörde deren Vorab-Prüfung akzeptiert.

Bestehen insgesamt keine Bedenken, wird die Genehmigung schriftlich erteilt. Mit der Baugenehmigung wird der Baufreigabeschein („Roter Punkt") erteilt (siehe Abb. 8.3). Erst nach dessen Erhalt kann mit dem Bau begonnen werden. Es kann sehr wohl vorkommen, dass zwar die Baugenehmigung grundsätzlich erteilt wird, der Baufreigabeschein selbst jedoch an die Erfüllung von Auflagen wie das Nachreichen von Unterlagen geknüpft ist.

Nach dem Stellen eines Bauantrages ist es auch möglich, auf Antrag eine Genehmigung für den Beginn der Bauarbeiten und für einzelne Bauabschnitte zu erhalten, z. B. für die Baugrube, Gründungsarbeiten etc. („Teilbaugenehmigung" – § 73 LBauO). Wird einem Bauantrag voll entsprochen, muss eine Baugenehmigung keine Begründung enthalten. In der Regel beinhaltet eine Baugenehmigung aber zumindest einige Zusätze (Nebenbestimmungen), die zu begründen sind.

Eine Ablehnung des Antrages ist in jedem Fall zu begründen. Auflagen werden dann erteilt, wenn dem Antragsteller vorgeschrieben werden soll, etwas zu tun, zu dulden oder zu unterlassen, z. B. noch Stellplätze zu errichten. Enthält die Baugenehmigung eine Bedingung, wird sie erst wirksam, wenn diese Anforderung erfüllt wurden. Beispielhaft sei hierfür die Zahlung der Erschließungskosten vor Baubeginn genannt.

8.3.7   Befristung

Die Baugenehmigung gilt jeweils nur befristet. Die Frist ist in den einzelnen Ländern unterschiedlich geregelt. Sie schwankt zwischen einem Jahr und bis zu vier Jahren. In Rheinland-Pfalz sind dies vier Jahre (§ 74 LBauO). Eine Verlängerung kann beantragt werden.

Der Bauvorbescheid (siehe oben) ist ebenfalls befristet – in Rheinland-Pfalz auf vier Jahre.

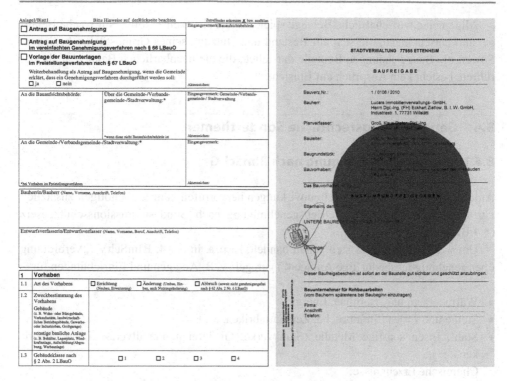

Abb. 8.3 Antragsformular und Baufreigabeschein

8.3.8 Nachbarbeteiligung

Es ist Sinn und Zweck der Nachbarbeteiligung, die Eigentümer von Grundstücken rechtzeitig von einem Vorhaben in Kenntnis zu setzen. Es muss möglich sein, dass diese ihre
Rechte geltend machen können, die ggf. durch das Projekt verletzt werden könnten.

Begriff „Nachbar" Benachbart sind dem Baugrundstück grundsätzlich alle angrenzenden
Grundstücke. Im Baugenehmigungsverfahren sind nur die Eigentümer oder Erbbaube-
rechtigten der benachbarten Grundstücke zu beteiligen. Mietern und Pächtern werden
keine Nachbarrechte zuerkannt.

Gemäß § 1011 BGB ist bei mehreren Miteigentümern jeder von ihnen Nachbar. Wohnungseigentümer werden durch den Verwalter, welcher nicht im eigenen Namen, sondern
im Namen aller Wohnungseigentümer handelt, vertreten.

Einsichtsrecht Die Nachbarn dürfen den Lageplan und die Bauzeichnungen einsehen, soweit die Baumaßnahme ihre Belange berühren kann. Gem. § 68 LBauO muss der Bauherr
von den Nachbarn per Unterschrift das Einverständnis einholen, wenn das Projekt zu Abweichungen von bestehenden Bestimmungen führt.

Allgemeine wirtschaftliche Belange spielen dabei aber keine Rolle. Nur solche Belange sind entscheidend, die sich auf Bestand und Nutzung seines Grundstückes beziehen. Soweit die Bauzeichnungen Bauteile darstellen, die die nachbarlichen Belange nicht berühren, besteht kein Anspruch auf Einsicht.

8.4 Genehmigungsrechtliche Sonderthemen

8.4.1 Betriebsgenehmigung nach BImSchG

Anlagen, die schädliche Umwelteinwirkungen hervorrufen können, benötigen zusätzlich zur Baugenehmigung eine Betriebsgenehmigung nach Bundesimmissionsschutzgesetz (§ 4 BImSchG).

Um welche Projekte es sich genau handelt, ist u. a. in der 4. BImSchV („Verordnung über genehmigungsbedürftige Anlagen") geregelt, z. B. Anlagen und Einrichtungen für

- Wärmeerzeugung, Bergbau, Energie,
- Steine und Erden (Steinbrüche, Zementfabriken, ...),
- Stahl, Eisen sonstige Metalle (Stahlwerke, Gießereien, metallverarbeitende Fabriken, ...),
- Chemische Erzeugnisse,
- Oberflächenbehandlung (insbesondere wegen Dispersionen und Lösemittel),
- Holz, Zellstoff,
- Nahrungsmittel (Massentierhaltung, Räucherbetriebe, ...),
- Verwertung und Beseitigung von Abfällen und sonstigen Stoffen,
- Lagerung, Be- und Entladen (insbes. Gefahrgutlagerung),
- Sonstiges (Sprengstoffherstellung, Autoteststrecken, ...).

Die Genehmigung nach BImSchG schließt die Baugenehmigung sowie ggf. weitere Zulassungen und Genehmigungen mit ein. In diese werden z. B. auch Umweltverträglichkeitsprüfungen (UVP) und, wenn erforderlich, ein Flora-Fauna-Habitat (FFH)-Prüfverfahren oder Vogelschutz (VS)-Prüfverfahren integriert.

Im Vergleich haben die Antragsunterlagen für ein Genehmigungsverfahren nach BImSchG einen wesentlich größeren Umfang, da hier im Detail auf die Erfüllung der Sorgfaltspflicht gegenüber der Umwelt einzugehen ist.

8.4.2 Umweltverträglichkeitsprüfung

Grundsätzlich handelt es sich bei der Umweltverträglichkeitsprüfung (UVP) um ein Verfahren, welches die Auswirkungen von Projekten auf die Umwelt ermittelt und bewertet. Dies erfolgt im Vorfeld der Entscheidung über die Zulässigkeit des Vorhabens.

In Deutschland begründet sich die UVP auf dem „Gesetz über die Umweltverträglich-keitsprüfung" (UVPG). Die UVP ist hier ein unselbstständiger Teil behördlicher Verfahren, welche über die Zulässigkeit von Projekten eines bestimmten Ausmaßes[3] zu befinden haben, z. B. die Errichtung einer Industrieanlage, Flughafenerweiterung usw.

Die mittels UVP gewonnenen Erkenntnisse fließen in die Entscheidungsfindung über die Zulässigkeit des Vorhabens ein. Daher hat die Behörde bei der Entscheidung über das Vorhaben das Ergebnis der UVP in die Abwägung einzubeziehen.

Aber: Die UVP hat an sich keinerlei materielle Rechtswirkung, d. h. ein Projekt kann durch eine negativ ausfallende UVP nicht automatisch verhindert werden.

8.4.3 FFH-Prüfverfahren

Die Europäische Union hat 1992 die „Richtlinie 92/43/EWG des Rates vom 21. Mai 1992 zur Erhaltung der natürlichen Lebensräume sowie der wildlebenden Tiere und Pflanzen" verabschiedet (kurz: Fauna-Flora-Habitat-Richtlinie bzw. FFH-Richtlinie). Sie zielt gemeinsam mit der Vogelschutz-Richtlinie darauf ab, wildlebende Arten, deren Lebensräume und die europaweite Vernetzung dieser Lebensräume zu sichern und zu schützen (europäisches Schutzgebietsnetz „Natura 2000").

Dabei stellen die Bundesländer Listen von Schutzgebieten zusammen, welche an das Bundesministerium für Umwelt, Naturschutz und Reaktorsicherheit gemeldet werden. Das Umweltministerium reicht die Flächenmeldungen an die EU-Kommission weiter, welche diese nach Prüfung („Konzertierung") in den Natura 2000-Katalog aufnimmt.

Laut Angaben des Bundesamtes für Naturschutz hat Deutschland bisher 4.606 FFH-Gebiete nach Brüssel gemeldet. Diese umfassen 3.323.321 ha Landfläche sowie 2.122.161 ha Wasserflächen, d. h. insgesamt 5.445.482 ha (Stand 03.01.2014).[4] Die Landflächen machen 9.6 % des Bundesgebietes aus.

Bei Eingriffen in das FFH-Gebiet muss nun zuvor eine Verträglichkeitsprüfung (VP) durchgeführt werden. Hier gilt ein grundsätzliches Verschlechterungsverbot. Diese Verträglichkeitsprüfung wird unabhängig von einer eventuell zusätzlich erforderlichen Umweltverträglichkeitsprüfung (UVP) nach dem UVPG durchgeführt.

8.4.4 VS-Prüfverfahren

Die Europäische Union hat 1979 die Richtlinie 79/409/EWG („Vogelschutzrichtlinie") verabschiedet. Diese regelt den Schutz der wildlebenden Vogelarten und ihrer Lebensräu-

---

[3] Das UVPG enthält Anlagen, in welchen derartige Vorhaben gelistet sind; Anlage 1 mit der Liste der UVP-pflichtigen Vorhaben, Anlage 2 mit den Vorprüfkriterien für nicht klar definierte UVP-pflichtige Vorhaben, Anlage 4 mit den dazugehörigen Vorprüfungskriterien.
[4] Quelle: Bundesamt für Naturschutz, im Internet unter http://www.bfn.de/0316_gebiete.html (Zugriff am 30.04.2014).

me in der Europäischen Union. In der Folge haben sich die EU-Mitgliedsstaaten u. a. zur Einrichtung von Vogelschutzräumen als eine wesentliche Maßnahme zur Erhaltung, Wiederherstellung bzw. Neuschaffung der Lebensräume wildlebender Vogelarten verpflichtet.

Laut Angaben des Bundesamtes für Naturschutz hat Deutschland bisher 740 VS-Gebiete nach Brüssel gemeldet. Diese umfassen 4.009.604 ha Landfläche sowie 1.986.197 ha Wasserflächen (Stand 03.01.2014).[5] Die Landflächen machen 11,2 % des Bundesgebietes aus.

---

[5] Quelle: Bundesamt für Naturschutz, im Internet unter http://www.bfn.de/0316_gebiete.html (Zugriff am 30.04.2014).

Rechtliche Absicherung des Standortes 9

9.1 Grundsätzliches

Die rechtliche Absicherung der zu entwickelnden Liegenschaft ist von essentieller Bedeutung für ein Projekt. Der uneingeschränkte Zugriff auf das Grundstück bedeutet Planungssicherheit für den gesamten Projektverlauf wie auch Handlungsfreiheit während der Planungs-, Bau- und Nutzungsphase. In diesem Kap. 9 wird sich daher eingehend den damit verbundenen Themen gewidmet.

9.2 Grundlegende Aspekte der Absicherung

Bevor einzelne wichtige Bestandteile eines Grundstücksvertrages beleuchtet werden, soll auf einige Grundsatzfragen eingegangen werden, die es in jedem Fall vorab abzuklären gilt.

Grundsätzlich ist hierbei anzumerken, dass das Grundstücksrecht aus internationaler Sichtweise von Land zu Land sehr unterschiedlich ist. Anders als z. B. bei Dienstverträgen (Ingenieurvertrag usw.), Werkverträgen oder Kaufverträgen für Maschinen und Anlagenteilen, welche üblicherweise im Rahmen der gesetzlichen Bedingungen relativ frei und individuell ausgehandelt werden können, sind die Grenzen bei Grundstücksverträgen meist recht eng.

Es ist daher in jedem Fall angeraten, sich vor der Akquisition intensiv über das Prozedere des Grundstückserwerbs im jeweiligen Land zu erkundigen.

9.2.1 Berechtigung zum Verkauf

Die Basis des Akquisitionsprozesses ist die Prüfung, ob der Veräußerer des Grundstückes überhaupt dazu berechtigt ist, d. h. ob er

© Springer Fachmedien Wiesbaden 2014
T. Glatte, *Entwicklung betrieblicher Immobilien*,
Leitfaden des Baubetriebs und der Bauwirtschaft, DOI 10.1007/978-3-658-05687-2_9

- überhaupt Eigentümer des Grundstückes ist und
- er dieses veräußern oder übertragen darf.

Die Prüfung dieser sehr simpel klingenden Punkte lässt in der Praxis immer wieder böse Überraschungen zutage treten, z. B. bei „im Auftrag handelnden Personen" oder Erbengemeinschaften.

9.2.2 Ausländische Käuferschaft

Des Weiteren sollte gerade bei Projektentwicklungen im Ausland geprüft werden, ob der Investor als ein ausländisches Unternehmen eine Immobilie erwerben darf.

Das in Deutschland uneingeschränkt geltende Prinzip, dass grundsätzlich jeder – ob Deutscher oder Ausländer – eine Immobilie erwerben kann, gilt bereits beim Nachbarn Schweiz trotz zunehmender Liberalisierung in den letzten Jahren keinesfalls. Gleiches gilt für viele andere Länder. Obwohl beispielsweise viele asiatische Länder im Zuge der „Asienkrise" nach 1997 Reformen eingeleitet haben, die ausländische Investitionen erleichtern sollen, gibt es nach wie vor rechtliche Einschränkungen für den Erwerb von Grundeigentum oder Nutzungsrechten durch Ausländer oder ausländisch kontrollierte inländische Unternehmen.

Hierbei ist auch zu beachten, dass in zahlreichen Ländern Unterschiede zwischen Bauwerk oder Bauwerksteilen (z. B. Wohnungseigentum) und dem Eigentum an Grund und Boden gemacht wird. Hintergrund ist häufig das Ziel, das Land vor ausländischer Bodenspekulation zu schützen. Die Praxis sieht allerdings leider so aus, dass derartige „Schutzmechanismen" mit lokalen Mittelsmännern umgangen werden – der Spekulation wird damit zumindest nicht Aufschub geboten.

9.2.3 Zusammengehörigkeit von Grundstück und Bauwerk

In Deutschland sind Grundstück und Bauwerk untrennbar miteinander verbunden, d. h. der Grundstückseigentümer ist grundsätzlich erst einmal auch der Eigentümer des aufstehenden Bauwerkes.

Dies kann erst nachträglich z. B. durch folgende Möglichkeiten geändert werden:

- ein Erbbaurecht oder
- ein Wohnungseigentum (Teilungserklärung!).

Dieser Grundsatz ist zwar häufig, aber nicht überall anzutreffen. Als Beispiel hierfür sei Japan genannt. Dort besteht grundsätzlich die Möglichkeit, die Eigentümerschaft von Grundstück und Bauwerk zu trennen. Allerdings muss auch in Japan bei einem vom

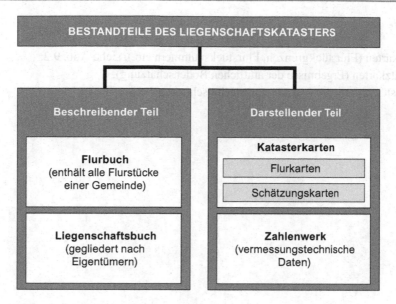

Abb. 9.1 Bestandteile des Liegenschaftskatasters

Grundstück getrennten Bauwerkseigentum eine rechtliche Verbindung zum Grundstück, beispielsweise durch einen Pachtvertrag, bestehen.

Das Bestehen eines verlässlichen Grundbuchsystems mit der Möglichkeit zur Registrierung (dinglichen Sicherung) von Grundstücksrechten mit Wirkung gegenüber Dritten sowie Gutglaubensschutz sind weitere wichtige Voraussetzungen für einen gesicherten Grundstückserwerb. Im Sinne des vorgenannten Punktes sollte jedoch darauf aufmerksam gemacht werden, dass für Grundstücke und Gebäude durchaus unterschiedliche Registrierungen gelten können.

Nachfolgend werden die grundstücksspezifischen Instrumente in Deutschland dargestellt.

9.2.4 Liegenschaftskataster

Das Liegenschaftskataster ist das amtliche Verzeichnis der Grundstücke, nach welchem sie im Grundbuch benannt sind. Es wird bei staatlichen oder städtischen Vermessungsämtern geführt und umfass die nachstehenden Inhalte (siehe Abb. 9.1).

Beschreibender Teil (Katasterbuchwerk)

- Registrieren der Bodenflächen (Flurstücksnummer) und beschreiben der Lage,
- Eigentümername und -adresse (entspricht den Grundbuchinformationen),
- Hinweise auf Grundbuchstelle (Band und Blatt) und Baulasten.

Darstellender Teil

- Flurkarten (Flurstückgrenzen, Flurstücksnummern etc.), siehe Abb. 9.2,
- Schätzkarten (Ergebnisse der amtlichen Bodenschätzung),
- Katasterzahlenwerk (vermessungstechnische Angaben).

Fallbeispiel Katasterkarte

Auszug aus dem Katasterkartenwerk im Maßstab 1:1000

Gemarkung: Trostberg   Vermessungsamt Traunstein, 17.08.2011

Die Erstellung von Auszügen aus dem Katasterkartenwerk ist der das Kataster führenden Behörde vorbehalten.
Vervielfältigungen (kopiert bzw. digitalisiert und EDV-gespeichert) sind nur für den eigenen Bedarf gestattet.
Die Weitergabe an Dritte ist nicht erlaubt.
Zur Maßentnahme nur bedingt geeignet; insbesondere bei lang gestrichelt dargestellten Grenzen kann es zu größeren
Ungenauigkeiten kommen.
In der Darstellung der Grenzen können Veränderungen berücksichtigt sein, die noch nicht in das Grundbuch übernommen sind.
Der Gebäudenachweis kann vom örtlichen Bestand abweichen.

Abb. 9.2 Flurkartenauszug des Liegenschaftskatasters (Beispiel)

BESTANDTEILE DES GRUNDBUCHS	
TITELBLATT	Deckblatt, zuständiges Amtsgericht, Grundbuchbezirk, Blatt-Nr., Vermerke wie Erbbaugrundbuch, WE-Grundbuch etc.
BESTANDS-VERZEICHNIS	Beschreibung des Grundstücks, wie z. B. Gemarkung, Flurstück, Wirtschaftsart, Größe, etc.
ABTEILUNG I	Eigentümer, Rechtsgrundlage des Erwerbs (Auflassung, Erbfolge, Schenkung, Zuschlag bei Versteigerung, etc.)
ABTEILUNG II	Lasten und Beschränkungen, Vormerkungen, Widersprüche, etc.
ABTEILUNG III	Hypotheken, Grundschulden und Rentenschulden sowie diesbezügliche Vormerkungen, Widersprüche, etc.

Abb. 9.3 Bestandteile des Grundbuches

9.2.5 Das Grundbuch

Das Grundbuch besteht insgesamt aus fünf formalen Teilen (siehe Abb. 9.3 und 9.4), welche nachstehend erläutert werden.

Titelblatt Das Titelblatt ist das Deckblatt des Grundbuches. Auf ihm befinden sich die Angabe des zuständigen Amtsgerichts, der Grundbuchbezirk, die Blatt-Nummer, die Bescheinigung über die Seitenzahl, diverse Vermerke wie z. B. der Schließungs-, Umschreibungs-, und Hofvermerk oder die Ausweisung, dass es sich um eine besondere Grundbuchform wie das Erbbau-, Wohneigentum-, Teileigentum-, Wohnungserbbaugrundbuch handelt.

Bestandsverzeichnis Das Bestandsverzeichnis beschreibt die einzelnen Grundstücke in wirtschaftlicher Hinsicht. Dazu gehört die Ausweisung der Gemarkung, des Flurstückes, der Wirtschaftsart sowie der Lage und Größe. Darüber hinaus gehören in das Bestandsverzeichnis Vermerke über mit dem Grundstück verbundene Rechte (Wegerechte), Bestands- und Zuschreibungen sowie Abschreibungen.

Abteilung I Die erste Abteilung des Grundbuches umfasst Eintragungen zum Eigentümer sowie zur Rechtsgrundlage des Erwerbs. Dies kann z. B. der Erwerb durch Auflassung, Erbfolge oder Zuschlag bei einer Versteigerung sein.

Abteilung II Die zweite Abteilung umfasst die Eintragung von Lasten und Beschränkungen sowie von Vormerkungen und Widersprüchen. Eine detaillierte Liste möglicher Belastungen und Beschränkungen kann dem Abschn. 7.6.3 entnommen werden.

Abteilung III In der dritten Abteilung des Grundbuches sind Hypotheken, Grund- u. Rentenschulden (Grundpfandrechte) einschließlich der sich darauf beziehenden Vormerkungen, Widersprüche und Veränderungen hinterlegt.

Besondere Grundbücher Es existieren in Deutschland verschiedene weitere Grundbucharten. Dies sind

- das Wohnungs- und Teileigentumsgrundbuch,
- das Erbbaugrundbuch,
- das Heimstättengrundbuch und
- das Grundbuch mit Hofvermerk.

Fallbeispiel Grundbuchauszug

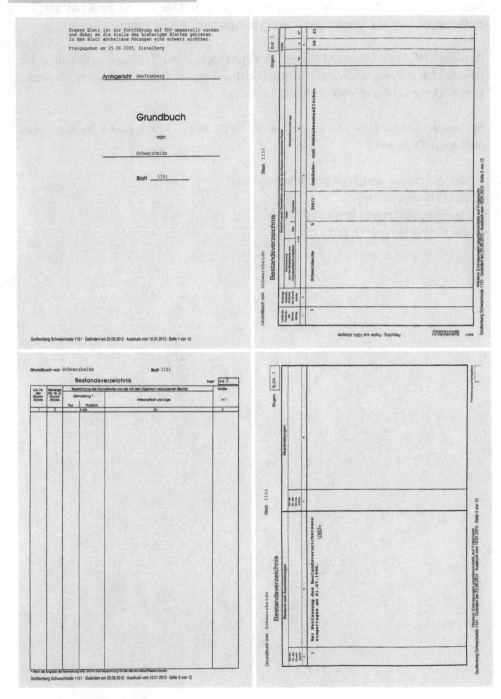

Abb. 9.4   Grundbuchauszug (Beispiel)

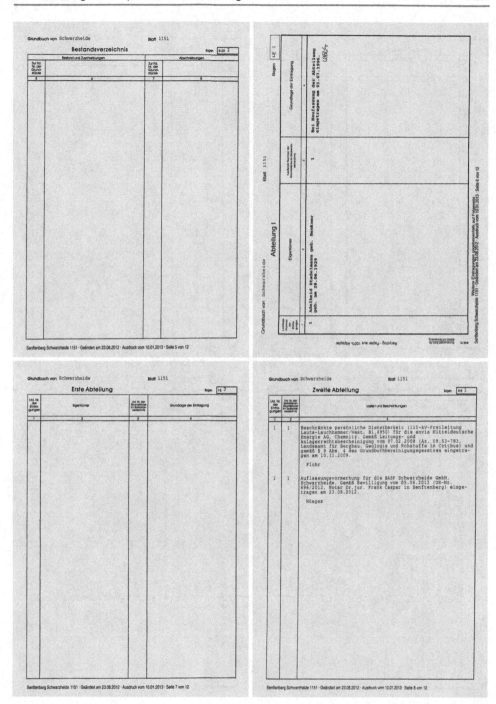

Abb. 9.4 (Fortsetzung)

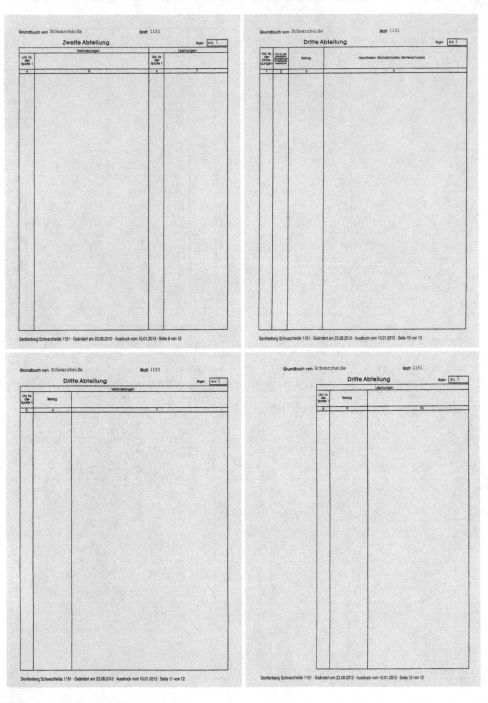

Abb. 9.4 (Fortsetzung)

9.2.6 Baulastenverzeichnis

Als Ergänzung zu den dinglich gesicherten Belastungen eines Grundstückes im Grundbuch können des Weiteren Belastungen in der Art von Baulasten bestehen.

Diese werden im Baulastenverzeichnis eingetragen, welches bei der jeweiligen Baubehörde geführt wird.

Eine Baulast ist eine öffentlich-rechtliche Erklärung zugunsten eines Dritten, mit welcher es der Bauaufsichtsbehörde erst möglich wird, ein Bauvorhaben zu genehmigen, welches ohne eine derartige Baulast nicht genehmigungsfähig wäre.

Arten von Baulasten

- *Abstandsflächenbaulast*, um bestimmte Abstandsflächen einzuhalten.
- *Anbaubaulast*, um bei einer Grenzbebauung die Duldung des Nachbarn bei Unterschreitung des Mindestabstandes zu erwirken.
- *Zufahrtsbaulast*, um einem Nachbarn die Zufahrt über das eigene Grundstück zu genehmigen.
- *Stellplatzbaulast*, um die Duldung von eigenen Stellplätzen auf einem Nachbargrundstück zu ermöglichen.
- *Baulast wirtschaftlicher Einheit (Vereinigungsbaulast)*, um Baulasten für spätere kleinere Grundstücke wie ein (als wirtschaftliche Einheit) zusammengefasstes großes Grundstück darzustellen, sofern ein Zusammenhang zwischen diesen Grundstücken schlüssig abgeleitet werden kann.

Die Baulast verpflichtet den Eigentümer des belasteten Grundstückes nicht, die Nutzung tatsächlich zu dulden. Die Duldungspflicht entsteht erst durch eine privatrechtliche Vereinbarung, welche ggf. dinglich gesichert ist.

Vor diesem Hintergrund verzichten einige Bundesländer (derzeit: Bayern und Brandenburg) gänzlich auf die öffentlich-rechtliche Regelung durch Baulasten, sondern decken die baulast-begründenden Regelungen rein privatrechtlich durch dingliche Sicherung mittels Grunddienstbarkeiten oder beschränkt persönliche Dienstbarkeiten ab.

Die Baulasten sind für jeden Rechtsnachfolger verbindlich. Wer ein berechtigtes Interesse hat, kann in das Baulastenbuch der Baubehörde Einsicht nehmen.

9.3 Grundstückssicherung

9.3.1 Verfügbarkeit

Für Corporates ist die langfristige und unbeschränkte Verfügbarkeit durch die Möglichkeit des Erwerbs von Eigentum oft sehr wichtig. Sollte dies unter den rechtlichen Rahmenbedingungen des betreffenden Landes nicht möglich sein, sind zumindest langfristige Nutzungsrechte und Verlängerungsoptionen für diese Rechte von hohem Interesse.

Gerade für Industriebetriebe hat die Langfristigkeit der Grundstücksrechte hat eine entscheidende Bedeutung. Dies wird z. B. bei genauer Betrachtung des Stammwerkes des Chemiekonzerns BASF in Ludwigshafen klar. Wenn die BASF hier im Jahre 1865 (dem Zeitpunkt der ersten Standortansiedlung[1]) beispielsweise nur ein Erbbaurecht für den an sich sehr langen Zeitraum von 99 Jahren erhalten hätte, wäre dieses Recht längst erschöpft.

Die langfristige und unbeschränkte Verfügbarkeit von Gelände ist im Auslandsgeschäft zum Teil recht problematisch. Dies gilt insbesondere für die Entwicklungs- und Schwellenländer Asiens. Unbeschränkte Eigentumsrechte, wie in Deutschland selbstverständlich, sind oft nicht bekannt. Hier sind häufig nur zeitlich beschränkte Landnutzungsrechte erhältlich, die am ehesten mit einem deutschen Erbbaurecht verglichen werden können.

Beispiele für derartige, zeitlich beschränkte Grundstücksrechte in der Region Asien sind:

- das sogenannte *Granted Land Use Right* (Überlassenes Landnutzungsrecht) über 50 Jahre in der VR China[2],
- *Leasehold* (Pacht) über 99 Jahre in Malaysia,
- *Leasehold* (Pacht) über 30 Jahre in Singapur,
- Verschiedene Formen von *Leaseholds* in Hongkong (früher 999 Jahre, 99 Jahre, 75 Jahre, neuerdings üblicherweise 50 Jahre) – lediglich ein Bauwerk, die historische St. John's Cathedral, hat in Hongkong das Grundstück im Eigentum,
- *Hak Guna Bangunan* (Baurecht) über 30 Jahre in Indonesien.

Grundstücksverträge existieren in den unterschiedlichsten Formen. Sie sind im Wesentlichen einerseits durch die lokale Gesetzgebung und deren Besonderheiten, aber andererseits auch durch spezifische Prägungen vorherrschender Rechtssysteme geprägt. Die Dominanz des angelsächsischen Systems ist gerade im internationalen Geschäftsumfeld geradezu erdrückend, auch wenn Notwendigkeit und Sinnhaftigkeit einiger ausgefeilter vertraglicher Formulierungen nach US-Modell in Entwicklungs- und Schwellenländern mitunter angezweifelt werden dürfen. Immer wieder werden auch formularartige Verträge angetroffen, so z. B. in der VR China.

Grundsätzlich kann aber in

- Grundsatzvereinbarungen,
- empfehlenswerte Klauseln und
- „kreative" Klauseln

eingeteilt werden.

Als Beispiel liegt hier ein relativ neutral formuliertes und einfaches Muster für einen Immobilienkaufvertrag bei (siehe Anhang 6).

---

[1] Abelshauser, W.: Die BASF – Eine Unternehmensgeschichte, 2003, S. 30.
[2] Vgl. Glatte, T.: Grundstückserwerb in der VR China; Grundstücksmarkt und Grundstückswert, Ausgabe 3/2005, S. 159.

9.3.2 Frühzeitige Grundstückssicherung

Schon in der Frühphase eines Projektes ist es wichtig, sich über den notwendigen Flächenbedarf im Klaren zu sein. Dieser hat nicht nur – wie oben ausgeführt – einen Einfluss auf die Standortwahl. Eine klare Vorstellung vom Flächenbedarf ist auch notwendig, um sich ein Grundstück adäquater Größe am Standort (z. B. in einem Gewebegebiet oder Industriepark) rechtzeitig zu sichern.

Die Betreiber oder Grundstücksentwickler (engl.: *developer*) solcher Standorte haben zwar immer auch Präferenzen bei möglichen Investoren, jedoch gilt auch hier der Grundsatz: „*First comes, first served.*" Gleiches gilt selbstverständlich auch bei Einzelstandorten. Hier hat ein verkaufswilliger Grundstückseigentümer ebenfalls kein Interesse, sich über den gesamten Projektevaluierungsprozess hinhalten zu lassen und das Risiko einzugehen, dass der Verkauf letztendlich nicht zustande kommt, während er mittlerweile andere mögliche Käufer abgelehnt hat.

Natürlich könnte ein Investor das Grundstück sofort erwerben. Aber auch er wird natürlich erst einmal den gesamten Umfang des Projektes sorgfältig evaluieren müssen. Dieser Prozess, sowohl die ingenieurseitigen Planungen als auch die Sicherstellung der Projektfinanzierung, benötigt jedoch, wie in den vorangegangenen Kapiteln dargestellt, etliche Zeit. Zudem zeigt die Erfahrung, dass im Zuge eines solchen vorbereitenden Prozesses so manches Projekt verzögert oder auch vollständig gestoppt wurde.

Daher ist es aus o. g. Gründen für den Verkäufer und den Investor sinnvoll, sich zumindest auf eine temporäre Vereinbarung bezüglich des betreffenden Grundstückes einzulassen.[3] Grundsätzlich werden fünf verschiedene Möglichkeiten gesehen, eine solche Problematik anzugehen, deren Verfügbarkeit und rechtliche Absicherung von Land zu Land unterschiedlich und somit im Einzelfall zu prüfen ist.

9.3.3 Vorverträge und Absichtserklärungen

Vorvertrag Ein Vorvertrag ist ein Vertrag, der letztendlich die Verpflichtung zum Abschluss eines Hauptvertrages zu einem späteren Zeitpunkt dokumentiert. Es handelt sich hierbei um einen schuldrechtlichen Vertrag, d. h. die Erfüllung ist einklagbar. Natürlich kann der Vorvertrag auch dergestalt aufgesetzt werden, dass nur eine der Vertragsparteien zum (künftigen) Vertragsabschluss verpflichtet ist. Üblicherweise werden im Vorvertrag bereits verschiedene grundsätzliche Regelungen des künftigen Vertrages fixiert. Da ein Vorvertrag insbesondere auch aus Sicht eines möglichen Ausstiegs einer oder beider Vertragsparteien aufgesetzt wird, ist insbesondere dieser Sachverhalt sauber zu regeln. Dies gilt insbesondere auch in Hinblick möglicher Schadenersatzansprüche. Im Gegensatz zum Hauptvertrag ist der Vorvertrag aufgrund der in Deutschland herrschenden Vertragsfreiheit nicht zwingend notariell zu beurkunden. Es ist trotz der entstehenden zusätzlichen Kosten

---

[3] Vgl. Schulte, K. W.; Bone-Winkel, S.: Handbuch Immobilien-Projektentwicklung, S. 125.

jedoch angeraten. Ebenfalls empfiehlt es sich, bereits den für den Hauptvertrag vorgesehenen Notar auch beim Vorvertrag einzuschalten.

Absichtserklärung In diesem Zusammenhang sollte noch auf die sogenannten Absichtserklärungen (engl.: *letter of intent* oder m*emorandum of understanding*) eingegangen werden.

Solche Erklärungen, meist zu Beginn eines Projektes zwischen den beteiligten Parteien eingegangen, haben lediglich die Bedeutung, wie es ihr Name bereits indiziert. Eine rechtliche Bindung und erst recht eine einklagbare vertragliche Vereinbarung ist dies nicht. Man kann allenfalls auf eine moralische Hemmschwelle bei den unterzeichnenden Parteien hoffen.

Über den Kunstgriff, einen solchen LOI oder MoU durch eine Klausel ausdrücklich verbindlich zu machen (sogenannter *Binding Letter of Intent*), lässt sich zwar die Verbindlichkeit herstellen. Die Bezeichnung „Letter of Intent" verdient dieses Dokument allerdings dann nicht mehr. Man sollte sich ehrlicherweise eingestehen, dass ein solcherart unterzeichnetes Dokument eigentlich ein unterschriebener (Vor-)Vertrag ist – egal welche Überschrift der betreffende Rechtsbeistand gewählt hat. Ein rechtliches Dokument wird über seinen Inhalt, d. h. die getroffenen Regelungen, definiert und nicht über dessen Namen.

9.3.4 Vorkaufsrecht

Der Grundstückseigentümer räumt dem Interessenten damit ein Vorzugsrecht (engl.: *right of first refusal*) ein. Im Falle eines möglichen Kaufangebotes eines Dritten muss der Vorkaufsberechtigte vom Eigentümer der Liegenschaft darüber informiert werden (die sogenannte „Vorhand"). Der Vorkaufsberechtigte kann sich vor den anderen für den Kauf des Grundstückes entscheiden. Allerdings ist er dazu nicht verpflichtet. Der Dritte kann im Gegenzug das Grundstück nur dann erwerben, wenn der Vorkaufsberechtigte das ihm eingeräumte Recht nicht ausübt.

Von besonderem Interesse ist es, wenn ein solches nicht nur über eine schriftliche Vereinbarung, sondern auch über eine dingliche Sicherung, z. B. wie in Deutschland durch Eintragung in Abteilung II im Grundbuch, fixiert und somit rechtlich abgesichert werden kann. Die Frist zur Ausübung des Vorkaufsrechts beträgt bei Liegenschaften gemäß § 469 (2) BGB zwei Monate nach Empfang der Mitteilung. Allerdings kann vertraglich auch anderes vereinbart werden. Die Frist wird üblicherweise durch den Notar durch Mitteilung an den Vorkaufsberechtigten über den Vertragsabschluss zwischen dem Verkäufer und einem (anderen) Käufer ausgelöst.

9.3.5 Befristetes Kaufangebot

Beim befristeten Kaufangebot unterbreitet der Investor ein Kaufangebot für einen klar definierten Zeitraum. Dieses ist üblicherweise an eine Anzahlung (engl.: *Downpayment*) gekoppelt.

Die Verrechnung der Anzahlung im weiteren Prozess ist individuell auszugestalten. Es ist üblich, diese zum Zeitpunkt des endgültigen Abschlusses des Kaufvertrages mit dem Kaufpreis zu verrechnen. Im umgekehrten Verhältnis ist es ebenfalls möglich, dass der Grundstückseigentümer die Anzahlung voll oder in Teilen wieder zurückzahlt, wenn das Projekt nicht realisiert wird. Gerade bei Nichtrealisierung sind die Regelungen üblicherweise an die Gründe des Scheiterns und des Verschuldens der jeweiligen Vertragspartei gekoppelt. Letzteres könnte ggf. auch noch Schadensersatzforderungen nach sich ziehen. In diesem Fall ist es sinnvoll zu vereinbaren, den Betrag auf ein treuhänderisch verwaltetes Konto, z. B. durch einen Notar oder eine Anwaltskanzlei, einzuzahlen (engl.: *Escrow Account*). Andernfalls besteht ein Risiko, dass der Betrag nicht oder nur zögerlich zurückgezahlt wird.

9.3.6 Kaufvertrag mit aufschiebender Wirkung

Vertrag Es besteht aber auch die Möglichkeit, den Kaufvertrag bereits auszuhandeln und abzuschließen, dessen Inkrafttreten jedoch auf einen späteren Zeitpunkt zu verschieben. Beispielsweise macht es Sinn, das Inkrafttreten bis zur abschließenden Entscheidung über die Projektrealisierung aufzuschieben. In der Praxis ist dies jedoch meist an die Erfüllung genau definierter Meilensteine (z. B. Zustandekommen der Finanzierung oder der Erteilung der Baugenehmigung) gekoppelt. Zudem werden meist zeitliche Fristen vereinbart.

Ankaufsrecht Ein Kaufvertrag mit aufschiebender Wirkung begründet letztendlich ein Recht zum Ankauf. Dieses sogenannte Ankaufsrecht begründet den Anspruch auf eine künftige Übertragung des Eigentums an einer Liegenschaft. Es kann durch Vormerkung im Grundbuch dinglich gesichert werden. Des Weiteren sind die Ansprüche aus einem Ankaufsrecht übertragbar. Allerdings unterliegt in Deutschland das Ankaufsrecht gemäß § 196 BGB einer Verjährungsfrist von zehn Jahren.

Grunderwerbsteuer Die Grunderwerbsteuer wird erst mit Inkrafttreten des Kaufvertrages wirksam.

9.3.7 Kaufvertrag mit Rücktrittsvorbehalt

Vertrag Bei dem Kaufvertrag mit Rücktrittsvorbehalt handelt es sich um einen vollwertigen Kaufvertrag, der auch unverzüglich oder zeitnah zum Vertragsschluss in Kraft tritt. Er ist lediglich mit einem Rücktrittsvorbehalt versehen, d. h. eine der Vertragsparteien kann aus genau identifizierten und im Vertrag abzubildenden Gründen vom Vertrag zurücktreten. Analog dem Kaufvertrag mit aufschiebender Wirkung macht dies aus der Sicht eines Projektentwicklers insbesondere bei Nichteintritt wesentlicher Projektrandbedingungen, z. B. bei Nichterteilung einer Baugenehmigung, Sinn.

Grunderwerbsteuer Die Grunderwerbsteuer wird mit Inkrafttreten des Kaufvertrages wirksam. Daher ist aus der Sicht des Projektentwicklers dem Kaufvertrag mit aufschiebender Wirkung der Vorzug zu geben, sofern nicht zeitnah mit einer substantiellen Grunderwerbsteuererhöhung zu rechnen ist.

9.3.8 Options- oder Reservierungsvereinbarung

Eine elegante Lösung gerade im Hinblick auf die mittelfristige Sicherung von Erweiterungsflächen an bereits bestehenden Standorten ist der Abschluss eines zeitlich befristeten Optionsvertrages. Mit einem solchen Vertrag reserviert sich der Investor für einen bestimmten Zeitraum ein bestimmtes Grundstück, ohne jedoch bereits in näherer Zukunft genaue Pläne zur Bebauung zu haben. Dies macht gerade bei gewerblichen und industriellen Investoren Sinn, die zum einen langfristig eine Erweiterbarkeit ihrer Erstinvestition gesichert sehen wollen, jedoch zum anderen aufgrund der Einschätzbarkeit des Marktes nicht sofort große Flächen akquirieren wollen. Da eine solche Option mit Zahlungen verbunden ist (üblich sind 3 % bis 10 % des Grundstückswertes pro Jahr), hat der Investor auch die Chance, seine Zahlungen zu strecken und somit nicht zu früh zu viel Kapital zu binden. Die Regelungen zur ggf. möglichen Anrechnung der Zahlungen bei Grundstückserwerb entsprechen i. W. denen des befristeten Kaufangebotes.

9.3.9 Auflassung und Auflassungsvormerkung

Die Sicherung von Grundstück und Kaufpreis erfolgt in Deutschland durch Erklärung der Auflassung und Eintragung im Grundbuch. In allen Fällen der Grundstückssicherung gilt es, die Kostenfolge zu beachten, zumal das Risiko des Nichterwerbs kaum vom Grundstückseigentümer getragen wird. Sofern der Grundstückseigentümer als Mitinvestor infrage kommt, kann die Grundstückssicherung auch über gesellschaftsvertragliche Regelungen erfolgen.

Auflassung Die Auflassung ist die Willenserklärung (Einigung) nach § 873 BGB des Verkäufers und Käufers zur Übertragung des Eigentums am Grundstück. § 925 BGB bildet die Grundlage für die Auflassung. Sie muss bei gleichzeitiger (jedoch nicht persönlicher) Anwesenheit) der Beteiligten vor dem Notar protokolliert werden (i. d. R. ist eine diesbezügliche Formulierung Vertragsbestandteil).

Abb. 9.5 Abfolge von Grundstückserwerb und Kaufpreissicherung

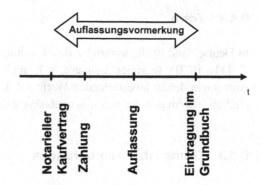

Auflassungsvormerkung Zugunsten des Erwerbers wird nach Unterzeichnung des Kaufvertrages eine Auflassungsvormerkung eingetragen. Erst wenn dies erfolgt ist, zahlt der Erwerber den Kaufpreis. Anschließend wird die Auflassung erklärt (siehe Abb. 9.5).

Die Auflassungsvormerkung dient der Sicherung des Anspruchs auf Eigentumsumschreibung im Grundbuch (§ 883 BGB). Durch Eintragung im Grundbuch in Abteilung II wird dieser Ansprung dinglich gesichert. Nachträgliche Verfügungen zulasten des Grundstückes können damit abgewehrt werden (Verfügungen durch Verkäufer und Zwangsvollstreckung).

9.4 Grundstückskaufvertrag

Es ist die Aufgabe des Grundstücksvertrages (in Deutschland als notariell beurkundeter Kaufvertrag), alle für eine Grundstückstransaktion wesentlichen Aspekte zu regeln. Dabei kann zwischen allgemeingültigen Sachverhalten (Grundsatzvereinbarungen) und transaktionsspezifischen Sachverhalten (spezifische Vereinbarungen) unterschieden werden. Diese werden nachfolgend vorgestellt.

9.4.1 Hauptpflichten

Wie auch in Deutschland (§ 433 BGB), so sollten prinzipiell in jedem Grundstückskaufvertrag folgende Hauptpflichten festgeschrieben werden:

Für den Verkäufer:

- Dem Käufer ist die Sache zu übergeben und Eigentum an der Sache zu verschaffen.
- Die Sache ist frei von Sach- und Rechtsmängeln zu übergeben.

Für den Käufer:

- Dem Verkäufer ist die Sache abzunehmen.
- Dem Verkäufer ist der vereinbarte Kaufpreis zu zahlen.

9.4.2 Form

In Deutschland ist die notarielle Beurkundung eines Grundstücksvertrages verpflichtend (§ 311b BGB). In vielen Ländern, z. T. auch in Westeuropa, ist dies nicht der Fall. In Anbetracht der zu investierenden Werte auf dem Grundstück sollte jedoch in jedem Fall die Schriftform gewählt werden, unabhängig davon, ob die Rechtslage dies erfordert.

9.4.3 Grundsatzvereinbarungen

Um rechtswirksam zu sein, muss ein Grundstücksvertrag wenigstens die folgenden, grundsätzlichen Dinge regeln. Da dies in Deutschland ohnehin von dem Notar übernommen wird, werden diese Punkte hier nur kurz aufgelistet.

Vertragsparteien Die jeweiligen Vertragsparteien (engl.: *parties*) sind angemessen zu identifizieren.

Angebot und Annahme Auch der Grundstücksvertrag unterliegt dem Prinzip des Angebots (durch den Verkäufer) und der Annahme (durch den Käufer). Das Angebot und die Annahme (engl.: *offer and acceptance*) des Grundstücksgeschäftes sind entsprechend zu dokumentieren.

Grundstücksbeschreibung Um das Kaufobjekt klar zuordnen zu können, ist eine Grundstücksbeschreibung (engl.: *description of property*) unerlässlich. In Deutschland ist dies aufgrund der Zuordnung zu einer Flurstücksnummer gemäß Liegenschaftskataster sehr einfach. In anderen Ländern sind hier umfangreichere Beschreibungen, so z. B. in den USA durch rechtssicher im Wortlaut ausformulierte kartografische Koordinaten, notwendig.

Kaufpreis Hinsichtlich des Grundstückspreises (engl.: *purchase price/sales price*) sollte explizit beschrieben werden, welche Leistungen dieser umfasst, z. B.:

- ob das Grundstück erworben wird „wie es steht und liegt",
- welche Infrastrukturanbindungen beinhaltet sind und welche nicht, einschließlich der entsprechenden Erschließungsbeiträge,
- u. U. auch, ob Entschädigungen für Vornutzer oder noch ausstehende Verpflichtungen bereits damit abgegolten sind.

Zahlplan Der Kaufpreis muss nicht nur unmittelbar mit Vertragsschluss fällig werden, sondern kann entweder zu einem späteren Zeitpunkt oder gar in Raten gezahlt werden. Diese Zahlungsmodalitäten (engl: *terms and conditions for payment*) sind entsprechend zu regeln. Des Weiteren sollte in diesem Zusammenhang auch die Verrechnung oder Rückzahlung von bereits geleisteten Zahlungen wie Reservierungszahlungen (Optionsvertrag) oder Anzahlungen (befristetes Kaufangebot) geregelt werden.

Eigentums-, Besitz- und Gefahrübergang Das Eigentum geht mit dem vorhandenen, notariell beurkundeten Kaufvertrag, der erteilten Auflassung sowie der Eintragung im Grundbuch vom Verkäufer auf den Käufer über. Dieses kann je nach Auslastung des Grundbuchamtes durchaus mehrere Monate dauern. Um das Eigentum für diesen Zeitraum zu schützen, gibt es die Auflassungsvormerkung.

Dessen ungeachtet ist jedoch die Frage des Besitz- und Gefahrüberganges (engl.: *handover*) zu regeln.

- Besitzübergang ist die Verschaffung der tatsächlichen Gewalt über das Grundstück (d. h. die Nutzung des Objektes).
- Gefahrübergang ist die Übergabe der Gefahr, des zufälligen Untergangs oder der Zustandsverschlechterung des Objektes.

Besitz- und Gefahrübergang sollten auf einen genauen Stichtag festgelegt werden. Ab diesem Moment geht die „Schlüsselgewalt" vom Verkäufer auf den Käufer über. Der Käufer ist ab diesem Zeitpunkt vollumfänglich für die Liegenschaft verantwortlich. Dies ist insbesondere dann kritisch, wenn es sich um schlecht bewirtschaftete oder verlassene Liegenschaften handelt. Mögliche Schäden, z. B. durch Vandalismus, liegen dann in der Verantwortung des Käufers.

Übergabebedingungen Wichtig ist ebenfalls eine saubere Beschreibung der Bedingungen, unter denen das Grundstück übergeben wird (engl.: *conveyance*). Hierzu zählen insbesondere die Lastenfreiheit oder noch vorhandene Belastungen und Beschränkungen.

Der Zustand der Liegenschaft ist beim Verkauf ebenfalls zu dokumentieren. Dem Kauf einer Immobilie „wie sie steht und liegt" sollte jedoch eine umfassende Prüfung (engl.: *due diligence*) vorausgegangen sein.

Haftung Die Haftung des Verkäufers für etwaige Mängel (engl.: *liabilities, indemnifications*) oder aber dessen Haftungsfreistellung sollte geregelt sein.

Die Verbindlichkeit vorausgegangener Vereinbarungen (engl.: *other agreement*) sollte im Interesse des Käufers ausgeschlossen werden oder aber in der Haftung des Verkäufers verbleiben. Hiervon werden in Deutschland üblicherweise Rechte und Ansprüche des Käufers wegen sogenannter „altrechtlicher" Dienstbarkeiten ausgeschlossen, also Rechte aus der Zeit vor der Etablierung des Grundbuches.

9.4.4 Transaktionsspezifische Vereinbarungen

Gerade bei gewerblichen und industriellen Entwicklungen – aber nicht nur dort – gibt es weitere Sachverhalte, die es lohnt, vertraglich zu regeln.

Umweltschutz und Altlasten Ganz besonders hervorzuheben sei hier die klare Regelung von Umwelt- und Altlastenfragen (engl.: *environmental provisions*), bei denen es erfahrungsgemäß immer wieder zu kritischen Situationen im Vorfeld, während, aber auch im Nachgang zu Vertragsverhandlungen kommt.

Deshalb wird im Abschn. 9.6 „Altlasten" vertiefend darauf eingegangen.

Infrastruktur und Medien Des Weiteren ist gerade die saubere Beschreibung der existierenden Infrastrukturanbindungen und Medienanschlüsse wichtig. Der Kauf eines baureifen Geländes unterstellt ein voll erschlossenes Grundstück. Was genau darunter zu verstehen ist und wo die jeweiligen Anschlüsse für das Grundstück liegen, ist vor allem bei gewerblichen und Industriegrundstücken ein sehr kritischer, weil zeit- und kostenrelevanter Aspekt.

Darauf wird im Abschn. 9.7 „Ansiedlungs- und Infrastrukturverträge" noch einmal eingegangen.

Beschreibung der Baugrundbedingungen Die Baugrundbedingungen (engl.: *soil conditions*) sind in geologisch schwierigen Regionen wie auch in Hanglagen oder in Ufer- und Küstennähe immer wieder ein von unliebsamen Überraschungen geprägtes Gebiet, was vorab technisch untersucht und anschließend vertraglich geregelt werden sollte.

Genehmigungsabhängigkeit Erwerb kann z. B. von Bau- oder Betriebsgenehmigungen (engl.: *permits*) wie auch beispielsweise bei Corporates von der Zustimmung interner Genehmigungsgremien (engl.: *approvals*) abhängig gemacht werden.

Gebühren und Honorare Die z. T. extrem hohen Maklergebühren (1 % bis 6 % des Vertragswertes) und Anwaltshonorare (bei großen Kanzleien durchaus bis zu 500 €/Std.) lassen es sinnvoll erscheinen, die Kostenverteilung vorab zu regeln (engl.: *broker and lawyer fees*).

Sondergutachten Sollten gesonderte Gutachten (engl.: *special assessments*) notwendig sein oder im Interesse einer (oder beider) Vertragsparteien liegen, ist es sinnvoll, die dafür anfallenden Kosten zu regeln. Beispiele hierfür sind:

- Baugrundgutachten,
- Altlastengutachten, z. B. Boden- und Grundwasseranalysen, Asbest, usw.

Auslagen und Gebühren Jedes Grundstücksgeschäft bringt die Zahlung von Gebühren (engl.: *expenses and fees*) mit sich, die es lohnt zu regeln, obwohl es oft ortsübliche Gepflogenheiten und Regelungen gibt, die aber nicht bindend sein müssen. Dies betrifft zum einen Transaktionssteuern, aber auch Gebühren für behördliche Eintragungen oder eine amtliche Vermessung des Geländes.

Verzug Der Erwerber verfügt hoffentlich über genügend Liquidität, um einen Verzug des Geschäftes (engl.: *default*) nicht eintreten zu lassen. Trotzdem gibt es immer wieder hierbei Probleme, die es wert sind, einen solchen Fall besonders bezüglich der bereits erfolgten Auslagen, Anzahlungen und Kautionen zu regeln.

Miet- und Untermietverträge Sofern bereits oder noch Mietverträge bzw. Untervermietungen (engl.: *leases and sub-leases*) existieren, so sollten diese geprüft und geregelt werden. Im Falle des Abschlusses eines Miet- bzw. Pachtvertrages sollte darauf geachtet werden, ob rechtlich eine Unter- bzw. Weitervermietung (bzw. -verpachtung) rechtlich möglich ist. Im Bedarfsfall sollte man sich ein solches Recht explizit einräumen lassen.

Sonstiges Darüber hinaus werden üblicherweise Sachverhalte wie Vertragskündigung (engl.: *termination*), höhere Gewalt (engl.: *force majeure*) und allgemeine Haftungsfragen (engl.: *liabilities*) geklärt.

9.4.5 Kreative Klauseln

Bei Vertragsschlüssen wird natürlich immer wieder von beiden Vertragsparteien versucht, gewisse „Standardregelungen" schärfer zu formulieren bzw. aufzuweichen oder anderweitig zu „verbiegen". Der Fantasie sind hierbei lediglich durch Erfahrung und Verhandlungsgeschick der Gegenseite Grenzen gesetzt. Zudem gibt es keine Garantien, ob derartige Klauseln letztendlich vor Gericht standhalten.

9.4.6 Nebenabsprachen

In vielen Ländern sind Standardverträge oder sehr simpel strukturierte, formularartige Verträge üblich. Es ist zu beobachten, dass derartige Verträge gern durch Nebenabsprachen in Form von Vertragsanlagen angepasst, ja z. T. regelrecht ausgehöhlt werden. Mitunter werden sogar Vereinbarungen getroffen, die den Ausführungen im Hauptvertrag zuwiderlaufen. Die Logik derartiger juristischer Kunstgriffe darf zu Recht angezweifelt werden. Allerdings ist ein solches Vorgehen in zahlreichen Ländern gängige Praxis, im Wesentlichen vor dem Hintergrund, dass lediglich der Hauptvertrag einer Registrierung bzw. Veröffentlichung bedarf.

9.5   Grundstücksspezifische Steuern

Im Grundstücksverkehr sind verschiedene steuerliche Aspekte zu beachten. Nachstehend werden die beiden grundstücksspezifischen Steuern in Deutschland erläutert.

9.5.1   Grundstücksbegriff

Die Definition eines Grundstückes – im Sinne der Steuergesetzgebung, aber auch allgemein – leitet sich aus dem Bürgerlichen Gesetzbuch ab. Nach den §§ 873 ff. BGB definiert sich ein Grundstück grundsätzlich aus:

- Grund und Boden sowie
- den mit dem Grund und Boden fest verbundenen Sachen.

Zudem sind Grundstücke gleichzusetzen:

- Erbbaurechte,
- Gebäude auf fremdem Grund und Boden,
- Wohneigentum (dinglich gesicherte Sondernutzungsrechte i. S. § 15 WEG und § 1010 BGB).

9.5.2   Grunderwerbsteuer

Allgemeines Im Falle eines Eigentümerwechsels von Grundstücken wird in fast allen Ländern eine transaktionsbedingte Steuer erhoben. In Deutschland ist dies die sogenannte Grunderwerbsteuer. In der Schweiz spricht man hierbei von der *Handänderungssteuer*. Als Ausnahme sei beispielsweise Japan erwähnt, welches keine derartige Steuer kennt.

Grundlage Die Grunderwerbsteuer (GrESt) ist im Grunderwerbsteuergesetz (GrEStG) geregelt.

Die Grunderwerbsteuer ist eine sogenannte Verkehrssteuer, da sie auf einem *Vorgang des Rechtsverkehrs* (Grundstückstransaktion, i. d. R. durch beurkundeten Kaufvertrag) beruht.

Die Regelung der Grunderwerbsteuer an sich obliegt in Deutschland dem Bund. Die Erlöse aus der Grunderwerbsteuer fallen an die Bundesländer. Diese können die GrESt auch an die Kommunen weiterreichen.

Fälligkeit Grunderwerbsteuer (GrESt) fällt an, wenn folgende Voraussetzungen erfüllt sind:

- ein im Inland gelegenes Grundstück,
- ein Erwerbsvorgang,
- ein Eigentümerwechsel.

Dabei knüpft die Grunderwerbsteuer an das Vorliegen eines rechtswirksamen Verpflichtungsgeschäftes an. Dieses liegt z. B. im Falle eines notariellen Kaufvertrages vor („Angebot und Annahme").

Die Grunderwerbsteuer fällt unabhängig von der Kaufpreiszahlung an.

Damit gelten die gleichen Prinzipien auch für jegliche Rechtsgeschäfte, welche einen Anspruch auf Übereignung eines Grundstückes begründen. Zum Zeitpunkt der Beurkundung des Rechtsgeschäftes wird die GrESt fällig.

Steuerschuldner Im Regelfall zahlt der Erwerber die Grunderwerbsteuer.

Allerdings treten nach GrEStG alle an dem Eigentumsübergang beteiligten Personen als Gesamtschuldner auf – also Erwerber wie auch der Übertragende.

Auch wenn sich das Finanzamt zuerst an den im Vertrag vereinbarten Steuerschuldner wendet, kann es bei Nichtzahlung die andere Vertragspartei zur Zahlung der Grunderwerbsteuer heranziehen.

Steuersatz Die Grunderwerbsteuer beträgt im Allgemeinen 3,5 % der Bemessungsgrundlage (§ 11 GrEStG).

Bis zum Jahr 1997 betrug der Steuersatz noch 2 %. Seit dem 1. September 2006 dürfen die Bundesländer den Steuersatz selbst festlegen (Art. 105 Abs. 2a GG). Verschiedene Bundesländer haben seitdem die individuellen Grunderwerbsteuersätze erhöht, was mittlerweile zu einer sehr uneinheitlichen Landschaft der GrESt führte (siehe Tab. 9.1).

Bemessungsgrundlage Grundsätzlich bemisst sich die GrESt am Wert der Gegenleistung (§ 8 Abs. 1 GrEStG).

Dabei sind unter einer Gegenleistung alle Aufwendungen des Erwerbers zum Grundstückserwerb zu verstehen. Im Regelfall ist dies der notariell beurkundete Kaufpreis.

Des Weiteren sind ggf. dazu zu zählen:

- übernommene Darlehensverbindlichkeiten (sogenannte Grundpfandrechte),
- übernommene Grundstücksbelastungen (z. B. Renten-, Wohn- und Nießbrauchrechte),
- die vom Erwerber übernommenen Kosten, die andernfalls zu Lasten des Verkäufers gegangen wären (Vermessung, Maklerhonorare i. S. eines Vertrages zugunsten Dritter § 328 ff. BGB).

Beim Erwerb eines Erbbaurechts ist die Verpflichtung zur Zahlung des Erbbauzinses an den jeweiligen Grundstückseigentümer die Bemessungsgrundlage.

Tab. 9.1 Grunderwerbsteuersätze (Stand: 01.01.2014)

Bundesland	Steuersatz	Gültigkeit
Baden-Württemberg	5,0 %	Seit 05.11.2011
Bayern	3,5 %	
Berlin	6,0 %	Seit 01.01.2014
Brandenburg	5,0 %	Seit 01.01.2011
Bremen	5,0 %	Seit 01.01.2014
Hamburg	4,5 %	Seit 01.01.2009
Hessen	5,0 %	Seit 01.01.2013
Mecklenburg-Vorpommern	5,0 %	Seit 01.07.2012
Niedersachsen	4,5 %	Seit 01.01.2011
Nordrhein-Westfalen	5,0 %	Seit 01.10.2011
Rheinland-Pfalz	5,0 %	Seit 01.03.2012
Saarland	5,5 %	Seit 01.01.2013
Sachsen	3,5 %	
Sachsen-Anhalt	5,0 %	Seit 01.03.2012
Schleswig-Holstein	6,5 %	Seit 01.01.2014
Thüringen	5,0 %	Seit 07.04.2011

Bei einem Tausch gilt als Bemessungsgrundlage die Tauschleistung des anderen Vertragsteils einschließlich einer vereinbarten zusätzlichen Leistung.

Sollte eine Gegenleistung nicht vorhanden oder nicht zu ermitteln sein, so wird die Bemessungsgrundlage nach § 138 Abs. 2 oder 3 Bewertungsgesetz eruiert (§ 8 Abs. 2 GrEStG). Dies ist z. B. bei Schenkungen oder Anwachsungen der Fall.

Verhältnis zu anderen Steuern

(a) Umsatzsteuer:
   Grundstückstransaktionen sind umsatzsteuerfrei (§ 4 Nr. 9a UStG). Eine gesonderte Problematik ergibt sich bei sogenannten einheitlichen Vertragswerken (siehe unten).
(b) Erbschafts- bzw. Schenkungssteuer:
   Das Erbschafts- und Schenkungssteuergesetz ersetzt in bestimmten Fällen das Grunderwerbssteuergesetz, z. B. bei
   • Grundstückserwerben von Todes wegen,
   • Grundstücksschenkungen unter Lebenden.
   In diesen speziellen Fällen gilt Grunderwerbsteuerfreiheit. Allerdings ist dann die jeweilige Erbschafts- oder Schenkungssteuer zu zahlen (Freibeträge beachten!).

Wichtige Ausnahmen Zusätzlich zu den vorgenannten Fällen der Erbschaft und Schenkung gelten noch weitere Ausnahmen, die hier nicht weiter vertieft werden, wie z. B. der Erwerb durch Ehe- bzw. Lebenspartner oder Verwandte.

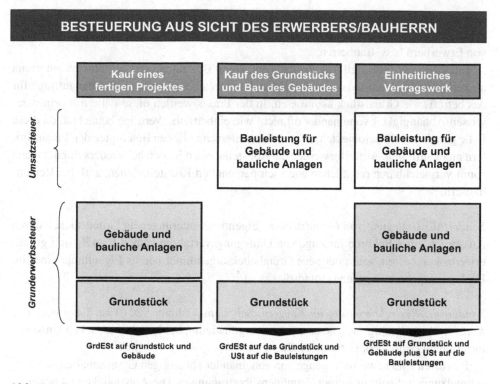

Abb. 9.6 Besteuerung von Projektentwicklungen

Trotzdem sollen einige – für Projektentwickler wichtige – Sonderfälle betrachtet werden.

Sonderfall: Einheitliches Vertragswerk Bei einem einheitlichen Vertragswerk wird auf die Bauleistung zusätzlich zur Umsatzsteuer die Grunderwerbsteuer fällig.[4] Von einem sogenannten *einheitlichen Vertrag* wird dann gesprochen, wenn mit dem Kauf eines unbebauten Grundstückes die Errichtung eines Gebäudes verbunden ist (siehe Abb. 9.6).

Dies ist ein häufig gewähltes Modell von Projektentwicklern bzw. Bauträgern, welche ein Grundstück nur im Zusammenhang mit einem im Nachgang zu errichtenden Gebäude veräußern. Dies ist auch der Fall, wenn es sich dabei um getrennte Verträge handelt. Wichtig ist hier die Abhängigkeit beider Vorgänge voneinander.

Nach BFH-Rechtsprechung wird in einem solchen Fall der Erwerb des unbebauten Grundstückes zusammen mit dem noch zu errichtenden Gebäude betrachtet. Aus grunderwerbsteuerlicher Sicht wird ein solches einheitliches Vertragswerk wie ein bebautes Grundstück behandelt. Die Grenzen für das Vorliegen eines einheitlichen Vertragswerkes

---

[4] Ein EuGH-Urteil vom 27.11.2008 bestätigte, dass die Erhebung der Grunderwerbsteuer auf die gesamte Kaufsumme mit europäischem Recht vereinbar ist.

sind von der Rechtsprechung der Finanzgerichte und des Bundesfinanzhofes sehr weit gezogen. Unklar bei dieser Regelung ist allerdings z. B. die Bewertung von Eigenleistungen von Erwerbern bzw. Bauherren.

Ein kritischer Grenzfall tritt ebenfalls ein, wenn Bauträger oder Architekten einerseits an verkaufswillige Grundstückseigentümer herantreten und andererseits Bauaufträge für das betreffende Grundstück akquirieren. In der Praxis werden diese Fälle trotz einer gewissen Abhängigkeit voneinander oft nicht wie einheitliche Verträge betrachtet, da diese Fälle gerade bei Einzelobjekten aufgrund der unterschiedlichen Beteiligten den Finanzämtern nicht auffallen. Auffällig werden die Konstellationen jedoch bei wiederkehrenden und somit vergleichbaren rechtlichen wie auch personellen Konstellationen, z. B. bei Reihenhäusern.

Sonderfall: Umlegung von Grundstücken Eigentumsänderungen an Grundstücken durch Ausspruch einer Behörde im Zuge von Umlegungsverfahren gemäß BauGB sind grunderwerbsteuerbefreit, wenn der neue Grundstückseigentümer bereits Eigentümer eines im Umlegungsgebiet gelegenen Grundstückes ist.[5]

Sonderfall: Restrukturierung im Konzern Seit dem 1. Januar 2010 ist die sogenannte *Konzernklausel* gültig, welche eine Steuervergünstigung bei innerbetrieblichen Umstrukturierungen ermöglicht (§ 6a GrEStG).

Betroffen sind Erwerbsvorgänge von voneinander abhängigen Gesellschaften wie Verschmelzungen, Spaltungen und Vermögensübertragungen. Die Abhängigkeit ist bei einer unmittelbaren oder mittelbaren Beteiligung von mindestens 95 % gewährleistet. Dabei wird eine Mindesthaltefrist der Beteiligung von fünf Jahren an der abhängigen Gesellschaft vor und nach der Übertragung vorausgesetzt.

Sonderfall: Zwangsversteigerung Im Falle eines Grundstückserwerbs im Zuge eines Zwangsversteigerungsverfahrens leitet sich die Steuer aus dem Meistgebot ab. Dabei werden alle Rechte hinzugerechnet, die nach den Versteigerungsbedingungen bestehen bleiben.

Unbedenklichkeitsbescheinigung Sobald die Zahlung der GrESt geleistet wurde, erteilt das Finanzamt die sogenannte Unbedenklichkeitsbescheinigung (§ 22 GrEStG).

Diese bestätigt, dass keine steuerlichen Bedenken gegen eine Eintragung des Erwerbers als neuer Eigentümer in das Grundbuch bestehen. Damit ist die Unbedenklichkeitsbescheinigung – und als deren Voraussetzung die Zahlung der Grunderwerbsteuer – eine wesentliche Vorbedingung für die formelle Eigentumsübertragung.

---

[5] BFH-Urteil vom 28. Juli 1999 – II R 25/98.

9.5.3 Grundsteuer

Allgemeines Das Eigentum von Immobilien unterliegt ebenfalls in vielen Ländern, so (natürlich) auch in Deutschland, der Besteuerung. Die Modelle hierzu sind vielfältig und komplex. In Deutschland nennt sich diese Steuer *Grundsteuer*. Sie ist eine der ältesten Steuerarten und seit dem 1. April 1938 in Deutschland einheitlich geregelt.

Grundlage Gesetzliche Grundlage der Grundsteuer (GrSt) ist das Grundsteuergesetz (GrStG).

Die Grundsteuer wird in Deutschland auf das Eigentum an Grundstücken sowie deren Bebauung erhoben. Nicht eine (juristische oder natürliche) Person, sondern ein Objekt steht im Fokus der Grundsteuer. Sie wird daher dem Wesen nach auch als Substanzsteuer, Sachsteuer, Objektsteuer oder Realsteuer bezeichnet.

Die Grundsteuer ist in Deutschland bundeseinheitlich geregelt, da der Bund über das GrStG von seinem Gesetzgebungsrecht Gebrauch gemacht hat. Die Verwaltungshoheit jedoch obliegt den Bundesländern (Feststellung des Einheitswertes) und den Gemeinden (Festsetzung der Hebesätze).

Die Erlöse aus der Grundsteuer, die über Hebesätze durch die Kommunen individuell geregelt werden können, fließen der jeweiligen Gemeinde zu. Daher handelt es sich um eine Gemeindesteuer. Sie ist, neben der Gewerbesteuer, eine der wichtigsten Einnahmequellen deutscher Kommunen.

Fälligkeit Die Grundsteuer ist alljährlich fällig, wird aber quartalsweise eingezogen – am 15. Februar, 15. Mai, 15. August und 15. November. Auf Antrag ist auch die einmalige Zahlung zum 1. Juli möglich.

Zu beachten ist dabei die Jahressteuerregelung gemäß § 9 Abs. 1 GrStG. Die Grundsteuer wird gemäß dem Stichtagsprinzip stets nach den Verhältnissen zu Beginn des Kalenderjahres (1. Januar) festgesetzt.

Veränderungen am Grundstück (z. B. Neu-, An- oder Umbau sowie Abriss) während des Kalenderjahres wirken sich demnach erst auf die Höhe der Grundsteuer des nächsten Jahres aus.

Wird ein Grundstück unterjährig verkauft, so ändert das Finanzamt den Einheitswertbescheid erst mit Wirkung zum 1. Januar des Folgejahres. Damit wird die Grundsteuer für das laufende Jahr noch vom Verkäufer bzw. Alteigentümer und erst im Folgejahr vom neuen Eigentümer eingefordert. Mittlerweile gibt es aber einige Kommunen, die ohne gesetzliche Grundlage die Steuerpflicht unterjährig umschreiben.

Steuerschuldner Steuerschuldner ist grundsätzlich der im Grundbuch eingetragene Eigentümer des Grundstückes.

Steuersatz In Deutschland wird zwischen zwei Grundsteuerarten unterschieden:

- Grundsteuer A: landwirtschaftliche Grundstücke,
- Grundsteuer B: bebaute oder bebaubare Grundstücke sowie Gebäude.

Die Grundsteuermesszahl richtet sich nach der jeweiligen Art des Grundstückes. Sie ist ein Promille-Satz, welcher zur Ermittlung des Grundsteuermessbetrages mit dem Einheitswert (siehe Bemessungsgrundlage) multipliziert wird.

$$\text{MB}_{\text{GrSt}} = \text{MZ}_{\text{GrSt}} \times W_E \tag{56}$$

Es bedeuten:

MB_{GrSt} = Grundsteuermessbetrag
MZ_{GrSt} = Grundsteuermesszahl
W_E = Einheitswert

Für die „alten" Bundesländer gelten folgende Grundsteuermesszahlen (MZ_{GrSt}):

- 6,0‰ für Betriebe der Land- und Forstwirtschaft,
- 2,6‰ bzw. 3,5‰ für Einfamilienhäuser,
  - 2,6‰ für die ersten 38.346,89 Euro (ehemals 75.000 DM) des Einheitswertes,
  - 3,5‰ für den Rest des Einheitswertes,
- 3,1‰ für Zweifamilienhäuser,
- 3,5‰ für alle anderen Grundstücksarten.

Für die „neuen" Bundesländer gelten mit Ausnahme der Land- und Forstwirtschaft höhere Grundsteuermesszahlen (zwischen 5‰ und 10‰), allerdings auf einer anderen Bemessungsgrundlage. Hier werden die alten Einheitswerte von 1935 fortgeführt.

Der letztendlich zu zahlende Steuersatz ermittelt sich aus der Multiplikation des Grundsteuermessbetrages mit dem von der Gemeinde festgesetzten Hebesatz.

$$B_{\text{GrSt}} = \text{MB}_{\text{GrSt}} \times S_H \tag{57}$$

$$B_{\text{GrSt}} = \text{MZ}_{\text{GrSt}} \times W_E \times S_H \tag{58}$$

Es bedeuten:

B_{GrSt} = Grundsteuer
MB_{GrSt} = Grundsteuermessbetrag
MZ_{GrSt} = Grundsteuermesszahl
W_E = Einheitswert
S_H = Hebesatz

Der für die jeweilige Grundsteuer relevante Hebesatz wird durch Beschluss des Gemeinderates festgelegt.[6] Die Höhe des Hebesatzes kann durchaus Einfluss auf die Standortentscheidungen für Ansiedlungen, aber auch für Bevölkerungsentwicklungen haben.

---

[6] Anm. d. Verf.: Es gibt grundsätzlich drei Formen von Hebesätzen in den Gemeinden: (a) für die Grundsteuer A, (b) für die Grundsteuer B, (c) für die Gewerbesteuer.

Tab. 9.2 Hebesätze für Grundsteuer, Beispiele (Stand: 01.01.2011)

Gemeinde	Grundsteuer A	Grundsteuer B
Wiesbaden	275 %	475 %
Mainz	290 %	400 %
Bingen	330 %	390 %
Bodenheim	290 %	350 %
Dresden	280 %	635 %

Für Hebesätze bei der Gewerbesteuer gibt es einen gesetzlich vorgeschriebenen Mindestsatz von 200 %. Dies gibt es für die Grundsteuer nicht. Der Hebesatz Grundsteuer A liegt meist bei 250 % bis 350 %, der Hebesatz Grundsteuer B etwa bei 250 % bis 400 %, wobei hier viele Gemeinden niedrigere Sätze erheben. Dabei ist festzustellen, dass große Städte zumeist deutlich höhere Hebesätze festlegen als Gemeinden im jeweiligen Umland (siehe Tab. 9.2).

Bemessungsgrundlage/Einheitswert Berechnungsgrundlage für die Grundsteuer ist grundsätzlich der sogenannte *Einheitswert*. Dieser wird vom zuständigen Finanzamt festgestellt.

Ausnahmen hiervon sind die sogenannten Ersatzwirtschaftswerte für land- und forstwirtschaftliche Grundstücke in den „neuen" Bundesländern. Bei bestimmten Mietwohngrundstücken oder Einfamilienhäusern können die Gemeinden selbst (d. h. ohne Beteiligung der Finanzverwaltung) auf der Grundlage einer Ersatzbemessungsgrundlage die Grundsteuer erheben.

Der „Einheitswert" ist der Wert, welcher ursprünglich als vereinfachendes Hilfsmittel für mehrere Steuern (z. B. Vermögensteuer, Grundsteuer, Gewerbesteuer, Erbschaftsteuer, …) gleichermaßen als Besteuerungsgrundlage dienen sollte. Mittlerweile ist er nur noch für die Grundsteuer relevant. Die Einheitswerte werden in Deutschland nach § 19 Abs. 1 BewG (Bewertungsgesetz) für inländischen Grundbesitz festgestellt. Dies erfolgt immer auf einen Stichtag.

Zum sogenannten „Hauptfeststellungszeitpunkt" ist für alle wirtschaftlichen Einheiten ein Einheitswert festgestellt worden. In Westdeutschland ist Hauptfeststellungszeitpunkt der 1. Januar 1964, in Ostdeutschland ist dies der 1. Januar 1935. Eigentlich sollte nach Gesetz alle sechs Jahre eine neue Hauptfeststellung erfolgen. Dazu ist es aber in Ermangelung praktischer Umsetzbarkeit nie gekommen. Damit liegen die heutigen Einheitswerte weit unter den realen Verkehrswerten.

Einheitswerte werden jedoch über die Jahre erneut festgestellt (Nachfeststellung) oder fortgeschrieben. Eine Nachfeststellung erfolgt beispielsweise, wenn nach dem Hauptfeststellungszeitpunkt Grundstücke durch Umlegung neu parzelliert werden. Für Fortschreibungen gibt es folgende Formen:

- Wertfortschreibung: bei Änderung des Grundstückswertes und Überschreitung der Grenzen des § 22 BewG

Tab. 9.3 Beispiel Grundsteuer

	Berechnung	Wert
Einheitswert der ETW		20.000 €
Grundsteuermessbetrag	3,5‰ × 20.000 €	70 €
Hebesatz für Grundsteuer B	400 %	
Grundsteuer p. a.	70 € × 4	280 €
Grundsteuer p. Quartal	280 € / 4	70 €

- Zurechnungsfortschreibung: bei Eigentümerwechsel
- Artfortschreibung: bei Änderung der Nutzungsart (z. B. vom ehemals unbebauten Grundstück zum bebauten Areal)

Grundsätzlich lässt sich feststellen, dass es aufgrund nicht umsetzbarer regelmäßiger Hauptfestsetzungen der Einheitswerte zu großen Verzerrungen bei den Einheitswerten und somit auch bei der Festsetzung der Grundsteuer kommt. Dies führt regelmäßig – und so auch sehr aktuell – zu Diskussionen sowohl über eine gerechtere als auch eine wertorientiertere Bemessung der Grundsteuer.

Beispiel Die Stadt Mainz hat für die Grundsteuer A einen Hebesatz von 290 %, für die Grundsteuer B einen Hebesatz von 400 % festgesetzt (Stand 1. August 2011).
    Für eine Eigentumswohnung wird die Grundsteuer B wie in Tab. 9.3 berechnet.

Grundsteuer bei Mietobjekten Der Vermieter einer Immobilie kann die Grundsteuer als Betriebskosten im Rahmen der Nebenkostenabrechnung auf den Mieter umlegen (§ 2 Nr. 1 Betriebskostenverordnung).

Ausblick Wie der obigen Darstellung unschwer entnommen werden kann, ist die Ermittlung der Grundsteuer in ihrer heutigen Form nicht mehr zeitgemäß und praktikabel. Der Bundesfinanzhof hatte folgerichtig den Gesetzgeber im Juni 2010 aufgefordert, die Grundsteuer auf eine neue Bewertungsgrundlage zu stellen. Seit diesem Zeitpunkt werden immer wieder verschiedenste Modelle vorgeschlagen.
    Zum Zeitpunkt 2013 stehen insgesamt vier Modelle zur Diskussion – eine verkehrswertorientierte Grundsteuer, eine wertunabhängige Grundsteuer nach Äquivalenzprinzip, ein Kombinationsmodell aus den beiden vorgenannten Modellen sowie die Besteuerung von Grund und Boden ohne Gebäudekomponente.
    Das Verkehrswertmodell wurde von verschiedenen norddeutschen Bundesländern entwickelt („Nord-Modell"). Es schlägt eine an den Verkehrswerten orientierte Besteuerung von Immobilieneigentum vor. Problematisch hierbei ist die Notwendigkeit, dass die Verkehrswerte aller Grundstücke und Gebäude erst einmal erfasst und fortgeschrieben werden müssen. Demgegenüber schlagen einige süddeutsche Bundesländer eine wertunabhängige Grundsteuer nach dem Äquivalenzprinzip vor („Süd-Modell"). Nach diesem Vorschlag

wären jeweils Grundstücksfläche und Geschossfläche mit einem entsprechenden Bemessungsbetrag zu multiplizieren. Dies wäre der sogenannte Äquivalenzausgleich für die Inanspruchnahme von Infrastruktur. Die Beträge wären überall gleich, unabhängig von Ort oder Gebäude. Das dritte Modell kombiniert einen Verkehrswert gemäß Nord-Modell mit einer Flächenkomponente gemäß dem Süd-Modell („Thüringer Modell").

Das vierte Modell wurde Anfang 2013 ergänzend vom Naturschutzbund mit Bürgermeistern und verschiedenen Organisationen vorgelegt („Nabu-Modell"). Dieses sieht lediglich eine Besteuerung der Fläche, nicht aber der Gebäude vor. Durch eine Besteuerung von Grund und Boden ohne Gebäudekomponente soll ein Anreiz für die energetische oder altengerechte Sanierung von Bauwerken sowie zum Flächensparen geschaffen werden. Man verspricht sich davon, dass aufgrund der innerorts möglichen höheren Bebauungsdichte vorhandene Brachflächen und unbebaute Grundstücke künftig mehr genutzt und bebaut werden. Damit würde die Innenentwicklung der Gemeinden gegenüber deren Außenentwicklung gefördert.

9.5.4 Grundstücksgewinnsteuer

Allgemeines Die Grundstücksgewinnsteuer zielt auf Gewinne ab, welche im Zuge der Veräußerung von Liegenschaften realisiert werden. Eine derartige Steuer gibt es in Deutschland nicht. Im Ausland hingegen ist diese Form der Besteuerung von Immobilien durchaus häufiger anzutreffen. Sie soll daher am Beispiel der Schweiz kurz vorgestellt werden.

Schweizer Grundstücksgewinnsteuer Die Steuerhoheit für die Grundstücksgewinnsteuer liegt in der Schweiz bei den Kantonen. Diese erheben die Steuer entweder selbst oder überlassen dies den Gemeinden. In jedem Fall werden die Gemeinden am Ertrag beteiligt. Der Bund selbst erhebt keine Spezialsteuern auf Veräußerungsgewinne jeglicher Art.

Wichtig für die Erhebung der Grundstücksgewinnsteuer ist der sogenannte Kapitalgewinn. Dies ist der realisierte Mehrwert der Immobilie. Unter dem „Mehrwert" wird die Wertsteigerung verstanden, welche ohne Zutun des Steuerpflichtigen entstanden ist.

Besteuert wird die Differenz zwischen dem bei der Realisierung erzielten Erlös und dem sogenannten Anlagewert. Beide Größen werden nach dem tatsächlichen Wert der erbrachten Leistungen bemessen. Damit gehören zum Erlös alle Leistungen, welche seitens des Erwerbers gegenüber dem Veräußerer erbracht werden. Der Anlagewert wiederum besteht aus dem vom Veräußerer seinerzeit entrichteten Erwerbspreis sowie den während der Dauer des Immobilienbesitzes getätigten wertsteigernden Maßnahmen, d. h. Investitionen.

Als Realisierungstatbestände kennen die Schweizer Gesetze die Veräußerung und die *Handänderung*, d. h. die Übertragung. Die meisten (kantonalen) Gesetze regeln zudem, dass auch die Übertragung der wirtschaftlichen Verfügungsgewalt über ein Grundstück ohne Änderung des Eigentümers im Grundbuch bereits die Grundstücksgewinnsteuer auslöst. Verschiedene Gesetze regeln zudem, dass die Belastung von Grundstücken mit

Dienstbarkeiten einer Veräußerung gleichgestellt wird und damit steuerpflichtig ist. Gleiches gilt für die Zahlung von Entschädigungen im Falle der Einräumung von Baurechten.[7]

Der Steuersatz variiert in der Schweiz von Kanton zu Kanton. Zudem gibt es zusätzliche Belastungen im Falle einer kurzen Haltedauer der Immobilie wie auch Ermäßigungen, wenn die Immobilie sehr lange gehalten wurde.

Fallbeispiel Besteuerung des Grundstücksgewinns (Schweiz)

In den nachfolgenden Tab. 9.4 und 9.5 wird die Besteuerung des Grundstücksgewinnes im Rahmen des Verkaufes einer Liegenschaft im Kanton Zürich zum Verkaufspreis von 1.000.000 CHF dargestellt. Die Liegenschaft wurde vormals vom heutigen Verkäufer für 650.000 CHF erworben. Der Grundstücksgewinn wird gemäß Tab. 9.4 ermittelt.

Der Grundstücksgewinn in Höhe von 130.000 CHF unterliegt nun einem gestaffelten Steuersatz gemäß Tab. 9.5.

Tab. 9.4 Ermittlung des Grundstücksgewinns in der Schweiz

	CHF	CHF
Verkaufspreis der Liegenschaft		1.000.000
Früherer Kaufpreis der Liegenschaft	650.000	
Einbau einer Heizungsanlage	120.000	
Anbau von Garagen	100.000	
	870.000	− 870.000
Grundstücksgewinn		**130.000**

Tab. 9.5 Grundstücksgewinnsteuer im Kanton Zürich

Steuersatz (Kanton Zürich, Stand 2012)	
Für die ersten 4000 CHF	10 %
Für die weiteren 6000 CHF	15 %
Für die weiteren 8000 CHF	20 %
Für die weiteren 12.000 CHF	25 %
Für die weiteren 20.000 CHF	30 %
Für die weiteren 50.000 CHF	35 %
Für die Gewinnteile über 100.000 CHF	40 %

---

[7] Anm. d. Verf.: Das Schweizer „Baurecht" ist mit dem deutschen „Erbbaurecht" vergleichbar.

9.6 Altlasten

9.6.1 Bedeutung und Begriffsbestimmung

Als ein wesentliches Problemfeld erweist sich immer wieder die Behandlung existierender oder zu erwartender Altlasten. Deutschland selbst gilt international als führend im Umgang mit diesem Thema. Über die Altlastenkataster ist bereits jetzt eine gute Informations- und Datenlage hinsichtlich bekannter kontaminierter Flächen vorhanden. Schon heute sind dadurch ca. 362.000 altlastenverdächtige Flächen in Deutschland bekannt und registriert. Damit wird klar, dass es sich nicht nur um ein Problem der Industrie bzw. von Gewerbeimmobilien handelt.

Altlasten stellen im Grundstücksverkehr ein erhebliches Investitionsrisiko dar. Diese resultieren im Wesentlichen aus den Verpflichtungen hinsichtlich der Sicherung und Sanierung von Kontaminationen. Diese führen letztendlich zu Wertminderungen, welche im Extremfall durch hohe Sanierungsaufwendungen den Grundstückwert auf null oder sogar in den negativen Bereich drücken können. Ebenso können Altlasten zu möglichen Nutzungseinschränkungen (z. B. Verbot von sensiblen Nutzungen wie Wohnimmobilien) führen.

Die begriffliche Definition von „Altlast", „Altablagerung" und „Altstandort" ist zwar in Deutschland im Bundesbodenschutzgesetz[8] geregelt (siehe auch Abb. 9.7), außerhalb Deutschlands findet man sich jedoch mit sehr unterschiedlichen Verständnissen hierzu konfrontiert.

Aus grundstücksspezifischer Sicht ist mit Altlasten insbesondere die Kontamination, also die Verschmutzung von Boden und Grundwasser, gemeint.

Gerade an älteren Gewerbe- und Industriestandorten trifft man immer wieder auf unliebsame Überraschungen in Form von verdeckten Deponien, verpresste oder in Vorfluter bzw. Grundwasser eingeleitete Gefahrstoffe, Rückstände von Leckagen usw. Hier gilt es, insbesondere im Vorfeld der Standortentscheidung intensive Nachforschungen anzustellen und Gutachten anfertigen zu lassen.

9.6.2 Vorgehensweise bei Untersuchungen

Eine systematische Vorgehensweise bei Altlastenuntersuchungen erfolgt in drei Stufen (siehe auch Abb. 9.8).

Phase 1: Beprobungslose Erfassung Im Rahmen einer sogenannten *desk study*, welche durch Befragung von unmittelbar und mittelbar Betroffenen (Mitarbeiter, Nachbarn, usw.) versucht, die Standorthistorie und insbesondere umweltrelevante Ereignisse (Produk-

---

[8] § 2 BBodSchG (Gesetz zum Schutz vor schädlichen Bodenveränderungen und zur Sanierung von Altlasten) in der Fassung vom 17. März 1998, BGBl. I 1998, 502.
[9] In Anlehnung an Neumaier, H.; Weber, H. H.: Altlasten, 1996, S. 46.

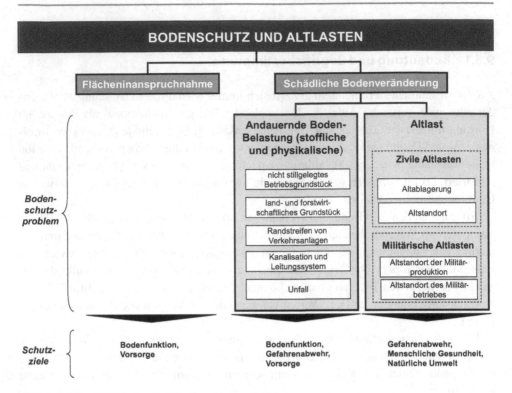

Abb. 9.7 Begrifflichkeiten bei Bodenschutz und Altlasten

tions-, Lagerungs- und Entsorgungsprozesse sowie Unfälle) möglichst lückenlos aufzu-zeigen.

Phase 2: Gefährdungsabschätzung und Untersuchung Auf der Basis der vorangegange-nen *desk study* kann eine Abschätzung potentieller Risiken, zu untersuchender Gefahr-stoffe und anzuwendender Verfahren getroffen werden. Die wahrscheinlich betroffenen Flächen können auf dieser Grundlage eingegrenzt werden. Danach wird eine auf die wahr-scheinlich betroffenen oder aus Standortsicht wichtigen Flächen zugeschnittene Boden- und Grundwasseruntersuchung durchgeführt. Dabei werden Proben entnommen und in zugelassenen Labors analysiert. Im Ergebnis der durchgeführten Untersuchungen sollte das Gutachten Aussagen über den Grad eventuell vorhandener Kontaminationen und de-ren Auswirkungen auf den Standort und sein Umfeld treffen sowie mögliche Sicherungs- und Bereinigungsmaßnahmen enthalten.

Üblicherweise geschieht die Beprobung als iterativer Prozess, um einerseits die Kosten im Rahmen zu halten und andererseits gezielt auf einzelne Risiken einzugehen. Daher wird diese Untersuchungsphase zumeist noch unterschieden in

- Phase 2a : Orientierende Untersuchung,
- Phase 2b : Vertiefende Untersuchung.

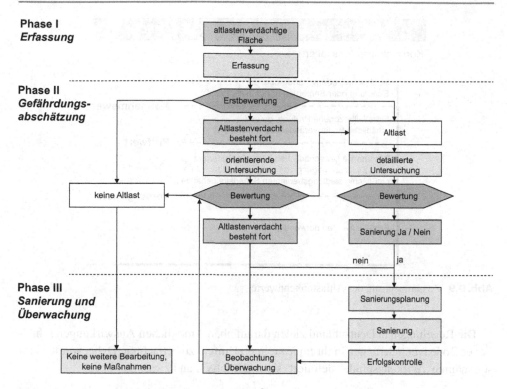

Abb. 9.8 Ablaufschema der Altlastenbearbeitung[9]

Phase 3: Sanierung und Überwachung Die dritte Phase umfasst Sicherungs-, Sanierungs- und Überwachungsmaßnahmen gemäß der jeweiligen Vereinbarung – üblicherweise mit der zuständigen Behörde rechtssicher als Sanierungsvereinbarung geschlossen.

9.6.3 Gesetzliche Regelungen für Altlasten in Deutschland

In Deutschland ist, wie bereits oben dargestellt, der Umgang mit Altlasten im Bundes- bodenschutzgesetz (BBSchG)[10] sowie in der darauf aufbauenden Bundesbodenschutzver- ordnung (BBSchV) [11] geregelt. Darüber hinaus gibt es Regelungen auf Landesebene, z. B. in Rheinland-Pfalz das Landesbodenschutzgesetz (LBodSchG)[12].

---

[10] BBodSchG (Gesetz zum Schutz vor schädlichen Bodenveränderungen und zur Sanierung von Altlasten) in der Fassung vom 17. März 1998, BGBl. I 1998, 502.
[11] BBSchV (Bundesbodenschutz- und Altlastenverordnung) in der Fassung vom 12. Juli 1999, BGBl. I 1999, 1554.
[12] LBodSchG (Landesgesetz zur Einführung des Landesbodenschutzgesetzes und zur Änderung des Landesabfallwirtschafts- und Altlastengesetzes) vom 25. Juli 2005.

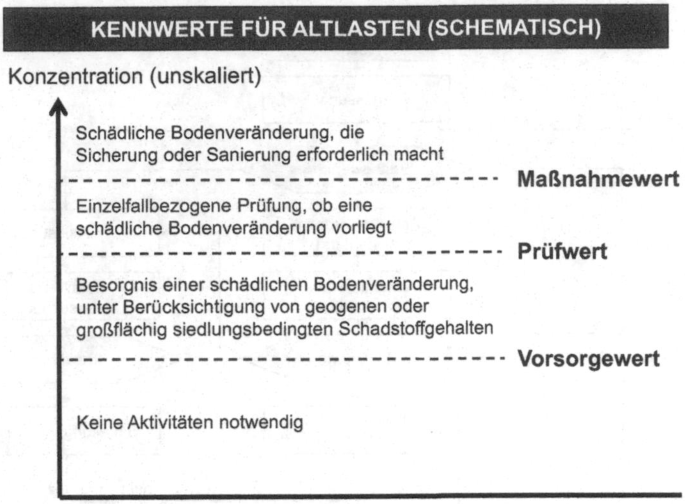

Abb. 9.9 Zusammenhang der Altlastenkennwerte

Die Regelungen in Deutschland zielen darauf ab, die möglichen Auswirkungen schädlicher Bodenveränderungen in ihrem jeweiligen Umfeld zu betrachten. Dabei werden drei sogenannte „Wirkungspfade" definiert (siehe BBSchV), und zwar:

- Wirkungspfad „Boden-Mensch",
- Wirkungspfad „Boden-Nutzpflanze",
- Wirkungspfad „Boden-Grundwasser".

Diese Wirkungspfade sind noch einmal nach verschiedenen Nutzungsarten unterteilt:

Wirkungspfad „Boden-Mensch"

- Kinderspielflächen,
- Wohngebiete,
- Park- & Freizeitanlagen,
- Industrie- & Gewerbegrundstücke.

Wirkungspfad „Boden-Nutzpflanze"

- Ackerbau,
- Nutzgarten,
- Grünland (Flächen unter Dauergrünland).

Wirkungspfad „Boden-Grundwasser" (keine weitere Untergliederung)

Für diese einzelnen Nutzungsarten sind Kennwerte und Analysemethoden zur Ermittlung der Kennwerte vorgegeben. Nach § 7 BBSchG unterscheidet man diese wie folgt (siehe auch Abb. 9.9):

Maßnahmenwert Bei einer Überschreitung muss in der Regel von einer schädlichen Bodenveränderung ausgegangen werden, die eine Maßnahme erfordert

Prüfwert Bei einer Überschreitung sollte eine einzelfallbezogene Prüfung durchgeführt werden, um festzustellen, ob eine schädliche Bodenveränderung vorliegt.

Vorsorgewert Bei einer Überschreitung besteht, unter Berücksichtigung von geogenen oder großflächig siedlungsbedingten Schadstoffgehalten, die Besorgnis einer schädlichen Bodenveränderung.

Zusätzliche Anforderungen Des Weiteren können Zusatzbelastungen oder Anforderungen zur Vermeidung oder Verminderung von Schadstoffeinträgen definiert werden.

9.6.4 Regelungen für Altlasten im Ausland

Im internationalen Maßstab bestehen diesbezüglich sehr unterschiedliche gesetzliche Vorgaben. So sind gerade in Entwicklungsländern (z. B. Indien), aber auch in etlichen Industrienationen (z. B. Japan) die Umweltgesetzgebungen aus westlicher Sicht eher rudimentär. Länder wie Japan und Taiwan haben in den letzten zwei Jahren versucht, hier eine Lücke zu schließen. Die dort verabschiedeten Gesetze lassen aber noch viele Fragen unbeantwortet. Andererseits sind wieder in Ländern wie der VR China die Umweltgrenzwerte recht streng formuliert.[13] Allerdings klaffen dort der Anspruch der Gesetzgebung und die Wirklichkeit der Umsetzung mitunter recht weit auseinander.

Bei der Ansiedlung an einem neuen Standort oder auch beim Erwerb existierender Standorte sind gerade westliche Industrieunternehmen akribisch darauf bedacht, einem möglichst hohen Umweltstandard Rechnung zu tragen.

Dabei greift man auf internationaler Ebene im Wesentlichen immer wieder auf zwei unterschiedliche Methoden bzw. Systeme zurück:

- US-amerikanische Standards der American Society for Testing and Materials[14]
  - ASTM D6008: Standard Practice for Conducting Environmental Baseline Surveys,

---

[13] Vgl. Villinger, F.: Die „China Goes West"-Strategie am Beispiel von Chongqing, 2013, S. 260.
[14] ASTM International, 100 Bar Harbour Drive, P.O. Box C700, Westconshohocken, PA, 19428-2959, USA; im Internet unter (www.astm.org).

- ASTM E1527: Standard Practice for Environmental Site Assessments: Phase 1 Environmental Site Assessment Process,
- ASTM E1528: Standard Practice for Limited Environmental Due Diligence – Transaction Screen Process,
- ASTM E1903: Standard Guide for Phase II Environmental Site Assessments,
- die sogenannte Holland-Liste (engl.: *dutch list*) des niederländischen Ministeriums für Wohnen, Raumplanung und Umwelt[15].

Die *Dutch List* schreibt für eine Vielzahl von Substanzen Grenzwerte in Form von maximalen Obergrenzen und Interventionswerten fest. Die Vorgehensweise gem. des amerikanischen Standards beruht im Prinzip auf einer Analyse der Gefahren und Risiken, die von den anzutreffenden Substanzen in dem jeweiligen Umfeld ausgehen könnten.

Während das amerikanische System sicherlich aus fachlicher Sicht sinnvoller ist und den jeweiligen Umständen deutlich mehr gerecht wird, ist es jedoch gerade in Ländern mit weniger entwickeltem Umweltverständnis meist recht schwer vermittelbar. Hier wird gern auf die *Dutch List* zurückgegriffen, bei welcher die in der Laboranalyse ermittelten Werte der Boden- und Grundwasseruntersuchung einfach mit den gelisteten Grenzwerten abgeglichen werden.

9.6.5 Umgang mit kontaminierten Grundstücken

Unabhängig von der geltenden Rechtsprechung ist aber ein Sachverhalt immer relevant: Wird ein Grundstück von der zuständigen Umweltbehörde im Anschluss an eine wie auch immer geartete Gefährdungsabschätzung (d. h. Untersuchung) zur Altlast erklärt, so wird in einem nächsten Schritt darüber beschieden, wie mit dieser Gefährdung (d. h. Altlast) umzugehen ist. Es wird also seitens der Behörde bzw. gemeinsam mit dieser über die Sicherung der Kontamination und der möglichen Sanierung entschieden. Dabei sind folgende Schritte relevant:

- Analyse möglicher Sicherungs- und Sanierungsverfahren,
- Evaluierung der Verfahren hinsichtlich Machbarkeit (technische Umsetzbarkeit und mögliche Kosten),
- Auswahl eines präferierten Verfahrens,
- Entwicklung eines konkreten Sanierungsplanes mit Zeit- und Kostenvorgaben.

---

[15] The Ministry of Housing, Spatial Planning and Environment, Directorate-General for Environmental Protection, Department of Soil Protection (625), Rijnstraat 8, P.O. Box 30945, 2500 GX, The Hague, The Netherlands; Tel +31 70 339 4442, Fax +31 70 339 1336.

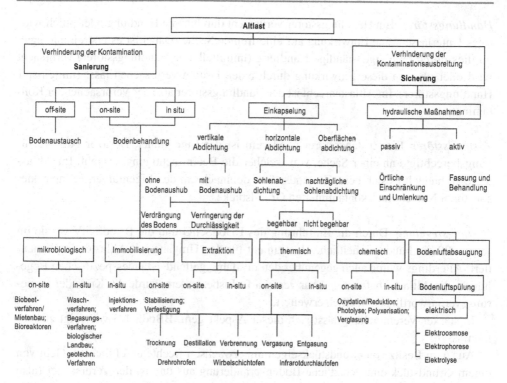

Abb. 9.10 Sanierungs- & Überwachungsmaßnahmen bei Altlasten[16]

9.6.6 Sicherungs- und Sanierungsverfahren

Sowohl die Sicherung als auch die Sanierung von Altlasten kann in verschiedenster Form und Ausprägung erfolgen. Mögliche Verfahren hierfür sind in der nachfolgenden Übersicht (Abb. 9.10) dargestellt. Die Wahl des jeweiligen Verfahrens hängt von den Rahmenbedingungen der Örtlichkeit, der Art und dem Umfang der Altlast sowie der davon ausgehenden Gefährdung und letztendlich auch der derzeitigen wie auch der antizipierten künftigen Nutzung der Liegenschaft ab.

9.6.7 Umwelthaftung

Begriff „Störer" Neben der Aufklärung der Frage, ob und in welchem Umfang überhaupt Altlastenrisiken bestehen, stellt sich des Weiteren die Frage nach der Haftung für die vorhandenen Kontaminationen und vor allem: Wer zahlt für die Altlastensanierung?

Hierbei ist ein Begriff aus dem Verwaltungs- bzw. Sachenrecht sehr wichtig, und zwar „Störer". Grundsätzlich wird zwischen einem Handlungsstörer und einem Zustandsstörer unterschieden.

Handlungsstörer Ein Handlungsstörer verursacht durch seine Handlung oder pflichtwidriges Unterlassen eine Einwirkung auf eine fremde Sache. Dabei ist es erst einmal egal, ob dies durch eine eigenständige Handlung (unmittelbarer Handlungsstörer) verursacht wird oder ob man diese Einwirkung durch einen Dritten verursachen lässt (mittelbarer Handlungsstörer). Im Altlastenrecht ist der Handlungsstörer also der Verursacher der Kontamination.

Zustandsstörer Ein Zustandsstörer wiederum ist der Eigentümer, Besitzer oder Verfügungsberechtigte an einer Sache, von welcher die Beeinträchtigung ausgeht. Im Altlastenrecht handelt es sich beim Zustandsstörer demnach um den Eigentümer, Pächter oder sonstigen Nutzer eines kontaminierten Grundstückes.

Haftungsregelung Durch die Einführung des BBodSchG und die BBodSchV wurde im Jahr 1999 ein bundeseinheitliches Instrument für den Umgang mit Altlasten implementiert. Allerdings wurde auch gegenüber den bis dahin geltenden landesspezifischen Regelungen die Altlastenhaftung spürbar verschärft. Insbesondere wurde der Kreis der Sanierungsverantwortlichen deutlich erweitert.

In starker Vereinfachung lässt sich dieser Aspekt gem. BBodSchG wie folgt zusammenfassen:

Aus dem Besitz von Grundstückseigentum erwachsen Rechte und Pflichten. Geht von einem Grundstück eine schädliche Bodenveränderung aus und ist der Verursacher (also der „Handlungsstörer") nicht mehr zu belangen, kann der jetzige Eigentümer (also der „Zustandsstörer") für die Sanierung herangezogen werden – bei Wahrung der Verhältnismäßigkeit. Existieren mehrere Störer, liegt es zum großen Teil im Ermessen der Behörde zu entscheiden, welche Partei mit der Sanierung beauflagt wird. Dabei hat die Effizienz der Gefahrenabwehr den Vorrang vor möglichen Gerechtigkeitsansprüchen.

Damit wird zumeist der wirtschaftlich potenteste Störer seitens der Behörde belangt, und zwar unabhängig davon, ob er für den Schaden primär verantwortlich ist oder nicht. Damit funktioniert ein „Abdrücken" der Altlastenhaftung nicht mehr. Auch bei einer privatrechtlichen Übertragung dieser Risiken, z. B. durch einen Grundstücksverkauf, kommt ein Störer nicht aus seiner öffentlich-rechtlichen Haftung. Des Weiteren fällt die Haftung bei einer Insolenz des Käufers wieder an den ehemaligen Käufer zurück. Der große Vorteil dieser Regelung ist insbesondere darin zu sehen, dass die öffentliche Hand sich auf diesem Weg immer an wirtschaftlich potenten Investoren „schadlos" halten kann, d. h. die Sanierung ist durch die (altlastenverursachende) Wirtschaft zu übernehmen und nicht durch den Steuerzahler.

---

[16] May, A.; Eschenbaum, F.; Breitenstein, O.: Projektentwicklung im CRE-Management, 1998, S. 154.

9.7 Ansiedlungs- und Infrastrukturverträge

Gerade bei großen industriellen Ansiedlungen ist es wichtig, schon weit im Vorfeld der eigentlichen Investition gewisse grundsätzliche Rahmenbedingungen für die Ansiedlung zu setzen und diese vertraglich zu sichern. Es geht hier vor allem darum, die üblicherweise recht vollmundigen Versprechungen der jeweiligen Standortentwicklungsgesellschaft (engl.: *development company*), aber auch u. U. der zuständigen Behörden in rechtsverbindliche Verpflichtungen und Garantien umzuwandeln und diese entsprechend zu fixieren.

Dabei geht es i. W. um die termingerechte Bereitstellung von baureifem Gelände und das Vorhandensein von externen Infrastrukturanbindungen (Straße, Bahn, Schiff, Strom/Dampf, Wasser, Abwasser usw.). Die Ausgestaltung solcher Verträge ist von Standortbedingungen und den Erfordernissen der jeweiligen Industrie abhängig. Technische Details und kommerzielle Arrangements der infrastrukturellen Versorgungen werden üblicherweise jedoch erst zu einem späteren Zeitpunkt in Versorgungs- und Entsorgungsverträgen mit dem jeweiligen Dienstleister oder Lieferanten separat vereinbart (siehe Abb. 9.11).

Abb. 9.11 Vergleich von Ansiedlungs- und Ver-/Entsorgungsverträgen

9.8 Versorgungs- und Entsorgungsverträge

Energie- und Infrastruktureinrichtungen sind sehr kostspielig. Daher ist die Verfügbarkeit der notwendigen Infrastrukturen und Medien am potentiellen Standort zu akzeptablen Bedingungen ein weiterer entscheidender Standortfaktor.

Als Beispiele für diese Infrastrukturen und Medien lassen sich – ohne Anspruch auf Vollständigkeit – das Vorhandensein von:

- Anbindung an das lokale und überregionale Verkehrsnetz (Straße/Schiene/Schiff),
- Wasserversorgung,
- Drainagesystem,
- Abwasserbehandlung,
- Abfallentsorgung,
- Stromversorgung,
- Dampfversorgung (z. B. Fernwärme),
- Gasversorgung,
- Telekommunikationsnetze und
- Lagerkapazitäten

anführen.

Auch wenn diese Gesichtspunkte im Einzelnen vielleicht unbedeutend und selbstverständlich erscheinen, so kann es sich bei diesen Infrastrukturen und Medien jeweils um eine „Nabelschnur" handeln, auf die eine Projektentwicklung für ihre Existenz und Wirtschaftlichkeit angewiesen ist. Daher sind deren vertragliche Sicherstellung und die Umsetzbarkeit der darin getroffenen Vereinbarungen von außerordentlicher Wichtigkeit.

Die Bereitstellung der erforderlichen Infrastrukturen und Energien schafft einen hohen Regelungs-, Organisations- und Handlungsbedarf für die zuständigen Stellen bei den Behörden, Versorgern, aber auch beim Projektentwickler selbst.

Entwicklung von Bestandsliegenschaften 10

10.1 Grundsätzliches

Der Immobilienzyklus (siehe Abb. 2.10) wird letztendlich mit der Phase der Verwertung abgeschlossen. Es gibt die vielfältigsten Gründe, die zu einer möglichen Verwertung von betrieblichen Immobilien führen. Ohne Anspruch auf Vollständigkeit seien hier beispielsweise genannt:

- gewandelter Unternehmensfokus (Strategie, Geschäftsfelder, Standortkonzentration),
- geänderte Marktsituationen,
- wirtschaftliche Situation (Hebung von Unternehmenswerten/stille Reserven),
- ein geändertes politisches Umfeld (erhöhte Auflagen/Abgaben, Wegfall von Incentives/Subventionen, Instabilität).

Wie bereits in Kap. 2 detailliert dargestellt, hat sich insbesondere bei Non-Property-Gesellschaften der Umgang mit der „Ressource" Immobilie in den letzten Jahren deutlich geändert. Im Zuge eines professionellen Corporate Real Estate Managements steht mittlerweile auch hier nicht nur ein Werterhalt, sondern auch eine angemessene Rendite im Vordergrund. Nicht mehr benötigte, nicht betriebsnotwendige Liegenschaften stellen gerade Industrieunternehmen immer wieder vor ein Problem. Andererseits können diese aber auch Chancen darstellen.

10.2 Rahmenbedingungen

Bestandsliegenschaften haben die Freiheit der Standortwahl nicht. Ihre Eigentümer und Nutzer müssen sich mit den örtlichen Gegebenheiten arrangieren. Damit ist aber nicht gemeint, dass diese Rahmenbedingungen – der Immobilie an sich, aber auch ihres Umfeldes – einfach hingenommen werden müssen. Es geht vielmehr darum, die Liegenschaft

T. Glatte, *Entwicklung betrieblicher Immobilien*,
Leitfaden des Baubetriebs und der Bauwirtschaft, DOI 10.1007/978-3-658-05687-2_10

hinsichtlich ihrer möglichen künftigen Nutzung zu fokussieren. Darunter ist ein Herausarbeiten von Vor- und Nachteilen zu verstehen. Die Vorteile gilt es im weiteren Prozess der Projektentwicklung zu stärken, um die Nachteile weniger entscheidungsrelevant oder – aus der Sicht der künftigen Nutzer – weniger ausschlussrelevant werden zu lassen. Um diesem Anspruch gerecht zu werden, gilt es, in erster Linie die Interessen und Absichten des Standortes zu erheben und abzuwägen.

Die bedeutet, dass eine zu entwickelnde Bestandsliegenschaft oder – im industriellen Umfeld – ein um Projekte und Kapital werbendes Gewerbe-/Industriegebiet sich in erster Linie an den Standort- und Investitionskriterien der möglichen künftigen Nutzer zu orientieren hat, um Erfolg zu haben. Hier sei an Konstellation II „Standort sucht Projekt und Kapital" in Abschn. 3.2 sowie die Initiierung der Entwicklung von Bestandsliegenschaften in Abschn. 3.4 verwiesen.

Um die Fokussierung der Liegenschaft auf eine künftige Drittnutzung zu gewährleisten, sollten u. a. folgende Aspekte berücksichtigt werden:

- Schaffung einer angemessenen bauordnungsrechtlichen Ausweisung,
- Sicherstellung, dass Genehmigungsverfahren unproblematisch verlaufen,
- Gezielte Ausrichtung auf die künftige Nutzungsform,
- Aktive und gezielte Vermarktung gegenüber den möglichen künftigen Nutzern, d. h. Erstellung eines klaren Vermarktungskonzeptes,
- Berücksichtigung einer phasenweisen Entwicklungsplanung bei größeren Liegenschaften,
- Sicherstellung einer der künftigen Nutzung angemessenen Infrastruktur wie Verkehrsanbindung, Medien usw.

10.3 Projektentwicklungsprozess

10.3.1 Gemeinsamkeiten und Unterschiede zu Neubauprojekten

Grundsätzlich ist der Prozess einer Projektentwicklung für eine Bestandsimmobilie vergleichbar mit dem eines Neubaus. Auch diese folgt dem Ablauf gemäß Abb. 2.9:

- Projektinitiierung,
- Projektkonzeption mit der Machbarkeitsstudie bestehend aus
  - Marktanalyse,
  - Standortanalyse,
  - Nutzungskonzept,
  - Risikoanalyse,
  - Wirtschaftlichkeitsanalyse,
- Projektkonkretisierung,
- (Projektrealisierung).

Auch wenn das Grundkonzept bei beiden Projektentwicklungsarten – Neubau und Bestandsimmobilie – gleich bleibt, so gibt es doch, einige Besonderheiten zu berücksichtigen, welche hier dargestellt werden sollen. Diese Unterschiede bestehen insbesondere in den Schwerpunkten der Bearbeitung einzelner Teilanalysen. Dies kann sehr gut anhand der Standortanalyse und des Nutzungskonzeptes erläutert werden.

Besteht die Projektidee beispielsweise darin, ein neues Bürogebäude zu entwickeln, dann liegt der Schwerpunkt mehr auf der Suche nach einem geeigneten Standort. Das Nutzungskonzept konzentriert sich lediglich auf die Erarbeitung der Details um das Büroprojekt in die dann vorhandenen Standortbedingungen einzufügen, z. B. die Optimierung der baulichen Ausgestaltung im Rahmen des Baurechts. Es dominiert hier also die Standortanalyse über dem Nutzungskonzept.

Anders hingegen liegt die Situation bei einer bestehenden Liegenschaft, die noch zu entwickeln ist. Hier ist die Standortanalyse mehr komplementär zur Marktanalyse und zum Nutzungskonzept zu sehen. In ihr werden lediglich die Vor- und Nachteile des Standortes für die möglichen Nutzungen herausgearbeitet. Dominierend hinsichtlich des Aufwandes und wirtschaftlichen Einflusses ist jedoch die Erarbeitung eines Nutzungskonzeptes – natürlich basierend auf den Erkenntnissen u. a. der Standortanalyse.

Des Weiteren sollte möglich frühzeitig, idealerweise bereits in der Initiierungsphase, über den grundsätzlichen Umgang und die Verwendung der Liegenschaft beschieden werden. Dies bedeutet, dass die grundsätzlichen Verwertungspotentiale zu definieren sind. Allein schon im Interesse des Arbeitsaufwandes, also der zeit- und kostenbewussten Verwendung von Ressourcen, sollte damit nicht bis zu den aufwendigeren Studien und Analysen der Projektkonzeption gewartet werden.

10.3.2 Verwertungspotentiale

Dies äußert sich auch im Umgang mit sogenannten nicht betriebsnotwendigen Liegenschaften, bei welchen man zwischen

- Abriss und Stilllegung,
- Verwertung des Objektes wie es steht und liegt und
- Aufwertung des Objektes durch eine Projektentwicklung

unterscheiden kann.

Um eine Entscheidung auf der Basis einer vernünftigen Evaluierung herbeizuführen, ist die vollumfängliche Machbarkeitsstudie überdimensioniert. Es kann jedoch – die Instrumente der Machbarkeitsstudie nutzend – eine vereinfachte Analyse durchgeführt werden. Auch hier wären Marktbedingungen und Wettbewerber, Standortbedingungen sowie augenscheinliche Projektrisiken zu identifizieren. Darauf aufbauend wären die Nutzungsmöglichkeiten der Liegenschaft an sich zu beurteilen und darzustellen. Hierzu eignet sich hinsichtlich der Struktur und Visualisierbarkeit die Potentialanalyse (siehe Abschn. 6.4.5)

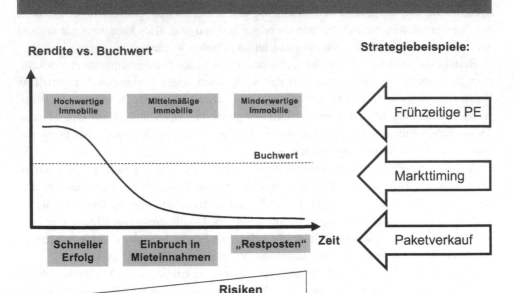

Abb. 10.1 Abhängigkeiten beim Verwerten von nbL

sehr gut. Des Weiteren ist für die jeweiligen Nutzungsideen deren möglicher wirtschaftlicher Erfolg abzuschätzen.

Bei Betrachtung des Substanzerhaltungsgrades, der Immobilienmarktsituation, der möglichen Verwertungspotentiale, aber auch gewisser wirtschaftlicher Zwänge (Zeit und Kapital) ist hier immer eine Einzelfallentscheidung vorzunehmen (siehe Abb. 10.1).

10.4 Abriss und Stilllegung

Aus der Sicht eines proaktiven, betriebswirtschaftlich orientierten Corporate Real Estate Managements ist die Option, die Gebäude lediglich abzureißen bzw. die Liegenschaft einfach nur stillzulegen, die denkbar schlechteste Variante. Das in der Immobilie gebundene Kapital wird in dieser Form nicht freigesetzt und steht somit den Kerngeschäftsprozesses nicht zur Verfügung.

Trotzdem kann es in Einzelfällen durchaus sinnvoll sein, genau diesen Schritt zu wählen. Eine Möglichkeit könnte die Tatsache sein, dass das Areal aufgrund seiner Vornutzung historisch noch eine hohe Altlastenbelastung vorzuweisen hat und dessen Sanierung in keinem wirtschaftlichen Verhältnis zu einem möglichen Verwertungserlös liegt. Hier sei aber im Gegenzug auf die einerseits existierende Anzeigepflicht für Altlasten sowie auf die letztendliche Notwendigkeit der Umsetzung von Sanierungsplänen verwiesen. Darüber hinaus gebieten es Themen wie die in Abschn. 3.5.1 ausgeführten Ansprüche des CSR ohnehin, solche Umweltbelastungen proaktiv abzustellen. Eine nicht durchgeführte Sanierung ist lediglich ein aufgeschobenes Problem.

In Abhängigkeit vom wirtschaftlichen Umfeld kann es jedoch sinnvoll sein, eine Sanierung aufgrund der doch zumeist recht hohen Kosten zeitlich aufzuschieben und in einem für das Unternehmen wirtschaftlich freundlicheren Umfeld durchzuführen. In Anbetracht der unterschiedlichen Grenzwerte für erlaubte Belastungen in Abhängigkeit von der Nutzung der Liegenschaft macht eine Sanierung bei nicht akuter Gefährdung des Umfeldes ohnehin erst Sinn, wenn das künftige Nutzungskonzept für die Liegenschaft definiert ist.

Ein weiterer Grund für die Stilllegung einer Liegenschaft kann die aktuelle Situation am Immobilienmarkt sein. Einerseits gibt es Märkte, deren depressive Lage keine Investitionen erlaubt und es praktisch keine Käufer oder Investoren gibt. Hier hilft auch das beste Marketing nichts. Bestenfalls kann auf eine Verbesserung des Umfeldes gehofft und somit das Markttief ausgesessen werden. Andererseits gibt es hochvolatile Märkte. In einem derart zyklischen Umfeld macht es Sinn, bei Marktdepression das Objekt einfach stillzulegen und bei Marktaufschwung für eine Verwertung zu positionieren. Hier kann die Phase der Stilllegung gezielt als Konzeptionsphase genutzt werden.

All die vorgenannten Ausführungen zeigen jedoch auf, dass eine reine Stilllegung lediglich eine zeitliche Befristung – auch wenn sie aufgrund des Marktumfeldes von längerer Natur ist – haben sollte.

10.5   Verwertung im Ist-Zustand

Grundsätzlich haben gerade Non-Property-Gesellschaften ein hohes Interesse, sich schnellstmöglich von Objekten zu trennen, sobald eine Verwertungsentscheidung gefallen ist (z. B. zur Bilanzbereinigung). Die Verwertung eines Objektes wie es steht und liegt ist oft die einfachste und schnellste Lösung, es abzustoßen, sofern

- das Objekt Verkaufspotential besitzt und
- der Verkäufer dem Markt angemessene Preisvorstellungen besitzt.

Andererseits gibt es oft ein sehr großes Gefälle beim Verwertungspotential. Gerade Altstandorte der Schwerindustrie haben mit zahlreichen Altlastenproblemen, z. T. recht unattraktiven Lagen und vielfältigen behördlichen Auflagen zu kämpfen, die Investoren vom Kauf abschrecken. Die Verwertung von Objekten dieser Art ist häufig nur mit großen Abschlägen und u. U. sogar nur mit zusätzlichen Investitionen (Altlastensanierung) durchführbar. Hier ist also eine Entwicklung schon zum Zwecke der Herbeiführung der Verwertbarkeit an sich geboten. Ansonsten würde dies zur Stilllegung und zum Verbleib des Status quo führen.

Zum Zwecke der Entscheidungsfindung bietet sich hierbei an, zwei Formen von Wertermittlungen durchzuführen. Einerseits sollte eine klassische Verkehrswertermittlung durchgeführt werden (siehe Abschn. 7.6). Diese ist stichtagsbezogen und basiert auf dem Zustand der Immobilie zu genau diesem Bewertungsstichtag.

Des Weiteren sollte von einem Sachverständigen oder Architekten eine *„highest and best use"*-Bewertung vorgenommen werden. Dabei handelt es sich um eine Bewertung, welche nicht stichtagsbezogen ist und bereits eine erste Analyse der Nutzungsmöglichkeiten beinhaltet. Diese werden anschließend wirtschaftlich bewertet. Hierbei handelt es sich i. W. um eine Developer-Rechnung.

Auf dieser Basis sollte eine Entscheidung über einen direkten Verkauf der Liegenschaft oder deren Verkauf nach einer Entwicklung getroffen werden – unter realistischer Einschätzung hinsichtlich der eigenen Ressourcen, und zwar:

- Zeit,
- Investitionsmittel (Verfügbarkeit und Zinssätze für Eigen- und Fremdkapital),
- Verfügbarkeit von Personal,
- Fachkompetenz.

10.6 Objektaufwertung durch Projektentwicklung

10.6.1 Entwicklungsstufen

Das Unternehmen hat die Wertsteigerungspotentiale erkannt und möchte an diesen partizipieren. Der stillgelegte Standort oder die nicht mehr benötigte Liegenschaft wird somit nicht mehr schnellstmöglich abgestoßen wie sie steht und liegt.

Ziel hierbei ist also die Hebung stiller Reserven und Ausschöpfung von Wertsteigerungsmöglichkeiten. Grundsätzlich lässt sich die Aufwertung von Objekten in vier Schritte einteilen (siehe Abb. 10.2):

- Schaffen von Baurecht,
- Maßschneidern der Liegenschaft,
- Bauliche Umsetzung,
- Verwertung.

Schritt 1: Schaffen von Baurecht In dieser Phase geht es in erster Linie darum, die Bebaubarkeit der Liegenschaft an sich zu erreichen. Auf der Basis eines entsprechenden Nutzungskonzeptes soll hier ein Baurecht, z. B. über einen Bebauungsplan, erreicht werden. Dies kann ggf. eine bauleitplanerische Umwidmung in eine vollständig andere Nutzungsform beinhalten (engl.: *rezoning*). Dies wäre z. B. bei einem Objekt der Fall, welches bisher als Fabrikationsgebäude in einem Gewerbegebiet genutzt wurde und dieses Areal künftig einer Wohnnutzung zugeführt werden soll.

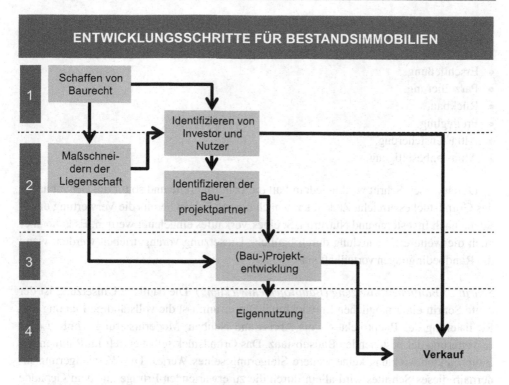

Abb. 10.2 Struktogramm der Entwicklungsschritte

In diesem Schritt erhält die Liegenschaft ihre erste Form der Wertsteigerung, denn nur durch ein nutzungsgerechtes Baurecht kann diese Liegenschaft überhaupt einer angemessenen Verwertung zugeführt werden. Im Ergebnis dessen hat das Grundstück – je nach Erschließungssituation – bereits volle Qualität eines baureifen Landes oder ist bei mangelnder Erschließung mindestens jedoch als Rohbauland zu kategorisieren. Das Schaffen des entsprechenden Baurechts kann durchaus sehr viel Zeit in Anspruch nehmen, da es die Zustimmung der bauaufsichtsführenden Behörde und der Nachbarschaft erfordert. Gerade bei grundsätzlichen Änderungen des Nutzungskonzeptes können sich unterschiedliche Sichtweisen und Interessenlagen auftun, deren Überbrückung viel Zeit erfordert. Andererseits benötigt das Schaffen eines Baurechts einen vergleichsweise geringen Kostenaufwand.

Bereits nach diesem Schritt kann es – in Abwägung der o. g. Kriterien – Sinn machen, die Verwertung in Form eines Verkaufes einzuleiten oder aber eine weitere Entwicklung durch Maßschneidern der Liegenschaft voranzutreiben.

Schritt 2: Maßschneidern der Liegenschaft Das Maßschneidern der Liegenschaft umfasst vielfältige Tätigkeiten, die letztendlich zu einer marktgerechten Anbindung, Aufteilung

und Aufbereitung des Grundstückes für eine weitere Entwicklung führen. Dies umfasst
z. B. folgende Aktivitäten:

- Erschließung,
- Parzellierung,
- Rückbau,
- Freilegung,
- Altlastensicherung,
- Altlastenbeseitigung.

Durch diesen Schritt wird in jedem Fall die volle Baureife und somit die Bebaubarkeit
des Grundstückes erreicht. Zudem kann nach diesem Schritt bereits die Verwertung durch
Suche nach Investoren und Nutzern i. S. eines Verkaufes eingeleitet werden. Es kann aber
auch die weitere Entwicklung durch bauliche Umsetzung vorangetrieben werden, wenn
die Randbedingungen vorteilhaft sind.

Schritt 3: Bauliche Umsetzung (Bauprojektentwicklung) Die bauliche Umsetzung ist der
dritte Schritt einer möglichen Entwicklung. Dieser umfasst die vollständige Planung und
Realisierung des Bauprojektes – als Abriss und Neubau, Modernisierung, Umbau oder
Erweiterung der bestehenden Bausubstanz. Das Grundstück selbst erzielt im Rahmen der
Bauprojektentwicklung keine weitere Steigerung seines Wertes. Die Wertsteigerung innerhalb dieses Schrittes wird allein durch die zu erwartenden Erträge aus dem Gebäude
erreicht.

Schritt 4: Verwertung Im vierten und letzten Schritt steht letztendlich die eigentliche Verwertung an. Diese kann zu einem Verkauf der Liegenschaft führen. Dies ist ein Schritt, der
insbesondere bei nicht betriebsnotwendigen Liegenschaften logisch und nach jedem der
vorgenannten drei Schritte im Einzelfall zu erwägen ist. Des Weiteren kann – insbesondere bei noch betriebsnotwendigen Liegenschaften – die eigene Weiternutzung für einen
Corporate eine Option sein.

10.6.2 Realisierungsmodelle

Sollte ein Unternehmen sich entschließen, alle drei Phasen konsequent zu durchlaufen, so
bieten sich für die Realisierung zwei Modelle:

- Projektentwicklung als Partner,
- Eigenentwicklung.

10.6.2.1 Projektentwicklung als Partner
Die Projektentwicklung als Partner durchläuft alle drei vorgenannten Schritte einer Entwicklung der Bestandsliegenschaft, einschließlich der baulichen Planung und Umsetzung

sowie des letztendlichen Verkaufes. In der Praxis ist dies die häufigste Form, sofern ein Corporate sich bei der Verwertung seiner nicht betriebsnotwendigen Liegenschaften zur Entwicklung über alle drei Entwicklungsschritte hinweg entscheidet.

Häufig bringt das Unternehmen als Eigentümer der Liegenschaft als primäre Leistung das Grundstück und die ggf. vorhandene Bausubstanz selbst ein. Es kann über diesen Weg durch die Wahl von Partnern wie Fachplaner und Bauunternehmen – noch selten als Generalunternehmer oder gar Generalübernehmer – große Eigenleistungen vermeiden und somit das Vorhalten eigener Fachressourcen umgehen. Da derartige Projekte im betrieblichen Immobilienmanagement auch bei größeren Unternehmen nicht in jeder Region alltäglich sind, ist dies ebenfalls eine sinnvolle Entscheidung. Das Unternehmen ist trotz ggf. nicht vorhandener Ressourcen oder Kompetenz in der Lage, am deutlich höheren Verwertungspotential zu partizipieren. Zudem wird dadurch eine Teilung von Projektrisiken erreicht, die allerdings auch eine Teilung der Entwicklungsgewinne beinhaltet.

10.6.2.2   Eigenentwicklung

Die Eigenentwicklung ist die konsequenteste Form der Projektentwicklung im Bestand. Allerdings erfordert diese auch das Vorhalten entsprechender Ressourcen – sowohl in quantitativer (Personalstand) als auch qualitativer Hinsicht (Kompetenzen). Nur wenige Corporates sind hierzu in der Lage. Dies macht grundsätzlich nur Sinn, wenn auf sehr lange Sicht eine entsprechende Anzahl von nachfolgenden Projekten gewährleistet werden kann. International aufgestellte Großkonzerne werden dies aufgrund historisch gewachsener Strukturen gerade in ihren Heimatmärkten noch abbilden können. Aber auch sie wählen zunehmend das Partnerschaftsmodell je weiter sich die Entwicklung räumlich vom heimischen Stammsitz entfernt.

Der große Vorteil dieses Modells ist selbstverständlich, dass die Rendite am Projekt nicht vom Grundstückseigentümer geteilt werden muss. Im Gegenzug trägt dieser jedoch das volle Entwicklungsrisiko. Auch hier macht es nur Sinn, wenn sich der Corporate auf spezifische Märkte hinsichtlich des Standortes (also des Immobilienmarktumfeldes), aber auch bezüglich der Immobilienart konzentriert.

Anhänge

Anhang 1: Fragebogen des Fallbeispiels

Nr	Fragen (in englischer Sprache)	Fragen (in russischer Sprache)	Aktueller Status
No	Questions	Вопросы	Описание
1.	**General site information**	**Общая информация**	
1.1.	Size (sqm)	Размер участка (кв.м.)	
1.2.	Shape (Map of site)	Очертание (карта участка)	
1.3.	Access from and to the site (via public infrastructure or through/accross thrid party premises)	Доступ от/к участку (через общедоступные дороги или через территорию третьей стороны)	
1.4.	Current Usage	Настоящее использование	
1.5.	Information about previous occupiers (company name and type of operations)	Данные о предыдущих владельцах (владелец и вид деятельности на участке)	
2.	**Ownership situation of the site**	**Собственность**	
2.1.	Current ownership	Настоящий владелец	
2.1a.	Indicative information about potential ownership disputes if any	Информация о возможно имеющихся конфликтах касательно прав собственности.	
2.2.	Third party or public rights/encumbrances on the premises	Права третьих лиц/общественный интерес, связанные с этим ограничения или обязательства.	
2.3.	Mortgages or liens on the premises	Залог/ипотека и т.д. на участок	
2.4.	Existing rights of way etc.	Существующее право проезда и т.п.	
2.5.	Current occupier	Настоящий арендатор/-торы	

© Springer Fachmedien Wiesbaden 2014
T. Glatte, *Entwicklung betrieblicher Immobilien*,
Leitfaden des Baubetriebs und der Bauwirtschaft, DOI 10.1007/978-3-658-05687-2

Nr	Fragen (in englischer Sprache)	Fragen (in russischer Sprache)	Aktueller Status
No	Questions	Вопросы	Описание
2.6.	Indicative Land Value	Ориентировочная стоимость	
2.7.	Indicative Land Lease Fee (in case of long-term leasehold)	Ориентировочная цена аренды (в случае долгосрочной аренды)	
3.	**Urban Planning (Zoning)**	**Градостроительство/ проектирование**	
3.1.	Permitted usage according to urban masterplanning, zoning restrictions or other permits, regulations etc.	Разрешенное использование согласно плану генерального развития. Какие ограничения, разрешения, согласования и т.п., вытекающие из плана, необходимы?	
3.2.	Status of urban masterplanning (future development prospects)	Каков статус плана генерального развития. Какие перспективы дальнейшего развития?	
3.3.	Distance to residential areas, natural reserves etc.	Каково расстояние до жилой застройки, природоохранных объектов и т.д?	
3.4.	Any restrictions for industrial (chemical) usage?	Каковы ограничения на промышленное (химическое предприятие) использование?	
3.5.	Urban planning requirements such as greenery ratio, floor area ratio, maximum height, etc	Каковы градостроительные требования, такие как процент озеленения, застройки, этажность и т.п.?	
4.	**Building Planning**	**Планирование застройки**	
4.1.	Minimum clearances or safety distances	Каков минимальный интервал безопасного расстояния?	
4.2.	Description of existing built-up at the site (if site houses existing buildings)	Описание имеющейся застройки (колличество зданий, конструкция, этажность, использование).	
4.3.	Indicative Value of possible existing on-site structures	Какова ориентировочная стоимость имеющихся строений?	
4.4.	Indicative Cost of site clearance/demolishment cost	Какова ориентировочная стоимость расчистки участка/сноса строений?	

Nr	Fragen (in englischer Sprache)	Fragen (in russischer Sprache)	Aktueller Status
No	Questions	Вопросы	Описание
5.	**Natural site conditions**	**Природные условия**	
5.1.	Description of the state of the site	Описание состояния участка.	
5.2.	Information of possible past site filling	Данные о возможной засыпке/подсыпке/насыпи, использованные материалы.	
5.3.	Risk of flooding, storms/typhoones, earthquakes	Опасность наводнений, ураганов, землятресений и пр.	
5.4.	Indicative information about soil conditions (foundation)	Общие данные о грунтах (для заложения фундаментов и т.п.)	
6.	**Environmental site conditions**	**Экологическое состояние**	
6.1.	Previous use of the site	Предыдущее использование	
6.2.	Potential risks for contamination/known contamination of soil and ground water	Вероятность загрязнения/известные загрязнения грунта, подземных/поверхностных вод.	
6.3.	Available environmental site investigations	Проведенные геологические, гидрогеологические, экологические исследования?	
6.4.	Existing underground tanks on site or in neighbourhood	Имеются или имелись ли подземные резервуары (особенно нефтепродукты, химвещества) на участке или в его окрестностях?	
6.5.	Current and previous use of neighbouring premises North West South East	Настоящее и предыдущее использование окрестностей участка? Север Запад Юг Восток	
6.6.	Groundwater level? Groundwater flow direction?	Уровень грунтовых вод? Направление стока грунтовых вод?	
7.	**External infrastructure availability**	**Имеющаяся инфраструктура**	
7.1.	Roads	Автодороги.	
7.2.	Railways/railway station/marshalling yard	Железная дорога – ж/д станция – сортировочная станция.	
7.3.	Harbour	Порт.	
7.4.	Airport	Аэропорт.	

Nr	Fragen (in englischer Sprache)	Fragen (in russischer Sprache)	Aktueller Status
No	Questions	Вопросы	Описание
7.5.	Information about water supply facilities	Данные о предприятиях/сетях водоснабжения.	
7.5.1.	Information about accessibility to such facilities	Доступность предприятий/сетей.	
7.5.2.	Indication about free capacities of such facilities	Ориентировочные данные о свободных ресурсах/мощностях.	
7.5.3.	Information about utility provider (municipality or company)	Сведения об операторе (коммунальное или частное предприятие).	
7.6.	Waste water treatment facility (please see also minimum requirements)	Водоочистные сооружения (см. также обязательные требования к объекту).	
7.6.1.	Information about accessibility to such facilities	Доступность предприятий/сетей.	
7.6.2.	Indication about free capacities of such facilities	Ориентировочные данные о свободных ресурсах/мощностях.	
7.6.3.	Information about utilty provider (municipality or company)	Сведения об операторе (коммунальное или частное предприятие)	
7.7.	Power sub-station/transformer station	Электрическая распределительная/ трансформаторная станция	
7.7.1.	Information about accessibility to such facilities	Доступность предприятий/сетей.	
7.7.2.	Indication about free capacities of such facilities	Ориентировочные данные о свободных ресурсах/мощностях.	
7.7.3.	Information about utilty provider (municipality or company)	Сведения об операторе (коммунальное или частное предприятие).	
7.8.	Steam/industrial gases (in case available through nearby industrial operations)	Пар/газ промышленного назначения (в случае наличия на соседних предприятиях).	
7.8.1.	Information about accessibility to such facilities	Доступность предприятий/сетей.	
7.8.2.	Indication about free capacities of such facilities	Ориентировочные данные о свободных ресурсах/мощностях.	
7.8.3.	Information about potential provider (company)	Сведения о потенциальном поставщике (предприятие).	
7.9.	Pipelines/piperacks	Трубопроводы/эстакады	

Nr	Fragen (in englischer Sprache)	Fragen (in russischer Sprache)	Aktueller Status
No	Questions	Вопросы	Описание
8.	**Logistics**	**Логистика**	
8.1.	Storage facilities available (tanks, warehouses, storage yards)	Имеющиеся складские сооружения (резервуары, склады, складские дворы).	
8.2.	Handling facilities	Имеющиеся погрузочно-разгрузочные устройства.	
8.3.	Service provider	Поставщики услуг.	
9.	**Economics**	**Экономические вопросы**	
9.1.	Acquisition/transfer taxes	Налог на передачу/приобретение собственности.	
9.2.	Indication about preferential treatments/incentives	Ориентировочные данные о льготных условиях/стимулировании.	
9.3.	Indication about utility and site service pricing	Ориентировочные данные о ценах за использование объектов инфраструктуры/обслуживания.	
10.	**Procedures**	**Процедура**	
10.1.	Base information about permitting system (building permit, operation licenses etc)	Общая информация о разрешительной системе/процедуре (разрешение на строительство, лицензии на эксплуатацию и т.д.)	
10.2.	Approval authorities	Разрешающие/согласующие инстанции.	
11.	**Safety issues**	**Вопросы безопасности**	
11.1.	Nearest fire station (and reaction time)	Ближайшая пожарная часть и время реагирования.	
11.2.	Emergency and alarm plans available	Имеются ли аварийные планы?	
12.	**Social-economic factors**	**Социально-хозяйственные факторы**	
12.1.	Skilled workers available regional?	Имеются ли в регионе в достаточном колличестве квалифицированные кадры?	
12.2.	Regional wage level (worker/engineer)?	Каков региональный уровень зарплаты квалифицированного рабочего/инженера?	
12.3.	Attractiveness of the region for employees?	Привлекательность региона для кадров?	

Nr	Fragen (in englischer Sprache)	Fragen (in russischer Sprache)	Aktueller Status
No	Questions	Вопросы	Описание
12.4.	Distance to the nearest town?	Насколько участок удален от ближайшего крупного города?	
12.5.	Public transport to the local main residential areas?	Транспортное сообщение (вкл. общественный транспорт) с возможными районами проживания сотрудников?	
12.6.	Public transport to the regional centre?	Транспортное сообщение (вкл. общественный транспорт) с областным центром?	

Anhang 2: Wichtung qualitativer Kriterien des Fallbeispiels

(j)	Standortfaktoren (K_j) gemäß Fragebogen	Wichtung (G_j)		Anmerkung
		Gesamt	Anteilig	
1	**Allgemeine Liegenschaftsinformationen**	**6 %**		
1.1.	Verfügbare Grundstücksfläche		50 %	
1.2.	Grundstückszuschnitt		10 %	
1.3.	Grundstückszuwegung		20 %	
1.4.	Gegenwärtige Nutzung des Grundstückes		10 %	
1.5.	Vornutzung des Grundstückes		10 %	
2	**Eigentumssituation am Grundstück**	**8 %**		
2.1.	Eigentum verfügbar und erwerbbar?		30 %	
2.1a.	Gibt es Rechtsstreitigkeiten bezüglich des Grundstückes?		30 %	
2.2.	Haben Dritte oder die öffentliche Hand Rechte am Grundstück?		5 %	
2.3.	Ist das Grundstück mit Grundpfandrechten (Hypothek usw.) belastet?		5 %	
2.4.	Bestehen Wege-, Leitungs-, Nutzungsrechte Dritter?		10 %	
2.5.	Gegenwärtiger Nutzer des Grundstückes		20 %	
2.6.	Grundstückspreis für Kauf		0 %	Quantitativ: separat werten
2.7.	Pachtzins (im Fall, dass Grunderwerb nicht möglich ist)		0 %	Quantitativ: separat werten
3	**Bauleitplanung**	**13 %**		
3.1.	Bauleitplanerisch bereits genehmigte Nutzung		0 %	
3.2.	Bauleitplanung (künftige Entwicklungen)		5 %	
3.3.	Abstand zu Wohnbebauung, Naturreservaten usw.		50 %	
3.4.	Bestehen Restriktionen hinsichtlich einer industriellen Nutzung?		40 %	
3.5.	Vorgaben (Grünflächen, GRZ, GFZ usw.)		5 %	
4	**Bauplanung**	**1 %**		
4.1.	Mindestabstände und Sicherheitsabstände zu anderen Einrichtungen/Bauten		60 %	
4.2.	Bestehende Bebauung (sofern vorhanden)		40 %	
4.3.	Wert von möglicherweise vorhandenen baulichen Anlagen		0 %	Quantitativ: separat werten
4.4.	Kosten für Abrissmaßnahmen oder Geländefreilegung		0 %	Quantitativ: separat werten

(*j*)	Standortfaktoren (*K_j*) gemäß Fragebogen	Wichtung (*G_j*)		Anmerkung
		Gesamt	Anteilig	
5	**Natürliche Standortbeschaffenheit**	**2 %**		
5.1.	Oberflächenbeschaffenheit des Standortes		20 %	
5.2.	Verwendete Bodenmaterialien (Verfüllungen/Auffüllungen)		20 %	
5.3.	Risiken bzgl. Hochwasser, Unwetter, Erdbeben/Erschütterungen		20 %	
5.4.	Tragfähigkeit des Bodens		40 %	
6	**Umweltspezifische Standortbedingungen**	**10 %**		
6.1.	Umweltrelevante Vornutzung		20 %	
6.2.	Risiko einer Boden-/Grundwasserbelastung		50 %	
6.3.	Verfügbarkeit von Umweltuntersuchungen (sofern bereits vorhanden)		10 %	
6.4.	Existieren unterirdische Tanks oder Produktleitungen (Standort, Nachbarschaft)?		5 %	
6.5.	Gegenwärtige Nutzung & Vornutzung der Nachbargrundstücke		10 %	
6.6.	Höhe des Grundwasserstandes und Fließrichtung des Grundwassers		5 %	
7	**Verfügbarkeit externer Infrastrukturen**	**25 %**		
7.1.	Straße		10 %	
7.2.	Eisenbahn, Bahnhof, Verschiebebahnhof		10 %	
7.3.	Hafen		4 %	
7.4.	Flughafen		1 %	
7.5.	Informationen über Wasserversorgungseinrichtungen		10 %	3 %
7.5.1.	– Zugänglichkeit zu diesen Einrichtungen			3 %
7.5.2.	– Verfügbare Kapazitäten			3 %
7.5.3.	– Versorgungsunternehmen (öffentliche Hand, Privat usw.)			1 %
7.6.	Informationen über Abwasserentsorgungseinrichtungen		20 %	6 %
7.6.1.	– Zugänglichkeit zu diesen Einrichtungen			6 %
7.6.2.	– Verfügbare Kapazitäten			6 %
7.6.3.	– Versorgungsunternehmen (öffentliche Hand, Privat usw.)			2 %
7.7.	Informationen über Stromversorgungs-einrichtungen (Kraftwerk, Trafo)		20 %	6 %
7.7.1.	– Zugänglichkeit zu diesen Einrichtungen			6 %
7.7.2.	– Verfügbare Kapazitäten			6 %
7.7.3.	– Versorgungsunternehmen (öffentliche Hand, Privat usw.)			2 %

(j)	Standortfaktoren (K_j) gemäß Fragebogen	Wichtung (G_j)		Anmerkung
		Gesamt	Anteilig	
7.8.	Informationen über Gas-, Industriegas- und Dampfversorgung	5 %	2 %	
7.8.1.	– Zugänglichkeit zu diesen Einrichtungen		1 %	
7.8.2.	– Verfügbare Kapazitäten		1 %	
7.8.3.	– Versorgungsunternehmen (öffentliche Hand, Privat usw.)		1 %	
7.9.	Verfügbarkeit von bestehenden Rohrbrückensystemen	20 %	20 %	
8	**Verfügbarkeit von Logistikeinrichtungen**	**3 %**		
8.1.	Lagerhaus, Tanklager, Lagerflächen		40 %	
8.2.	Umschlagseinrichtungen		40 %	
8.3.	Verfügbarkeit von Logistikdienstleistern		20 %	
9	**Wirtschaftliche Aspekte**	**0 %**		Quantitativ: separat werten
9.1.	Steuerhebesätze		0 %	Quantitativ: separat werten
9.2.	Angaben über Ansiedlungsförderung, Anreize, Incentives etc.		0 %	Quantitativ: separat werten
9.3.	Verpreisung von Ver- und Entsorgungsleistungen		0 %	Quantitativ: separat werten
10	**Genehmigungswesen, Behörden**	**18 %**		
10.1.	System für Bau- und Betriebsgenehmigungen		50 %	
10.2.	Genehmigungsbehörden		50 %	
11.	**Sicherheit (Safety Issues)**	**5 %**		
11.1.	Nächstgelegene Feuerwehr (und Reaktionszeit im Alarmfall)		30 %	
11.2.	Verfügbarkeit von Notfall- und Alarmplänen		70 %	
12	**Sozial-ökonomische Rahmenbedingungen**	**9 %**		
12.1.	Verfügbarkeit von qualifiziertem Personal		50 %	
12.2.	Gehaltsniveau (Arbeiter, Angestellte, ...)		10 %	
12.3.	Attraktivität der Region für Mitarbeiter		5 %	
12.4.	Entfernung zur nächsten Ortschaft von übergeordneter Bedeutung		10 %	
12.5.	Verfügbarkeit eines ÖPNV zu benachbarten Wohnsiedlungen		20 %	
12.6.	Verfügbarkeit eines ÖPNV zur nächsten Ortschaft von überregionaler Bedeutung		5 %	
	Summe ($\sum$ **Teilnutzwerte Nij = Gesamtnutzwert Ni**)	**100 %**		

Anhang 3: KWA-Auswertungsmatrizen des Fallbeispiels

j	Qualitative Standortfaktoren K_j	Wichtung G_j		Standort S 1.8		Standort S 1.11		Standort S 1.12		Standort S 6.7	
		Gesamt	Anteilig	E_{ij}	N_{ij}	E_{ij}	N_{ij}	E_{ij}	N_{ij}	E_{ij}	N_{ij}
1	**Allgemeine Liegenschaftsinformationen**	6 %			**28,80**		**28,80**		**30,00**		**28,80**
1.1.	Verfügbare Grundstücksfläche		50 %	5	2,50	5	2,50	5	2,50	5	2,50
1.2.	Grundstückszuschnitt		10 %	5	0,50	3	0,30	5	0,50	3	0,30
1.3.	Grundstückszuwegung		20 %	5	1,00	5	1,00	5	1,00	5	1,00
1.4.	Gegenwärtige Nutzung des Grundstückes		10 %	5	0,50	5	0,50	5	0,50	5	0,50
1.5.	Vornutzung des Grundstückes		10 %	3	0,30	5	0,50	5	0,50	5	0,50
2	**Eigentumssituation am Grundstück**	8 %			**32,00**		**36,80**		**40,00**		**40,00**
2.1.	Eigentum verfügbar und erwerbbar		30 %	3	0,90	5	1,50	5	1,50	5	1,50
2.1a.	Gibt es Rechtsstreitigkeiten bezüglich des Grundstückes?		30 %	5	1,50	5	1,50	5	1,50	5	1,50
2.2.	Haben Dritte oder die öffentliche Hand Rechte am Grundstück?		5 %	5	0,25	3	0,15	5	0,25	5	0,25
2.3.	Ist das Grundstück mit Grundpfandrechten (Hypothek usw.) belastet?		5 %	5	0,25	3	0,15	5	0,25	5	0,25
2.4.	Bestehen Wege-, Leitungs-, Nutzungsrechte Dritter?		10 %	5	0,50	3	0,30	5	0,50	5	0,50
2.5.	Gegenwärtiger Nutzer des Grundstückes		20 %	3	0,60	5	1,00	5	1,00	5	1,00
3	**Bauleitplanung**	13 %			**52,00**		**65,00**		**54,60**		**65,00**
3.1.	Bauleitplanerisch bereits genehmigte Nutzung		0 %	5	0,00	5	0,00	3	0,00	5	0,00
3.2.	Bauleitplanung (künftige Entwicklungen)		5 %	5	0,25	5	0,25	5	0,25	5	0,25

j	Qualitative Standortfaktoren K_j	Wichtung G_j		Standort S 1.8		Standort S 1.11		Standort S 1.12		Standort S 6.7	
		Gesamt	Anteilig	E_{ij}	N_{ij}	E_{ij}	N_{ij}	E_{ij}	N_{ij}	E_{ij}	N_{ij}
3.3.	Abstand zu Wohnbebauung, Naturreservaten usw.		50 %	3	1,50	5	2,50	5	2,50	5	2,50
3.4.	Bestehen Restriktionen hinsichtlich einer industriellen Nutzung?		40 %	5	2,00	5	2,00	3	1,20	5	2,00
3.5.	Vorgaben (Grünflächen, GRZ, GFZ usw.)		5 %	5	0,25	5	0,25	5	0,25	5	0,25
4	**Bauplanung**	**1 %**			**5,00**		**3,40**		**5,00**		**4,20**
4.1.	Mindestabstände und Sicherheitsabstände zu anderen Einrichtungen, Bauten		60 %	5	3,00	5	3,00	5	3,00	5	3,00
4.2.	Bestehende Bebauung (sofern vorhanden)		40 %	5	2,00	1	0,40	5	2,00	3	1,20
5	**Natürliche Standortbeschaffenheit**	**2 %**			**10,00**		**8,40**		**10,00**		**8,40**
5.1.	Oberflächenbeschaffenheit des Standortes		20 %	5	1,00	3	0,60	5	1,00	3	0,60
5.2.	Verwendete Bodenmaterialien (Verfüllungen/Auffüllungen)		20 %	5	1,00	3	0,60	5	1,00	3	0,60
5.3.	Risiken bzgl. Hochwasser, Unwetter, Erdbeben, Erschütterungen		20 %	5	1,00	5	1,00	5	1,00	5	1,00
5.4.	Tragfähigkeit des Bodens		40 %	5	2,00	5	2,00	5	2,00	5	2,00
6	**Umweltspezifische Standortbedingungen**	**10 %**			**42,00**		**30,00**		**50,00**		**30,00**
6.1.	Umweltrelevante Vornutzung		20 %	5	1,00	3	0,60	5	1,00	3	0,60
6.2.	Risiko einer Boden-/Grundwasserbelastung		50 %	4	2,00	3	1,50	5	2,50	3	1,50
6.3.	Verfügbarkeit von Umweltuntersuchungen (sofern bereits vorhanden)		10 %	3	0,30	3	0,30	5	0,50	3	0,30

j	Qualitative Standortfaktoren K_j	Wichtung G_j		Standort S 1.8		Standort S 1.11		Standort S 1.12		Standort S 6.7	
		Gesamt	Anteilig	E_{ij}	N_{ij}	E_{ij}	N_{ij}	E_{ij}	N_{ij}	E_{ij}	N_{ij}
6.4.	Existieren unterirdische Tanks oder Produktleitungen (Standort, Nachbarschaft)?		5 %	5	0,25	5	0,25	5	0,25	5	0,25
6.5.	Gegenwärtige Nutzung & Vornutzung der Nachbargrundstücke		10 %	4	0,40	1	0,10	5	0,50	1	0,10
6.6.	Höhe des Grundwasserstandes und Fließrichtung des Grundwassers		5 %	5	0,25	5	0,25	5	0,25	5	0,25
7	**Verfügbarkeit externer Infrastrukturen**	**25 %**			**105,0**		**111,0**		**90,75**		**116,25**
7.1.	Straße	10 %	10 %	4	0,40	3	0,30	5	0,50	3	0,30
7.2.	Eisenbahn, Bahnhof, Verschiebebahnhof	10 %	10 %	5	0,50	5	0,50	1	0,10	5	0,50
7.3.	Hafen	4 %	4 %	3	0,12	2	0,08	1	0,04	2	0,08
7.4.	Flughafen	1 %	1 %	3	0,03	3	0,03	4	0,04	2	0,02
7.5.	Informationen über Wasserversorgungseinrichtungen	10 %	3 %	5	0,15	5	0,15	5	0,15	5	0,15
7.5.1.	Zugänglichkeit zu diesen Einrichtungen		3 %	5	0,15	5	0,15	5	0,15	5	0,15
7.5.2.	Verfügbare Kapazitäten		3 %	5	0,15	5	0,15	5	0,15	5	0,15
7.5.3.	Versorgungsunternehmen		1 %	5	0,05	5	0,05	5	0,05	5	0,05
7.6.	Informationen über Abwasserentsorgungseinrichtungen	20 %	6 %	3	0,18	4	0,24	2	0,12	5	0,30
7.6.1.	Zugänglichkeit zu diesen Einrichtungen		6 %	3	0,18	4	0,24	2	0,12	5	0,30
7.6.2.	Verfügbare Kapazitäten		6 %	3	0,18	4	0,24	2	0,12	5	0,30
7.6.3.	Versorgungsunternehmen		2 %	3	0,06	4	0,08	2	0,04	5	0,10

j	Qualitative Standortfaktoren K_j	Wichtung G_j		Standort S 1.8		Standort S 1.11		Standort S 1.12		Standort S 6.7	
		Gesamt	Anteilig	E_{ij}	N_{ij}	E_{ij}	N_{ij}	E_{ij}	N_{ij}	E_{ij}	N_{ij}
7.7.	Informationen über Stromversorgungseinrichtungen	20 %	6 %	5	0,30	5	0,30	5	0,30	5	0,30
7.7.1.	Zugänglichkeit zu diesen Einrichtungen		6 %	5	0,30	5	0,30	5	0,30	5	0,30
7.7.2.	Verfügbare Kapazitäten		6 %	5	0,30	5	0,30	5	0,30	5	0,30
7.7.3.	Versorgungsunternehmen		2 %	5	0,10	5	0,10	5	0,10	5	0,10
7.8.	Informationen über Gas-, Industriegas-, Dampfversorgung	5 %	2 %	1	0,02	5	0,10	1	0,02	5	0,10
7.8.1.	Zugänglichkeit zu diesen Einrichtungen		1 %	1	0,01	5	0,05	1	0,01	5	0,05
7.8.2.	Verfügbare Kapazitäten		1 %	1	0,01	5	0,05	1	0,01	5	0,05
7.8.3.	Versorgungsunternehmen		1 %	1	0,01	3	0,03	1	0,01	5	0,05
7.9.	Verfügbarkeit von bestehenden Rohrbrückensystemen	20 %	20 %	5	1,00	5	1,00	5	1,00	5	1,00
8	**Verfügbarkeit Logistikeinrichtungen**	**3 %**			**4,20**		**4,20**		**4,20**		**4,20**
8.1.	Lagerhaus, Tanklager, Lagerflächen		40 %	1	0,40	1	0,40	1	0,40	1	0,40
8.2.	Umschlagseinrichtungen		40 %	1	0,40	1	0,40	1	0,40	1	0,40
8.3.	Verfügbarkeit Logistikdienstleister		20 %	3	0,60	3	0,60	3	0,60	3	0,60
10	**Genehmigungswesen, Behörden**	**18 %**			**54,0**		**54,0**		**54,0**		**54,00**
10.1.	Bau- & Betriebsgenehmigungen		50 %	3	1,50	3	1,50	3	1,50	3	1,50
10.2.	Genehmigungsbehörden		50 %	3	1,50	3	1,50	3	1,50	3	1,50
11	**Sicherheit**	**5 %**			**20,0**		**25,0**		**20,0**		**25,00**
11.1.	Nächstgelegene Feuerwehr (und Reaktionszeit im Alarmfall)		30 %	4	1,20	5	1,50	4	1,20	5	1,50
11.2.	Verfügbarkeit von Notfall- und Alarmplänen		70 %	4	2,80	5	3,50	4	2,80	5	3,50
12	**Sozial-ökonomische Rahmenbedingungen**	**9 %**			**33,7**		**36,0**		**33,7**		**31,95**
12.1.	Verfügbarkeit von qualifiziertem Personal		50 %	4	2,00	5	2,50	4	2,00	4	2,00

j	Qualitative Standortfaktoren K_j	Wichtung G_j		Standort S 1.8		Standort S 1.11		Standort S 1.12		Standort S 6.7	
		Gesamt	Anteilig	E_{ij}	N_{ij}	E_{ij}	N_{ij}	E_{ij}	N_{ij}	E_{ij}	N_{ij}
12.2.	Gehaltsniveau		10 %	4	0,40	3	0,30	4	0,40	4	0,40
12.3.	Attraktivität der Region für Mitarbeiter		5 %	4	0,20	2	0,10	4	0,20	2	0,10
12.4.	Entfernung zur nächsten Ortschaft von übergeordneter Bedeutung		10 %	4	0,40	3	0,30	4	0,40	3	0,30
12.5.	Verfügbarkeit eines ÖPNV zu benachbarten Wohnsiedlungen		20 %	3	0,60	3	0,60	3	0,60	3	0,60
12.6.	Verfügbarkeit eines ÖPNV zur nächsten Ortschaft von überregionaler Bedeutung		5 %	3	0,15	4	0,20	3	0,15	3	0,15
	Summe $(\sum \textbf{TNW} = \textbf{GNW})$	**100 %**			**387**		**403**		**392**		**408**

j	Qualitative Standortfaktoren K_j	Wichtung G_j		Standort S 6.8		Standort S 7.1		Standort S 7.2		Standort S 7.5	
		Gesamt	Anteilig	E_{ij}	N_{ij}	E_{ij}	N_{ij}	E_{ij}	N_{ij}	E_{ij}	N_{ij}
1	**Allgemeine Liegenschaftsinformationen**	**6 %**			**28,80**		**30,00**		**30,00**		**30,00**
1.1.	Verfügbare Grundstücksfläche		50 %	5	2,50	5	2,50	5	2,50	5	2,50
1.2.	Grundstückszuschnitt		10 %	3	0,30	5	0,50	5	0,50	5	0,50
1.3.	Grundstückszuwegung		20 %	5	1,00	5	1,00	5	1,00	5	1,00
1.4.	Gegenwärtige Nutzung des Grundstückes		10 %	5	0,50	5	0,50	5	0,50	5	0,50
1.5.	Vornutzung des Grundstückes		10 %	5	0,50	5	0,50	5	0,50	5	0,50
2	**Eigentumssituation am Grundstück**	**8 %**			**40,00**		**35,20**		**40,00**		**40,00**
2.1.	Eigentum verfügbar bzw. erwerbbar		30 %	5	1,50	3	0,90	5	1,50	5	1,50
2.1a.	Gibt es Rechtsstreitigkeiten bezüglich des Grundstückes?		30 %	5	1,50	5	1,50	5	1,50	5	1,50

j	Qualitative Standortfaktoren K_j	Wichtung G_j		Standort S 6.8		Standort S 7.1		Standort S 7.2		Standort S 7.5	
		Gesamt	Anteilig	E_{ij}	N_{ij}	E_{ij}	N_{ij}	E_{ij}	N_{ij}	E_{ij}	N_{ij}
2.2.	Haben Dritte oder die öffentl. Hand Rechte am Grundstück?		5 %	5	0,25	5	0,25	5	0,25	5	0,25
2.3.	Ist das Grundstück mit Grundpfandrechten belastet?		5 %	5	0,25	5	0,25	5	0,25	5	0,25
2.4.	Bestehen Wege-, Leitungs-, Nutzungsrechte Dritter?		10 %	5	0,50	5	0,50	5	0,50	5	0,50
2.5.	Gegenwärtiger Nutzer des Grundstückes		20 %	5	1,00	5	1,00	5	1,00	5	1,00
3	**Bauleitplanung**	**13 %**			**52,00**		**65,00**		**65,00**		**52,00**
3.1.	Bauleitplanerisch bereits genehmigte Nutzung		0 %	5	0,00	5	0,00	5	0,00	5	0,00
3.2.	Bauleitplanung (künftige Entwicklungen)		5 %	5	0,25	5	0,25	5	0,25	5	0,25
3.3.	Abstand zu Wohnbebauung, Naturreservaten usw.		50 %	3	1,50	5	2,50	5	2,50	3	1,50
3.4.	Bestehen Restriktionen hinsichtlich einer industriellen Nutzung?		40 %	5	2,00	5	2,00	5	2,00	5	2,00
3.5.	Vorgaben (Grünflächen, GRZ, GFZ usw.)		5 %	5	0,25	5	0,25	5	0,25	5	0,25
4	**Bauplanung**	**1 %**			**3,80**		**5,00**		**5,00**		**3,80**
4.1.	Mindestabstände und Sicherheitsabstände zu anderen Einrichtungen/Bauten		60 %	3	1,80	5	3,00	5	3,00	3	1,80
4.2.	Bestehende Bebauung (sofern vorhanden)		40 %	5	2,00	5	2,00	5	2,00	5	2,00
5	**Natürliche Standortbeschaffenheit**	**2 %**			**10,00**		**8,40**		**10,00**		**10,00**
5.1.	Oberflächenbeschaffenheit des Standortes		20 %	5	1,00	5	1,00	5	1,00	5	1,00

j	Qualitative Standortfaktoren K_j	Wichtung G_j		Standort S 6.8		Standort S 7.1		Standort S 7.2		Standort S 7.5	
		Gesamt	Anteilig	E_{ij}	N_{ij}	E_{ij}	N_{ij}	E_{ij}	N_{ij}	E_{ij}	N_{ij}
5.2.	Verwendete Bodenmaterialien (Verfüllungen/Auffüllungen)		20 %	5	1,00	5	1,00	5	1,00	5	1,00
5.3.	Risiken bzgl. Hochwasser, Unwetter, Erdbeben/ Erschütterungen		20 %	5	1,00	5	1,00	5	1,00	5	1,00
5.4.	Tragfähigkeit des Bodens		40 %	5	2,00	3	1,20	5	2,00	5	2,00
6	**Umweltspezifische Standortbedingungen**	**10 %**			**44,00**		**48,00**		**46,00**		**48,00**
6.1.	Umweltrelevante Vornutzung		20 %	5	1,00	5	1,00	5	1,00	5	1,00
6.2.	Risiko einer Boden-/ Grundwasserbelastung		50 %	5	2,50	5	2,50	5	2,50	5	2,50
6.3.	Verfügbarkeit von Umweltuntersuchungen (sofern bereits vorhanden)		10 %	3	0,30	3	0,30	3	0,30	3	0,30
6.4.	Existieren unterirdische Tanks oder Produktleitungen (Standort, Nachbarschaft)?		5 %	5	0,25	5	0,25	5	0,25	5	0,25
6.5.	Gegenwärtige Nutzung & Vornutzung der Nachbargrundstücke		10 %	1	0,10	5	0,50	5	0,50	5	0,50
6.6.	Höhe des Grundwasserstandes und Fließrichtung des Grundwassers		5 %	5	0,25	5	0,25	1	0,05	5	0,25
7	**Verfügbarkeit externer Infrastrukturen**	**25 %**			**120,0**		**106,0**		**101,0**		**114,0**
7.1.	Straße	10 %	10 %	4	0,40	4	0,40	4	0,40	5	0,50
7.2.	Eisenbahn, Bahnhof, Verschiebebahnhof	10 %	10 %	5	0,50	5	0,50	4	0,40	5	0,50
7.3.	Hafen	4 %	4 %	3	0,12	4	0,16	4	0,16	4	0,16
7.4.	Flughafen	1 %	1 %	3	0,03	3	0,03	3	0,03	5	0,05

j	Qualitative Standortfaktoren K_j	Wichtung G_j		Standort S 6.8		Standort S 7.1		Standort S 7.2		Standort S 7.5	
		Gesamt	Anteilig	E_{ij}	N_{ij}	E_{ij}	N_{ij}	E_{ij}	N_{ij}	E_{ij}	N_{ij}
7.5.	Informationen über Wasserversorgungseinrichtungen	10 %	3 %	5	0,15	5	0,15	4	0,12	5	0,15
7.5.1.	Zugänglichkeit zu diesen Einrichtungen		3 %	5	0,15	5	0,15	4	0,12	5	0,15
7.5.2.	Verfügbare Kapazitäten		3 %	5	0,15	5	0,15	4	0,12	5	0,15
7.5.3.	Versorgungsunternehmen		1 %	5	0,05	5	0,05	4	0,04	5	0,05
7.6.	Informationen über Abwasserentsorgungseinrichtungen	20 %	6 %	5	0,30	3	0,18	3	0,18	4	0,24
7.6.1.	Zugänglichkeit zu diesen Einrichtungen		6 %	5	0,30	3	0,18	3	0,18	4	0,24
7.6.2.	Verfügbare Kapazitäten		6 %	5	0,30	3	0,18	3	0,18	4	0,24
7.6.3.	Versorgungsunternehmen		2 %	5	0,10	3	0,06	3	0,06	4	0,08
7.7.	Informationen über Stromversorgungseinrichtungen	20 %	6 %	5	0,30	5	0,30	5	0,30	5	0,30
7.7.1.	Zugänglichkeit zu diesen Einrichtungen		6 %	5	0,30	5	0,30	5	0,30	5	0,30
7.7.2.	Verfügbare Kapazitäten		6 %	5	0,30	5	0,30	5	0,30	5	0,30
7.7.3.	Versorgungsunternehmen		2 %	5	0,10	5	0,10	5	0,10	5	0,10
7.8.	Informationen über Gas-, Industriegas-, Dampfversorgung	5 %	2 %	5	0,10	1	0,02	1	0,02	1	0,02
7.8.1.	Zugänglichkeit zu diesen Einrichtungen		1 %	5	0,05	1	0,01	1	0,01	1	0,01
7.8.2.	Verfügbare Kapazitäten		1 %	5	0,05	1	0,01	1	0,01	1	0,01
7.8.3.	Versorgungsunternehmen		1 %	5	0,05	1	0,01	1	0,01	1	0,01
7.9.	Verfügbarkeit von bestehenden Rohrbrückensystemen	20 %	20 %	5	1,00	5	1,00	5	1,00	5	1,00
8	**Verfügbarkeit Logistikeinrichtungen**	3 %			**4,20**		**4,20**		**4,20**		**4,20**
8.1.	Lagerhaus, Tanklager, Lagerflächen		40 %	1	0,40	1	0,40	1	0,40	1	0,40
8.2.	Umschlagseinrichtungen		40 %	1	0,40	1	0,40	1	0,40	1	0,40
8.3.	Verfügbarkeit Logistikdienstleister		20 %	3	0,60	3	0,60	3	0,60	3	0,60

j	Qualitative Standortfaktoren K_j	Wichtung G_j		Standort S 6.8		Standort S 7.1		Standort S 7.2		Standort S 7.5	
		Gesamt	Anteilig	E_{ij}	N_{ij}	E_{ij}	N_{ij}	E_{ij}	N_{ij}	E_{ij}	N_{ij}
10	**Genehmigungswesen, Behörden**	**18 %**			**54,00**		**54,00**		**72,00**		**90,00**
10.1.	Bau- & Betriebsgenehmigungen		50 %	3	1,50	3	1,50	4	2,00	5	2,50
10.2.	Genehmigungsbehörden		50 %	3	1,50	3	1,50	4	2,00	5	2,50
11	**Sicherheit**	**5 %**			**20,00**		**20,00**		**20,00**		**20,00**
11.1.	Nächstgelegene Feuerwehr (und Reaktionszeit im Alarmfall)		30 %	4	1,20	4	1,20	4	1,20	4	1,20
11.2.	Verfügbarkeit von Notfall- und Alarmplänen		70 %	4	2,80	4	2,80	4	2,80	4	2,80
12	**Sozial-ökonomische Rahmenbedingungen**	**9 %**			**32,40**		**32,40**		**28,35**		**39,15**
12.1.	Verfügbarkeit von qualifiziertem Personal		50 %	4	2,00	4	2,00	3	1,50	5	2,50
12.2.	Gehaltsniveau		10 %	4	0,40	4	0,40	4	0,40	4	0,40
12.3.	Attraktivität der Region für Mitarbeiter		5 %	3	0,15	3	0,15	4	0,20	4	0,20
12.4.	Entfernung zur nächsten Ortschaft von übergeordneter Bedeutung		10 %	3	0,30	3	0,30	3	0,30	5	0,50
12.5.	Verfügbarkeit eines ÖPNV zu benachbarten Wohnsiedlungen		20 %	3	0,60	3	0,60	3	0,60	3	0,60
12.6.	Verfügbarkeit eines ÖPNV zur nächsten Ortschaft von überregionaler Bedeutung		5 %	3	0,15	3	0,15	3	0,15	3	0,15
	Summe ($\sum$ TNW = GNW)	**100 %**			409		408		422		451

	Quantitative Standortfaktoren	Standorte							
j	K_j in [€/m²]	S 1.8	S 1.11	S 1.12	S 6.7	S 6.8	S 7.1	S 7.2	S 7.5
	Grundstückspreis für industriell ausgewiesenes Land	0	56,25	8,10	0	30,00	6,00	21,50	20,00
	Baukosten für Erdgas-/Abwasserleitungen, Straßen	0	0	48,48	0	13,33	15,00	0	5,00
	Anschlusskosten für Stromversorgung	0	0	5,00€	0	5,00	5,00	5,00	5,00
2.6.	**Teilsumme: Grundstückspreis für voll erschlossenes industrielles Bauland**	**0**	**56,25**	**61,58**	**0**	**48,33**	**26,00**	**26,50**	**30,00**
	Mitnutzung bestehender Infrastrukturen (Wasser, Dampf usw.)	0	–13,33	0	0	0	0	0	0
	Kosten für einen Eisenbahnanschluss	0	0	0,97	0	0,97	0,97	0	0,97
4.4.	Abbruchkosten für vorhandene Gebäude, Einrichtungen, Leitungen	0	0	0	0	0	0	0	0
	GESAMTKOSTEN in [€/m²]	–	**42,92**	**62,55**	–	**49,30**	**26,97**	**26,50**	**30,97**
	GESAMTNUTZEN	**387**	**403**	**392**	**408**	**409**	**408**	**422**	**451**
	NUTZEN-KOSTEN-VERHÄLTNIS	**Entfällt**	**9,4**	**6,3**	**Entfällt**	**8,3**	**15,1**	**15,9**	**14,6**

Anhang 4: Sensitivitätsanalyse des Fallbeispiels

%	S_i	Kriterienvergleich (+/- 5 %)			Kostenvergleich (+/- 10 %)								
		K_7 vs K_{10}	K_3 vs K_{10}	K_3 vs K_7	$S_{1.11}$	$S_{7.2}$	$S_{7.5}$	$S_{1.11}$	$S_{7.2}$	$S_{7.5}$	$S_{1.11}$	$S_{7.2}$	$S_{7.5}$
		K_7 = 20 % K_{10} = 23 %	K_3 = 8 % K_{10} = 23 %	K_3 = 8 % K_7 = 30 %	90 %	90 %	90 %	100 %	100 %	100 %	110 %	110 %	110 %
					38,63	23,85	27,87	42,92	26,50	30,97	47,21	29,15	34,07
±5	$S_{1.11}$	395	393	400	10,2			9,2			8,4		
	$S_{7.2}$	421	417	417		17,5			15,7			14,3	
	$S_{7.5}$	453	456	454			16,3			14,7			13,3
		K_7 = 25 % K_{10} = 18 %	K_3 = 13 % K_{10} = 18 %	K_3 = 13 % K_7 = 25 %									
±0	$S_{1.11}$	403	403	403	10,4			9,4			8,5		
	$S_{7.2}$	422	422	422		17,7			15,9			14,5	
	$S_{7.5}$	451	451	451			16,2			14,6			13,2
		K_7 = 30 % K_{10} = 13 %	K_3 = 18 % K_{10} = 13 %	K_3 = 18 % K_7 = 20 %									
±5	$S_{1.11}$	410	413	405	10,6			9,6			8,7		
	$S_{7.2}$	422	427	426		17,9			16,1			14,6	
	$S_{7.5}$	449	446	448			16,1			14,5			13,2

Anhang 5: Bauantragsformular

10.6.2.3 Formularbeispiel aus dem Bundesland Rheinland-Pfalz

(Online beim Finanzministerium abrufbar unter http://www.fm.rlp.de/service/vordrucke)

Anlage 1/Blatt 1	Bitte Hinweise auf der Rückseite beachten	Zutreffendes ankreuzen ☒ bzw. ausfüllen
☐ **Antrag auf Baugenehmigung**		Eingangsvermerk: Bauaufsichtsbehörde
☐ **Antrag auf Baugenehmigung im vereinfachten Genehmigungsverfahren nach § 66 LBauO** ☐ **Vorlage der Bauunterlagen im Freistellungsverfahren nach § 67 LBauO** Weiterbehandlung als Antrag auf Baugenehmigung, wenn die Gemeinde erklärt, dass ein Genehmigungsverfahren durchgeführt werden soll: ☐ ja ☐ nein		Aktenzeichen:
An die Bauaufsichtsbehörde:	Über die Gemeinde-/Verbandsgemeinde-/ Stadtverwaltung:*	Eingangsvermerk: Gemeinde-/Verbandsgemeinde-/ Stadtverwaltung
	*wenn diese nicht Bauaufsichtsbehörde ist	Aktenzeichen:
An die Gemeinde-/Verbandsgemeinde-/Stadtverwaltung:*		Eingangsvermerk:
*bei Vorhaben im Freistellungsverfahren		Aktenzeichen:

Bauherrin/Bauherr (Name, Vorname, Anschrift, Telefon)

Entwurfsverfasserin/Entwurfsverfasser (Name, Vorname, Beruf, Anschrift, Telefon)

1	**Vorhaben**			
1.1	Art des Vorhabens	☐ Errichtung (Neubau, Erweiterung)	☐ Änderung (Umbau, Einbau, auch Nutzungsänderung)	☐ Abbruch (soweit nicht genehmigungsfrei nach § 62 Abs. 2 Nr. 6 LBauO)
1.2	Zweckbestimmung des Vorhabens Gebäude (z. B. Wohn- oder Bürogebäude, Verkaufsstätte, landwirtschaftliches Betriebsgebäude, Gewerbe- oder Industriebau, Großgarage) sonstige bauliche Anlage (z. B. Behälter, Lagerplatz, Windkraftanlage, Aufschüttung/Abgrabung, Werbeanlage)			
1.3	Gebäudeklasse nach § 2 Abs. 2 LBauO	☐ 1 ☐ 2 ☐ 3 ☐ 4		

2	**Grundstück**	
2.1	Lage	Straße, Hausnummer, Gemeinde, Ortsteil:
		☐ Das Baugrundstück liegt im Geltungsbereich eines Bebauungsplans/Vorhaben- und Erschließungsplans. Plan-Nr.: Bezeichnung: Art der zulässigen Nutzung:

	Katasterbezeichnung	Gemarkung:	Flur:	Flurstück:
2.2	Eigentümer/in	Name, Vorname, Anschrift, Telefon:		

2.3	Baulasten sind eingetragen: a) auf dem Baugrundstück	☐ ja ☐ nein
	b) zugunsten des Baugrundstücks auf einem anderen Grundstück	☐ ja ☐ nein Grundstück (Katasterbezeichnung): Nr. im Baulastenverzeichnis:

2.4	Angaben über eine Bauvoranfrage	Eine Bauvoranfrage wurde mit Schreiben vom eingereicht. Ein Bauvorbescheid wurde am erteilt; Az.:

3	**Erschließung**	
3.1	Die Zuwegung zu dem Grundstück erfolgt	von einer/einem ☐ Bundesstraße ☐ sonstigen öffentlichen Straße/Weg ☐ Landesstraße ☐ Privatweg ☐ Kreisstraße ☐ über ein anderes Grundstück ☐ Gemeindestraße ☐ Bezeichnung der Straße/des Wegs/des anderen Grundstücks:
3.2	Die Abwasserbeseitigung erfolgt durch Einleitung in	☐ die öffentliche Abwasseranlage ☐ eine private Abwasseranlage

4	**Stellplatzbedarf**	Anzahl der notwendigen Stellplätze:

5	**Baukosten**	☐ Brutto-Rauminhalt nach DIN 277: m³ ☐ Herstellungskosten: EUR (bei baulichen Anlagen, die keine Gebäude sind, oder wenn sonstige Anlagen oder Einrichtungen gesondert errichtet werden)

6   **Bauunterlagen**   nach der Landesverordnung über Bauunterlagen und die bautechnische Prüfung (BauuntPrüfVO)

Folgende von der Bauherrin/dem Bauherrn und von der Entwurfsverfasserin/dem Entwurfsverfasser unterschriebenen Bauunterlagen sind 2-fach (3-fach, wenn die Kreisverwaltung untere Bauaufsichtsbehörde ist) beigefügt.

6.1   Allgemeine Bauunterlagen

☐ Lageplan

☐ Bauzeichnungen

☐ Baubeschreibung Gebäude (Vordruck) - bei Vorhaben nach § 66 Abs. 1 u. § 67 Abs. 1 LBauO nicht erforderlich -

☐ Baubeschreibung Feuerungsanlagen (Vordruck) - bei Vorhaben nach § 66 Abs. 1 u. § 67 Abs. 1 LBauO nicht erforderlich -

☐ Baubeschreibung Anlagen zur Lagerung von mehr als 10 m³ Heizöl (Vordruck)

☐ Baubeschreibung Anlagen zur Lagerung von 3 und mehr t Flüssiggas (Vordruck)

6.2   Berechnungen

☐ des Maßes der baulichen Nutzung (§ 17 BauNVO)

☐ der Zahl und Größe der Stellplätze und Garagen für Kraftfahrzeuge (VV des Min. der Finanzen v. 24.07.2000, MinBl. 2000 S. 231)

☐ der Zahl und Größe der Spielplätze für Kleinkinder

☐ des Brutto-Rauminhalts (BRI) nach DIN 277

☐ der Nutzfläche (NF) nach DIN 277, ausgenommen Wohnfläche

☐ der Wohnfläche nach Wohnflächenverordnung - nur bei Inanspruchnahme öffentlicher Förderungsmittel -

☐ der Herstellungskosten für Anlagen oder Einrichtungen - nur soweit diese gesondert errichtet werden -

6.3   Darstellung der Grundstücksentwässerung

☐ Entwässerungsplan M 1 : 500

☐ Baubeschreibung der Entwässerungsanlage

☐ Bauzeichnungen - bei Vorhaben nach § 66 Abs. 1 u. § 67 Abs. 1 LBauO nicht erforderlich -

☐ Bezeichnung und Beschreibung der Kleinkläranlage/Abwassergrube

6.4   Bautechnische Nachweise

Bei Vorhaben nach **§ 66 Abs. 1** LBauO, auch bei Wohngebäuden der Gebäudeklassen 1 bis 3 im Freistellungsverfahren:

☐ Standsicherheitsnachweis einschließlich Bewehrungs- und Konstruktionszeichnungen

☐ Nachweis des Wärmeschutzes

☐ Nachweis des Schallschutzes

Die Unterlagen sind spätestens bei Baubeginn der Bauaufsichtsbehörde in einfacher Ausfertigung vorzulegen.

Bei Vorhaben nach **§ 66 Abs. 2** LBauO im vereinfachten Genehmigungsverfahren und im Freistellungsverfahren:

☐ Standsicherheitsnachweis einschließlich Bewehrungs- und Konstruktionszeichnungen, der von einer Prüfingenieurin oder einem Prüfingenieur für Baustatik im Auftrag der Bauherrin oder des Bauherrn geprüft ist

☐ Bescheinigung über die Gewährleistung des Brandschutzes einer anerkannten sachverständigen Person für baulichen Brandschutz

    Eine Prüfingenieurin oder ein Prüfingenieur für Baustatik und eine anerkannte sachverständige Person für baulichen Brandschutz sind von der Bauherrin / dem Bauherrn mit der Prüfung der Bauunterlagen ☐ beauftragt ☐ werden noch rechtzeitig beauftragt.

☐ Nachweis des Wärmeschutzes

☐ Nachweis des Schallschutzes

☐ Bei Vorhaben nach § 66 Abs. 2 Nr. 5 LBauO im Freistellungsverfahren eine Bescheinigung der Struktur- und Genehmigungsdirektion hinsichtlich der Beachtung der Anforderungen der Arbeitsstättenverordnung und des Immissionsschutzrechts

Die Unterlagen sind spätestens bei Baubeginn der Bauaufsichtsbehörde in einfacher Ausfertigung vorzulegen.

Bei sonstigen Vorhaben:

☐ Standsicherheitsnachweis einschließlich Bewehrungs- und Konstruktionszeichnungen

☐ Nachweis des Wärmeschutzes

☐ Nachweis des Schallschutzes

☐ Standsicherheitsnachweis einschließlich Bewehrungs- und Konstruktionszeichnungen, der von einer Prüfingenieurin oder einem Prüfingenieur für Baustatik im Auftrag der Bauherrin oder des Bauherrn geprüft ist*

☐ Bescheinigung über die Gewährleistung des Brandschutzes einer anerkannten sachverständigen Person für baulichen Brandschutz*

Die Unterlagen sind mit dem Bauantrag in zweifacher Ausfertigung vorzulegen.

*Auch bei sonstigen Vorhaben kann ein bereits von einer Prüfingenieurin oder einem Prüfingenieur für Baustatik geprüfter Standsicherheitsnachweis vorgelegt werden; entsprechendes gilt für die Bescheinigung über die Gewährleistung des Brandschutzes einer bauaufsichtlich anerkannten sachverständigen Person. In diesen Fällen findet eine Prüfung des Nachweises der Standsicherheit bzw. des Brandschutzes durch die Bauaufsichtsbehörde nicht statt.

6.5 Zusätzliche Bauunterlagen

Bei Vorhaben im Außenbereich (§ 35 BauGB), bei unterirdischer Lagerung wassergefährdender Flüssigkeiten oder oberirdischer Lagerung wassergefährdender Flüssigkeiten in Wasserschutzgebieten:

☐ amtliche topographische Karte im Maßstab 1 : 25 000 mit Kennzeichnung des Grundstücks, 1-fach

Bei baulichen Anlagen oder Räumen, die für gewerbliche Betriebe bestimmt sind:

☐ eine weitere Ausfertigung der allgemeinen Bauunterlagen

☐ Betriebsbeschreibung (Vordruck), 3-fach (4-fach, wenn die Kreisverwaltung untere Bauaufsichtsbehörde ist)

Bei Anbau an Bundes-, Landes- oder Kreisstraße:

☐ einen weiteren Lageplan mit Einzeichnung der Zufahrt

Bei baulichen Anlagen und Räumen besonderer Art oder Nutzung (§ 50 LBauO) als weitere Bauunterlagen (z.B. Schallgutachten, Brandschutzkonzept):

7 Beteiligung eines oder mehrerer Nachbarn nach § 68 LBauO
- soweit Abweichungen von nachbarschützenden Vorschriften erforderlich sind -

Der Lageplan und die Bauzeichnungen sind von den betroffenen Nachbarn unterschrieben:

☐ ja   ☐ nein (Erläuterung und Begründung auf gesondertem Blatt)

8 Bautätigkeitsstatistik – auch im Freistellungsverfahren nach § 67 LBauO erforderlich –

☐ Erhebungsbogen ist beigefügt

Veröffentlichung in Bautennachweisen
(Bautennachweise sind Zusammenstellungen von Bauvorhaben zur Information von Baufirmen und Herstellern von Bauprodukten; sie ermöglichen es diesen Firmen, mit Angeboten an die Bauwilligen heranzutreten.)

Mit der Veröffentlichung von Art und Ort des beantragten Bauvorhabens mit Angabe meines Namens und meiner Anschrift in Bautennachweisen bin ich   ☐ einverstanden   ☐ nicht einverstanden.

Mit der Veröffentlichung der Baukosten des Bauvorhabens
in Bautennachweisen bin ich   ☐ einverstanden   ☐ nicht einverstanden.

Ort, Datum	Ort, Datum
Unterschrift der Bauherrin/des Bauherrn	Unterschrift der Entwurfsverfasserin/des Entwurfsverfassers

Anhang 6: Muster eines Immobilienkaufvertrages

UR-Nr. *** für 201 ***

Kaufvertrag

Verhandelt in den Amtsräumen Lange Straße 88 in Musterhausen am ***

Vor dem unterzeichnenden Notar

Dr. Cäsar Salat

mit dem Amtssitz in Musterhausen

erschienen:

1. Herr Klaus Biedermann, geboren am 24. August 1943, wohnhaft Kleiner Platz 2, Musterhausen
   – im Folgenden auch „der Verkäufer" genannt –
2. Herr Wilhelm Kaufmann, geboren am 17. Juni 1963, handelnd als alleinvertretungsberechtigter Geschäftsführer für die Firma Betongold Immobilien GmbH, Prachtallee 100, Protzhafen
   – im Folgenden auch „der Käufer" genannt –

Der Erschienene zu 1. ist dem Notar von Person bekannt; der Erschienene zu 2. wies sich durch seinen amtlichen Lichtbildausweis aus.

Der Notar hat aufgrund der Einsichtnahme in das elektronische Handelsregister des Amtsgerichtes Großstadt unter HRB *** vom *** heutigen Tage festgestellt, dass die oben genannte Gesellschaft mit beschränkter Haftung eingetragen und der Erschienene zu 2. deren alleiniger Geschäftsführer ist.

Sie erklärten zu Protokoll:

Vorbemerkung

Der Verkäufer ist eingetragener Eigentümer des beim Amtsgericht Musterhausen

Grundbuch von Musterhausen

Blatt 1151

verzeichneten Grundbesitzes:

Gemarkung Musterhausen,

Flur 5, Flurstück 250, Gebäude- und Gebäudenebenflächen,

3501 qm groß.

Der Grundbesitz ist wie folgt belastet:

Abteilung II: lfd. Nr. 1: Beschränkte persönliche Dienstbarkeit (110-kV-Freileitung Nordsüdtrasse, Bl. 6950) für die Glücksstrom Energie AG, Bergstadt.

Abteilung III: keine Eintragung.

Der Notar hat das Grundbuch auf elektronischem Wege am *** einsehen lassen.

Die Belastung aus Abteilung II wird einschließlich der zugrunde liegenden Verpflichtung vom Käufer übernommen.

Der Grundbesitz ist gelegen in Musterhausen.

Dies vorausgeschickt schließen die Beteiligten folgenden

Kaufvertrag:

I. *Kaufgegenstand*

Der Verkäufer verkauft dem Käufer den vorgenannten Grundbesitz nebst aufstehendem Wohnhaus und Nebengebäuden sowie mit allen gesetzlichen Bestandteilen und sämtlichem Zubehör.

II. *Kaufpreis*

1. Der Kaufpreis beträgt: *** € (in Worten: *** Euro).

2. Der Kaufpreis ist am *** fällig, nicht jedoch vor dem Ablauf von 14 Tagen nach Zugang einer schriftlichen Mitteilung des Notars, dass

    a) die nachbewilligte Eigentumsvormerkung für den Käufer mit Rang nach der in der Vorbemerkung genannten Belastung im Grundbuch eingetragen ist,

    b) alle zur Rechtswirksamkeit und Durchführung dieses Vertrages etwa erforderlichen privaten und behördlichen Genehmigungen dem Notar vorliegen,

    c) der Genehmigungsbeschluss des Nachlassgerichtes zu diesem Vertrag mit dem entsprechenden Rechtskraftzeugnis des Nachlassgerichtes dem Notar vorliegt,

    d) die zuständige Gemeinde dem Notar bestätigt hat, dass ein Vorkaufsrecht nicht besteht oder nicht ausgeübt wird.

3. Der Kaufpreis muss bei Fälligkeit auf das Konto *** der ***, welches vom Nachlasspfleger als Nachlasskonto geführt wird, bei der Sparkasse Musterhausen (BLZ 100 000 00) gezahlt werden.

4. Der Käufer kommt ohne Mahnung in Verzug, wenn er den Kaufpreis nicht innerhalb von zwei Wochen nach Zugang der Mitteilung des Notars zahlt, jedoch nicht vor dem vereinbarten Fälligkeitsdatum. Er muss dann neben dem Kaufpreis die gesetzlichen Verzugszinsen zahlen. Der Notar hat darauf hingewiesen, dass der gesetzliche Verzugszins für das Jahr fünf Prozentpunkte über dem Basiszinssatz beträgt.

5. Zahlt der Käufer den Kaufpreis bei Fälligkeit nicht, kann der Verkäufer von dem Vertrag zurücktreten, wenn er dem Käufer erfolglos eine Frist von 14 Tagen zur Zahlung gesetzt hat. Fristsetzung und Rücktritt bedürfen der Schriftform. Der Notar hat den Käufer darauf hingewiesen, dass der Verkäufer Schadensersatz verlangen kann.

6. Der Käufer unterwirft sich wegen seiner Verpflichtung zur Zahlung des Kaufpreises dem Verkäufer gegenüber der sofortigen Zwangsvollstreckung aus dieser Urkunde. Eine vollstreckbare Ausfertigung kann dem Verkäufer nach Fälligkeit jederzeit ohne weitere Nachweise erteilt werden.

7. Der Notar darf die Eintragung des Eigentumswechsels erst beantragen, wenn der Kaufpreis – ohne etwaige Zinsen – in voller Höhe an den Verkäufer gezahlt ist und dieser den Zahlungseingang schriftlich bestätigt hat oder dem Notar ein anderweitiger Nachweis vorliegt. Vorher darf der Notar dem Käufer und dem Grundbuchamt keine zur Umschreibung des Eigentums geeigneten Ausfertigungen oder beglaubigte Abschriften dieser Urkunde erteilen.

III. *Sach- und Rechtsmängel*

1. Der Verkäufer ist verpflichtet, dem Käufer den Grundbesitz frei von im Grundbuch in Abteilung II und III eingetragenen Belastungen und Beschränkungen zu verschaffen, soweit diese nicht durch vorliegende Urkunde ausdrücklich übernommen werden. Er haftet auch für dessen Freiheit von rückständigen Zinsen, Steuern und sonstigen Abgaben, die bis zum Zeitpunkt des Besitzüberganges entstehen. Er garantiert, dass keine Beschränkung der Vermietung oder Eigennutzung infolge einer öffentlich-rechtlichen Wohnungsbindung und Wohnungsraumförderung besteht und die vorhandene Bebauung nach baurechtlichen Bestimmungen zulässig ist.

2. Ansonsten sind alle Ansprüche des Käufers wegen eines Sachmangels des Grundbesitzes ausdrücklich ausgeschlossen; er wird in dem Zustand verkauft, in dem er sich am heutigen Tag befindet. Der Verkäufer übernimmt insbesondere keine Haftung für die Richtigkeit der im Grundbuch eingetragenen Grundstücksgröße und für die Freiheit von sichtbaren und unsichtbaren Sachmängeln, insbesondere für einen bestimmten baulichen Zustand der Gebäude. Die Haftung erstreckt sich ebenfalls nicht auf eine bestimmte Ertragsfähigkeit und Verwendbarkeit des Grundbesitzes oder die gesetzlichen Vorkaufsrechte und die erforderlichen Genehmigungen.

   Von dem vorherigen Haftungsausschluss ausgenommen sind Ansprüche auf Schadenersatz aus der Verletzung des Lebens, des Körpers oder der Gesundheit, wenn der Verkäufer die Pflichtverletzung zu vertreten hat, und auf Ersatz sonstiger Schäden, die auf einer vorsätzlichen oder grob fahrlässigen Pflichtverletzung des Verkäufers beruhen. Einer Pflichtverletzung des Verkäufers steht die seines gesetzlichen Vertreters oder Erfüllungsgehilfen gleich.

3. Der Käufer hat den Grundbesitz eingehend besichtigt; ihm ist der alterungsbedingte Zustand hinreichend bekannt. Der Verkäufer erklärt, keinen Energieausweis nach der Energieeinsparverordnung zu besitzen. Der Käufer verzichtet auf dessen Vorlage.

IV. *Besitzübergang*

1. Die Übergabe des Grundbesitzes erfolgt mit Zahlung des Kaufpreises. Mit diesem Termin gehen der Besitz, die Nutzungen, die Lasten und die Gefahr des zufälligen Unterganges und der zufälligen Verschlechterung des Grundbesitzes, alle Verpflichtungen aus Versicherungen, die den Grundbesitz betreffen, sowie die Verkehrssicherungspflicht auf den Käufer über.

2. Miet- oder Pachtverhältnisse bestehen nicht. Der Grundbesitz ist nicht vollständig beräumt. Der Verkäufer verpflichtet sich, ihn bis zum *** zu räumen und beräumt dem Käufer zu übergeben. Wegen dieser Verpflichtung unterwirft sich der Verkäufer dem Käufer gegenüber der sofortigen Zwangsvollstreckung aus dieser Urkunde. Dem Käufer kann nach Terminablauf jederzeit vollstreckbare Ausfertigung der Urkunde erteilt werden, wenn dem Notar die vollständige Kaufpreiszahlung – ohne Zinsen – hinreichend nachgewiesen ist.

V. *Erschließungskosten*

Erschließungskosten nach dem Baugesetzbuch und Anliegerbeiträge nach dem Kommunalabgabengesetz für Erschließungsanlagen, die vollständig oder teilweise hergestellt sind oder für die die Beitragspflicht entstanden ist, trägt der Verkäufer, unabhängig davon, ob sie bereits durch Zustellung eines Beitragsbescheides festgesetzt worden sind oder nicht. Kosten für nach Vertragsabschluss errichtete Anlagen oder Teile von Anlagen trägt der Käufer.

VI. *Auflassung und Grundbuchanträge*

Die Beteiligten sind darüber einig, dass das Eigentum an dem verkauften Grundbesitz auf den Käufer übergeht. Sie bewilligen die Eintragung des Eigentumswechsels in das Grundbuch.

Der Verkäufer bewilligt die Eintragung einer Eigentumsvormerkung zugunsten des Käufers. Der Käufer bewilligt die Löschung dieser Vormerkung mit der Umschreibung unter dem Vorbehalt, dass bis zu diesem Zeitpunkt keine weiteren Eintragungen ohne seine Zustimmung erfolgt sind.

Die Beteiligten beantragen die Löschung aller im Grundbuch eingetragenen Belastungen und Beschränkungen.

Der Notar kann Anträge aus dieser Urkunde getrennt oder eingeschränkt sowie in beliebiger Reihenfolge stellen und sie in gleicher Weise zurückziehen.

VII. *Genehmigungen. Vorkaufsrechte und Durchführungsvollmachten*

Alle etwa erforderlichen privaten und behördlichen Genehmigungen bleiben vorbehalten. Der Notar soll die Genehmigungen beantragen und den Vertrag dem Landratsamt zwecks Erteilung der Genehmigung nach der Grundstücksverkehrsordnung sowie der Gemeinde zur Erklärung über die Ausübung etwa bestehender Vorkaufsrechte vorlegen.

Wird ein Vorkaufsrecht ausgeübt oder eine behördliche Genehmigung versagt oder unter einer Auflage oder Bedingung erteilt, so ist der Bescheid den Beteiligten selbst zuzustellen; eine Abschrift an den Notar wird erbeten. Die belasteten Beteiligten können innerhalb von vier Wochen nach Zugang der ersten Entscheidung der Behörde von diesem Vertrag zurücktreten.

Alle Genehmigungen und Erklärungen werden mit ihrem Eingang bei dem beurkundenden Notar allen Beteiligten gegenüber wirksam.

Soweit es zur Durchführung dieses Vertrages erforderlich ist, bevollmächtigen alle Beteiligten den Notar, die von ihnen abgegebenen Erklärungen zu ändern und zu ergänzen sowie weitere zum Vollzug des Vertrages notwendige Erklärungen abzugeben.

VIII. *Kosten und Steuern*

Die mit diesem Vertrag und seiner Durchführung verbundenen Notar-, Gerichts- und eventuellen sonstigen Kosten einschließlich der Grunderwerbsteuer trägt der Käufer.

IX. *Vollmachten*

Die Vertragsparteien bevollmächtigen hiermit, auch namens etwaiger Rechtsnachfolger, die Notariatsangestellten Frau .... und Herr .... geschäftsansässig in Musterhausen – und zwar jede für sich – unter Befreiung von den Beschränkungen des § 181 BGB und mit dem Recht, Untervollmacht unter Befreiung von den Beschränkungen des § 181 BGB zu erteilen, sie bei der Abgabe und Entgegennahme von Willenserklärungen zu vertreten, die zum Vollzug oder zur Änderung oder Ergänzung dieses Vertrages im Interesse des Vollzugs erforderlich oder zweckmäßig sind. Hierzu zählen insbesondere Erklärungen zur Behebung von eventuellen Beanstandungen des Grundbuchamtes.

Die Vollmacht gilt nur, wenn sie vor dem amtierenden Notar oder seinem Stellvertreter im Amt ausgeübt wird. Die Vollmacht erlischt mit Eigentumsumschreibung auf die Käuferin.

Die Bevollmächtigten sind von jeder persönlichen Haftung freigestellt.

X. *Ausfertigungen und Abschriften*

Von dieser Urkunde erhalten Ausfertigungen:

- der Verkäufer sofort
- der Käufer und das Grundbuchamt nach Kaufpreiszahlung

auszugsweise beglaubigte Abschriften:

- der Käufer auf besonderen Antrag
- das Grundbuchamt zur Eintragung der Eigentumsvormerkung

einfache Abschriften:

- das Finanzamt – Grunderwerbsteuerstelle –
- die Gemeinde
- der Gutachterausschuss

XI. *Hinweise*

Der Notar hat die Beteiligten u. a. auf Folgendes hingewiesen:

1. Der Vertrag bedarf zu seiner Rechtswirksamkeit und Durchführung der Genehmigung. Solange diese nicht vorliegt, ist der Vertrag schwebend unwirksam.
2. Der Genehmigungsbeschluss des Nachlassgerichtes erwächst in der vollzugsnotwendigen Rechtskraft, wenn er allen Beteiligten bekannt gegeben wurde und für alle Beteiligten die 14-tägige Beschwerdefrist abgelaufen ist oder wenn alle Beteiligten, denen der Beschluss bekannt zu geben ist, auf die Einlegung von Rechtsmitteln ausdrücklich verzichten.
3. Die Genehmigung nach der Grundstücksverkehrsordnung kann auch nach ihrer Erteilung binnen Jahresfrist widerrufen werden und damit zu einer nachträglichen Unwirksamkeit des Vertrages führen.
4. Der Gemeinde stehen möglicherweise gesetzliche Vorkaufsrechte nach dem Baugesetzbuch zu.
5. Alle Vereinbarungen bedürfen der Beurkundung. Nicht beurkundete Abreden sind unwirksam und können zur Nichtigkeit des gesamten Vertrages führen. Deshalb müssen alle Vereinbarungen richtig und vollständig beurkundet werden.

6. Das Eigentum geht mit der Umschreibung im Grundbuch über. Vor der Umschreibung müssen alle erforderlichen Genehmigungen, die Erklärung über die gesetzlichen Vorkaufsrechte und die Unbedenklichkeitsbescheinigung des Finanzamtes vorliegen.

7. Verkäufer und Käufer haften nach dem Gesetz für die Notar- und Gerichtskosten sowie für die Grunderwerbsteuer ungeachtet der getroffenen Vereinbarung als Gesamtschuldner.

Diese Niederschrift
wurde den Erschienenen vorgelesen, von ihnen genehmigt und eigenhändig wie folgt unterschrieben:

Literatur

Abele, E.; Kluge, J.; Näher, U.: Handbuch Globale Produktion; Carl Hanser Verlag, München, 2006

Abelshauser, W.: Die BASF – Eine Unternehmensgeschichte; Verlag C. H. Beck, München, 2. Auflage, 2003

AHO: Nr. 9. der Schriftenreihe des Ausschusses der Verbände und Kammern für Ingenieure und Architekten für die Honorarordnung, Untersuchungen zum Leistungsbild, zur Honorierung und zur Beauftragung von Projektmanagementleistungen in der Bau- und Immobilienwirtschaft; 3. vollständig überarbeitete Auflage, März 2009

Alda, W.; Hirschner, J.: Projektentwicklung in der Immobilienwirtschaft; Verlag Vieweg + Teubner, 3. Auflage, 2009

Alisch, K.; Winter, E.; Arentzen, U.: Gabler Wirtschaftslexikon; Gabler Verlag, 2005

ASTM: D6008-96 (Reapproved 2005) Standard Practice for Conducting Environmental Baseline Surveys; veröffentlicht im Jahr 2005 durch ASTM International, 100 Bar Harbour Drive, P. O. Box C700, Westconshohoken, PA, 19428-2959, USA

ASTM: E1527-05 Standard Practice for Environmental Site Assessments: Phase 1 Environmental Site Assessment Process; veröffentlicht im Jahr 2005 durch ASTM International, 100 Bar Harbour Drive, P. O. Box C700, Westconshohoken, PA, 19428-2959, USA

ASTM: E1528-06 Standard Practice for Environmental Due Diligence: Transactions Screen Process; veröffentlicht im Jahr 2006 durch ASTM International, 100 Bar Harbour Drive, P. O. Box C700, Westconshohoken, PA, 19428-2959, USA

ASTM: E1903-97 (Reapproved 2002) Standard Guide Environmental Site Assessments: Phase II Environmental Site Assessment Process; veröffentlicht im Jahr 2002 durch ASTM International, 100 Bar Harbour Drive, P. O. Box C700, Westconshohoken, PA, 19428-2959, USA

Bassen, A.; Jastram, S.; Meyer, K.: Corporate Social Responsibility; Zeitschrift für Wirtschafts- und Unternehmensethik, 6. Jahrgang, 2. Ausgabe, 2005, S. 231–236

BASF SE: BASF Kompakt 2009; Eigenverlag BASF SE, veröffentlicht am 11. März 2010 unter http://www.basf.com

BASF SE: BASF Bericht 2009; Jahresbericht der BASF SE, Eigenverlag BASF, veröffentlicht am 11. März 2010 unter http://www.basf.com

BASF SE: BASF Bericht 2013; Jahresbericht der BASF SE, Eigenverlag BASF, veröffentlicht am 11. März 2014 unter http://www.basf.com

Bauer, M.; Bonny, H. W.: Flächenbedarf von Industrie und Gewerbe – Bedarfsberechnung nach GIFPRO; Schriftenreihe Landes- und Stadtentwicklungsforschung des Landes Nordrhein-Westfalen, herausgegeben vom Institut für Landes- und Stadtentwicklungsforschung des Landes Nordrhein-Westfalen (ILS Dortmund), Dortmund, 1987

BauGB: Baugesetzbuch der Bundesrepublik Deutschland; in der Fassung der Bekanntmachung vom 23. September 2004

BauNVO: Verordnung über die bauliche Nutzung der Grundstücke der Bundesrepublik Deutschland (Baunutzungsverordnung); in der Fassung der Bekanntmachung vom 23. Januar 1990

Bechmann, A.; Hartlik, J.: Theoriebezogene Grundlagen der Bewertung und Darstellung von Bewertungsverfahren; Verlag Edition Zukunft, Barsinghausen, 1998

Bienert, S.: Bewertung von Spezialimmobilien – Risiken, Benchmarks und Methoden; Gabler Verlag, Wiesbaden, 1. Auflage, 2005

Bilfinger SE: Jahresbericht 2013, veröffentlicht unter http://www.bilfinger.com

BImSchG: Gesetz zum Schutz vor schädlichen Umwelteinwirkungen durch Luftverunreinigungen, Geräusche, Erschütterungen und ähnliche Vorgänge der Bundesrepublik Deutschland (Bundesimmissionsschutzgesetz); in der Fassung der Bekanntmachung vom 26. September 2002

Bogenstätter, U.: Property Management und Facility Management; Oldenbourg Wissenschaftsverlag, München, 1. Auflage, 2008

Bowen, H.: Social responsibilities of the businessman; 1. ed., Harper, New York, 1953

Brinsa, T.: Nationale und Internationale Immobilienbewertung; VDM Verlag Dr. Müller, 1. Auflage, 2007

BRW-RL: Richtlinie zur Ermittlung des Bodenrichtwertes (Bodenrichtwertrichtlinie) vom 11. Januar 2011; veröffentlicht im Bundesanzeiger am 11. Februar 2011

Conway, H. M.; Liston, L. L.: Industrial Facilities Planning; Conway Publications Inc., Atlanta/Georgia, 1976

Capozza, D. R.; Helsley, R. W.: The Fundamentals of Land Prices and Urban Growth; veröffentlicht im Journal of Urban Economics, Ausgabe 26, 1989

Deutscher Bundestag: Abschlussbericht vom 26.06.1998 der Enquete-Kommission „Schutz des Menschen und der Umwelt – Ziele und Rahmenbedingungen einer nachhaltig zukunftsverträglichen Entwicklung" des Deutschen Bundestages, Drucksache 13/11200, im Internet unter http://dip21.bundestag.de/dip21/btd/13/112/1311200.pdf

Diederichs, C. J.: Grundlagen der Projektentwicklung, Teil 1, in Bauwirtschaft; 1994, Heft 11

Diederichs, C. J.: Immobilienmanagement im Lebenszyklus; Springer-Verlag, Berlin, 2. Auflage, 2006

Dietrich, R.: Entwicklung werthaltiger Immobilien; Teubner Verlag, 1. Auflage, Wiesbaden, 2005

Diller, C.: Weiche Standortfaktoren – Zur Entwicklung eines kommunalen Handlungsfeldes, Das Beispiel Nürnberg; veröffentlicht in Arbeitshefte des Instituts für Stadt und Regionalplanung der TU Berlin; Berlin, 1991

DIN 276-1: Kosten im Bauwesen, Teil 1: Hochbau; Deutsches Institut für Normung, Dezember 2008

DIN 277: Grundflächen und Rauminhalte im Hochbau; Deutsches Institut für Normung, Februar 2005

DIN 4172: Maßordnung im Hochbau; Deutsches Institut für Normung, Juli 1955

DIN 69901: Projektmanagement – Projektmanagementsysteme; Deutsches Institut für Normung, Januar 2009

DIN EN 15643-2: Nachhaltigkeit von Bauwerken – Bewertung der Nachhaltigkeit von Gebäuden – Teil 2: Rahmenbedingungen für die Bewertung der umweltbezogenen Qualität; Deutsches Institut für Normung, Mai 2011

Drews, G.; Hillebrand, N.: Lexikon der Projektmanagement-Methoden; Rudolf Haufe Verlag, München, 2007

DVP Deutscher Verband der Projektsteuerer e. V.: DVP Information; Wuppertal, 3. Auflage, 1994

Ehrenberg, B.: Investoren kalkulieren mit Hilfe des Residualwerts – Serie Wertermittlungsverfahren Teil 11; Immobilienzeitung, 28. Juni 2007, S. 7

Europäische Kommission: GRÜNBUCH Europäische Rahmenbedingungen für die soziale Verantwortung der Unternehmen; KOM (2001) 366, 2001

Europäische Kommission: EUREK Europäisches Raumentwicklungskonzept; angenommen beim Informellen Rat der für die Raumordnung zuständigen Minister der Europäischen Union, Potsdam, Mai 1999

Falk, B.; Falk, M. T.: Handbuch Gewerbe- und Spezialimmobilien; Verlag Rudolf Müller, Köln, 2006

FFH-Richtlinie: Richtlinie 92/43/EWG des Europäischen Rates zur Erhaltung der natürlichen Lebensräume sowie der wildlebenden Tiere und Pflanzen verabschiedet (kurz: Fauna-Flora-Habitat-Richtlinie bzw. FFH-Richtlinie), Stand vom 21. Mai 1992

Franz, G.: Die Sanierungsverantwortlichen nach dem Bundes-Bodenschutzgesetz – Voraussetzungen und Grenzen der Altlastenhaftung; Schriften zum Umweltrecht, Band 152, Verlag Duncker & Humboldt, Berlin, 2007

Friedman, J. P.; Harris, J. C.; Lindeman, J. B.: Dictionary of Real Estate Terms; Barron's Educational Series, Inc., Hauppauge, New York/USA, 4th edition, 1997

Fürst, D.; Scholles, F.: Handbuch Theorien und Methoden der Raum- und Umweltplanung; Verlag Dorothea Rohn, 3. Auflage, München, 2008

GIF: Richtlinie Rendite-Definitionen Real Estate Investment Management; © gif Gesellschaft für immobilienwirtschaftliche Forschung e. V., Juni 2007 (http://www.gif-ev.de)

Glatte, T.: Asset Management von Immobilien – zwei Seiten einer Medaille; Wissenschaftliche Zeitschrift EIPOS 2/2009; Eigenverlag des Europäischen Institutes für postgraduale Bildung an der TU Dresden e. V. (EIPOS Dresden); Dezember 2009

Glatte, T.: Grundstückserwerb in der VR China; Grundstücksmarkt und Grundstückswert, Ausgabe 3/2005, Mai 2005

Glatte, T.: How BASF Navigates China; Site Selection Magazine, Vol. 49, No. 4, July 2004

Glatte, T.: Die internationale Standortsuche im immobilienwirtschaftlichen Kontext; Expert-Verlag, Reutlingen, 1. Auflage, 2012

Gleißner, W.: Die Aggregation von Risiken im Kontext der Unternehmensplanung; veröffentlicht in Controlling & Management, Ausgabe 5/2004

Godau, M.: Die Bedeutung weicher Standortfaktoren bei Auslandsinvestitionen mit besonderer Berücksichtigung des Fallbeispiels Thailand; Dissertation an der RWTH Aachen (2001), Diplomica Verlag, Hamburg, 2006

Gondring, H.: Immobilienwirtschaft; Verlag Franz Vahlen, München, 2. Auflage, 2009

Grabow, B.; Henckel, D.; Hollbach-Grömig, B.: Weiche Standortfaktoren; Verlag W. Kohlhammer, Stuttgart, 1. Auflage, 1995

Gray, K.; Gray, S. F.: Land Law; Butterworths Ltd. London, 1999

Gray, K.; Gray, S. F.: Land Law; Butterworths Core Text Series, London, 1999

Grundig, C.-G.: Fabrikplanung: Planungssystematik – Methoden – Anwendungen; Carl Hanser Verlag, München 2009

Grundmann, W.; Luderer, B.: Formelsammlung Finanzmathematik, Versicherungsmathematik, Wertpapieranalyse; Teubner-Verlag, 1. Auflage, 2001

Grübl, P.: Grenzwerte für Schadstoffe und Störstoffe in Materialien, welche für die Wiederverwendung aufbereitet werden sollen; Studie der TH Darmstadt als Bestandteil des Forschungsprojektes „Baustoffkreislauf im Massivbau", Zwischenbericht Juni 1997 zum Teilprojekt A03, Institut für Massivbau, Prof. Dr. Grübl, 1997, veröffentlicht im Internet unter http://www.b-i-m.de/Berichte/Z0697frame.htm (Stand 23. April 2011)

Hack, G. D.: Site Selection for Growing Companies; Quorum Books, Westport/Conneticut, 1999

Hansmann, K.-W.: Entscheidungsmodelle zur Standortplanung der Industrieunternehmen, Wiesbaden, 1974

Hansmann, K.-W.: Industrielles Management, 4. Auflage, München, 1994

Hanusch, H.: Nutzen-Kosten-Analyse; Verlag Franz Vahlen, München, 2. Auflage, 1994

Harris, F.; McCaffer R.: Modern Construction Management; Blackwell Sience Ltd., Oxford, 4th Edition, 1995

Hellerforth, M.: Der Weg zu erfolgreichen Immobilienprojekten durch Risikobegrenzung und Risikomanagement; 1. Auflage, RKW-Verlag, Eschborn, 2001

Hines, M. A.: Global Corporate Real Estate Management – A Handbook for Multinational Businesses and Organizations; Quorum Books, New York, 1990

Holland-Liste: Interventiewarden Bodensanering Staatscourant Nr. 95, vom 24. Mai 1994; The Ministry of Housing, Spatial Planning and Environment, Directorate-General for Environmental Protection, Department of Soil Protection (625), Rijnstraat 8, P.O.Box 30945, 2500 GX, The Hague, The Netherlands

IDW PS 340: Prüfstandard 340, Die Prüfung des Früherkennungssystems nach § 317 Abs. 4 HGB, IDW Verlag, Düsseldorf, 1999

ImmoWertV: Verordnung über die Grundsätze für die Ermittlung der Verkehrswerte von Grundstücken (Immobilienwertermittlungsverordnung); in der aktuellen Fassung vom 1. Juli 2010

ISO 1791: Building construction – Modular co-ordination – Vocabulary; International Organization for Standardization, 1983

Jones Lang LaSalle: European Industrial Property Clock Q4/2007; Eigenverlag Jones Lang LaSalle, Inc., Januar 2008

Jones Lang LaSalle: European Office Property Clock Q3/2010; Eigenverlag Jones Lang LaSalle, Inc., Oktober 2011

Jones Lang LaSalle: Logistikimmobilien-Report Deutschland 2007; Eigenverlag Jones Lang LaSalle, Inc., April 2007

Kaiser, K.-H.: Industrielle Standortfaktoren und Betriebstypenbildung; Verlag Duncker & Humblot, Berlin, 1979

Kalusche, W.: Projektmanagement für Bauherren und Planer; Oldenbourg Wissenschaftsverlag, München, 2002

Kämpf-Dern, A.: Bestimmung und Abgrenzung von Managementdisziplinen im Kontext des Immobilien- und Facility Managements; Zeitschrift für Immobilienökonomie der Gesellschaft für immobilienwirtschaftliche Forschung e. V. (GIF), ZIÖ 2/2008

Kinkel, S.: Erfolgsfaktor Standortplanung; Springer Verlag, Berlin, 2004

Kleiber, W.; Simon, J.: Verkehrswertermittlung von Grundstücken; Bundesanzeiger-Verlag, 5. Auflage, 2007

Kochendörfer, B.; Liebchen, J. H.; Viering, M. G.: Bau-Projektmanagement – Grundlagen und Vorgehensweisen; Vieweg + Teubner Verlag, Wiesbaden, 4. Auflage, 2010

Koll-Schretzenmayr, M.: Strategien zur Umnutzung von Industrie- und Gewerbebrachen; Publikationsreihe des Institutes für Orts-, Regional- und Landesplanung an der ETHZ; vdf Hochschulverlag AG an der ETH Zürich, 2000

Krupper, D.: Immobilienproduktivität: Der Einfluss von Büroimmobilien auf Nutzerzufriedenheit und Produktivität; Arbeitspapiere zur immobilienwirtschaftlichen Forschung und Praxis; Band Nr. 25, 2011

Kyrein, R.: Immobilien-Projektmanagement, Projektentwicklung und Projektsteuerung; Rudolf Müller Verlag, Köln, 1997

LaGro Jr., J. A.: Site Analysis – A conceptual approach to sustainable land planning and site design; published by John Wiley & Sons Co., Hoboken, New Jersey/USA, 2nd Edition, 2008

May, A.; Eschenbaum, F.; Breitenstein, O.: Projektentwicklung im CRE-Management; Springer Verlag, Berlin, 1998

Mayrzedt, H.; Geiger, N.; Klett, E.; Beyerle, T.: Internationales Immobilienmanagement; Verlag Franz Vahlen, München, 2007

McLaughlin, G. E.; Robock, St.: Why Industry Moves South – A Study of Factors Influencing the Recent Location of Manufacturing Plants in the South; Kingsport, Tennessee, 1949

McPherson, E.: Plant Location Techniques; Noyes Publications, Park Ridge/New Jersey, 1995

Neddermann, R.: Kostenermittlung von Bauerneuerungsmaßnahmen. Entwicklung einer Methode zur Kostenschätzung und Kostenberechnung von Bauerneuerungsmaßnahmen; Beschreibung altbauüblicher Konstruktionen, ihrer Schäden und Sanierung, Dissertationsschrift, BauÖk-Papier 57, Institut für Bauökonomie an der Universität Stuttgart, Stuttgart, 1995

Pfnür, A.: Modernes Immobilienmanagement; Springer Verlag, Berlin, 2. Auflage, 2004

Pfnür, A.: Die volkswirtschaftliche Bedeutung von Corporate Real Estate in Deutschland; Gutachten im Auftrag des Auftraggeberkonsortiums Zentraler Immobilien Ausschuss e. V., CoreNet Global Inc. – Central Europe Chapter, BASF SE, Siemens AG und Eurocres Consulting GmbH; veröffentlicht durch den Zentralen Immobilien Ausschuss e. V., 2014

PRC: People's Republic of China Administrative Regulations on Urban Real Estate Development and Operation; verabschiedet vom Staatsrat der Volksrepublik China am 20. Juli 1998

Rath, A.: Möglichkeiten und Grenzen der Durchsetzung neuer Verkehrstechnologien dargestellt am Beispiel des Magnetbahnsystems Transrapid; Dunkler & Humblot, Berlin, 1993

Schach, R.: Baubetriebliches Aufbauwissen – Investitions- und Kennzahlenrechnung; Eigenverlag Institut für Baubetriebswesen der TU Dresden, 2009

Schach, R.; Jehle, P.; Naumann, R.: Transrapid und Rad-Schiene-Hochgeschwindigkeitsbahn; Springer Verlag, Berlin, 2006

Schierenbeck, H.: Grundzüge der Betriebswirtschaftslehre; Oldenbourg Verlag, München, 15. Auflage, 2000

Schmidt, M.: Die betriebswirtschaftliche Standortsuche – Ein Beitrag zur Standortbestimmungslehre; Dissertation an der Technischen Hochschule Braunschweig, 1967

Schriek, T.: Entwicklung einer Entscheidungshilfe für die Wahl der optimalen Organisationsform bei Bauprojekten – Analyse der Bewertungskriterien Kosten, Qualität, Bauzeit und Risiko; Weißensee Verlag, Berlin, 2002

Schulte, K. W.; Bone-Winkel, S.: Handbuch Immobilien-Projektentwicklung; Rudolf Müller Verlag, Köln, 2002

Schulte, K. W.; Schäfers, W.: Handbuch Corporate Real Estate Management; Immobilien Informationsverlag Rudolf Müller, Köln, 1998

Schultheiss, T.: 100 Immobilienkennzahlen; Cometis Publishing, Wiesbaden, 2009

SCIP: Unified Design Stipulations for Shanghai Chemical Industry Park; July 2004

Stafford, H. A.: Principles of Industrial Facility Location; Conway Publications Inc.; Atlanta, 1980

SW-RL: Richtlinie zur Ermittlung des Sachwerts (Sachwertrichtlinie) vom 5. September 2012; veröffentlicht im Bundesanzeiger am 18. Oktober 2012

Teichmann, S.: Bestimmung und Abgrenzung von Managementdisziplinen im Kontext des Immobilien- und Facility Managements; Zeitschrift für Immobilienökonomie der Gesellschaft für immobilienwirtschaftliche Forschung e. V. (GIF), ZIÖ 2/2007

Tesch, P.: Die Bestimmungsgründe des internationalen Handels und der Direktinvestition; Dissertation, Freie Universität Berlin, 1980

Townroe, P. M.: Locational Choice and the Individual Firm; Regional Studies, Vol. 3, 1969

UVPG: Gesetz über die Umweltverträglichkeitsprüfung der Bundesrepublik Deutschland; in der Fassung der Bekanntmachung vom 24. Februar 2010

Villinger, F.: Die „China Goes West"-Strategie am Beispiel von Chongqing; Fachaufsatz in „Erfahren – Erkunden, erleben und erkennen eigener und fremder Lebenswelt", S. 235–268; Röhrig Universitätsverlag, St. Ingberg, 2013

WBCSD: Corporate Social Responsibility; unbekanntes Jahr, S. 3, Report im Internet unter http://www.wbcsd.ch/DocRoot/hbdf19Txhmk3kDxBQDWW/CSRmeeting.pdf (Stand 01.01.2013)

Werners, B.: Grundlagen des Operations Research; Springer Verlag, Berlin, 2. Auflage, 2008

WertR: Richtlinie für die Ermittlung der Verkehrswerte (Marktwerte) von Grundstücken (Wertermittlungsrichtlinie); in der aktuellen Fassung von 2006 (WertR 06)

White, D.; Turner, J.; Jenyon, B.; Lincoln, N.: Internationale Bewertungsverfahren für das Investment in Immobilien; Immobilien Zeitung Verlagsgesellschaft, Wiesbaden, 1999

Zangemeister, C.: Nutzwertanalyse in der Systemtechnik, Technische Universität Berlin, 4. Auflage, 1976

Sachverzeichnis